GB

한길그레이트북스

인 류 의 위 대 한 지 적 유 산

GB
한길그레이트북스

인류의위대한지적유산

인간과 자연

조지 마시 | 홍금수 옮김

한길사

George Perkins Marsh
Man and Nature
Edited by David Lowenthal

Translated by Hong Keum-Soo

Published by Hangilsa Publishing Co., Ltd., Korea, 2008

피렌체 서재에서 책을 보는 마시

각국에서 외교관 활동을 하는 동안에도 마시는 많은 책을 읽었다.
이탈리아의 피렌체 서재에 진열된 책을 통해서도 학자로서 마시의 소양을 엿볼 수 있다
(D. Lowenthal, *George Perkins Marsh*, 2000).

마시의 고향인 우드스톡

목가적인 정취를 느낄 수 있는 풍경이다. 마시는 주택, 마을 안길, 경지, 초지 등으로
이루어진 문명사회의 한 단면이 형성되는 데 산지와 산사면을 덮고 있던 삼림의 대대적인 개간이
수반되었다는 사실에 관심과 흥미를 나타냈다(D. Lowenthal, *George Perkins Marsh*, 2000).

마시-빌링스 저택

마시는 엘리트 가문 출신으로서 우드스톡에 있던 그의 생가는 1869년 철도사업가이자
부호인 프레데릭 빌링스에게 양도되었다. 사진은 새로 단장된 1886년 무렵의 모습이다.
택지를 포함해 주변 일대는 1998년 국립역사공원으로 지정되어 국토보존을 위한
교육장으로 활용되고 있다(D. Lowenthal, *George Perkins Marsh*, 2000).

작물화된 식물종으로서의 감자

문명 발달의 각 단계에서 야생식물과 작물은 인간에 의해 원래 서식지와는
다른 환경으로 이식되었으며 그로 인한 영향을 예측하기란 불가능했다. 위 감자의 경우
안데스 일대에서 작물화된 이래 유럽으로 전해져 식생활은 물론 농업경관에
큰 변동을 일으켰고, 사회적으로는 대기근과 그로 인한 대륙간 인구이동을 촉발했다
(Charles Heiser, *Seed to Civilization*, 1973).

사탕단풍 숲과 임업자

사탕단풍은 미국 북부지방을 대표하는 무늬목의 일종이다. 거대한 나무 사이로
개척민의 모습이 보인다. 상대적으로 왜소해 보이지만 인간의 자취가 포착되었다는
것만으로도 이후에 펼쳐질 숲의 운명이 어떠할지 예견된다. 식생은 인간생활에
크나큰 영향을 미치므로 숲을 대할 때는 극도의 신중함이 필요하다는 것이 마시의 지론이었다
(Gordon Whitney, *From Coastal Wilderness to Fruited Plain*, 1994).

후버 댐의 스펙터클

1920~30년대 미국사회에서 수력발전용 댐은 기술의 진보와 경제적 번영을 상징하는 장관이었다.
후버 댐은 '사막의 위대한 피라미드'로 칭송되는 한편 기술문명시대의 금자탑으로 여겨졌다.
루스벨트 대통령이 1936년에 제1호 발전기의 가동 버튼을 누르면서 준공을 고한 후버 댐으로 인해
파괴를 일삼던 콜로라도 강의 거친 물살도 인간이성의 통제 아래 놓이게 되었다
(David E. Nye, *American Technological Sublime*, 1994).

모래의 이동

사구는 식생의 존재 여부에 따라 이동의 양상을 달리한다. 사진 속 중국 둔황의 명사산같이
풀과 나무가 자라지 않는 모래언덕은 바람에 형태와 위치가 자주 바뀐다. 마시는 사초를 비롯한
각종 식생을 인위적으로 조성한다면 모래를 붙잡아둘 수 있다고 지적했으며, 해안사구를 고정시키기 위해
일찍부터 흑송을 육성해온 프랑스의 선례를 강조했다(2001년 7월 3일 옮긴이 촬영).

더스트볼의 참상

더스트볼은 캔자스, 콜로라도, 텍사스, 뉴멕시코 등 여러 주에 속한 대평원
일부 지역으로 1934년 봄부터 시작된 모래폭풍의 피해를 가장 심하게 겪었던 곳이다.
단기간의 영농수익을 위해 바람이 많고 가뭄이 잦은 생태적 한계지역으로
밀농사를 확대한 결과 빚어진 환경참사였다(Donald Worster, *Dust Bowl*, 1979).

a cow is a food factory

과학기술 시대를 대변하는 제3의 환경관

인간과 자연의 관계에서 형성되는 환경관은 태초에 신이 내려준 선물로서 주어진 그대로
인간이 수용하고 활용하던 '제1의 자연', 인간의 노력에 따라 인위적인 생산이 가능해진 산업화시대의
'제2의 자연', 과학기술에 의한 조작을 통해 가상의 실체가 현실로 등장하는 '제3의 자연'으로
순차적으로 변해왔다. 인간의 힘이 절정에 달한 마지막 단계는 환경조작의 극치, 그리고 다양한 억압과
착취로 점철된 환경파괴의 국면을 암시한다. 본원의 자연을 회복하기 위해서는 근대성에 대한
냉철한 성찰이 전제되어야 한다("More Milk for Victory," *Environmental History*, 10(1), 2005).

문명과 환경오염

문명의 발달은 환경변화의 주체인 인간의 영향력이 막강해짐을 뜻한다.
도시는 그러한 변화의 주체가 밀집한 곳으로서 문명 자체를 상징하며 때로는
문명의 전위라 칭송되기도 한다. 하지만 공업도시는 굴뚝산업의 현장으로서
많은 양의 오염물질을 배출해 문명의 치부를 드러내기도 한다.

인간과 땅의 원초적 애착이 단절된 가공의 공간에 들어선 도시는 환경파괴는 물론
인간 자신의 파멸을 앞당길 수도 있다. 반면 인간이 내면의 이성을 냉철하고 비판적으로
활용한다면 오히려 적대적인 환경을 개선할 수도 있다는 인간 중심적인 사고를
마시는 가지고 있었다(Andrew Goudie, *The Nature of the Environment*, 1993).

GB
한길그레이트북스

인류의 위대한 지적 유산

인간과 자연

조지 마시 | 홍금수 옮김

한길사

인간과 자연
차례

마시의 비판적 환경인식과 환경윤리의 정립 | 홍금수 21

한국어판을 내면서 | 데이비드 로웬탈 35

엮은이 서문 | 데이비드 로웬탈 43

서문 71

제1장 서론 75

제2장 동식물의 이동·변형·멸종 111

제3장 삼림 161

제4장 물 301

제5장 모래 387

제6장 인간에 의한 지리적 변화의 전망 439

옮긴이의 말 469

찾아보기 473

일러두기

1. 번역에 사용한 저본은 데이비드 로웬탈이 엮어 하버드 대학교에서 간행한 1965년 판본이다. George P. Marsh, 1864, *Man and Nature; or, Physical Geography as Modified by Human Action*, New York: Charles Scribner, 124 Grand Street, ed., David Lowenthal, Cambridge, MA: The Belknap Press of Harvard University Press(1965), 472p.

2. 방대한 분량의 원본 각주는 생략했다. 단, 각주 내용 가운데 저자가 인용한 문헌의 서지사항은 그대로 옮겨놓았다.

3. 번역은 직역을 원칙으로 했으며 문맥의 이해를 돕기 위해 필요하다고 생각되는 곳에서는 의역을 했다.

4. 긴 단락은 읽기 쉽도록 적절히 나누었으며, 짧은 단락은 문맥이 왜곡되지 않는 선에서 인접 단락과 결합했다.

5. 원문에 나열된 통계수치 일부는 표로 정리하고 임의로 제목을 붙였다.

6. 인명, 지명, 국명의 외래어 표기는 국립국어원에서 제시한 원칙에 따랐으나 규정이 정해지지 않은 어휘와 학계의 관용어는 예외로 했다.

7. 엮은이가 추가하거나 수정한 내용에는 꺾쇠묶음표(〔 〕)를 달았다.

마시의 비판적 환경인식과 환경윤리의 정립

홍금수 고려대 교수 · 지리학

1. 인간 · 자연 이원론과 인간본위의 환경관

인간과 자연 또는 문화와 환경의 관계는 지역과 공간을 탐구하는 지리학은 물론 윤리와 도덕의 문제를 추구하는 철학 및 신학에서도 깊은 관심을 표명해온 중요한 논의 가운데 하나다. 환경에 대한 인식은 인간과 자연의 실제 또는 관념상의 관계를 둘러싼 여러 가설에서 비롯된다. 어떤 이는 인류의 역사를 인간활동에 의해 야기된 환경변화의 역사라고 말하기까지 한다. 그만큼 양자의 상호작용은 오랜 전통으로 인정하지 않을 수 없다. 그간 인간과 자연은 모순과 갈등으로 첨예하게 대립해 양립할 수 없다는, 다시 말해 이율배반적인 이분법의 구도에서 설명되었다. 철학적 관점에서 인간과 자연의 대립은 오래전에 정립된 데카르트의 '기계론적' 이분법을 연원으로 한다.

문화와 환경이 연관을 맺으며 공존하는 실체라는 진정성을 인식론과 존재론상에서 회복하기 위해서는, 사유의 주체와 대상으로서의 객체를 경직되게 상정한 이분법의 발상을 극복하고 인간과 자연이 상호의존적이라는 '건설적' 이원론의 대전제를 받아들여야만 했다.

그렇다면 그 바탕 위에 서구에서 제기된 인간(문화)과 자연(환경)의 이원적 관계에 대해 살펴보기로 하자. 크게 세 가지 유형으로 정리될 수 있는데, 창조주, 창조의 본질, 창조의 과정을 묻는 자연신학의 영역이 그 하나로서 질서와 미학을 통해 창조를 주관하는 신의 존재를 확인하고자 한다. 지구상의 모든 자연적인 현상과 과정에 내재하는 목적인(final cause)으로서의 신의 뜻에 따라 세상이 디자인되었다는 것이다. 이런 해석은 신의 손으로 특별히 창조된 인간이 정점에 선 유대-기독교의 조화론적 자연관을 반영한다. 이성, 사랑, 통찰에 입각한 신의 합목적적인 창조활동은 조화를 강조하며 그렇기 때문에 인간을 위한 안식의 집으로 계획된 자연은 아름다울 수밖에 없고 동시에 경이감을 느낄 수 있는 세계였다. 자연신학의 목적론(teleology)은 초월적 관념론의 성격을 띠며 세속의 과학적 분석을 통해서는 결코 감지할 수 없는 인간과 자연을 상정했던 것이다.

두 번째 유형은 자연세계를 출발점으로 삼으며, 바람, 물, 계절, 기후 등 자연현상이 물리적으로 인간을 구속하고 나아가 감정이입된 교감을 통해 기쁨과 슬픔 같은 감성까지 담보한다는 믿음에 기초한다. 인류에 대한 환경의 영향은 세계 여러 지역의 다양한 생활양식이 환경의 차이와 무관하지 않다는 사실을 방증으로 제시한다. 논리를 극단으로 몰아가는 데에는 경계해야 하겠지만 어떤 의미에서는 환경의 영향력을 인정함으로써 문화결정론의 함정을 피할 수 있는 안전판을 확보한 셈이다.

이원론의 세 번째 유형은 환경의 제약을 극복하는 도구적 존재로서의 인간을 논의의 중심에 둔다. 이것은 신의 대리인으로 신의 의지에 좇아 창조의 사명을 완수하고 창조된 자연세계를 보호, 관리, 지배한다는 종교 · 철학적 사고에 기초한 관점이다.

한편, 인간-자연관은 인식주체의 가치와 태도에 따라 달라질 수 있고 환경인식은 다시 주체가 소속된 문화에 의해 영향을 받기 때문에 근본에서는 하나지만 동양과 서양에서의 구현방식에는 조금씩 차이가 있다. 예를 들어, 자연재해를 신의 노여움에 기인한 것으로 여겨 주술로 달래야 한다는 입장이 있는가 하면, 기술력을 동원해 해결하고 방지장치를 마련하려는 부류도 있을 것이다. 그러나 인간의 가치, 태도, 인식은 물론 자연에 개입하는 과정에서 드러나는 미묘한 차이를 인정한다

하더라도 과학기술의 발전이라는 시대적인 흐름 속에서 점차 인간본위로 전환되어온 공통점이 발견된다. 특히 진보와 성장을 시대정신으로 하는 근대성의 논리가 풍미하면서 인간의 잠재력은 위협적인 수준으로 여러 분야에서 발휘되기 시작했다.

신으로부터 부여받아 사용가치로 평가되는 제1의 자연은 근대 자본주의의 출범 이후 교환가치를 염두에 두고 신의 대리자인 인간이 상품으로 '창조'해낸 제2의 자연으로 대치되었다. 이는 이어 후기 산업사회의 과학기술에 의해 조작가능한 제3의 자연으로 전이했다. 인간이 자연의 일부로서 조화롭고 평온하게 공존하던 에덴을 이상적인 모델로 가정한 목가주의적 환경관을 과학기술에 의한 인간의 자연지배를 정당시하는 제국주의적 관점이 대신했던 것이다.

오늘날 인간의 무분별한 환경개입과 그로 인한 영향은 생물 종의 소멸, 유로변동에 따른 범람위협의 증가, 수질오염과 대기오염, 사막의 확장 등 다양한 양상으로 진행되고 있다. 천지창조 당시 태초의 인간이 목격했을 시원의 자연을 다시 확인한다는 것은 불가능하고 단지 기정사실이 된 변화의 유형, 비율, 속도만이 의미를 지닐 뿐이다.

요컨대, 인식론상으로 인간과 자연의 이원론을 인정한다 하더라도 전자가 후자에 대해 대립각을 세우며 우위를 과시하고자 했던 것이 사상사에서 확인된다. 또 어떤 이는 인간의 역사를 환경침탈에 의해 자연이 인문화되는 과정으로 해석하기도 한다. 인간본위의 자연관은 성서적 가치에 입각해 인간이 신의 대리인으로 자처한 이후 계몽주의 시대의 개막과 함께 고착되었으며, 얼마 지나지 않아 파괴적 본색을 드러내기 시작했다.

환경의 희생 위에 이룩한 성장과 발전에 도취되어 있던 인류를 미몽에서 깨운 장본인이 바로 마시였다. 그가 저술한 『인간과 자연』은 파괴의 실상을 알리고 환경의 보호, 보존, 보전의 당위성을 알리는 복음서가 되었다. 마시는 자연의 풍요로움에 미혹되어 과학이라는 합리적인 수단으로 자연을 개발해야 하고 나아가 자연을 통제하는 것이야말로 문명발전의 필수과제라는 공학자나 임학자 같은 자원관리자의 순진한 믿음에 경종을 울렸다. 『인간과 자연』에서 인간 자신의 무분별한 행위로 인해 환경은 물론 인류의 자멸까지 초래할 수 있다고 경고하기 전까지만 해도 신은 창조를 위한 원료로서 자연을 인간에게 남겨두었으며, 야생의 자연을 제압하는 것이 곧 문명발전의 지표라는 인식이 보편적으로 용인되었다. 환경의 훼손을 아쉬워할 아무런 이유가 없었고 일시적으로 변형되었다 하더라도 환경은 이내 복원이 가능하다는 인식이 지배적이었으나 마시로 인해 발상의 전환이 가능했다.

근대성에 도취된 인간에 의한 환경파괴의 실상을 적나라하게 고발한 『인간과 자연』의 선구적 업적을 계기로, 인간본위의 환경관은 근대의 한가운데 자리한 우리 자신과 사회를 성찰하는 자리에서 윤리적인 비판의 대상이 되었다. 신이 부여한 선택과 활동의 범위를 뛰어넘어 파괴적 양상을 띠는 인류의 문명 '창조' 활동에 끊임없이 회의가 제기된 것은 물론, 올바른 환경윤리의 정립이 없이는 자연을 온전히 보전한다는 것이 불가능하다는 사실을 깨우쳐야 했던 것이다.

성장과 발전 위주의 근대 논리에 기인한 환경문제를 윤리와 정의의 차원에서 조망하고, 생태계 교란의 주범인 근대인의 반성을 촉구하며, 환경보존 의식을 심는 데 결정적으로 기여한 마시의 공적을 다시 조명해보는 것은 시대적인 요청이라 하겠다. 인류문명의 생태 제국주의적 성향을 확인하여 반성의 기회를 갖고, 특히 환경을 상품으로 인식하여 양적인 성장을 최고의 미덕으로 삼았던 근대와 근대성을 비판적으로 성찰함으로써 환경윤리를 정립하며, 환경정의를 구현하고, 올바른 환경가치를 내면화할 수 있는 방안을 모색하는 논의의 장에 『인간과 자연』이 일조할 수 있을 것이다.

2. 마시의 환경인식과 『인간과 자연』

마시가 활동한 19세기는 인간이 신에게 위탁받은 관리자로서의 역할을 충실히 수행하지 못함으로써 자연과의 조화로운 관계가 깨져 결과적으로 환경파괴를 감수하지 않을 수 없었다는 인식이 어느 정도 보편적으로 인정되었다. 이러한 인식의 기저에는 삼림을 파괴하고 습지와 호수의 물을 배수하는 인간의 활동으로 기후변화가 초래되며, 동식물의 가축화와 작물화를 계기로 원래의 경관이 크게 달라졌다는 사실을 지적한 18세기 프랑스의 자연사학자 뷔퐁을 비롯해, 인간을 생물계의 권력자로 인식했던 지질학자 라이엘 같은 대학자의 각성이 깔려 있었다. 그러나 뷔퐁만 하더라도 인간의 간섭을 섬뜩하고 빈사상태에 있는 자연을 친화적으로 바꾸는, 다시 말해 문명을 창출하고 발전을 도모하기 위한 철학적이고 과학적이며 실제적인 활동으로 이해했다는 한계를 지닌다. 인간을 변화는 물론 파괴의 주체로 보는 비판적인 구상은 마시의『인간과 자연』에 이르러서야 직설적으로 표명되었다.

마시는 '인간에 의해 변형된 자연지리'라는 부제로 1864년 뉴욕에서 처음 출간된『인간과 자연』의 표지에서 "바람, 폭풍우, 지진, 해양, 계절 그 어느 것도 영원한 능력의 소유자인 인간이 지구상에 태어나 만물 위에 군림하는 과정에서 세상을 혁명적으로 바꾸어놓은 것에 미치지는 못했다"는 부시넬(H. Bushnell)의 설교내용 일부를 인용했다. 이를 통해 책 전반에 흐르는 기조를 짐작할 수 있다.

서문에는 저술의 취지가 좀 더 구체적으로 피력되어 있는데, 이를 다음의 네 가지로 정리할 수 있다. 첫째, 인간에 의해 자연환경에 가해진 변화의 성격과 정도를 알아본다. 둘째, 무분별한 행동이 초래할 수 있는 위험성과 함께 유기체와 무기체의 자연분포에 간섭할 때 신중해야 할 필요가 있음을 지적한다. 셋째, 깨어진 조화를 되찾고 황폐해진 지역을 복구할 수 있는 가능성과 그 중요성에 대한 제언을 덧붙인다. 넷째, 풍요로운 자연으로부터 생존권을 부여받은 모든 생물 가운데 가장 강력한 존재가 바로 인간이라는 사실을 일깨운다.

모두 여섯 개 장으로 구성된『인간과 자연』에서는 조화로운 자연의 평형상태를 뒤흔드는 동인인 인간과 얼마간의 원상회복을 촉진시키는 동식물, 인간의 이동에 수반된 식물분포의 변화, 가축에 의한 환경변화, 전쟁과 혁명이 초래한 자연지리의 변동, 농업의 근대화에 따른 식생, 조류, 동물의 감소와 곤충 개체수의 증가, 삼림파괴가 기후에 미치는 영향, 이동경작과 불, 습지의 배수와 개간, 사구의 관리, 지하수를 포함한 수자원의 보전 등 다양한 의제가 비판적으로 논의된다.

제1장의 서론에서 마시는 자연상태의 환경은 항상성을 유지하려는 습성을 가지며 일시적으로 평형이 깨졌을지라도 점진적으로 원래의 상태를 되찾지만, 항시 인간에 의해 재차 교란될 위험에 노출되어 있다고 지적한다. 그가 느끼기에 인간은 무언가를 만들어내고 변화시키는 힘을 가진 존재로서 환경에 대한 태도는 불합리하기 짝이 없다. 왜냐하면 자신의 존재기반을 파괴해 결과적으로 자신을 파국으로 몰고 감에도 전혀 의식하지 못하기 때문이다.

인간이란 자연의 가공할 위력에 복종할 수밖에 없는 나약한 존재에 불과하다는 당대 지인들의 언설에 대해 마시는 무책임한 태도라며 비판했다. 그는 직접 환경파괴의 현장을 돌아보고 자연이 인간에게 제약을 가하는 것이 아니라 그와 반대로 인간이 마음먹은 방향으로 지표공간을 농락하고 있다는 사실을 간파했다. 자연의 순리를 거역한다거나 전쟁, 종교, 그 밖의 원인에 의한 남용으로 환경은 잔혹하게 유린된다는 것도 잘 알고 있었다. 인간은 자유의지를 가진 신의 대리인으로서 창조의 의무를 마무리해야 했으며 자연을 끊임없이 가꾸고 돌보는 데에도 소홀하지 않았다. 문제는 인간의 호의에서 비롯된 관여조차 더 큰 파괴를 초래할 수 있다는 것이었다. 이 점을 의식해 마시 자신은 인간을 어디에 있든 '혼란을 야기하는 동인'이라고 극단적으로 평했다.

인간의 직·간접적인 개입으로 빚어진 환경의 구체적인 변화에 관한 소견은 본론에서 자세하게 개진된다. 개입 일체가 해악은 아니라는 것을 미리 밝히고 변화의 정도를 계량화시켜 객관적으로 제시하지 못하는 한계를 인정하면서, 마시는 광범위에 걸쳐 대대적으로 발생한 변화를 중점적으로 다루겠다고 말한다. 인간은 천성적으로 세계를 자신의 방식으로 조직하며 자연을 구성하는 여러 요소에 질서를 부여해 배열함으로써 편안함을 찾고자 하지만, 인위적인 구도를 자연에 강요하려는 노력은 아이러니, 모순, 부조화로 귀결될 수밖에 없다. 환경의 훼손과 파괴는 그러한 부정적인 결과의 하나로서 네 개 장에 걸쳐 마시의 신랄한 비판에 직면한다.

동물, 식물, 어류, 곤충, 미생물 등 생물의 문제를 다룬 제2장에서 마시는 인간의 개입으로 초래된 결과를 다각도로 분석한다. 유럽과 아시아로부터 신대륙으로 생물이 이식된 것은 의도적이라기보다 오히려 무의식적으로 진행되었다는 것이다. 그로 인한 영향을 논하는 자리에서 마시는 인간에 의한 생물의 살상과 육종은 먹이사슬과 서식환경에 간섭함으로써 생존에 영향을 준다고 역설한다. 그는 야생동물과 달리 이식된 가축의 파괴적 성향에 대해 특히 주목했다. 전체적으로 먹이사슬의 상호연결을 특징으로 하는 생태계는 자연스럽게 조화와 균형을 유지한다. 하지만 예를 들어 깃털장식을 얻기 위해 조류를 남획하는 것과 같이 문명인에 의해 자행된 무책임한 행동으로 특정 동식물의 멸종은 물론 그로 인한 생태계 전체의 혼란이라는 치명적인 결과가 초래될 수 있음을 경고했다.

제3장은 『인간과 자연』의 핵심부로서 인간과 가축에 의한 삼림파괴의 실상을 생생하게 전해준다. 흔히 삼림파괴는 1950년대 이후 열대우림을 중심으로 급속도로 진행되었다고 하지만, 사실은 인간이 불을 사용해 경지를 개간하고 야생동물을 가축으로 수용한 이후 본격적으로 이루어진 것이다. 인구증가와 도시화의 진전으로 20세기 중반 이후 속도가 다소 빨라졌을 뿐 절대면적에서 임야의 약 90퍼센트는 이미 그 전에 소실 또는 변형되었다. 특히 제국주의의 확장과정에서 사탕수수, 커피, 담배, 차, 고무 등 플랜테이션 작물이 도입되면서 그 피해는 극심했다. 마시도 삼림제거를 인간에 의한 최초의 자연정복이자 조화로운 세계를 침해한 첫 사건으로 보았고, 불과 도끼의 파괴력을 인정했으며, 농업, 목재교역, 제조업, 조선, 연료조달 등의 원인을 지적했다. 그런데

그의 진정한 관심은 이러한 삼림파괴의 실상 자체가 아니라 그로 인해 기후, 토양, 생물 등이 변화되는 것, 예를 들어 수목, 조류, 야생동물, 어류의 공생관계의 틀이 깨지는 것과 같은 부정적인 영향이었다.

임야의 축소와 함께 한서가 차가 극심해지고, 수원은 고갈되며, 방풍의 장벽이 소실된 결과 강한 바람으로 인해 대기 중의 습도가 낮아지고, 빗물을 머금어야 할 토양층이 제 기능을 다하지 못해 지표유출이 증가함으로써 범람과 급류에 의한 침식이 빠르게 진행된다. 한편으로는 하천으로 유입된 침식물질에 의해 내륙수로가 폐색되며, 삼림의 부산물은 감소한다. 반복되는 악순환으로 지표는 황량해져 생명력을 유지하기 어렵게 되고 결과적으로 인간은 생존의 근거를 상실할지도 모른다. 따라서 마시에게 삼림파괴는 지구의 환경악화를 야기하는 가장 파괴적인 원인으로 비춰질 수밖에 없었다.

그러면 이렇듯 인간생활에 심각한 영향을 초래하는 삼림파괴를 막을 길은 무엇인가? 전쟁, 기근, 질병 등의 불가항력에 의해 인간의 점유공간이 축소되면서 자연경관의 회복이 빠르게 진전되었던 역사적 사례가 말해주듯, 마시 또한 인간과 인류문명의 조력자를 자임하는 가축과 거리를 둘 때 심지어 아라비아와 아프리카의 사막조차 원래의 식생을 되찾을 수 있을 것이라는 소견을 피력했다. 임야와 경지의 비율을 지속가능한 선에서 적정하게 유지할 것을 촉구하고 있는 것이다.

제4장의 수계에 관해서는 간석지의 형성과 성장에 대해 언급한 다음, 염습지의 개간과 저습지 배수의 역사가 오랜 네덜란드의 사례를 소개한다. 수로 및 제방의 활용과 저수지, 운하, 관개의 장기적인 영향에 대해 설명하고 조림과 더불어 댐과 제방을 건설하면 홍수조절이 쉬워지는 이점이 있다고 지적하면서 정책적인 차원에서 나무를 심고 수로와 저수지를 건설해 기후와 토질의 개선을 비롯한 환경 전반의 개량을 도모하자는 소견을 개진하고 있다.

제5장에서는 모래의 퇴적으로 형성된 지형이 논의된다. 먼저 사구의 기원과 구조를 설명하고 사구의 이동으로 초래된 피해를 집중거론한

다. 그리고 인간은 사구를 인공적으로 조성하고, 자연적으로 형성된 것을 관리, 보호하지만 한편에서는 훼손을 주저하지 않는 등 다양한 측면에서 깊이 연루되어 있다고 진단한다. 그리고 해침을 방비한다는 면에서 큰 역할을 하지만 식생의 파괴로 인해 사구 또한 희생되는 것에 안타까워하면서 프랑스와 같이 흑송을 비롯한 적합한 수종을 식재해 훼손을 예방할 것을 권하고 있다.

마지막 장은 향후의 전망에 대해 숙고하면서 운하건설의 파급효과, 사막에서의 지하수 개발, 지진과 화산의 피해를 감안한 대책에 대해 짚고 있다. 의도하지 않았더라도 환경의 변화는 인간이 존재하는 한 발생하며, 정면으로 대항할 수 없는 지질학적 영력에 대해서조차 인간은 그 막강한 에너지를 증대시키거나 감소시킬 수 있다는 사실을 마시는 간파하고 있었다. 그런 그가 최종적으로 던질 수밖에 없었던 문제제기는 "인간이 자연의 일부인가 아니면 그 위에 군림하는가"였다.

마시는 인간이 자신의 파괴본능을 직시해야만 합리적이고 건설적으로 삶의 터전을 가꾸어 나가는 전향적인 태도를 가질 수 있다고 판단했던 것 같다. 그리고 파괴와 변화의 원인에 대한 올바른 인식이 정립된다면 삼림과 경지, 자연과 문화, 인간과 여타 생물의 관계를 대립보다는 균형과 조화로 이끌 수 있다는 희망을 버리지 않았다.

3. 마시의 현대적 조명: 근대성의 성찰과 환경윤리의 정립을 위하여

환경변화는 과거의 문제만이 아니라 현재, 나아가 미래에도 계속될 사안으로서 지속적인 관심과 경각심을 요한다. 궁극적으로는 인간이 자연에 개입함으로써 빚어진 환경문제의 현실을 직시하고 그 불확실성을 경계하며, 성찰을 통해 환경윤리를 정립하고 환경정의를 구현하는 데 목표를 두어야 할 것이다. 그간 환경을 이야기할 때 윤리와 정의의 측면을 고려한다거나 윤리문제를 거론할 때 환경을 배려하는 경우는 드물었다. 인본주의를 지지해온 일부 학자들조차 환경 그 자체에 의미를 두기보다는 단순히 동정심을 유발해 목적하는 바를 관철시키는 수단으로 환경을 간주한 데 불과했던 만큼, 진정한 의미의 환경윤리를 정립하기 위해서는 또한 냉철한 반성이 전제되어야 한다.

반성의 출발선상에 마시와 『인간과 자연』을 올려놓는 것은 큰 의미가 있다. 19세기 중반을 넘기면서 자연을 정복하여 환경을 마음대로 이용하고자 했던 인간의 의도에 의해 초래된 역기능과 부정적 영향에 대한 경고성 메시지가 빈번하게 제기되었다. 마시 당대에는 삼림파괴, 과목, 토양침식, 홍수 등의 문제가 거론되었으며, 오늘날에는 대기오염, 산성비, 온난화, 방사능 폐기물 등 새로운 형태의 환경위협이 추가되었다. 여러 형태의 위험신호로 인해 성장과 발전에 걸었던 신념은 점차 흔들리기 시작했다. 세계 각 지역의 환경파괴의 실상이 전해지면서 자연은 과학기술의 희생양으로, 결과적으로 인간은 파괴의 주범으로 인식되기에 이른다.

환경문제의 근원은 "인간이 자연 위에 군림한다"는 신념과 무관하지 않다. 이와 관련해 한 가지 중요한 사실은 파괴를 포함한 환경논의의 중심에는 항상 성장과 발전의 논리에 기초한 시대정신으로서 근대성이 자리한다는 것이다. 『인간과 자연』의 서문에서는 흥미롭게도 근대의 야망이 자연의 정복을 꿈꾸고 있다는 다소 은유적인 표현으로 근대 이후에 첨예해지는 환경문제의 심각성을 진단했다.

근대의 사상적 연원은 계몽주의로서 신의 전능함과 마찬가지로 인간의 전능함이 실현 가능한 목표라는 믿음이 굳건했던 마지막 시기, 즉 18세기를 배경으로 형성된 사조다.

계몽주의는 궁극적으로 인간 중심적인 사고였으며, 무한한 가능성의 비전을 여는 사상적 단초를 준비했다고 할 수 있다. 계몽주의 세계관에서 신은 멀리 떨어진 곳에 있는 존재였지만 인간은 가까운 자연 안에서 활동하는 직접적인 동인이었다. 자연을 사유의 세계에서 완전히 분리된 외적인 사물로서의 타자로 간주한 데카르트식 사상과 연결되는 계몽주의는, 정복, 통제, 인문화 등 표현은 다양하지만 인간에 의한 자연의 지배와 통솔을 지상의 가치로 내세우는 신념, 행동, 담론이었다. 계몽철학에서 자연의 지배라는 테제는 자유의 생명력을 상실한 자연이 인간의 의지에 따라 아무런 제약 없이 조작된다는 것, 뒤집어 말하면 인간의 해방과 자아실현을 대변한다.

사상사의 궤적에서 계몽주의와 함께 실증주의, 합리주의, 진보주의 등의 여타 신사고와도 연결되는 근대는, 역사적으로 중세 봉건주의 이후에 등장하는 새로운 시대로서 신대륙의 발견, 르네상스, 종교개혁 등 일련의 사건과 밀접한 관련이 있다. 직접적으로는 과학의 발전 및 정치경제와 자본주의적 가치의 확산과 맥을 같이한다. 자본주의 자유시장 경제와 산업화를 통해 과학의 발달이 촉진되었고, 이는 곧 문명의 진보로 칭송되었다. 상업과 과학은 낙관론을 지탱하는 강력한 원동력이었으며 성장과 발전의 시대정신은 계몽사상의 가스펠과 다름없었다. 고전 정치경제학의 논리는 동시에 환경에 대한 패권의 확대를 정당화했다.

산업시대 이전에는 돌, 호수, 산 등의 지형지물을 의인화된 실체로 인정해 인간의 심성과 의지를 소유하고 있다고 믿고 춤, 주술, 의례와 같은 상징적인 의사소통 행위를 통해 상호작용했다. 산업시대 들어 마법이 풀리면서 의인화된 윤리적 가치가 흔들리고 이내 기계론적 자연관으로 대치되자, 인간은 이제 이성에 좇아 만물에 대한 장악을 기도하는 한편 자연에 근대적 통제를 강화했다. 문제의 본질은 자연이 사용가치보다는 이윤, 즉 교환가치의 극대화를 위해 상품화된다는 데 있었다.

근대화에 수반되는 환경파괴의 위험요소는 단순히 근대를 거부한다고 해서 해결될 성질의 것이 아니다. 근대를 합리화하는 논리를 급진적으로 전환해 사유할 필요가 있으며 기본적으로 성찰을 전제로 한다. 성찰의 기회는 아이러니하게도 세기말의 시대적인 상황에서 배태되었다. 일반적으로 세기 말엽은 비관적인 분위기 속에서 막을 내리는 경향이 있으나 동시에 반성의 기회를 제공하는 귀중한 시간이기도 하다.

이어지는 20세기 전반 역시 자연 위에 군림하던 인간의 자부심이 흔들리는 가운데 환경에 대한 고민이 첨예해지는 생태적 전환기로서 사회적으로 성찰, 조정, 재평가에 대한 요구가 가득했다. 당대의 지성인들은 자원보존과 생태에 높은 관심을 보였다. 그들은 지역을 초월한 국제적 감각에 눈을 뜨면서 세계질서와 제국주의의 정당성에 대한 의문을 끊임없이 제기하는 한편, 생태 제국주의에 대한 윤리적 반성의 자리를 만들고자 했다.

전근대의 사회구조를 해체하며 등장한 근대는 신근대 또는 후기 근대로 이행하고 있다고 하는데, 벡(U. Beck)의 말에 의하면 후기 근대는 문명이라는 화산 위에 선 리스크 사회(risk society)의 시대라고 한다. 생태적 재앙은 대표적인 리스크의 하나로서 다음 세대에까지 영향을 미치기 때문에 시간을 초월한다. 또한 공간적으로는 심리의 영역인 자아로부터 전 인류를 포괄하는 범세계에 걸쳐 계층을 가리지 않고 침투하는 특징을 가진다. 올바른 환경가치를 심어줄 수 있는 사유적 도구는 근대성에 대한 성찰에서 마련되며, 리스크 사회와 공존하는 신근대는 그런 의미에서 성찰적 근대(reflexive modernity)로 설명되기도 한다.

결국 환경에 대한 근대의 윤리적 비전이 실상은 파멸에 이르는 환락의 통로이기에 인간 우위의 근대적 자연관을 극복하는 길로서 생명중심의 윤리관을 확립해야 한다는 과제가 남는다. 무지의 소치에서 비롯된 단기적인 발전양식을 지양하고 윤리와 미학의 도덕률을 회복하기 위해 근대와 근대성에 대한 성찰이 필요하다. 또한 균형, 통합, 질서, 조화, 다양성에 가치를 두고 감싸주고 존경하며 화합을 도모하는 생태적 유토피아를 구현하기 위해 노력해야 한다. 많은 학자들은 우주론적 통일과 합일의 정신에서 생태계 전체의 통합과 안정을 꾀해야 한다고 입을 모으고 있다. 이를 위해서 인간을 포함한 모든 생물체를 지배와 종속의 구도에 구속시키지 않고 자유의지에 따라 자아실현을 완성해가는 존재로 인정해야 한다는 것이다. 다시 말해 자연의 내재적 가치를 인정하고 상호관련된 실체로서 도덕적으로 존중해주는 심층생태(deep ecology)의 지혜와 함께 자연에 대한 정성, 배려, 믿음이 필요하다는 것이다.

그러나 한 가지 짚고 넘어가야 할 사안이 있다. 인간의 환경개입으로 초래된 파괴와 약탈의 제반 문제를 근대화의 결과로만 보는 데에는 논란의 여지가 있다는 주장이 바로 그것이다. 근대에 비해 전근대의 세계관이 전적으로 친환경적이었다고는 볼 수 없다. 그리고 맹목적으로 근대와 근대성을 비판하려는 것은 근대의 한가운데 서 있는 우리 자신을 망각할 우려가 있다는 지적은 일리가 있어 보인다. 이 점을 인정한다면, 현실을 도외시하기보다는 근대로 인한 문제에 대한 해답을 근대 안에서 찾는 지혜가 필요할 것이다. 반근대라 해도 엄밀히 말하면 '근대성 안에서의 근대성의 부인' 또는 '근대성의 근대적 부인'인 것은 자명하기 때문이다.

사실 비난의 대상이었던 계몽주의와 근대는 전통적 세계관에 대한 비판과 비평에서 출발해 이성, 철학, 법, 경제, 정치 등을 매개로 진보, 혁명, 자유, 과학 등 인류문명의 핵심개념과 사상을 제공해주었다. 이러한 공적을 인정할 때 근대성을 맹목적으로 비판하기보다는 근대가 우리에게 부여한 이성, 합리성, 인문학적 소양에서 발원한 성찰에 의지해 환경을 둘러싼 근대의 제반 모순과 역설을 적극적으로 풀어 나가는 것이 오히려 현명한 처사일 것이다.

자연은 일단 정복되고 버려지면 자체적으로 풍요로웠던 원래의 상태를 되찾을 수 없다. 그러나 마시는 인간이 무모하고 부주의했던 태도를 반성하고 양심의 판단에 따라 자연을 보살피려는 도덕적 혁명과 정부 차원의 인식의 전환이 이루어지면 음울한 상황을 타개할 수 있다고 생각했다. 그는 시의적절한 이해를 바탕으로 인간의 잘못된 판단을 바로잡는 일이 중요하며, 무엇보다 파괴의 속도가 빠르게 진행되기 때문에 원상태로 돌리기 위한 조치를 서둘러야 한다고 판단했다. 아울러 원초적 자연은 야생의 비도덕성과 반문명성을 띠기 때문에 파괴의 선을 넘지 않는 범위에서 간섭의 끈을 놓아서는 안 되며, 계속해서 주시하고 필요하다면 투쟁을 통해서라도 자연에 수동적으로 복종하려는 성향을 극복해야 한다고 주장한다.

이러한 신념을 바탕으로, 마시는 인간능력의 상징인 과학과 기술에 의해 훼손된 자연을 다시 과학과 기술에 의지해 복원, 보전해가는 전략을 수립해야 한다는 현실 지향적인 태도의 끈을 놓지 않았다. 그리고 바로 이 점이 마시가 오늘을 사는 우리 곁에서 함께 호흡하고 있는 것처럼 느껴지고, 『인간과 자연』이 인류를 위한 위대한 고전으로 남을 수 있는 이유라고 하겠다.

한국어판을 내면서

1985년에 케임브리지 대학교 출판부에서 간행된 나의 저서 『과거는 낯선 나라다』(*The Past Is a Foreign Country*)가 한국어로 번역된 이후, 또다시 『인간과 자연』(*Man and Nature*)이 출간되어 기쁘기 그지없다. 예전에 루이지애나 주립대학교를 방문해 환경과 경관에 대해 강연한 적이 있었는데, 홍금수 교수의 편지를 받으니 그때의 기억이 떠오른다. 당시 대학원생이었던 홍 교수의 손으로 완성된 학문적 성과를 축하하는 바다. 내가 1965년에 엮어 하버드 대학교에서 출간한 책을 저본으로 사용했다는 말을 들었다. 마침 2003년 워싱턴 대학교 출판부에서 몇 개의 주를 덧붙인 신판을 냈는데, 기존의 서문을 보완하여 작성한 글 일부를 한국어판 서문에 붙이고자 한다.

인류는 흙, 물, 식물, 동물에 의존해 생활한다. 그러나 이들을 약탈할 경우 자연 전체를 지탱하는 기본 틀을 교란시키는 것은 물론 파멸로 유도할 수도 있다. 그와 같은 파국을 미연에 방지하기 위해 우리는 자연이 어떻게 작동하고 있으며 우리 자신이 자연에 어떤 영향을 미치고 있는지 알아야 할 필요가 있다. 그러고 나서 우리는 세상을 한층 더 살 만한 곳으로 만들어가기 위해 합력해서 행동에 나서야 할 것이다.

지구의 모습을 변형시키기를 수천 년, 인류는 그동안 이루 헤아리기 힘들 만큼 자연을 풍요롭게 해주었다. 하지만 동시에 불길하다 싶을 정도로 자연을 척박하게 만들었고 곤경에 빠뜨렸다. 당면한 위협에서 공포의 전율이 느껴지며 머지않아 곧 들이닥칠 것처럼 보인다. 『인간과 자연』은 그 위험성을 고하고 원인을 규명하는 한편, 대책을 강구할 목적으로 집필되었다.

문화와 자연 그리고 과학과 역사를 접목한 마시(George Perkins Marsh)의 『인간과 자연』은 당대에는 불과 5년 전에 씌어진 다윈(C. Darwin)의 『종의 기원』(*On the Origin of Species*) 다음으로 영향력 있던 거작이었다. 마시는 다윈과 더불어 신의 계획에 따라 자연이 창조되었고 인간과 여타 창조물 사이에는 선험적인 조화가 존재한다는 전통적인 믿음이 더 이상 의미가 없다고 결론을 지었다.

마시 이전에도 적지 않은 사람들이 환경변화에 대해 다각도로 지적한 바 있다. 하지만 인간의 영향에 따른 결과를 상호연결된 전체로 간주하거나 그렇게 추구해본 사람은 아무도 없었다. 게다가 인간의 영향은 대체로 긍정적이며, 초래된 손상은 사소하고 단말마적일 것으로 여길 뿐이었다. 예상했거나 그렇지 않았던 우연한 결과가 서로 밀접하게 연계되어 있다는 사실을 눈치 챈 사람 역시 마찬가지로 거의 없었다. 마시는 인간이 환경에 미치는 영향이 엄청나고 두려울 뿐더러 돌이킬 수 없는 대파국으로 이끌 수도 있다는 것을 처음으로 인정한 인물이었다.

서구의 자원 낙관주의가 극에 달한 시점에 간행된 『인간과 자연』은 무궁한 풍요에 대한 환상을 타파하고 보존의 필요성을 역설했다. 마시가 등장하기 전에는 극히 일부의 사람만이 개간과 경작의 여파를 걱정했을 뿐이었다. 그러나 이후로 그의 생태적인 통찰과 경고의 언설은 마치 복음서와도 같이 퍼져 나갔다. 멈포드(Lewis Mumford)의 말대로 『인간과 자연』은 환경보존 운동의 원천이 되었다. 방대한 양의 자료, 명료한 종합, 설득력 있는 결론은 『인간과 자연』을 이내 국제적인 고전의 반열에 올려놓기에 충분했다.

마시 사망에 즈음해서는 그가 난해하고 방대하며 복잡한 주제를 성공적으로 규명하여 어느 누구도 뛰어넘을 수 없는 입지를 구축했다는 이야기가 오갔다. 마시는 스미스(Adam Smith)가 정치경제학에서, 뷔퐁(C. de Buffon)이 자연사에서, 그리고 휘턴(Wheaton)과 그로티우스(Grotius)가 국제법에서 달성했던 것처럼 접할 수 있는 모든 지식을 종합해내는 일을 지리학을 위해 이룩해냈던 것이다.『인간의 행동에 의해 변형된 지구』(*The Earth as Modified by Human Action*)로 제목을 바꿔 1874년에 출간된 두 번째 판에 대해 한 평론가는, 유사 이래 간행된 가장 유용하고 함축적인 저작으로서 신이 내린 계시와 같은 힘으로 다가왔다고 했다. 한편, 스테그너(Wallace Stegner)는『인간과 자연』을 미국의 진취성, 낙관주의, 무관심주의가 감수해야 했던 역사상 가장 무례했던 치욕이었다고 말했다.

마시의 지침은 미국을 넘어 다른 나라에서도 일찍부터 고취되었다. 프랑스 지리학자인 레클루(Elisée Reclus)의『지구』(*La Terre*)는『인간과 자연』에 힘입은 바 크다. 마시의 충고는 또한 이탈리아의 임학자와 공학자들이 1877년과 1888년에 국유림 법안을 마련하는 데 큰 힘이 되었다.『인간과 자연』은 영국의 관료들을 고무시켜 인도, 미얀마, 히말라야에서의 삼림파괴를 막아냈고, 뉴질랜드에서는 야만적이고 무차별한 벌목에 제동을 가하는 복음서로 인용되었으며, 호주, 남아프리카, 일본 등지에서도 일찍부터 보존을 위한 개혁에 박차를 가하도록 해주었다. 환경파괴의 대명사인 더스트볼(Dust Bowl)의 참상이 불거질 당시의 홍수, 토양침식 그리고 1930년대에 발발했던 그 밖의 재난은 미국의 환경에 대한『인간과 자연』의 가치를 뚜렷하게 부각시킨 계기가 되었다.

그런가 하면 스코틀랜드의 계획가인 게디스(Patrick Geddes)는 멈포드에게 마시의 대작을 읽어보라고 귀띔해주기도 했다. 이후 멈포드는 1955년에 지리학자인 사우어(Carl Sauer)와 함께 마시를 기리기 위한 학술대회를 개최하여 많은 학자들을 초빙함으로써 "지구의 변형에 미친 인간의 역할"을 재평가하는 기회를 가졌다. 그리고 내가 1965년에 하버드 대학교의 고전 시리즈로 엮어낸『인간과 자연』은, 1970년 칼슨(Rachel Carson)과 레오폴드(Aldo Leopold)의 추종자들에 의한 지구의 날(Earth Day) 대개혁을 추진하는 데 작은 기여를 했다.

버몬트 주 우드스탁에 자리한 마시 가의 저택은 1967년에 국가사적, 1998년에는 다시 국립역사공원으로 지정된 바 있다. 마시·빌링스·록펠러(Marsh-Billings-Rockefeller) 공원을 지정한 기본취지는 국토보전의 역사와 교훈을 알리는 데 있었다. 이처럼 미국 환경인식의 산파역을 자임했던 마시를 기리는 것은 그가 내세운 명분을 되살리겠다는 국민적 다짐을 말해주는 것이기도 하다.

『인간과 자연』은 변함없는 사랑을 받아왔으며, 새로운 환경위기가 닥칠 때마다 책 속에 잠재된 계시에 불을 지폈다. 이 책은 당대에 그랬듯이 지금도 여전히 진지하게 받아들이지 않을 수 없는 교훈을 설파하기에 일독해볼 가치가 있다. 마시가 살아 있던 때와 비교한다면 상당히 많은 것들이 추가적으로 밝혀졌지만, 인간이 과거에는 물론 바로 지금까지도 지구에 자행하고 있을지 모를 해악에 대한 마시의 폭로는 너무나도 생생하다.

자연의 평형을 유지하려면 그대로에 맡겨두어야 한다는 마시의 비전은, 20세기 초의 생태 패러다임으로 정립된 이래 오늘날까지 대부분의 환경활동가를 비롯한 일반 대중들의 자연에 대한 인식으로 꾸준히 이어져 내려오고 있다. 그러나 전문가들은 이 평형모델을 버린 지 오래다. 그와 함께 치우침 없는 균형과 장기간 지속되는 극상, 다시 말해 이례적인 지질적 사변이나 인간의 개입이 있을 때에만 교란을 맞는 안정성에 대한 지난날의 개념 역시 무너졌다. 대신 불확실성과 혼돈이 교차하는 소용돌이 속에 있는 무질서한 자연의 실체가 등장했다. 과거의 생태이론에서 내세운 균형 잡힌 조화란, 이제는 한정되어 오래가지 못하며 지구 전체의 역사에서 보면 단속적이고 예측 불가능한 유동으로 점철된 것으로 비춰질 뿐이다.

단적으로 인간이 지구에 초래한 해악의 극히 일부만이 탐욕에 책임이 있을 뿐, 나머지 대부분의 침해는 의도한 것이 아니었고 종종 눈에 드러나지도 않는다. 인간은 자연의 질서를 교란시킬 의도가 없었으며 교란하고 있더라도 그러한 사실에 대해서는 망각했다. 신성한 질서를 유지하는 우주 안의 만상이 지고지상의 것이라는 오랜 믿음은 그들이 끼친 파괴에 대해서 눈을 감아버리게 만들었다. 그렇지만 그 근시안적 처사는 다행스럽게도 치유가 불가능한 것이 아니었다. 자연을 파괴하는 데 사용된 인간의 힘이 훼손한 것을 다시 치유할 수도 있다는 사실에 대한 자각은 개혁을 독려했다. 이에 대한 이해가 선행되었을 때, 자연을 되살리는 모든 과정은 협력자인 인간에 의해 지켜지고 재현될 수 있었다.

마시는 만병통치약을 처방한 것이 아니다. 이기심이 대부분의 인간을 짓누르고 있다고 다소 침울하게 믿고는 있었지만 그렇다고 절망하지도 않았다. 인간에 대한 혐오에도 불구하고 마시는 자연세계보다는 인간에 관심과 배려를 아끼지 않았다. 인간의 우매함으로부터 자연을 구원하고자 했던 것은 자연을 위해서라기보다는 인간을 고려한 것이었다. 자연은 무심할 뿐이고, 아무리 몽매하다지만 인류만이 양심적 의지와 도덕적 목적의식을 가진 존재였다. 인본주의는 마시의 생애에 짙게 배어 있었으며 그의 결의를 다져주었다.

『인간과 자연』은 경관의 구조를 관조하고 인간이 대지를 활용 또는 남용하는 과정을 이해하는 근대적 방식을 소개했다. 마시 이전에는 인간과 자연이 별개의 것으로 널리 인정되었고, 전자가 후자를 지배하고 이용한다는 식으로 이해되었다. 마시는 인간이라는 동인이 토양, 물, 식물, 동물 등으로 구성된 전체 속에서 어떻게 행동하고 반응하는지 솔선해서 보여주었다. 인간의 행위는 전반적으로 의도와는 상관이 없으며, 자연의 경우 너무 복잡하여 헤아리기 힘들고, 인간의 영향 또한 모호하고 장기간 지속되어 평가를 내리기 어렵기 때문에 그 결과라는 것도 예측하기 어려웠다.

마시는 그러한 인간과 자연의 상호작용을 설명하는 것 이상의 일을 해냈다. 그는 초래된 파괴를 인상적으로 그려냈으며, 자연의 조직이 훼손되는 것을 막고 손상된 것을 회복시키기 위한 열정적인 호소를 덧붙였다. 그는 자원을 최대로 활용하기 위한 물리적 통제, 그리고 사회의 장기적인 요구를 희생해서 단기적인 이익만을 챙기고자 하는 개인과 기업의 탐욕을 최소화하기 위한 정치적 통제를 촉구했다. 마시의 생태적 통찰과 사회개혁의 융합은 4세대가 내려오는 동안에도 여전히 설득력을 잃지 않고 있다.

그동안 잊혀졌던 『인간과 자연』을 다시 찾으려는 이유는 무엇인가? 19세기의 외교관이자 언어학자였던 마시의 관점이 오늘날의 환경에 시사해주는 점은 무엇인가? 무엇 때문에 이론적이고 감상적이며 점잖고 농익은 도덕적 처방 같다는 이 책에 집착하는가? 그것은 바로 마시가 생존해 있을 당시에 품고 있던 관심사가 이제 보존과 관련된 다른 의제로 대체되었고 보다 심각해진 딜레마에 대한 새로운 해결책이 요구되기 때문이다.

삼림파괴, 토양침식, 사막화같이 마시가 다루었던 문제들은 여전히 우리 시대에 잔존해 있고, 문제의 원인에 대한 마시의 통찰 역시 타당성을 잃지 않고 있으며 치유책 또한 적절한 것이 사실이다. 그러나 그와 같은 문제는 지금 최악의 위협은 못 된다. 현대인을 몸서리치게 만들고 있는 것은 대량살상, 지구온난화, 화학오염, 방사능 오염이다. 마시 당대에는 어느 누구도 이러한 문제를 의식하지 못했고 문제 자체가 존재하지도 않았다.

오늘날 많은 사람들이 마시가 암시한 환경의 공포를 떠올리고 있으며, 문제를 직시하고 극복하기 위한 그의 선구적 노력에 경의를 표한다. 그러나 우리는 전혀 다른 생각으로 그것들을 대하고 있다. 우리가 당면한 문제들, 그것을 해결하고자 하는 우리의 신념, 자연·인류·문화·발전·생태·역사에 대한 우리의 관점, 이 모든 것들은 1864년 『인간과 자연』이 처음으로 출간되고 1965년에 내가 다시 엮어 간행한 뒤로 완전히 달라졌다. 위협요소 자체뿐만 아니라, 비난의 대상, 작금의 피해를 되돌리고 앞으로 다가올 위험에 대처하기 위한 방법, 성공할 수 있을지의 여부에 대해 우리가 가진 관념도 생소할 따름이다.

『인간과 자연』에 녹아 있는 계몽적인 심리상태는 오늘날의 통념과는 상충된다. 마시를 격려했던 기술적 낙관주의와 영적인 신념은 되돌려 상기할 길이 없다. 그러나 그가 제시한 세 가지 기본적인 가정, 즉 인간이라는 동인은 유일하게 자의식을 가지며, 우리가 대지에 미친 영향은 피할 수 없을 뿐만 아니라 확대일로에 있고, 가장 심각한 생태적 위험은 도저히 예측할 수 없다는 등의 지적은 한 번 더 돌이켜 생각해볼 가치가 있다.

오늘을 살아가는 우리에게 가장 눈에 띄는 대목은 『인간과 자연』이 주장하는 사회적 윤리다. 마시도 마지못해 인정할 수밖에 없었던 자원 관리의 문제는 계발된 자기이익 하나에 의지해서 해결할 수 있는 문제는 아니다. 건실한 환경을 위해 필요한 집단적 관리는 "모든 사람이 자신이 가진 것으로 하고 싶은 것은 무엇이든 할 수 있다는 신성한 권리"의 포기를 전제로 한다. 그러나 금전적 가치를 초월하여 모든 인간이 주장할 수 있는 대지에 대한 권리는 여전히 관리와 보존을 위한 적극적인 역할을 요구한다. 아마추어인 것을 자랑스레 여겼던 마시는 시민들의 지각 있는 관여가 필요하다고 설파했다. 환경에 대한 전문적 지식 하나만으로는 부족하다는 뜻이다. 아마추어 시민으로서 우리 모두는 환경이 올바로 자리를 잡을 수 있도록 보살펴주어야 하고, 제자리를 지켜가는 데 중요한 개혁을 추진할 준비를 해야 한다.

2008년 1월
데이비드 로웬탈(David Lowenthal)

엮은이 서문

1

『인간과 자연』은 "자연이 인간을 만들었다는 세간의 인식과 달리 실은 인간이 자연을 만들었다는 점을 환기시키기 위한" 목적에서 집필되었다. 이 예언적 저술에서 저자는 이미 100년 전에 인간이 자연에 개입함으로써 자신을 파멸시킬지 모른다고 경고했다. "지금 이 순간에도 우리는 몸을 따뜻하게 덥히고 수프를 끓일 연료를 구하기 위해 방바닥, 벽, 문, 창틀을 모조리 뜯어내고 있다"고 그는 염려한 적이 있다.

무절제하고 방탕하다 싶을 정도의 파괴와 낭비로 "지구는 고귀한 가치를 지닌 인간이 더 이상 살아갈 수 없는 곳으로 하루가 다르게 변해가고 있다. 또 한 차례의 한치 앞도 내다보지 못하고 자행되는 범죄행위가 이어지고 그 범행의 잔적이 오래도록 연장된다면 이 세상에서는 먹을 것을 구할 수 없게 되고, 지표는 만신창이가 될 것이다. 또한 기상이변이 빈번해 빈곤과 야만의 상태로 추락할 것이고, 심지어 인류의 멸망으로까지 치닫게 될지도 모른다." 『인간과 자연』은 바로 이러한 위협을 만천하에 고발하고 그 원인을 밝히며 나아가 치유책을 모색하기 위해 저술된 것이다.

대지에 대한 인간의 조망 및 활용 방식에 관해 이보다 더 큰 영향을 미친 책은 없었다. 가용할 수 있는 자원이 무궁무진하다는 미국의 자만심이 극에 달한 시점에 출간된 이 책은 자원이 차고도 넘친다는 환상을 바로잡는 한편, 개혁의 필요성을 역설한 최초의 책이었다. 『인간과 자연』은 인간이 자연과 어떻게 다르고, 자연이 본질적으로 어떻게 운영되며, 인간이 개간해 농사를 지으며 집을 세울 때 자연에 어떤 일이 발생하는지 정확히 전달해주었다. 마시가 이 책을 쓰기 전까지는 인간이 자신을 둘러싼 환경에 미치는 영향을 직시하고 그에 대해 걱정하는 사람은 거의 없었다. 지금에 와서야 마시의 통찰력이 당연한 것으로 인정을 받는 분위기다. 『인간과 자연』은 실로 "환경보존 운동의 신기원"을 이룬다.

백 년이 지났지만 출간 당시에 그랬듯이 오늘날에도 깨달아야 할 소중한 교훈을 일깨워주기 때문에 이 책을 다시 읽어보는 것은 의미가 있다. 그간 우리는 인간과 자연의 행태에 관해 많은 것을 알게 되었다. 그러나 인간이 지구에 저지른 만행에 대한 마시의 고발은 보전에 관한 이후의 어떤 저작보다도 생생하며 포괄적이다. 역사적 직관과 시대적인 열정이 있었기에 『인간과 자연』은 불멸의 고전으로 남을 수 있었다.

현대 환경보전의 굳건한 예언자였던 마시는 전문 생태학자는 아니었다. 버몬트 주 작은 도시에서 태어나 자수성가한 변호사이자 정치가로서 자칭 기술자였고 전문외교관이었으며, 또한 다방면으로 조예가 깊은 학자였다. 그가 이 책을 쓰게 된 것은 인간의 힘에 대한 사람들의 무지와 그 엄청난 힘에 대한 마시 자신의 자각에서 받은 경악과 아울러 자연에 대한 그의 흔들리지 않는 사랑 때문이다. 자연의 이상적인 존재 형태는 어떠하며 인간은 어느 선까지 갈 수 있는지 잘 알고 있던 그였기에, 자연과 인간 어느 하나라도 소모되는 것은 도저히 두고 볼 수 없었다.

『인간과 자연』은 마시 자신에게는 커다란 위안을 가져다준 과업이었다. 이 책은 마시가 경관에 대한 모든 열정을 쏟아 붓고, 여기저기 찾아다닐 수 있는 기회를 가지며, 실질적이고 기술적이며 현실적인 성향을 마음껏 발산하게 해주었다. 그러나 자연지리학은 취미였을 뿐이었고,

다채로운 이력 가운데 부차적인 관심사의 하나에 불과했다. 그를 잘 아는 친구들 역시 마시를 언어학자, 역사학자, 문학자로 볼지언정 지리학자로 이야기하지는 않았다. 이 책의 발행인조차도 마시의 과학적 소양을 낮게 평가했다. 그래서 『인간과 자연』의 원고를 처음 받아들었을 때 마시에게 다루고 있는 주제를 포기하고 그의 전문영역인 영문학 관련 교재를 준비해보라고 설득할 정도였다. 『인간과 자연』이 마시의 혁혁한 공적으로 인정되기 70년 전의 일이었다.

그러면 어떻게 해서 체계적인 훈련을 받아본 적이 없는 바쁜 사람이 그와 같은 업적을 이룰 수 있었단 말인가? 그는 20개 언어에 능통해 다방면으로 빠르게 읽어 나갔다. 그는 인간의 영향이 현저하게 드러난 지역에서 살았고 또 그런 지역 구석구석을 보고 다녔다. 마시는 파고드는 마음과 열정은 물론 이룩한 많은 업적이 있었기 때문에, 전 세계의 학자는 물론 정치가와 쉽게 교류할 수 있었다. 그는 읽고 보고 들은 거의 모든 것을 기억했으며, 자연적이고 역사적인 과정을 직감적으로 포착할 수 있는 능력을 가지고 여러 가지 추정을 사실에 의해 검증했다. 르네상스기 시대정신인 박식함은 그의 이상이자 실현 가능한 목표였다. 그는 자신이 알고 있고 아직까지 이야기하지 못한 모든 것을 쏟아내겠다는 생각에서 『인간과 자연』을 '백과사전'이라고 농담조로 이야기했다. 그러나 농담은 거의 진실에 가깝게 다가서고 말았다.

세계를 하나의 통일된 전체로 간주했기에 그는 그 구성요소들 각각을 세밀하게 연구해서는 확인할 수 없는 사실, 즉 그들 모두가 서로 맞물려 있다는 것을 감지했다. 마시는 전문가의 업적을 높게 평가했으나 자신은 순수한 아마추어를 고집했다. 그는 확신을 가지고, 그러나 겸손하게 다음과 같이 이야기했다. "『인간과 자연』은 어떠한 과학적 가정도 시도하지 않았기 때문에 과학자들은 아무런 가치가 없다고 판단해 쓰레기로 치부해버릴 수도 있다. 하지만 자연을 있는 그대로의 눈으로 바라보고자 하는 일부 사람들에게는 흥미가 있을 것이다." 바로 그 점에 이 책의 위대함이 있다.

2

조지 퍼킨스 마시는 1801년 코네티컷 강변의 프런티어 취락이었던 버몬트 주의 우드스탁에서 태어났다. 당시 그린 산지에 진을 친 인디언들이 공동체를 위협하고 있었으며, 산업은 아직 유치한 수준이었다. 사회 전체적으로 문명화의 정도가 낮아 마시가 태어날 즈음 변호사 한 사람은 버몬트에 진저리를 치며 사무실을 닫고 뉴햄프셔로 이사해 개업할 정도였다.

그렇지만 우드스탁과 인근 소도시에는 많은 수의 상류층이 기거했다. 주 서부의 그린 산지에 거주하던 거칠고 과격하며 읽기와 쓰기 능력이 떨어지는 자유분방한 사람들에 비해, 코네티컷 강 유역의 주민들은 애초부터 부유한 계층이었다. 그들은 법을 준수했고, 책읽기를 좋아했으며, 정통 교리를 좇는 보수적인 정치성향을 지녔다. 마시의 할아버지인 조셉 마시(Joseph Marsh)는 공동체의 지도자로서 부지사를 역임했다.

마시는 우드스탁의 "치안판사"였던 아버지 찰스 마시(Charles Marsh) 슬하의 8남매 가운데 다섯째였다. 애덤스(John Adams) 행정부의 지방검사를 지냈고 1812년의 전시국면에는 국회의원으로 봉직했던 그의 아버지는, 총명했지만 다소 냉소적인 전제군주와 같아 의뢰인은 물론 심지어 자녀들조차 대하기 어려운 인물이었다. 어려서부터 책읽기를 좋아했던 마시는 8살 때부터 12살이 될 때까지 눈병 때문에 책을 가까이 할 수 없었다. 안구질환은 그후에도 계속해서 그를 따라다니며 괴롭혔다. 책을 볼 수 없었던 대신 그는 기억력이 뛰어났으며 자연에 대해 느끼는 감정이 각별했다. 마시는 후에 "물거품 가득한 냇물, 온갖 나무와 꽃, 야생동물은 나에게 사물이기보다는 인간으로 느껴졌다"고 회고했다. 실제로 그는 오크 한 그루는 여러 사람이 필적할 수 없는 존경할 만한 개성을 구비하고 있다고 생각했다. 그는 버몬트의 수목으로 덮인 언덕에서 그랬던 것처럼 생을 마감할 때까지 발롬브로사의 숲 속에 푸르게 자라나는 것들에서 위안과 영감을 얻었다.

편협되고 종잡을 수 없었던 그의 학창시절은 우드스탁에서 북쪽으로 10마일 거리에 있는 다트머스에서 끝을 맺는다. 미국 헌정사에서 '다트머스 대학교 소송건'으로도 잘 알려진, 대학과 뉴햄프셔 주 간의 소송으로 인해 마시가 수강했던 고대어, 지루한 성서연습, 그리고 로크 (John Locke), 팔리(William Parley), 스튜워트(Duglad Stewart) 같이 당시 상식으로 통할 정도로 인기가 많았던 철학자의 명언 강독수업은 제대로 진행될 수 없었다. 마시는 친구인 초에이트(Rufus Choate), 사촌인 제임스 마시(James Marsh)와 함께 독일어를 공부했으며 그 자신은 또한 로망스어와 스칸디나비아어를 익히기 시작했다.

학과에서 수석으로 졸업한 마시는 인근의 군사학교에서 그리스어와 라틴어를 가르쳤으나, 재발한 눈병 때문에 교육자의 길을 포기할 수밖에 없었다. 그는 대신 가족들이 읽어주는 책의 내용을 공부하는 방식으로 변호사 시험을 준비했다. 마침내 그는 1825년에 그린 산맥 너머에 있는 버몬트 주 유일한 대도시였던 벌링턴에서 변호사 사무소를 개업했다. 그곳에서는 35년에 걸쳐 법률, 사업, 정치 분야의 경력을 쌓았다. 공인으로서의 생활은 그에게 여가는 물론 학자의 길을 가는 데 중요했던 여행을 허락해주었다.

그러나 첫 출발은 그리 순탄치 않았다. 그에게 법을 다루는 일은 그리 만족스러운 직업이 못 되었다. 의뢰인에게는 도도하게 굴었고 법정에서 설득력 있게 변론하기에는 난해한 점이 많았기 때문에 마시는 1842년을 끝으로 법조인 생활을 접었다. 사업 또한 성공과는 거리가 멀었다. 지역 내 거의 모든 업종에 손을 대고 있었기에 진출영역이 적었다는 것이 이유가 될 수 없었다. 사실 마시는 양을 치고 양모공장을 운영하는 한편, 도로와 교량 건설, 목재판매, 신문편집, 석회석 채광, 부동산 투자 등 여러 방면에 손을 댔다. 벌려놓은 사업 대부분이 실패한 것은 버몬트 주 경제의 전반적인 침체에 원인 일부를 돌릴 수 있다. 그렇지만 보다 근본적인 이유는 마시 자신이 돈을 버는 일에 그리 큰 관심을 두지 않았거나 그렇게 할 능력이 없었다는 데 있을 것이다. 사업가로서는 무관심하고, 홍보의 측면에서는 무능력하며, 업계의 입장에서 보면 밉살스러운 판사에 불과했던 것이다. 결국 그의 나이 59세 되던 해에 지역 내 철도의 도산으로 말미암아 그 역시 재정적으로 파산지경에 이르렀다.

마시의 정치가로서의 역정 역시 출발부터 삐끗했다. 같은 법조인 출신을 위한 선거캠페인을 전담했던 그는 승리한 진영으로부터 너무 거만하고 고상한 척한다는 비난을 감수해야 했다. 그런데도 현지 재계와의 인연이 계기가 되어 1835년 버몬트 주 의회에 입성할 수 있었으며, 1843년에는 연방의회의 휘그당 후보로 선출되기도 했다. "거만하고 귀족적"이라는 민주당 측의 비난에도 불구하고 마시는 선거에서 승리했다. 또한 수입양모에 대해 관세를 높게 부과해야 한다는 휘그당의 당론에 힘입어 그 이후로 내리 세 번의 선거를 승리로 장식할 수 있었다.

의회에서 마시는 관세정책을 옹호하고 노예제, 멕시코와의 전쟁, 영토확장 등을 반대하는 기조발언을 하는 것 외에 쟁론에는 거의 참여하지 않았다. 대신 그는 스미소니언협회의 창립 및 발전 방안과 관련된 업무를 포함해 주로 소위원회의 사무에 몰두했다. 웹스터(Webster)와 클레이(Clay)를 중심으로 하는 인물정치에 혐오감을 느끼고 있던 터라 연방정치의 혼탁상으로부터 초연한 그였지만 지역구에서는 효율적으로 선거운동에 임했다. 밴 뷰런(Van Buren)을 불신했기 때문에 그는 휘그 진영에 남게 되었다. 이후 테일러(Zachary Taylor)를 도와 버몬트 주의 여론을 자유지역당(Free-Soiler)을 반대하는 쪽으로 몰고가 1848년의 선거를 승리로 이끌었다. 그 공로로 그는 터키 주재 미국공사로 임명되었다.

크리미아 전쟁을 바로 앞두고 마시는 콘스탄티노플에서 터키 정부에 대한 비판적인 분석을 내놓았고, 1848년의 혁명으로 난민이 된 코수트(Louis Kossuth)와 다른 사람들에게 물질적인 도움을 주었다. 또한 무슬림의 보복으로부터 개신교 선교자들을 보호했으며, 지방법원에서 미국인들을 구해냈다. 비록 성과는 없었지만 공화주의적 정의와 치외법권의 타협을 시도하기도 했다. 바쁜 중에도 외교관과 그리스의 특사로서의 직임은 마시로 하여금 많은 지역을 여행할 수 있는 기회를 부여했다. 그는 스미소니언협회를 위해 다양한 식물과 동물을 수집했고, 이집트에서 팔레스타인에 이르는 1851년의 순회에서는 특히 인간이 경관에 미친 영향에 주목했다. 당시의 여행기록은 이내 건조한 미국 서부의 교통수단으로서 낙타를 도입할 것을 주장하는 소책자로 편찬되었다. 선전효과는 괜찮았지만 『낙타』(The Camel)는 마시가 이 건조지대의 답사를 마치고 추정한, 인간에 의해 지역이 황폐해진다는 교훈을 단지 어렴풋이 비추고 있다.

1854년에 고향으로 돌아온 마시는 양모사업과 버몬트중부철도의 파산으로 인한 재정적 손실을 피하기 위해 무진 애를 썼으나 헛수고였다. 의회 안에서 마시의 정적은 해외에 재직한 동안에 받지 못한 급료를 지급해달라는 그의 청원을 방해했다. 그는 파산을 모면하기 위해 강사로 나섰으나 대중적인 호소력이 없었기 때문에 수입은 거의 없었다. 1856년의 컬럼비아 대학교에서의 영어강좌와 1860년부터 이듬해까지 보스턴에서 계속된 로웰협회강좌는 그의 이름을 알리는 데에는 도움이 되었지만, 역시 금전적으로는 별다른 도움이 되지 못했다. 안타깝게도 월급이 채무를 변제하기에는 너무 적어 하버드 대학교 역사학 교수직 또한 거절해버렸다.

가난은 공인으로서의 봉사를 가로막지 못했다. 마시는 버몬트 주의 원로정치가로서 변함없는 인기를 누리고 있었다. 그는 특별한 열정을 가지고 세 가지 일을 추진했다. 주 의회 의원으로서 의회 신청사를 디자인했고, 철도위원으로서 회사의 무책임성과 재정적 부패를 강도 높게 비난했다. 그리고 수산업 의원으로서 1857년 버몬트 주 어업의 쇠퇴를 생태적으로 분석해 설명했는데, 이는 뒤에 빛을 본 『인간과 자연』에 대한 예고편과도 같았다.

링컨 대통령이 마시를 신생 이탈리아 왕국의 전권공사로 임명한 것은 공무원이나 정치가로서의 봉사에 앞서 그의 학문적 명성을 인정했기 때문이다. 마시 자신도 이보다 만족스럽고 그의 능력을 최대한 발휘할 수 있는 보직은 없다고 생각했다. 그는 1861년에서 1882년 사망할 때까지 토리노, 피렌체, 로마 등지에서 대사로 봉직했는데, 이는 미국 외교관으로서는 전무후무한 기록이었다. 외교업무는 그에게 글을 쓸 수 있는 여유를 허락했으며, 현지에서의 생활 자체는 활력소가 되었다. 무역협정, 이민규제, 국경협정, 대사관의 사회사업, 가리발디를 유니언 군대(Union Army)에 징집하고 남부의 해적을 봉쇄하는 일, 여행자들을 대신한 "무모한 소송" 등 유럽의 각종 문제를 해결하기 위해 수도 없이 파견되는 와중에도, 마시는 여러 편의 논문과 세 권의 책을 저술했다. 『인간과 자연』도 그 가운데 하나다.

3

마시가 일찍부터 학자로서의 성향을 띤 데에는 개인적인 비극이 개재되어 있다. 1833년 결혼한 지 5년 만에 그의 아내와 장남이 죽고, 갓 태어난 둘째 아이와 마시만 남게 되었다. 6년이 지난 후에 맞은 그의 두 번째 아내 역시 병약해 이내 자리에 눕고 말았다. 몇 명의 절친한 친구와 친척들의 죽음은 그를 더욱 괴롭게 했고, 이에 마시는 연구를 통해 위안을 찾고자 했다.

여남은 분야를 새로이 개척할 만큼 그는 여러 가지 일에 관여했다. 예를 들어 미술분야에서는 이미 1850년이 되기도 전에 예술성이 뛰어난 판화와 조각작품을 수집했으며, 건축분야의 권위자로 인정되어 워싱턴 기념비의 최종규모를 결정해달라는 의뢰가 들어올 정도였다. 예술과 자연에 대한 관심 외에 마시는 주로 스칸디나비아와 고딕 연구, 사회사, 영어 등에 관심이 있었다.

첫 번째 아내가 세상을 떠난 직후, 마시는 덴마크의 골동품 연구가인 라픈(C.C. Rafn)에게 스칸디나비아어와 관련된 교재를 부탁했다. 2년이 지나지 않아 그는 덴마크와 스웨덴어로 씌어진 논문을 번역해 미국 저널에 기고했으며, 최초로 아이슬란드어의 문법을 영어로 편집했다. 또한 라픈의 『아메리카의 전설』(Antiquitates Americanae)을 널리 알렸는데, 그 책은 바이킹의 아메리카 대륙 항해에 관한 깊은 관심을 불러온 아이슬란드의 모험집이었다.

마시에게 스칸디나비아는 언어학적 관심 이상으로서 보다 정확하게는 철학적인 열정의 대상이었다. 독일의 역사와 민속연구는, 북유럽 문명의 뿌리를 찾고 미의 근원을 좇는 작업으로서 마시를 고딕 문화의 신봉자로 만들었으며, 뜻을 같이하는 다수의 뉴잉글랜드인을 모을 수 있게 해주었다. 마시는 청교도인을 원 고트 족의 직계후손으로 추앙했고, 영국과 미국의 역사를 선(독일, 고트, 신교, 금욕)과 악(로마, 라틴, 구교, 감각)의 대결구도로 설명했다. 어린 시절에 교육받았던 "로크의 감성적인 철학과 빈약한 추론 및 팔리의 이기적인 도덕성"을 반박하는 대신 마시는 초현실적인 신념을 추종했다. 마시는 신비주의자로 남아 있었으나 그의 초기 에세이들에서 보이는 인종차별적이고 결정론적인 신념은 『인간과 자연』 여러 곳에서 반박되고 있다.

북유럽에 대한 연구와 실용주의 노선에 입각한 애국심은 마시로 하여금 종합적이고 사회적인 측면을 강조하는 새로운 유형의 역사를 주창하게 만들었다. 그는 미국인들에게 문화유산에 대한 감각을 심어줄 수 있는 보고로서 스미소니언협회를 공공도서관으로 만들고자 했으나 뜻을 이루지는 못했다.

한 민족이 자신의 잠재력을 인식하기 위해서는 과거를 알아야만 한다. 그러나 전쟁과 군주를 중요하게 기술하는 전통적인 연대기는 그에게 쓸모없어 보였다. 민주주의 사회에서 역사는 민중에 관한 것이어야지 통치자만의 것이어서는 안 된다. 마시는 역사가에게 "대중의 역사, 즉 그들의 생각, 특성, 충동, 희망과 두려움, 예술, 경제활동, 교역 등에 주목하고, 들녘, 공장, 시장에서의 그들의 삶을 바라보아야 한다"고 권고했다. 이러한 자료는 상당 부분 『인간과 자연』에 포함되어 있다. 그러나 역사학자들은 세대가 세 번 바뀔 때까지 마시의 충고에 귀를 기울이지 않았다.

마시가 가장 역점을 두었고 또 가장 널리 알려진 업적은 언어학 분야의 것이었다. 그는 컬럼비아 대학교의 강의안을 『영어강독』(*Lectures on the English Language*, 1860)으로, 로웰 강좌를 좀 더 두꺼운 『영어와 여명기 영문학 통론』(*The Origin and History of the English Language, and of the Early Literature Its Embodies*, 1862)으로 편찬했다. 그가 편집한 웨지우드(Hensleigh Wedgwood)의 『영어어원사전』(*Dictionary of English Etymology*, 1862)과 웹스터 및 워세스터 사전의 장단점을 자세하게 분석한 일 역시 그가 이룩한 주요 업적으로 꼽을 수 있다.

마시 자신은 언어학에 대해 무지하다고 고백하고, 제시된 사실들은 단지 자신의 생각으로부터 나온 것임을 자인하고 있다. 그러나 그의 책을 들여다보면 아랍어, 카탈로니아어, 노르웨이 고어 등 광범위한 출처에 대해 해박한 지식을 가지고 있었던 것을 알 수 있다. 단어의 어원을 비롯해 번역, 비어, 사전, 그리고 인쇄술이 미친 영향 등에 관한 풍부한 통찰력이 엿보인다. 그러나 마시가 이러한 잡다한 분야에서 기여한 공로는 딱히 드러나 보이지 않는다. 그의 저술은 그림(Grimm), 보프(Bopp), 래스크(Rask)의 언어학적 이론을 구체화시킨 것이었지만 그리 생소한 내용은 아니었다.

가장 특징적인 것은 미국의 언어에 관한 그의 생각이었다. 마시는 "미국어"를 "순수" 영어와 비교한 비중 있는 첫 번째 학자였다. 그는 "모든 사람은 제반 지식을 …… 취미로 삼는 사람이자 신이고 정치가며 의사고 변호사기" 때문에, 미국인들은 "백과사전식 훈련, 모국어가 가진 가치를 충분히 활용할 수 있는 능력, …… 특별한 용어에 대한 지식" 등을 필요로 한다고 설명했다. 다재다능해 당대의 사람들에게 선망의 대상이었던 마시는 이상의 조건을 가장 잘 만족시키는 인물이었다. 한 친구는 편지에서 "만일 자네가 조금 더 오래 산다면 현재의 직업 중에서 해보지 않은 일은 거의 없을 것이네. 아마도 새로운 직종을 만들어내지 않으면 안 될 테지"라고 썼다.

새로운 분야에 관심을 가질 때마다 그에게는 새로운 친구가 생겼다. 마시는 유럽의 많은 인물뿐 아니라 미국 안에서 알고 지낼 만한 거의 모든 사람과 교류했다. 그의 경력만큼이나 관계망에서 당대 마시에게 필적할 사람은 거의 없었다. 아놀드(Matthew Arnold)는 마시를 교육을 잘 받고 훈련이 잘된 보기 드문 미국인으로 이야기할 정도였다.

4

『인간과 자연』은 1864년 간행되었다. 그러나 마시는 이미 17년 전에 인간은 자연의 균형을 뒤집어 자기 자신을 해치고 있다는 이 책의 기본 주제의 윤곽을 가다듬었다. 구대륙에서의 무차별적인 삼림제거는 재난에 가깝도록 행해졌으나 마시는 이미 버몬트를 떠나기 전에 인간에 의해 초래된 침식의 위험을 감지했다. 구릉지의 개간, 삼림에서의 화입, 하천의 폐색은 "너무나도 뚜렷한 변화를 야기해 모든 이의 시선에서 벗어날 수 없었다. ……중년남성이라면 누구나 몇 년 동안 고향을 비운 다음 다시 찾았을 때, 어린 시절 일하면서 즐거움을 만끽하던 현장과 전혀 다른 경관에 마주하게 될 것이다."

마시는 퇴락의 전체적인 사이클을 목격했다. 악명 높은 남부지방의 연초 및 목화 지대에서의 삼림제거와 토양의 척박화도 이곳 그린 산지의 비탈에서보다 더 빨리 진행되지 않았다. 해충, 질병, 경쟁 등의 이유로 밀경작에 종지부를 찍은 버몬트 주민들은 목양으로 눈을 돌렸으며, 풀을 뿌리째 뽑아 먹는 가축들 때문에 구릉지는 황폐해졌다.

아마도 많은 사람들이 이러한 변화를 알고는 있었을 것이다. 하지만 주의를 기울인 이는 그리 없었다. 1847년의 농산물공진회에서 마시는 버몬트 주 농민들이 황야를 정복해 "어둡고 조용하던 오지의 원시림에 빛과 생기를 가득 채워놓았다"고 치켜세웠다. 그러나 수목은 더 이상 장애로 인식될 수는 없었다. 그간 버몬트에서 이미 너무나 많은 나무가 잘려 나갔고, 태양과 바람이 벌거숭이가 된 산비탈을 그을렸으며, 샘은 말라버렸고 가뭄과 홍수가 번갈아 발생했다. 전에는 나무와 하층식생에 의해 흡수되던 빗물과 눈이 녹아 생긴 융설수는 이제 "매끈해진 지면을 빠르게 흘러가고 …… 급류와 함께 계곡을 메우며 모든 하천을 망망대해로 바꾸어놓았다. 홍수의 급작스럽고 맹렬한 기세가 날로 더해지고 있으며, …… 많은 하곡이 눈웃음치는 초원으로부터 각력과 자갈의 황량한 벌판으로, 여름에는 사막 그리고 봄과 가을에는 바다로 돌변하는 것을 진정으로 염려해야 하는 시점에 와 있었다."

유럽의 삼림은 법적으로 보호를 받고 있으며 일정 간격을 두고 벌목이 허용된다는 사실에서, 마시는 "그러한 관행이 미국에서도 채택되어야 한다"고 느꼈다. 삼림의 공적 소유가 필요한 것은 아니며, "자신의 이해에 눈뜨는 것만으로도 개혁을 발의하고 남용을 저지하며 더해가는 재앙으로부터 우리를 지키는 데 충분할 것"으로 보았다.

2년 후 마시는 식생피복이 토양과 기후에 미치는 영향을 측정하기 위한 시범사업을 권고했다. 삼림경제에 관한 책자에 덧붙인 식물학자 그레이(Asa Gray)에게 보낸 편지에서 마시의 이해와 통찰을 짚어볼 수 있다.

저는 어렸을 때 말 그대로 숲에서 보냈습니다. 제 기억으로 버몬트의 넓은 지역이 자연 그대로의 삼림으로 덮여 있었습니다. 개인적으로 경지를 개간하고 물품을 제조하며 목재를 거래하는 데 깊이 관여하여, 비상식적으로 임야와 임산물을 관리함으로써 초래된 영향을 직접 확인하고 느껴볼 기회가 있었던 것이지요.

바로 이것이 『인간과 자연』의 기원이었다.

마시의 지중해 여행은 이러한 경험을 확인시킨 동시에 역사적인 깊이를 더해주었다. 삼림과 야생동물의 멸종, 과목, 대규모 경작 등과 같은 파괴적인 과정은 문명이 융성할 때마다 반복되었다. 오래전에는 비옥하여 많은 사람이 거주했지만 이제는 황량해진 사하라, 적막한 카르스트 지역, 말라리아가 들끓는 캄파니아, 암석으로 가득한 프로방스와 도피네 계곡 등은 인간의 탐욕과 무분별성을 보여주는 비참한 기념물이 되었다.

이와 같은 관측은 마시의 어업보고서에서 경고로서 제시되었다. 물고기를 기르기 위해 댐을 막아 호수와 저수지를 조성하는 것은 토양의 배수를 저해할 수 있다. 마시는 유럽에서 그로 인해 "황량하고 병원체 투성이의 불모지"로 남게 된 광활한 땅을 직접 본 적이 있다. 어업의 쇠퇴에 대한 책임은 버몬트 주민 자신에게 있었던 것이다. 그들은 산란기에 물고기를 잡고 도시와 산업체에서 배출되는 쓰레기로 하천을 오염시켰으며, 베어낸 수목은 하천의 흐름을 누그러뜨려 물고기 유충의 먹잇감인 벌레를 붙잡아두었다. 버몬트는 이러한 관행을 바꾸지 않는 한 더 많은 물고기를 잃고 말 터였다. 이상의 보고는 구체적인 개혁으로 이어지지 못했다. 하지만 마시 자신으로서는 생태적인 문제를 조금 더 체계적으로 숙고해볼 수 있는 기회가 되었다. 1860년 봄에 마시는 『인간과 자연』에 대한 본격적인 구상에 돌입했다.

1년 뒤에 그는 유럽 고산지대에서의 삼림파괴로 인한 영향을 실질적으로 치유할 수 있는 방책을 생각했다. 프랑스에서는 이미 17세기에 배를 만들고 연료로 사용할 목재가 고갈되어, 벌목을 제한하는 법령이 채택되었다. 18세기에는 영국의 에블린(John Evelyn)이 그와 비슷한 충고를 던진 일이 있었다. 삼림파괴에 이어지는 고산지대의 급류와 산사태는 파브르(Jean A. Fabre)를 비롯한 여러 공학자를 긴장시켰다. 프랑스혁명은 이러한 재앙을 증폭시키는 일련의 파괴를 조장했다.

19세기 초반에 드존느(Moreau de Jonnès), 부젱골(Jean B. Boussin- gault), 베커렐(Antoine Becquerel), 드발르(François de Vallès) 등은 나지와 입목지에서의 지표유출, 하천의 유동, 토양의 습도, 기온 등을 비교하기 시작했다. 클라베(Jules Clavé)와 로렌츠

(Bernard Lorentz) 같은 많은 임학자의 경고에 힘입어 1860년에는 분수계 통제법안이 나올 수 있었다. 프랑스 최악의 급류는 『인간과 자연』이 출간되었을 무렵에 진정국면에 들어섰다. 그런 가운데 독일의 프라스(Karl Fraas)와 이탈리아의 살바그놀리(Antonio Salvagnoli), 디베렌제르(Adolfo di Bérenger), 시에모니(Giovanni C. Siemoni)는 이구동성으로 국가적인 차원의 삼림보호를 촉구했다.

고산지대의 급류는 인간이 조상에게서 물려받은 땅을 파괴하고 있다는 마시의 생각에 확신을 더해주었으며, 그는 신대륙도 구대륙과 같은 운명을 걷게 될지 모른다며 두려워했다. 그러나 유럽에서 나온 최근의 저작들은 그 과정이 불가피한 것은 아니라는 점을 넌지시 비추고 있다. 역사는 인간이 자신의 불행을 자초한 측면이 있다고 전하지만, 자연의 과정을 잘 이해한다면 인간의 통찰과 과학기술로 쇠락의 길을 되돌릴 수도 있을 것이다.

5

『인간과 자연』의 기본윤곽은 아주 명확하다. 간략한 내용의 서문에서 마시는 그 취지를 언급하고 있는데, 인간이 어떻게 지구를 변화시켜왔는지 밝히고, 보존과 개혁의 방안을 제시하며, 인간이 생명체 가운데 유일할 정도로 강한 영향력을 지닌 존재임을 입증해 보인다는 것이다. 첫 번째 장에서는 바로 이 점을 생생하게 밝히고 있는데, 로마 제국 환경의 파괴를 삼림파괴, 토양침식, 경지의 파기에 돌리고 있다. 이 점에서 로마만이 유일한 사례는 아니다. 탐욕, 무지, 태만으로 세계 여러 지역이 황폐한 상태다. 그리고 괭이에 비해 쟁기가, 도끼에 비해 톱이 더 해롭다는 사실에서 알 수 있듯이 파괴력은 기술의 힘과 더불어 날로 커지고 있다. 이러한 파괴와 약탈을 치유하고 환경의 균형을 이루기 위해서는 세계 모든 대륙에서 철저한 연구가 이루어져야 한다. 그러한 가운데 마시는 "자신들의 족속을 대지에 가득 채워 지구를 정복하려는 인간

노력의 역사로부터" 즉각적으로 효험을 발할 수 있는 대항조치를 끌어낼 것을 제안했다.

책 나머지 부분에서는 인간이 의식적 또는 무의식적으로 자연의 여러 측면에 미친 영향을 살펴보고 있다. 마시는 각각의 영역 안에서 인간이 이룩한 발전적 측면을 간과하지는 않지만, 그들이 자행한 파괴를 강조한다. 그리고 각각의 주제영역에서 조림, 배수와 관개, 방조제와 댐, 생물학적 통제, 공적 소유 등의 개선책을 내놓는다. 마지막 장에서 마시는 수에즈 운하와 파나마 운하같이 계획 중인 사업이 지니는 지리적 파급효과에 대해 논의하며, 사막지대의 관개문제를 포함해 지진 및 화산폭발을 막거나 그 영향을 감소시킬 수 있는 전망을 내놓고 있다. 끝으로 그는 개개인을 놓고 보면 인간의 행동은 무시해도 좋은 정도지만, 하나하나가 모이면 지구의 구조, 조성, 운명 등을 바꾸어놓을 수 있다고 결론을 내린다.

무엇보다 마시는 불안정한 유황, 건조화, 수원고갈, 식물 및 동물상의 축소, 과도한 토양침식 등 인간이 무의식중에 초래한 혼란의 원인을 다른 무엇보다도 삼림파괴에 돌리고 있다. 자연스럽게 수목이 강우에 미칠 수 있는 영향은 집중적으로 논의된 주제였다. 마시는 제시된 증거에 "모호하고 모순된" 측면이 다분하다고 생각했고, 삼림이 "강우량 전반에 대해 상당한 영향을 미친다"는 사실 자체에는 의구심을 가졌다. 그러나 그는 삼림이 극단적으로 치닫는 기온을 완화시키며 흡수와 토양층 보호를 통해 습기를 보존한다는 확신을 가지고 있었다. 간단히 말해, 식물피복은 자연의 필수적인 속성이라는 것이다. 일부 지역은 심하게 파손되어 더 이상 수목을 지탱할 수 없다. 그러나 희망컨대 그 밖의 대부분 지역에서는 대략 25퍼센트 정도의 땅이라도 조림을 한다면 환경의 안정을 회복할 수 있을 것이다.

삼림파괴와 과목의 폐해를 인식하고 있던 마시지만 토양의 척박화 자체는 무시했다. 미네랄과 연료 등 비재생 자원 또한 그의 관심 밖이었다. 그는 가중되는 인구압을 염려하고 있었지만 세계인구가 아무리 많아진다 하더라도 농업기술로 전 세계 사람들을 충분히 먹여 살릴 수 있을 것이라는 데에는 추호의 의심도 없었다.

『인간과 자연』은 다양한 문체로 서술되었는데, 현학적이면서도 생생하고, 진지한 가운데 재치가 묻어나오며, 과장의 한편에서는 날카로운 면이 엿보이고, 객관적인 듯하면서도 열정적이다. 긴 문장과 마찬가지로 끝없이 이어지는 긴 단락, 라틴 계열의 용어, 완곡어법, 과도한 구두법을 사용했기 때문에 스쳐가듯 읽어서는 뜻을 이해할 수 없다. 그러나 한편에서는 직설적이고, 생생하며, 무언가를 연상케 하는 구절들도 있다. 깜짝 놀랄 만한 은유, 신랄한 비판, 예리한 도덕률, 잘 다듬어진 수사적 요약 등 마시가 탁월하게 구사하는 기교는 저술 전체에 생기를 불어넣고 있다.

『인간과 자연』을 집필하는 데 사용한 직접적인 자료는 상당히 방대하다. 프랑스 공학자와 독일 임학자가 설명한 하천의 침식과 임상에 관한 긴 발췌문에 이어, 마시 자신의 어린 시절이나 여행 당시의 생생한 회상이 나온다. 역사적인 내용에도 불구하고 마시가 참고한 것 가운데 절반 정도는 지난 3년간 편찬된 논문과 단행본이기 때문에, 진부하지 않은 최신의 생생함이 있다. 고전작가의 요약문, 신문기사, 사적인 편지, 사전에서 찾아낸 어원, 국세조사 통계, 시와 희곡의 짧은 문구 등이 보인다. 이들 자료의 성격 때문에 『인간과 자연』은 완결된 저술이라기보다 단편적인 기록을 모아놓은 듯한 인상을 주기도 한다.

그러나 이러한 난삽한 측면은 곧 이 책을 흥미롭게 만들어주고 궁극에는 확신을 가질 수 있게 해주는 요소이기도 하다. 긴 인용문, 일상적인 방백, 파벌적인 비방, 무지의 고백, 새로운 연구의 호소 등은 그의 책을 극도의 인간적인 저술로 만드는 특징이다. 독자를 혼란에 빠뜨리기는커녕 독자 개인의 발견의 통로를 따라 복잡하고 전문적인 난관을 편안하게 헤치고 나갈 수 있게 해준다.

이와 같은 속성은 각주에서는 가장 큰 장점으로 드러난다. 본문의 내용만큼 방대한 양의 각주는 일면 접근하기 어려워 보인다. 하지만 이를 간과한다면 이 책의 독특한 내용과 맛을 놓치는 것과 마찬가지다. 마시는 각주에서 자신의 회상, 자료에 대한 설명, 열정, 기발한 생각 등을 담아놓고 있다. 비록 인용이 적절하지 않다고 해도 거리낌이 없다. 따라서 철도조사의 "조작"에 관한 장문의 주석에서, 그는 그 자료가 "자신이 다루고 있는 주제와 직접적으로 관련된 것은 아니라는 점"은 인정한다. 하지만 "세계에서 토론문화가 가장 성숙해 있는 사회에서 '발언권을 얻기'란 어렵기 때문에, 연사가 …… 청중의 귀에 대고 이야기할 기회를 얻으면 그것을 최대로 살려야만 한다"는 입장이었다. 마시는 진정 그러했다. 거의 모든 쪽에서 단어의 어원, 주제와는 상관없는 주변적인 이야기, 통계의 함정에 대한 날카로운 언질, 니코틴의 유해성, 교황권의 무도함, 기업의 부패에 관한 여담을 담고 있다.

6

『인간과 자연』은 출간되자마자 즉각적인 성공을 거두었다. 1864년 5월 출간된 지 몇 개월 지나지 않아 1,000부 이상이 팔려 나갔다. 한 평론가는 "사실에 대한 설명을 줄이고 철학이 더 가미되어야 한다"고 지적했으며, 다른 이는 마시의 비관론에 이의를 제기하기도 했으나 대체적으로는 그의 취지에 동의했다. 이 책은 "젊은이들에게는 자연을 조망하고 그 속에서 기쁨을 찾도록, 성인에게는 자신의 행복에 중요한 자연의 권리를 존중하도록 유도했다"고 로웰(James R. Lowell)은 썼다. 10년도 채 못 되어 『인간과 자연』은 고전으로서 국제적인 명성을 얻었다. 잡지 『국가』(The Nation)는 "이제까지 출간된 가장 유용하고 암시적인 저술 가운데 하나로서, 이 책은 가히 신의 계시와 같은 힘을 가지고 등장했다"고 평했다.

그러나 미국 사회에서 분홍빛 낙관주의가 자원의 남용과 고갈에 대한 불안감으로 바뀌게 된 것은 몇 십 년이 지난 뒤의 일이었다. 다만 삼림의 문제에 대해서 『인간과 자연』은 초반부터 큰 반향을 불러일으켰다. 미국 임업청장이었던 휴(Franklin B. Hough)는 마시를 무분별한 삼림훼손에 맞서 싸운 최초의 인물로 보고 그에게 삼림운동을 이끌어줄 것을 요청했다. 휴의 자리를 이어받은 이글스턴(N.H. Egleston)에 따르면 『인간과 자연』은 "우리의 삼림남용에 경각심을 불러일으키고 그와는 다른 길을 생각해보도록 촉구하는 데 크게 기여했다." 목재가 고갈되고 있다는 조짐을 강조함으로써 마시의 저술은 삼림의 활용에 대한 전통적인 태도를 반전시켰다. 이 책으로 말미암아 1873년에는 의회에 청원서가 제출되어 국립삼림청이 설립되고 국유보호림이 지정될 수 있었다. 핀초트(Gifford Pinchot)의 표현대로 가히 "획기적"이었던 『인간과 자연』은 1908년에 백악관에서 삼림보전 회의가 개최되기 바로 전날에 마지막 판이 발행되었다.

유럽인들도 발 빠르게 마시의 아이디어를 받아들였다. 프랑스의 레클루는 그의 명저 『지구』를 집필하는 데 『인간과 자연』에서 많은 영감을 얻었으며, 이탈리아의 임학자들에게도 큰 반향을 불러일으켰다. 라이엘(Charles Lyell)은 이 책으로 인해 인간의 지리적 영향이 야생동물에 비하면 보잘것없다는 자신의 생각이 잘못되었음을 확신하게 되었다. 『인간과 자연』의 발췌문 재판은 인도에서 삼림의 파괴에 맞서 싸우고 있던 사람들에게 용기를 주었다.

마시의 책은 한동안 잊혀졌다가 1930년대에 홍수와 토양침식의 위험을 새롭게 감지한 세대에 의해 재발견되었다. 내무장관이었던 우달(Udall)도 인정하듯이 당시 동일한 주제를 다룬 거의 모든 저술에서 『인간과 자연』은 "국토를 대하는 지혜의 출발점"이었다. 그 현대적 시사점은 1955년 여러 분야에서 초빙된 80여 명의 학자가 인간이 지표경관의 변화에 미친 역할을 논의했던 "마시 축제"에서 재평가되었다. 회의를 통해 세계의 기후, 토양, 동식물, 하천, 해양 등의 특징과 분포, 그리고 이 모두에 대한 인간의 영향과 관련된 지식의 폭이 한층 넓어졌다. 그러나 삼림과 분수계에 관한 마시의 분석은 근본적으로 타당하며 그의 생태적 통찰 또한 여전히 유효하다. 실제적인 교훈 이상으로 『인간과 자연』은 "인류역사의 본질에 대한 깊은 통찰을 전 세계에 제시해 주었다."

한 경제학자의 말을 빌리면, 『인간과 자연』에서 마시는 "방대하고 복잡해 다루기 힘든 주제를 성공적으로 조사해 …… 이 분야의 일인자가 되었다." 마시 자신은 이 책을 대중을 위해 썼다는 사실을 까맣게 잊어 버렸다. 타계 직전에 마시는 "비록 이 책이 많은 것을 깨우쳐주지는 못했지만, 사려 깊은 관찰자에게 몇 가지 문제에 주의를 돌릴 수 있게 했다는 점에서 의도한 목적은 달성했다"고 말했다. 그는 자신이 해준 것은 별로 없다고 겸손하게 이야기했지만 그 작업이 반드시 필요했다는 점에 대해서는 결코 의심하지 않았다. 발행인이 언급했듯이 "자연의 선물을 현명하게 활용하는 것이 …… 인류의 미래에 매우 중요하다는 확신 때문에, 마시는 생의 마지막 순간까지 많은 나날을 이 책의 개정판을 완성하는 데 바쳤다."

7

마시가 책을 완성한 뒤 제목으로 처음 제안했던 것은 "자연의 조화를 교란하는 인간"이었다. 발행인은 "그것이 사실이냐?"며 의문을 제기했다. 그리고 "진정으로 인간이 자연과 자연의 법칙에 조화를 이루며 활동하지 못한다는 말인가? 인간은 자연의 일부가 아니던가?"라고 되물었다. 이에 대해 마시는 다음과 같이 응답했다. "그렇다. 내가 믿는 한 인간이 '자연의 일부'라거나 인간의 행동이 자연의 법칙에 얽매인다고는 더 이상 말할 수 없다. 사실 이 책이 말하고자 하는 것은 그 반대의 측면, 즉 인간이 아무런 생각과 의지도 없는 기계적인 존재라기보다는 오히려 자연으로부터 독립해 있는 자유로운 도덕적 동인이라는 점을 확인시키는 데 있다."

이 주장에는 두 가지 가정이 관련되어 있는데, 자연의 작용에 관한 하나와 인간의 작용에 관한 또 다른 하나가 그것이다. 먼저 책 전반에서 마시의 자연관이 명확하게 드러나는데, 자연은 자연 그대로 있을 때 조화롭다는 것이다. 당대의 다른 사람들과 마찬가지로 마시는 그 조화는 근본적으로 안정된 것으로 보았다. 지질학적이고 천문학적인 힘은 천천히 작용할 뿐이다. 따라서 자연의 변화는 폭이 크지 않고 종종 주기성을 띠며 항시 균형을 지향하고, 일반적으로 생물의 종과 수를 최대로 늘리는 데 도움을 준다. 그리고 이들 다양한 생물 종은 무기물이 과도해지는 것을 완화시켰다. 오늘날 이와 같은 평형작용은 보다 동적으로 이해되지만, 생태지역과 종 사이의 균형은 안정을 향해 나아가는 것으로 생각되고 있다. 이 문제와 관련한 마시의 주요 공헌이 있다면 생물과 무기체로서의 자연의 연계망 안에서 이루어지는 행동과 반응의 의미를 감지한 그의 능력이라 하겠다.

보다 획기적인 두 번째 개념은 자연 안에서의 인간의 역할에 관한 것이다. 한 세기 전만 해도 인간의 힘이란 보잘것없거나 우호적으로 인식되었다. 인간을 포함해 자연의 모든 생명체는 전능한 신에 의해 고안되었다. 지상에서 신의 대리자로 존재한 인간은 다른 생명체보다 우월한 특권을 부여받아 대지를 정복하고 가꿀 수 있었다. 그러나 인간은 거대한 존재의 사슬에서 단지 하나의 연결고리에 불과했다. 마시가 밝혔듯이, 인간은 대지를 사용할 권한을 부여받았을 뿐 소비한다거나 방탕하게 낭비하도록 허락된 것은 더더욱 아니었다.

그러나 이러한 신념은 사실과는 거리가 멀었다. 신대륙을 발견했다고 해서 구대륙의 균형을 되찾을 수는 없었다. 그리고 그 균형이라는 것은 허구에 불과하다는 사실이 드러났다. 이미 정착된 유럽에서의 변화는 빠르지 않았지만 미국에서는 한 세대가 지난 후 유럽 대륙보다 더 방대한 면적의 땅이 정복, 개간되어 작물의 재배가 이루어졌다.

인간이 자연을 바꾸어놓는 힘이 인정되었다 하더라도 대부분의 사람들은 큰 경계심을 갖지 않았다. 인간은 신의 의도에 따라 지상의 집을 가꾸어 나갔으며, 임야의 개간과 습지의 배수 이후에 얻어진 풍요로움은 신의 허락에 대한 증거로 인정되었다. 자연을 자신들이 목적한 대로 바꾸는 데 특히 성공을 거두었던 미국인들은 자신들을 시종이 아닌 신의 위대한 과업에 봉사하는 동반자로서 선택된 민족으로 생각했다.

미국에서는 인간의 활동에 의한 결과로서 그다지 좋지 않은 것들은 간과되기 십상이었다. 프랭클린(Benjamin Franklin), 러시(Benjamin Rush), 그리고 몇몇 유럽 방문객들은 농업과 벌목의 예기치 않은 결과에 대해 우려를 표했다. 그러나 지배적인 분위기는 인간의 노력이 좋은 것만 만들어낸다는 확신 일색이었다. 침식되고 황폐해진 토양은 서부에 광활한 신천지가 있었기 때문에 단순히 버려졌다. 베어지고 불태워진 삼림은 수평선 너머까지 계속되는 삼림제국에 비교하면 극히 일부인 듯했다. 그런 가운데 홀로 남겨진 자연은 스스로 치유하곤 했다.

『인간과 자연』이 우리에게 주는 가장 큰 교훈이 있다면, 자연은 스스로를 치유하지 **못한**다는 사실이다. 인간에 의해 지배된 다음 버려진 대지는 원래의 상태를 되찾지 못하고 황폐한 채로 남게 되었다. 문제는 인간의 힘이 자연을 압도한다는 데 있었던 것이 아니고 인간의 힘이 미치는 정도를 인정하지 않았다는 것이다. 인간의 탐욕은 대지의 강탈에 대해 일부분만 책임이 있었고, 실질적으로 책임져야 할 행위는 의도되지도 심지어 인식하지도 못했다. 대부분의 사람들은 자연의 균형을 교란시킬 의도가 없었으며, 자신들이 그렇게 하고 있다는 사실을 눈치 채지 못했다.

인간은 근시안적이고 이기적이기는 하나 비합리적이지는 않다. 이해가 전제된다면 처방이 따라온다. 마시는 인간을 자연 위에 군림하는 힘으로 보았다. 창조주가 어떠한 계획을 가지고 있다면 인간의 적극적이고 합리적인 참여를 필요로 할 것이다. 신에 의해 질서 잡힌 우주에서 모든 것은 지극한 선이라는 오랜 믿음으로 인해 인간은 그들이 행한 해악을 돌아볼 겨를이 없었다. 그러나 인간의 행복과 마찬가지로 인간의 자기 파멸 또한 정해진 것은 아니었다. 인간이 자연을 해칠 수 있다면 그는 또한 자연을 고칠 수 있을 것이다. 『인간과 자연』은 통렬한 비난은 퍼부었지만 한탄에 이르지는 않는다. 마시는 인간이 악한 쪽으로뿐만 아니라 선한 쪽으로 환경을 통제할 수 있다는 자신의 믿음을 되풀이한다.

정치적이고 사회적인 발전에 점점 더 회의적이었던 마시지만 과학에게는 신념은 한시라도 놓지 않았다. 1860년에 쓴 에세이에서 마시는, 기계의 개발을 비난하고 문명을 인간정신을 파멸시키는 것으로 생각하거나 순박했던 황금시대를 갈망하는 감상주의자들을 비난했다. 자연은 전혀 신성한 것이 아니다. 따라서 인간은 자연의 요구에 대항하고 자연을 굴복시키며 세계 속에서 자신의 질서를 창출해야만 한다. 왜냐하면 "인간이 자연의 주인이 되지 못하면 자연의 노예가 될 수밖에 없기 때문이다."

자연을 정복하는 것이 궁극의 목표가 아니었다는 데에 마시도 동의한다. "외부 세계에 대한 우리의 승리"는 단지 "그 안에 놓인 보다 위협적이고 적대적인 세계를 정복하는 데 유리한 위치를 점거한" 것에 불과하다. 그러나 자연을 정복한 연후라야 인간은 자연의 필요에 의해 덧씌워진 굴레로부터 벗어날 수 있다. 과학은 "우리의 힘을 배가시키고" 생계를 영위하는 데 소비되는 시간을 "단축시킴으로써 사실상 이미 인간의 생을 두 배로 연장시켰다." 앞날에 대한 경고를 무마시키는 현실적 낙관주의가 『인간과 자연』에 흐르고 있는 것이다. 마시는 책을 쓰기 전에 이미 결론으로 제시한 "인간이 자연의 일부인가 아니면 그 위에 군림하는가"라는 중대한 문제에 대한 답을 이미 결정해놓았다.

비록 마시의 통찰이 신선하기는 하지만 개혁의 필요성과 인간의 능력에 대한 신뢰라는 그의 핵심적인 주제는 극히 미국적이다. 거기에는 미래를 향한 헌신이라는 또 다른 미국적 요소가 녹아 있다. 『인간과 자연』의 궁극적인 강조점은 주변의 현실적인 것보다는 미래 세대의 복리가 더 중요하다는 생각에 놓여 있다. 자신들을 위한 보다 나은 관리를 꺼려했던 미국인들이지만 도덕적으로는 그들의 후손을 위해서 그렇게 하지 않을 수 없다. 특히 이민자들은 자녀의 성공을 위해 살아간다. 보존은 후손들이 풍요를 구가해야 한다는 감정을 구체화한다. 1830년대에 미국을 다녀간 한 독일인 여행가는 "미국인들은 현재가 아닌 앞으로 다가올 그들의 나라를 사랑한다"고 썼다. 그들은 선조의 땅을 사랑하지는 않지만 그들의 자녀가 물려받을 땅에 대해서는 깊은 애착을 갖는다. 그들은 미래에 살고 있으며 계속해서 나아갈 그들의 국가를 만들어간다. 『인간과 자연』은 바로 이러한 정신을 담은 책이다.

『인간과 자연』에 피력된 통찰은 마시의 다재다능한 자질과 더불어 일상생활 속의 삶으로부터 나왔다. 전형적인 "미국인 학자"를 다음과 같이 정의하면서 마시는 분명 자신을 모델로 하고 있었다.

그 미국인 학자는 조용히 문학적인 연구에 전념하는 은자가 아닌, 위대한 세계 안의 바쁘게 돌아가는 소용돌이 속에서 살아가고 행동하며, 교역의 근심과 위험, 학식 있는 전문가들의 고통과 경쟁, 서로 경쟁하는 정파의 격렬한 갈등을 함께 나누는 사람이다. 또는 갖가지 산업활동에 종사하여 음악의 여신이 들려주는 감미로운 목소리를 감상하기보다는 철공소에서 나는 땡그렁 소리와 윙윙대는 기계음에 멍해지기도 하는 그런 사람이다.

세상사에 대한 친숙함이 그의 취향을 결정했고, 그의 아이디어를 현실 속에서 실험하도록 했으며, 냉혹한 사실을 맛보고 친근한 일들에 열정을 가질 수 있게 해주었다. 바로 이 속에서 『인간과 자연』이 나왔고 오늘날 그 권위를 인정받는 이유가 되었다.

어떤 사람들은 땅이 인간을 만든다고 역설한다. 이에 대해 마시는 사실을 직시하라고 말한다. 인간은 나무를 베고 개간해서 경작을 하며 하천에 댐을 축조한다. 이 모든 일은 마시 자신이 몸소 행한 일이었다. 그 후로도 경관은 변함없이 그대로 있었을까? 개울은 그 전과 마찬가지로 흘렀을까? 식물, 물고기, 새, 동물의 형태와 수는 그대로였을까? 분명 그렇지 않았을 것이다. 그러한 행위가 오랫동안 계속된 지역에서의 변화의 폭은 컸고 종종 파괴적이었다.

쟁기와 소를 끌어본 사람이라면 누구든지 자신이 무엇을 하고 있는지 잘 안다. 그러나 마시에 앞서 도끼와 쟁기가 남긴 누적된 영향을 예측한 사람은 아무도 없었다. 마시에게 따라올 결론은 분명했다. 인간은 토양, 물, 식물, 동물에 의존한다. 그러나 이들을 얻는 과정에서 인간은 자연을 지탱하는 기간조직을 부지불식간에 파괴했다. 그러므로 인간은 환경을 이해할 줄 알아야 하고 그 자신이 어떻게 환경에 영향을 미치는지 또한 배워야 한다. 자연뿐만 아니라 자신을 위해서라도 인간은 땅에 머물러 살고 있는 한 자연을 회복시키고 잘 간수해야만 한다.

저본에 관하여

여기서 활용한 저본은 1864년 찰스 스크라이브너(Charles Scribner)가 뉴욕에서 간행한 제1판이다. 초판은 영향력이 가장 컸기 때문에 출간 100주년은 특별히 기념할 만하다.

『인간과 자연』은 별다른 수정 없이 샘슨로(Sampson Low), 선(Son), 마스턴(Marston) 사에 의해 런던에서 동시에 출간되었다. 뉴욕 판본은 1865년에 적어도 한 차례 더 인쇄되었고, 이어 1867년, 1869년, 1871년에도 재차 발행되었다. 1867년 판부터는 본문에 각주 65개가 덧붙여진 17쪽 분량의 부록이 추가되었다. 얼마나 많은 책이 찍혀 팔렸는지는 알 수 없다.

1869년의 이탈리아어 판은 파쇄되었고 대신 1872년 피렌체에서 간행된 것이 첫 번역물로 기록되고 있다. 첨부된 문서에서 마시는 다음과 같이 설명했다. "그 분야에 대해 잘 알지도 못하고 영어와 이탈리아어를 잘 할 줄 모르는 한 여성에 의해 번역되어, 조잡하고 때로는 우스꽝스러운 오역이 …… 적어도 6,000개, 다시 말해 한 쪽에 10개의 비율이었기 때문이다." 프랑스어 번역판은 레클루와 계약이 체결되었으나 완성되지 못했는데 마시의 엄격한 수준에 닿지 못했다는 것이 이유의 하나였다.

두 번째 이탈리아어 판은 1874년에 『인간의 행동에 의해 변형된 지구: 인간과 자연 신판』(*The Earth as Modified by Human Action: a New Edition of Man and Nature*)으로 제목을 바꾸어 영국과 미국에서 간행된 개정판의 기본 틀을 제시했다. 마시는 장의 분류를 바꾸고 잘못된 일부를 바로잡으며 몇몇 단락은 삭제하는 한편, 상당 분량의 새로운 자료를 가지고 1867년의 부록을 만들었기 때문에 개정판은 초판보다 95쪽이 더 늘었다. 개정판은 15쪽 분량의 부록에 44개 주가 덧붙여져 1877년에 재차 인쇄되었다.

이 부록과 기타 새로운 출처에서 나온 자료는 제3판에서 볼 수 있는데, 마시 사후인 1885년 뉴욕에서 간행되었으며 1898년과 1907년에 재차 인쇄되었다.

제2판과 제3판은 상당 분량의 새로운 자료를 포함하고 있으며 초판보다는 정리가 잘 되어 있으나 결론은 초판과 별반 다름없이 그대로 유지되었다.

본문과 각주원문은 다음과 같이 수정했다.

(1) 원래 영어로 쓰여졌으나 외국어로 번역되었다가 마시에 의해 다시 영어로 번역된 인용문은 원본에 맞게 수정했다.

(2) 영어로 쓰여진 출처에서 뽑은 마시의 인용에서 확인된 미미한 오류는 임의로 수정했으며, 본문내용에서 오자임이 분명한 것 역시 바로잡았다.

(3) 식물명은 켈리(Harlan P. Kelley)와 데이턴(William A. Dayton)이 지은 『표준식물명』(*Standardized Plant Names*, Harrisburg, Pa., 1942)에 입각해 꺾쇠묶음표 안에 현대식 명명을 추가했으며, 이름을 밝혀놓지 않은 부분에는 추가로 삽입했다. 동물의 이름도 마찬가지로 현대식으로 정리했다.

(4) 마시가 표기한 지명 가운데 모호하다고 생각된 것을 고쳐 적었으며, 이후에 지명이 변경된 경우 현재의 이름을 달아놓았다. 위치를 확인할 수 없는 지명은 원문 그대로 남겨두었다.

(5) 본문에 들어 있는 상세한 서지정보는 주에서 설명했다.

(6) 제목과 내용요약문이 일치하지 않는 문제를 시정하기 위해 제목을 새로 작성해넣거나 일치시켰다.

(7) 마시의 인용문은 필요할 경우 엮은이의 직권으로 수정하고 완결시켰다. 엮은이가 인용한 문장이나 자료는 꺾쇠묶음표를 사용해 표시해두었다. 그 밖의 괄호 안에 삽입된 내용은 별도의 설명이 없는 한 마시 자신의 주석임을 밝힌다.

참고문헌과 인용문은 정확성과 완전성을 기하기 위해 1864년판과 함께 발행된 319점의 참고문헌 목록과 대조해 보정했다. 그러나 이것들은 실제 인용한 것 전체의 절반에 불과하며, 나머지는 쿠프만(H.L Koopman)이 편집한 『마시 도서관 목록』(*Catalogue of the Library of George Perkins Marsh*, Burlington, Vt., 1892)과 가능한 선에서 1882년 빌링스(Frederick Billings)가 버몬트 대학교의 윌버 도서관을 위해 매입한 마시의 도서자료를 가지고 교정했다. 1만 2,500여 점을 헤아리는 귀중한 서적과 팸플릿 자료를 이용할 수 있도록 허락해주고 많은 도움과 격려를 아끼지 않았던 바셋(T.D. Seymour Bassett) 씨에게 감사드린다.

1964년 5월
데이비드 로웬탈

인간과 자연

서문

이 책은 인간의 활동으로 인해 우리가 거주하고 있는 지구의 환경에 야기된 변화의 성격과 규모를 어렴풋이나마 알리고, 유기체와 무기체의 자연스러운 배열에 대대적으로 관여하는 일체의 작용에 대해 무분별한 행동이 초래할 수 있는 위험성과 함께 그에는 신중함이 요구된다는 점을 지적하기 위해 준비했다. 또한 교란된 조화를 회복하고 황폐해진 지역을 물리적으로 개선할 수 있는 가능성과 그러한 노력의 중요성을 제안하며, 나아가 풍요로운 자연에 의해 생을 유지하는 다른 생물체보다 인간이 더 강력한 존재라는 교리를 예시해보려는 목적도 가진다.

문명 초기 단계에서 인간은 식량과 의복을 마련하기 위해 자연상태에서 성장하는 동식물에 의존했으며, 그렇게 생산된 물품의 소비로 인해 생활필수품을 제공하는 생물 종의 수적인 감소가 초래되었다. 문명이 발전함에 따라 인간은 식용의 식물, 가금, 동물 등을 보호하고 증식시켰으며, 동시에 이들의 증식에 방해가 되는 천적에 대해 전쟁을 선포하기도 했다. 유기체 세계에 대한 인간의 이런 행동은 종들간의 균형을 깨뜨리고, 특정 종의 수를 감소시키거나 어떤 것들은 아예 멸종으로 내몰며, 또 다른 동식물의 수는 늘려놓는다.

농업과 목축업의 성장과 함께 인간은 광활한 면적의 지표를 덮고 있던 삼림을 침해함으로써 행동반경을 넓혀 나간다. 임야에서의 벌목으로 토양의 배수, 지형, 국지적인 기후에 변화가 초래되었다. 변화를 몰고 오는 힘으로서 인간이 지닌 중요성은 자신들의 실제적인 노력에 의한 그 어떤 결과보다도 지표상의 지리에 미친 영향을 통해 확연히 드러난다.

삼림에서 획득한 경지는 배수와 관개를 필요로 하며, 강기슭이나 해안지방에서는 하천수의 범람과 바닷물의 유입을 차단하기 위한 인공방비책을 강구해야 한다. 교역을 위해서는 하천개수와 항해에 필요한 인공수로의 건설이 요구된다. 따라서 인간은 내륙에 이미 건설한 그의 제국을 불안정한 수역으로 확장시키지 않을 수 없다.

해저의 융기 그리고 바닷물과 바람의 운동으로 광활한 모래퇴적층이 노출된다. 이 퇴적층들은 인간의 편의에 없어서는 안 될 공간을 침범하고 모래입자를 날려 바닷물로 인한 피해에 견줄 만큼 인간의 생활현장을 처참하게 짓밟는다. 그러나 한편으로 해안사구는 파도와 해류에 의한 해안의 침식을 막아주는가 하면 파괴적인 해풍으로부터 귀중한 토지를 보호해준다. 따라서 인간은 사구의 형성과 성장을 때로는 저지하고 때로는 촉진함으로써, 지표상의 다른 것들을 그렇게 했던 것처럼 바람에 날려 떠다니는 황량한 모래를 인간의 의지에 굴복시켜야 한다.

이와 같이 오래고 비교적 우리에게 낯익은 물질적 개선의 방법 외에도, 근대의 야망은 자연세계의 정복을 향한 더욱 원대한 성취를 갈망한다. 또한 지금까지 지표의 변형에 관여해왔던 대담한 일들을 능가할 많은 계획들을 숙고하고 있다.

인간의 행위에 의해 중요한 혁명적 변화가 가해졌고, 날로 늘어가는 인구와 자원의 고갈에 따라 물질에 대한 인간이성의 새로운 승리가 요구되는 여러 분야의 자연적 특성을 감안할 때, 전체적인 주제를 몇 가지로 나누어 살펴볼 것을 제안한다. 나는 인간이 물질세계의 각기 다른 영역에서 영향력을 확대해왔을 것으로 생각되는 몇몇 주제를 시간적인 순서에 맞추어 구분했다. 그런 다음에 서론에서 지표와 그 안에 살고 있는 생명체에 미친 인간의 영향과 그로부터 예상할 수 있는 결과에 대해 총괄적으로 설명했다. 이어지는 네 개 장에서는 생물계, 삼림, 수계, 모래에 미친 인간활동의 역사를 추적했으며, 결론부에서는 인간의 기술에 의해 예견되는 향후의 지리적 혁명에 대해 덧붙였다.

 책 곳곳에서 확인할 수 있듯이 이 책은 전문적인 자연과학자보다는 학식을 갖추고 관찰력이 있으며 숙고하는 일반인을 대상으로 했다. 아울러 나 자신을 포함해 여러 계층의 사람들이 충분하게 이해할 수 있도록 이론적인 추론보다는 현실적인 제안을 내는 데 주력했음을 밝혀두고자 한다.

1863년 12월 1일
조지 퍼킨스 마시

제1장 서론

로마 제국 영토의 자연적 이점

로마 제국은 최전성기에 자연으로부터 여러 가지 이득을 누릴 수 있는 지구상의 많은 지역을 영내에 두고 있었다. 지중해 연안의 크고 작은 분지에 자리한 각 지방은 신체에 활력을 가져다주는 온화한 기후, 비옥한 토양, 각양각색의 식생과 광물, 상품의 수송과 분배에 편리한 교통과 같이 신·구대륙 어느 지역에서도 누리지 못한 혜택을 입고 있었다. 수륙에서 제공하는 풍성함으로 인해 모든 물질적 욕구를 해결하고 감각적인 쾌락을 자유롭게 향유할 수 있었다.

금과 은은 귀금속 광맥이 풍부한 지역의 산업에 피해를 줄 정도로 다량 산출된 것은 아니었다. 하지만 교환의 매개로서 물가를 안정시키고 교역활동을 원활히 유지할 수 있는 적정량 정도는 광산과 하천변 사금광으로부터 확보했다. 미개한 동양세계의 자부심을 치장하는 진주, 루비, 사파이어, 다이아몬드의 경우, 정복활동과 부를 통해 물질적으로 풍요로운 삶을 누리는 데 필요한 모든 것을 가질 수 있었던 로마인의 호사스러운 생활의 일부이기는 했지만, 제국의 영토 안에서 쉽게 찾아볼 수 있었던 것은 아니었다. 그러나 이렇듯 유럽에서 상대적으로 보석이 귀했다는 사실은 곧, 기교를 지닌 고대의 예술가들로 하여금 전문가의 눈으로 보아도 동양의 찬란한 보석의 광채를 능가할 정도로 아름답게 조각된 마노와 홍옥수를 대신 남기게 한 배경이 되었다.

이러한 다양한 축복 가운데 기온, 강수의 분포, 수륙의 상대적 비율, 해양의 풍성함, 토양의 조성, 세공용 원료 등의 측면은 실로 과분한 선물과도 같았다. 하지만 유럽, 서아시아, 리비아의 자연 그 자체가 이들 지역에 살고 있는 문명인을 먹여 살리거나 옷을 입혀준 것은 아니었다. 빵 한 조각이라도 땀을 흘린 이후에나 먹을 수 있었던 것이다. 모든 것은 힘들게 일을 해서 얻었다.

그러나 아무리 노력한다고 해도 로마 제국만큼 충분한 보상이 뒤따른 곳은 없었다. 어느 지역에서도 주어진 지적인 노력을 통해 물질적 삶에 소중한 것들을 그렇게 풍부하고 다양하게 만들어내지는 못했기 때문이다. 라인 강 연안에서 나일 강변에 이르는 들녘에 넘실대는 풍성한 곡물, 시리아, 이탈리아, 그리고 그리스의 언덕을 수놓은 포도나무, 에스파냐의 올리브, 그리스신화에 나오는 헤스페리데스(Hesperides) 낙원의 과수, 고대 촌락농업에 수반된 가축과 가금류 등 이 모든 것들은 원산지로부터 이식되어 새로운 풍토에 적응하면서 인간의 기술로 점차 성숙될 수 있었다. 이는 수백 년에 걸친 끈질긴 노력을 통해 야생의 식생을 제거한 뒤 보다 풍요로운 성장을 기약해줄 생산을 위해 땅을 변화시키는 과정에서 이루어졌다.

인간의 손길이 닿지 않은 자연이 줄 수 있는 유일한 것은 아름다운 경관에 대한 감정이다. 사실 세련된 향락을 안겨주는 원천이 주변에 보편적으로 존재하는 지금에는 자연이 지닌 가치가 반감된 듯하다. 모든 대지가 순결할 수 있었고, 또 그리스와 로마인들이 촌락과 산지경관의 매력에 생기를 불어넣는 외부 세계라 할 수 있는 자연에 연민의 정을 느낄 수 있었던 것은, 대지가 애초의 모습을 간직했던 초기 단계였다. 시간이 지나 플랜테이션, 화려하게 장식된 건축물, 기타 그림같이 아름다운 발전의 흔적으로 경관의 광채가 더해졌을 때, 그리스와 로마의 시인들은 과도한 현란함에 눈이 부신 나머지 급기야 자연의 미에 무감각해졌다. 그 자연의 아름다움은 일생동안 일상적으로 접해온 까닭에 매력에 무디어진 일부를 제외하면 시들해진 상태에서도 지금 모든 이의 눈을 매혹시키고 있다.

로마 제국과 구대륙 여타 지역의 자연의 쇠락

내가 지금 이야기하고 있는 나라의 현 자연조건, 그리고 고대의 역사 학자나 지리학자가 인간의 필요에 부응할 수 있었던 예전의 풍요로움 과 전반적인 가능성에 대해 설명한 내용을 상호비교해보자. 그러면 자 연 그대로의 산물과 재배작물이 풍성했고 주민의 경제적·사회적 발전 이 두드러졌던 지역을 포함해, 아마도 절반 이상의 지방이 문명인들로 부터 버려졌거나 절망적으로 황폐해졌다는 사실을 알게 될 것이다. 아 니면 적어도 생산성과 인구의 측면에서 현저하게 위축되었을 것이다. 광활한 면적의 삼림이 산등성이와 산기슭에서 사라져버리고, 낙엽과 나뭇가지가 썩어 수목 하부에 부엽토로 쌓이며, 삼림을 감싸고 있던 고 산초지의 토양과 경지의 옥토는 쓸려 나갔다. 한때 관개수를 공급받아 비옥했던 초지는 수로에 물을 공급하던 수조와 저수지가 파손되면서 불모지로 변했다.

샘들은 고갈되고 역사이야기와 전해오는 노래 속에서 유명했던 강물 은 작은 시내로 바뀌었으며, 개울을 따라 자라면서 둑을 보호하던 버드 나무는 사라져버렸다. 연중 물이 마르지 않던 시내는 하류에 닿기도 전 에 여름가뭄에 증발하거나 바싹 마른 땅으로 흡수되어 흐름을 멈추고 말았다. 개울바닥은 자갈과 조약돌이 드넓게 펴져 무더운 계절에는 발 에 물을 묻히지 않고 건너다닐 수 있지만, 겨울우기에는 급류가 바다처 럼 큰 소리를 내며 내달렸다. 가항수로의 입구는 모래로 막혀 한동안 상업이 번창했던 많은 포구들이 메워졌다. 그리고 하천이 흘러들어 가 는 만입부 해저층의 상승에 이어 유속이 감소하면서 광활한 면적의 얕 은 바다와 비옥했던 저지대는 황량하고 유독한 저습지로 탈바꿈했다.

북아프리카, 아라비아 반도, 시리아, 메소포타미아, 아르메니아, 소아시아, 그리스, 시칠리아, 이탈리아와 에스파냐 일부 지역의 비옥했던 과거를 말해주는 역사의 직접적 증언 외에도, 광범위하게 남아 있는 유적과 내지개발의 흔적들은, 지금은 황량하기만한 지역에도 한때는 많은 사람들이 북적댔다는 사실을 전해준다. 그 많던 인구는 우리가 현재 알고는 있으나 그 잔적을 거의 찾아볼 수 없는 비옥한 토양에 의해서만 유지되었을 것으로 보인다. 지금은 한 개 연대에서 필요로 하는 꼴조차 공급하지 못하지만 과거에는 기름진 토양에서 풍성한 결실을 기대할 수 있었기 때문에, 고대 페르시아군, 십자군, 타타르군이 이 지역을 가로질러 긴 행군을 단행했을 때에도 잘 조직된 병참부대 없이 충분한 양의 보급품을 확보할 수 있었다.

당시 로마 제국에서 가장 비옥하고 풍요롭던 지방은 기원을 전후한 시점에서 최상의 토양, 기후, 위치 등의 조건을 구비한 영역이었다. 이미 물리적 개발이 크게 진행되었고 고도의 세련미와 교양을 갖춘 사람들이 거주해 생을 즐길 수 있을 만큼 자연과 인문적 상황이 최상의 조합을 이룬 곳이기도 했다. 그런데 총체적인 파괴를 면할 수 있었던 일부 특혜받은 오아시스 지역을 제외하면 이제는 완전히 황폐해져 더 이상 문명인을 먹여 살릴 수 없게 되었다. 여기에 한때 넘쳐 나던 젖과 꿀을 가지고 수많은 사람들을 부양했으나 지금은 척박해진 페르시아와 원동 지역을 덧붙여보자. 그럴 경우 지난 수백 년 동안 풍요 속에서 현재의 기독교권에 거주하고 있는 사람들보다 결코 적지 않은 인구를 부양했던, 유럽 대륙의 면적을 능가하는 넓은 땅이 이제 무용지물이 되어버린 것을 알게 될 것이다. 또는 기껏해야 극소수의 부족만이 거주하고 있고 잉여산물은 거의 없으며 문화적으로나 사회적으로 뒤쳐져 인류의 행복을 위한 도덕적, 물질적 증진에 별다른 기여를 하지 못하게 되었다는 것도 말이다.

쇠퇴의 원인

한때 번영했던 나라들이 쇠퇴한 것은 부분적으로는 우리가 저항할 수 없고 통제할 수 없는 지질학적 요인이나 호전적인 인간의 폭력에 기인한다. 하지만 보다 근본적으로는 자연의 법칙을 무시해버린 인간의 무지, 전쟁, 또는 정부와 교회의 독재와 학정으로 인한 우연한 결과다. 자연의 법칙에 대한 무지에 이어 카이사르의 위대한 제국 절반을 황폐화시키고 노화시킨 원인은 먼저, 로마가 정복했던 왕국에서는 물론 심지어 이탈리아 영토 안에서 자행된 잔악하고 파멸적인 전제정치다. 그다음으로는 넓은 관할지를 재앙으로 몰아넣고 정복된 나머지 지역에 폭력과 사기의 형태로 상시로 가해져 그 여운이 지금까지 남아 있는 정신적인 학대다.[1]

인간은 폭압과 자연의 파괴적인 압력을 동시에 견디어낼 수 없다. 이 두 가지가 복합적으로 가해질 때 인간은 저항을 해보지만 결국에는 굴복한다. 그리고 원시림으로부터 확보한 경지도 본래대로 야생의 울창한 모습을 되찾기는 하나 비생산적인 숲이 되거나 메마른 황무지로 전락한다.

로마는 농촌지역에서 생산된 농산물에 다 팔아도 충당할 수 없을 정도의 무거운 세금을 부과했으며, 대부분의 일손을 군인으로 징발해가고 농민들을 강제노역에 동원해 굶주리게 했다. 또한 로마는 과도한 규제와 불합리한 법률로 상공업을 억눌렀다. 결과적으로 넓은 면적의 토지는 휴한지가 되거나 진황지로 바뀌었다. 나아가 자연이 애초에 부여해주었고, 순리에 따라 영농을 시행했을 당시 인간의 창의력으로 다소 효율적인 대안을 강구할 수 있었던 보호장치를 상실함으로써 지표에

---

1) Jerôme Adolphe Blanqui, *Précis élémentaire d'économie politique, suivi du résumé de l'histoire du commerce et de l'industrie*, 2nd ed., Paris, 1857, p.156; Louis G.L.G. de Lavergne, *Economie rurale de la France depuis 1789*, 2nd ed., Paris, 1861, p.104.

엄청난 에너지로 가해지는 모든 파괴적인 힘에 노출되었다.

이와 유사한 종류의 자연에 대한 학대로 인해 재앙은 후대까지 계속되었다. 유럽에서 가장 많은 사람들이 거주하고 있는 지역에서조차, 균형 잡힌 자연이 모든 생명체에게 유익하기 때문에 그것이 교란되었다면 반드시 조화를 되찾아주어야 한다는 사실, 그리고 구세대의 낭비와 방탕이 뒷세대에게 지운 대지에 대한 채무를 변제함으로써 자연을 이용할지언정 과도하게 부리지 않는다는 종교적, 현실적 지혜의 지침을 완수할 수 있다는 사실에 대중적인 자각이 일게 된 것은 극히 최근의 일이다.

신 지리학파

훔볼트(Alexander von Humboldt), 리터(Karl Ritter), 기요(Arnold Henry Guyot), 그리고 이후의 학자들의 노력으로 지리학은 선학들이 이룩했던 것보다 철학적으로 깊이가 더해지고 상상력이 풍부해지게 되었다. 신세대 지리학자가 이 매력적인 학문의 연구자에게 던진 가장 흥미로운 추론은 아마도 지표의 형상, 수륙의 분포, 윤곽, 상대적 위치 등과 같은 자연적인 조건들이 인간의 사회적인 삶과 발전에 얼마만한 영향을 미쳤는가의 문제와 관련된 것이라 하겠다.

자연에 대한 인간의 대응

그러나 앞서 살펴보았듯이 인간은 유기체이자 무기체인 자연에 대응해왔으며, 그의 고향인 지구의 물질적 구조를 결정한 것은 아니라 하더라도 변형시켜왔다. 그러한 대응에 대해 검토해보는 것은 순수하게 자연에 관한 여러 가지 문제의 논의를 포함해 정신과 물질 간의 관계를 이해하는 매우 중요한 일이다. 비록 적지 않은 지리학자들이 그 문제를 간간이 타진해보고, 특정 부문에서의 인간의 노력에 대해 그리고 인간의 행위로 인한 구체적인 결과에 대해 자세히 다루어보기도 했지만, 내가 아는 한 전반적으로 그것은 별반 관심사가 못 되었고 과학적인 조사자에 의한 역사적인 연구거리도 아니었다.[2] 사실 인간의 생활에 미치는 자연지리의 영향이 철학적 연구의 한 분야로서 직시될 때까지 그와 같은 사항을 규명하려는 동기는 없었다. 그리고 우리의 신체적, 도덕적, 지적 존재양식이, 신의 섭리에 따라 지명되고 우리 자신이 실질적으로 거주하기 위해 가꾸어온 자연이라는 고향의 속성에 어떻게 영향을 받고 있는지 밝혀진 연후에라야, 우리가 살아가야 할 땅을 우리 자신이 설계한다거나 또 그것이 가능한지 묻는 것이 바람직했다.[3]

이 문제를 논의하는 데 과학적인 방법을 원용하는 것은 시기상조며 자신 있게 의견을 개진할 수 있을 만큼 충분한 사실을 구비하고 있지도 않다. 이 주제에 관한 체계적인 관찰은 아직 시작되지 않았고, 기록으로 남아 있는 산발적인 자료는 전혀 수집되지 않았다. 그것은 자연과학의 전체적인 구도에서 벗어나 있으며, 단지 제안과 추론의 문제일 뿐이지 정설로 인정하거나 그럴 가능성이 큰 결론의 문제는 아니다. 그러므로 현 시점에서 내가 기대하는 바는, 인간의 행동이 우리가 살고 있는 지구의 자연환경에 미친 영향이 최악의 재앙 또는 최선의 이익이 되었다거나 앞으로 그렇게 될지 모를 방향과 양상을 보여줌으로써, 경제적으로도 상당히 중요한 이 주제에 대해 관심을 불러일으키는 정도다.

자연의 관찰

지금까지 내가 글로 남겨왔고 쓰고자 했던 모든 것과 마찬가지로 이

---

2) Karl Fraas, *Klima and Pflanzenwelt in der Zeit: ein Beitrag zur Geschichte Beider*, Landshut, 1847.

3) François de Vallès, *Etudes sur les inondations, leurs causes et leurs effets*, Paris, 1857, pp.441~477; J.B. Cantégril, F. Jeandel and L. Bellaud, "Etudes expérimentales sur les inondations", *Comptes rendus······ de l'Académie des Sciences*, 51(1860), pp.1011~1015.

장에서는 호기심을 채워주기보다는 오히려 그것을 자극하려고 한다. 그리고 나는 독자들이 살펴보고 생각할 수 있는 노동의 기회를 빼앗고 싶지는 않다. 왜냐하면 노동은 곧 삶이고 "기력을 사용하지 않았을 때 죽음이 살아나기 때문이다."[4] 자기 자신은 곧 스승이고 자신이 체득한 교훈은 최상의 결실이다. 내가 지금 논의하고 있는 주제는 아직 정식으로 교육되고 있지 않기 때문에, 관심을 가진 사람들은 다행스럽게도 선생님 없이 스스로 알아가면 된다.

자연철학자, 서사시인, 화가, 조각가, 그리고 일반인에게 자신을 계발하기 위한 가장 중요하면서도 얻기 어려운 힘은 곧 자신 앞에 놓여 있는 것을 보는 것이다. 시각은 재능이고 보는 것은 기술이다. 눈은 신체에 딸린 것이지만 자율적으로 움직이는 기관은 아니며 대체적으로 오직 찾고자 하는 것만 본다. 눈은 거울과도 같이 눈앞에 나타난 물체를 비추지만 거울과 마찬가지로 무감각하며, 또 비추는 것을 반드시 감지할 필요는 없다. 눈의 순수한 물질적인 감성을 발전시키고 계발할 수 있는지 여부에 대해서는 반론의 여지가 있다. 전문가에 따르면 우리의 감각기관 어느 것도 활용을 통해 그 자연적인 예리함을 더할 수는 없다고 한다. 따라서 망막에 맺힌 상의 가장 세밀한 부분은 최고로 훈련된 기관에서와 마찬가지로 훈련되지 않은 기관에서도 거의 완벽하게 잡힌다.

이에 대해 다른 의견도 있을 것이다. 실제로 많은 사람들이, 다양하게 인식하고 신속하게 분별해내는 능력은 체계적인 훈련을 통해 무한정 신장될 수 있다는 점에 뜻을 같이한다.[5] 나는 이렇게 눈을 훈련하는 것을 권하고 싶다. 현자에게는 태어나서 죽을 때까지 배움의 현장이라

4) G.C. to Sir Walter Raleigh, "De Guiana Epicum", in Richard Hakluyt, ed., *Voyages, Navigations, Traffiques, and Discoveries of the English Nation*, London, 1600, III, p.670.

5) Jacques Babinet, *Etudes et lectures sur les sciences d'observation et leurs applications pratiques*, Paris, 1863, VII, p.84; Robert C.B. Avé-Lallemant, *Die Benutzung der Palmen am Amazonenstrom in der Oekonomie der*

할 수 있는 우리의 세속적인 삶 속에서, 자연에 대한 연구에는 도덕적이고 종교적인 교리 다음으로 시각의 활용이 중요한 실질적인 교훈이 된다고 생각한다.

지표에 대한 실제적인 관찰을 포함해 자연지리에 관한 연구는 모든 사람에게 눈에 대한 최상의 전체적인 훈련기회를 제공한다. 학식 있는 대부분의 사람들조차 자연과 관련된 지식분야에서 피상적으로 접하는 것 말고 다른 것들을 알아낼 시간도 방법도 가지고 있지 않다. 자연과학은 너무 방대하며 기록된 사실과 풀리지 않은 문제들이 너무 많다. 그렇기 때문에 엄밀히 말해 과학자라고 불리는 사람은 전문가여야만 하고 일생의 연구분야를 상대적으로 좁혀서 수행해야만 한다.

제안자로서 내가 추천하려는 연구는 교양인이라면 누구나 갖추고 있는 폭넓은 일상적인 관점을 가지고 임할 수 있다는 점에서 확고히 자리가 잡힌 분야는 아니다. 또한 다년간의 응용을 통해서만 완전히 깨칠 수 있는 그러한 전문적인 지식을 요구하지도 않는다. 이 분야에는 누구라도 참여가 보장된다. 여행가, 농촌경관을 사랑하는 사람, 농민 등 시각이 주는 선물을 현명하게 사용할 줄 아는 사람이라면 모두가 이 한 가지 주제에 관한 우리 공동의 지식에 소중한 기여를 할 수 있을 것이다. 독자에게 확신하건데, 이는 오랫동안 간과되어오다 지금에서야 자연스럽게 제기되지만 무척이나 중요하고 동시에 매우 흥미로운 연구영역이라 할 수 있다.

천문·지질적 영향

기온과 밤낮의 길이의 변화를 수반하는 계절의 순환, 지역별로 상이한 기후, 대기와 해양의 일반적인 상태와 움직임 등은 대부분 천문학적

Indianer, Hamburg, 1861, p.32; Hensleigh Wedgwood, *A Dictionary of English Etymology*, vol. I, New York, 1862, p.33; Timothy Titcomb, *Lessons in Life*, New York, 1861, xi.

인 요인에 좌우되며 따라서 우리가 다룰 수 있는 범위를 벗어나 있다. 지표의 고도, 형태, 조성과 수륙의 규모 및 분포는 지질학적 영향에 의해 결정되며 동일하게 우리의 권한 밖에 있다. 그러므로 인간이 활용하고 향유하는 데 대한 지구 여러 곳의 자연적 적응은 인간의 능력을 뛰어넘는 차원의 사안인 듯하다. 그러하기에 우리는 단지 지리적인 자연만을 인정하고 자연이 자진해서 우리에게 제공하는 땅과 하늘에 만족할 수밖에 없다.

인간의 지리적 영향

인간의 행위에 따른 결과와 전적으로 지질학적 원인에 의한 결과를 구별하는 것이 어렵다 하더라도 한 가지 분명한 것은 인간이 지표의 형태를 형성하는 데 깊이 관여했다는 사실이다. 교란에 연관된 요인들의 비중을 측정할 수 없고 그들 상호간에, 아니면 그 밖의 확인이 어려운 원인들 사이에 어느 정도의 보상이 있었는지는 알 수 없다. 하지만 삼림파괴, 호수와 습지의 배수, 영농과 산업 활동 등으로 대기의 습도, 온도, 전기, 화학적 상황에 변화가 초래되었다. 인간이 향후 그 조화를 교란시키게 될 자연이라는 무대에 출현했을 때, 지구상의 무수한 동식물이 인간의 행위로 인해 수적인 비율 및 형태와 소산에서 큰 변화를 겪었고 경우에 따라서는 멸종에 이르렀다는 사실 또한 확실하다.

인간에 의해 초래된 자연환경의 급격한 변화가 전적으로 인간의 이해에 반하는 것은 아니다. 영양분을 함유한 식물이 자라날 수 없는 토양, 혹독한 기후조건으로 많은 것들이 부족해진 상황에서 사람들이 생을 이어가고 안락을 추구하는 데 필요한 물품이 거의 생산되지 못하던 지역, 거칠기 이를 데 없고 갈아엎기 힘든 지표면, 다른 지역과의 소통이 매우 어려웠던 지역 등등이 현대에 들어 모든 물질적 필수품을 생산, 분배하여 문명생활의 감각적 즐거움과 편의에 기여했다.

스키타이, 극북지방, 영국, 독일, 골 등 로마의 작가들이 탐탁지 않게 묘사했던 지역들이 이제는 이탈리아 남부의 풍요로움에 필적할 정도로 탈바꿈했다. 고대 그리스, 시리아, 북아프리카에서 갈증을 해소시켜주었던 기름과 포도주의 샘이 말라버리고 비옥했던 토양이 메마른 사막으로 바뀌어갔다. 그동안 유럽의 극북에 해당하는 이들 히페르보레오스 지역은 혹독한 기후를 극복하고 온갖 자연의 혜택에도 그 옛날 세계의 곡창이 결코 누려본 적이 없었던 물질적 풍요를 달성했다.

천당과 지옥을 넘나드는 이러한 변화는 지구의 급격한 변동에 기인한 것은 아니고, 전적으로 인류의 정신적이고 육체적인 행위 또는 무위 때문만도 아니다. 더더구나 지금 각 지역에 살고 있는 인종에 원인을 돌릴 수도 없다. 이는 여러 세대에 걸쳐 다양한 요인이 복잡하게 작용한 결과라고 볼 수 있다. 무분별하고 방탕하며 무자비한 폭력이 난무하는 지역이 있는가 하면 혜안을 가지고 지혜롭게 보존해가는 건실한 지역도 있다.

이들 변화를 모든 문명에서 보편적으로 나타나는 경제활동과 사회적인 삶, 즉 과일을 재배하는 데 필요한 토양을 덮고 있는 삼림을 제거하고 지표수를 배수함으로써 생산적으로 활용하기에는 너무 습한 이곳저곳의 토지를 건조하게 만들며, 야생의 비생산적인 식생을 영양이 풍부한 작물로 대체하고, 도로·운하·항구를 건설하는 등 제반 활동의 계산된 그리고 의도했던 결과로 보는 한, 지리보다는 농업경제, 상업경제, 정치경제의 영역에 포함시키는 것이 타당하다. 수지타산이 아닌 자연을 염두에 둔 우리의 관심영역에 그러한 변화들은 단지 우연하게 포함될 뿐이다. 나는 인간이 원래 의도했든지 아니면 대개의 경우 그러하듯 지협적이고 현실적인 필요에 의해 자연스럽지만 예측하지 못한 행위의 결과로서 땅과 하늘과 바다에 초래해왔고 바로 지금도 유발하고 있는, 보다 원대하고 영속적이며 포괄적인 변화만을 살펴볼 것을 제안한다.

지금까지 파생된 지리적 변화의 규모를 정확히 알아내는 것은 앞서 말한 대로 어려우며, 현재 그와 관련해 우리가 가지고 있는 것이라고는 양적인 분석이 아닌 질적 분석을 위한 수단뿐이다. 그와 같은 혁명적인 변화에 관한 사실은, 역사적 증거와 아울러 먼 과거에 분명히 있었을 인간행위와 유사한 작용에 의해 현 시대에 발생한 결과로부터 도출한 연역적인 추론에 의해 밝혀진 것이다. 양자 모두 정확도에서는 조금씩 결함을 가진다. 연역적 추론은 너무나 명확해서 달리 특별한 설명을 필요로 하지 않는다는 일반적인 이유 때문이다. 또 역사적 증거는 입증하려는 사실이 기후변화와 같은 자연연구 분야에서 엄밀한 과학적 관찰의 관행과 수단이 도입되기 이전에 발생했다는 데 맹점이 있다.

기상학적 지식의 불확실성

열, 습도, 압력, 강수량 등을 측정할 수 있는 방법을 고안한 것은 극히 최근의 일이다. 그러므로 고대의 자연과학자들은 기온이나 압력과 관련된 어떠한 기록도 남기지 않았다. 강수, 수분의 증발, 물의 유동에 대한 표라든지 해안선과 하천의 유로를 정확히 그려놓은 지도도 사정은 마찬가지다. 남아 있는 것이라고는 이례적으로 높거나 낮았던 기온, 전례 없는 폭우, 폭설, 홍수, 가뭄 등 이상기후 현상에 국한되어 있다. 현재보다 두 세기 이전 시대의 지구의 기상상황에 대한 우리의 지식은, 그와 같이 불완전한 사실, 고대의 역사학자나 지리학자가 하천의 유량 및 삼림과 경지의 상대적 규모에 대해 진술한 내용, 구세대의 농업과 촌락경제의 역사가 제공하는 정황적 증거, 그리고 기타 일상적인 정보원에서 얻어진 것이다.

끝에 제시된 정보원과 관련해 새롭게 개척된 연구분야를 추가할 수 있다. 이 연구분야로부터 우리가 지금 살펴보고 있는 사항에 관한 사실을 수합할 수 있는데, 지층에서 인간의 존재를 밝혀줄 수 있는 흔적보다 더 오래된 유물을 찾아내는 작업이 그것이다. 고대의 호수변 거주를 말해주는 도구, 음식물 잔해, 기타 생활유품 등 스위스의 출토품, 덴마크의 쓰레기더미와 북유럽 여러 나라의 이탄 이끼(peat mosses)더미에서 발견된 진기한 유물, 프랑스와 북해 해안에서 사구의 이동으로 드러난 주거지와 경제활동의 흔적, 북해 연안에서 로마 제국 당시 인위적으로 조성되었을 것으로 추정되는 고분의 발굴품 등을 예로 들 수 있다.

이상의 유물들은 점거한 지역의 역사가 시작되기 전에 사라져버려 기록이 남아 있지 않은 종족에 대한 기념물이다. 층위에서 유물과 함께 발견된 동식물 잔해는 당대 사람들의 생업과 밀접하게 관련되어 있고 필요에 충당되었음이 분명하기 때문에 시기상으로 공존했던 것이 확실하다. 발굴된 동물은 현재 찾아볼 수 없는 멸종된 부류인 경우가 있는가 하면, 동식물 모두 다른 지역에서는 발견되지만 유적이 발견된 지역에서는 더 이상 존재하지 않는 경우도 있다. 제작연대나 문명의 시기를 알 수 있는 유물의 특성과 비교하는 방법으로 새로 발견된 유물의 연대를 추정할 수 있다. 또한 함께 발굴된 식생의 유해로부터 생존 당시 중부 및 북부 유럽의 기후를 유추할 수 있다.

그러나 이러한 추정을 내리는 데에는 항상 오류의 소지가 있기 마련이다. 예를 들어 소택지에서 여러 개의 목재를 연결해 쐐기로 고정시킨 목선을 발굴했을 경우 선체와 함께 발견된 용기, 유골, 도구들은 철이 사용되지 않은 시대에 속한다고 추론할 수 있다. 그러나 선박을 제조할 때 금속을 사용하지 않았다는 단순한 사실만으로 내린 그 결론은 정당화될 수 없을 것이다. 왜냐하면 오늘날에도 누비아인은 여섯 명 정도를 태우고 나일 강을 건널 수 있는 범선을 건조하는 데 작은 아카시아 나무와 쐐기만을 사용하고 있기 때문이다.

돌화살촉과 돌칼이 여타 인간생활의 증거물과 함께 출토되었다고 해서 인류의 역사가 오래되었음을 말해주는 확실한 증거는 될 수 없다. 라이엘은 몇몇 동양사회의 부족의 경우 각종 예술품에서 철기를 사용하던 인근의 강력한 제국이 3,000년 동안 번성한 이후에도 여전히 자신의 선조들이 사용했던 것과 똑같은 석기를 사용하고 있다고 전한다.[6] 북미 인디언들도 지금까지 돌이나 유리로 만든 무기를 제조해 사용하고 있는데, 유리의 경우 두꺼운 병 밑바닥을 손쉽게 떼어내 무기

제작에 활용한다.[7]

또한 미개한 부족들 사이에 교역관계가 있어왔다는 사실에 대한 무지에서 오해가 생길 수도 있다. 질투와 전쟁이 계속됨에도 지극히 원시적인 민족도 때때로 멀리 떨어진 곳에서 생산되는 물품을 교역한다. 오하이오의 고분군에서는 바다에서 산출되기 때문에 멕시코 만이나 심지어 캘리포니아로부터 유입되었을 것으로 추정되는 진주가 발견되었다. 같은 장소에서 찾아낸 칼과 담배파이프는 현지에서 생산된 물품과 맞바꾸어 먼 지역에서 들여온 재료로 만들었다. 생선, 육류, 조류를 말리고 훈제해 보관하는 기술은 역사가 오랠 뿐더러 멀리까지 전파되기도 했다.

롱아일랜드 만의 인디언들은 잡은 조개 등을 말려 내륙의 인디언들과 교역했다고 한다. 페로 제도와 오크니 제도 주민들은 이웃한 본토 해안지역에서와 마찬가지로 일찍부터 야생조류와 기타 육류를 훈제해 왔다. 따라서 내가 앞에서 이야기한 유적에서 발견된 동·식물성 음식물의 잔해는 소비지에서 멀리 떨어진 지역에서 수입되었을 가능성이 있다.

고전작가들이 작물의 성장에 대해 기록한 글에는 고대 유럽과 아시아의 기후에 관련된 신빙성 있고 중요한 결론이 들어 있지만 이 또한 완벽하다고는 할 수 없다. 왜냐하면 그리스와 로마의 농민들에게 알려진 식물과 현재 그것에 가장 유사하다고 생각되는 식물의 품종이 실제로 일치하는지 확신할 수 없기 때문이다. 그 외에도 서로 다른 지역에서 오랫동안 자라온 야생식물이 작물화된 이후, 성장에 적합했던 20년

---

6) Charles Lyell, *Geological Evidences of the Antiquity of Man*, London, 1863, p.377.

7) Edward G. Beckwith, "Report of the Line of the Forty-first Parallel of North Latitude", in U.S. War Department, *Reports of Explorations and Surveys to Ascertain the Most Practicable and Economical Route for a Railroad from the Mississippi River to the Pacific Ocean*, 12 vols., Washington, D.C., 1855~60, II(1855), p.43.

전의 기온 및 습도 조건과 현재의 그것이 서로 다른데도 생장행태는 크게 바뀌지 않았으리라고 보는 데에는 의문의 여지가 있다.[8]

식물의 종, 품종, 행태에서 고대와 현대의 상황이 일치한다고 가정하더라도 오늘날의 식물이 2,000년 전에 풍성하게 자라나던 그 지역에서 자랄 수 없다는 사실로 기후의 변화를 단정지을 수는 없다. 기후변동은 토양의 고갈이나 토양이 통상적으로 함유한 습기가 달라져 초래될 수도 있다.[9] 특정 지역에서 삼림을 완전히 또는 부분적으로 제거하여 경작지로 활용한 이후에 이어지는 토양의 건조화는 조건만 부합한다면 여러 세대는 물론 여러 시대 동안 계속된다.

어떤 경우에는 무분별한 영농이나 수로의 이동 또는 매립으로 습도가 크게 상승하기도 한다. 토양 내 습도의 증가나 감소는 비록 대기 중에서 수은주의 등락을 감지할 수 없을 정도로 미미할 수 있다. 하지만 거의 필연적으로 동·하계의 열 그리고 평균기온은 아니더라도 최고 및 최저 기온의 변동을 수반한다. 토양의 습도와 기온의 변동 같은 원인은 야생식물과 재배작물의 성장에 영향을 미친다. 결과적으로 기온, 강수, 증발에서 뚜렷한 변화 없이도 특정 식물은 한때 잘 자라던 곳에서 성장할 수 없게 된다.

우리는 현재 많은 인구가 거주하고 측량도구와 유능한 관측자가 있는 지역에서조차 그 평균기온, 최고 및 최저 기온, 강수, 증발 등에 대해 아는 바가 거의 없다. 과학이 발전해오면서 과거의 관측방법상의 결함이 속속 드러나고 있다. 힘들게 작성된 많은 기상현상 표들도 오류투성이어서 쓸모없어졌다. 왜냐하면 정확한 결론을 끌어내기 위해 필요한 몇 가지 조건들이 무시되었기 때문이다. 따라서 표에서 자료를 얻어내는 것은 활용하지 않는 것만 못한 상황이다.

---

8) J.J. von Tschudi, *Travels in Peru, during the Years 1838~1842*, trans. Thomasina Ross, new ed., New York, 1848, p.125.

9) Lavergne, *Economie rurale de la France*, pp.259, 291; Thomas Fuller, *The History of the Worthies of England*, London, 1662, II, pp.57~58.

비근한 예로, 관측소의 위치를 조금만 바꾸어도 기온과 강수의 관측 결과는 큰 영향을 받는다. 원래의 장소에서 수백 야드 떨어진 곳으로 온도계의 위치를 바꾸어놓았더니 5도 때로는 심지어 10도의 차이가 났다. 그리고 파리의 관측소 지붕에 내리는 연 강수량이 바로 옆의 지표면에 떨어지는 양보다 2인치가 적었다는 사실에서 측우기의 위치가 계측에서 아주 중요한 요소였음을 알 수 있다. 여러 국가의 기온과 강수의 상황, 간단히 말해 기후에 관한 결론을 이끌어내는 데 필요한 자료는 도시 또는 구역 내 상당한 거리를 두고 떨어져 있는 단일 관측지점에서 얻어진 것임을 알 수 있다. 각종 오류와 사고는 상호정당화하려는 경향을 가지기 때문에, 잘못 작성된 표로부터 이끌어낸 결론은 우리가 달리 느낄 수 없도록 큰 확신을 부여한다. 그러나 좁은 범위 내에서 관측소를 바꾸어가며 여러 차례 관측한다면 상당 부분 바로잡을 수 있을 것이다.[10]

이 문제와 관련해 대단히 중요하지만 직접 관찰하는 것이 어렵기 때문에 자연과학의 여타 문제보다도 연구가 지지부진한 분야가 있다. 강수, 지표유출, 흡수, 증발 사이의 비율이 바로 그것이다. 단위 면적당 이들 지표의 정확한 양을 측정하는 것은 불가능하다. 그래서 수차례 걸친 실험을 통해 관측이 행해진 지표면이 자연 그대로의 상태와는 아주 달라 우리는 특정 상황에 기초하여 다른 상황을 추론할 수 없었다.

자연상태에서 대지의 경사, 지표면의 자유도 또는 방해도, 물의 침투력, 습기의 흡수, 저장, 발산력 등을 좌우하는 토양의 조성과 밀도, 토양의 온도, 하부 토양의 건조도와 포화도 등은 비교적 짧은 거리 내에서도 달라진다. 그리고 작은 유역분지로 내리는 비와 분지에서 흘러나오는 유출량은 비교적 정확하게 추정할 수 있다. 하지만 여기서조차 지

10) Mary Somerville, *Physical Geography*, 5th ed., London, 1862, p.229; Charles Richardson, *A New Dictionary of the English Language, Combining Explanation with Etymology*, new ed., London, 1856, I, p.637; II, pp.1349, 1781, 2177.

표에 흡수된 물 가운데 어느 정도가 증발되어 대기 중에 다시 집적하고 어느 정도가 지하수로 빠져나가는지 알아낼 방도가 없다. 따라서 넓지 않은 면적의 땅에서 관측한 현상을 한 지방 전체의 기상을 추론하는 근거로 사용하고자 할 때, 신뢰할 만한 보편적 결론을 이끌어내는 데에는 자료로서 충분하지 않은 것이 분명하다.

전 세계의 국가 또는 비교적 좁은 지역의 기후를 논의할 때 다음의 내용에 대해서는 어느 것 하나도 자신 있게 말할 수 없다. 대기로부터 받은 물에서 어느 정도가 증발되는지. 대지로부터 얼마가 흡수되고 지하수로를 통해 얼마나 운반되는지. 어느 정도의 물이 하천의 유로를 따라 바다로 흘러들어 가는지. 단위면적의 수목, 단경초, 장경초에 의해 얼마의 물이 지표와 대기로부터 흡수되는지. 기온, 압력, 습도의 각 조건이 서로 다른 상황에서 식생피복지와는 조직과 조성이 다른 나지에서 방출되는 수분은 얼마가 되는지. 상이한 피복상태에서 물, 얼음, 눈으로부터의 증발량은 얼마인지. 사람들이 거주하고 있는 너무나 잘 알려진 지역에서도 이들 기후현상에 대해 잘 모른다고 한다면, 멀리 떨어진 이국적이고 미개한 지역에 대해 채택된 것은 고사하고, 동일 지역으로서 보다 자연상태에 가까웠던 과거에 적용되는 이론적 추론 역시 신뢰할 수는 없다.

인간이 지표에 미친 기계적 영향

인간의 행동이 지표에 미친 기계적 영향을 조사하는 것은 조금은 부담이 덜하고 미묘한 현상을 적잖이 피해갈 수 있으며 다루기도 수월하다. 어떤 경우에서는 현저한 자연적 변화가 농업과 여타 물질적 영역에서의 인간노동에 의해 초래된다는 사실을 구체적으로 보여줄 수 있고 또 확실한 추론도 가능하다. 따라서 이 책의 주제 가운데 가장 중요한 이 문제에 대해서 우리는 많은 긍정적인 일반화에 도달할 수 있고 경제적으로도 가치가 적지 않은 실제적인 결과를 얻어낼 수 있다.

자연회복의 중요성과 가능성

인간은 물질적 행복이 걸려 있는 지표와 기후의 자연조건을 어느 정도 영속적으로 조정하고 개선할 수 있을까? 인간은 자신이 농업과 공업을 수행하면서 파생시킨 자연의 퇴락을 얼마만큼 보상하고 억제하며 늦출 수 있는가? 잘못 활용해 재앙의 불모지로 만들어버린 토양을 얼마나 비옥하고 건강하게 바꾸어놓을 수 있을까? 여러 가지 상황이 그래서인지 이상의 물음에 관심을 쏟지 않을 수 없다. 그 가운데 가장 절박한 것은 아마도 생존수단이 뒷받침되기도 전에 더 빠르게 증가하는 유럽인에게는 새로운 집을, 그리고 너무나도 계몽화되고 문명화되어 그간 독점해온 물질적 향락의 일부를 한시라도 잃고 싶지 않은 특권계층에게는 새로운 자연의 안락함을 제공하는 일일 것이다.

우글거리는 이민자들에게는 아무도 살지 않는 광활한 미국과 호주의 초원과 삼림지대, 수많은 해양도서들, 한산하고 비옥한 토양을 가진 남부와 중부 아프리카, 인구가 반쯤 빠져나간 메마른 지중해 연안, 소아시아 내륙, 극동 지역이 기다리고 있다. 이주자가 빠져나가고 난 다음에도 남아 있게 될 사람들에게, 아무것도 가지지 못한 빈곤층이 요구할 때는 "가식적인 결핍"으로 규정되지만 부유층이 주장할 때는 "필수적인 것"으로 불리는 감각적이고 정신적인 복리를 제공하기 위해서는, 여전히 높은 유럽 여러 국가의 인구밀도를 낮추어야 한다. 최고의 생산력을 발휘할 수 있도록 토양에 자극을 주어야 한다. 그리고 현명하게 사용했더라면 풍부하고 영속적으로 부유함과 아름다움과 건강을 가져다줄 풍요의 원천이었을 터이지만, 인간이 무분별하게 이용함으로써 고갈시켜버린 자연을 되살리는 데 최상의 창의력과 에너지를 쏟아내야만 한다.

신·구대륙에서의 새로운 발견을 통해 획득되어 문명인의 이해와 통솔에 내맡겨진 처녀지에서 자연환경의 전폭적인 개발은 그다지 추구되지 않았다. 삼림의 비율이 현저하게 줄어들고 습지는 배수되며 내지와의 교류와 소통을 위해 도로가 개설되겠지만, 이들 지역에서 그 원래의 지리와 기후적 특성은 가능한 한 변함없이 유지되어야 한다.

자연의 안정성

자연은 지질상의 격동에 의해 부서질 때를 제외하면 교란을 받지 않고 그 형태, 윤곽, 비율을 영원토록 변함없이 유지하도록 형성되었다. 이례적이지만 교란되었을 경우에라도 자연은 외양의 피해를 치유하고 가능한 한 원래의 상태에 가깝게 복원하고자 한다. 신생국에서 대지의 경사나 자연적으로 형성된 비탈과 고도는 대체적으로 토양의 안정성을 확보하는 데 최적이었다. 경사와 고도는 서릿발, 화학적 작용, 중력, 물의 흐름, 식생의 퇴적, 바람의 작용 등에 의해 깎여 낮아지거나 높아지다가 그 반대로 작용하는 힘에 의해 평형상태에 도달한다. 인간의 개입이 없다면 그 상태는 오래도록 변함없이 유지된다.

멀리 거슬러갈 것도 없이 영국이 식민지로 개척하여 점유해온 북미 대륙의 지리적인 요소만 하더라도 상호보완적인 작용에 의해 균형을 이루고 있었다. 17세기 초엽, 극히 일부의 예외를 제외하면 토양은 대부분 삼림으로 덮여 있었다. 그리고 전쟁 또는 사냥감의 고갈로 인디언들이 다년간 작물을 재배하던 좁은 경지와 불태웠던 임야를 포기하는 즉시 삼림은 초본식물, 관목, 교목의 천이단계를 거쳐 빠르게 원상태로 회복되었다. 삼림의 원시적인 신록을 되찾는 데에는 단지 한 세대만으로도 충분했다.

끝없이 이어진 삼림은 최고의 밀도와 성장을 이루었으며 오래된 나무가 썩어서 쓰러지고 나면 곧 이어서 어린 나무가 자라났다. 이 때문에 천천히 그리고 자연적으로 벌어지는 식물의 천이를 논외로 한다면 수세기가 지나도 뚜렷한 변화를 감지할 수 없었다. 자연에서는 휴업이라는 것이 달리 없기 때문에 "끝을 알 수 없을 정도로 길게 늘어진 그늘"이 일시 단절되는 일은 있어도 천이과정에서 성장에 방해를 받지 않는다. 나무는 단독으로 쓰러지지 일정 구획단위로 없어지는 것은 아니다. 키 큰 소나무가 쓰러진다면 그것은 열과 빛을 차단하고 있던 수관의 빽빽한 나뭇잎이 제거되어 오랜 세월동안 땅 밑에서 태양을 기다려 온 활엽수의 씨앗이 발아할 수 있도록 촉진한 연후가 될 것이다.

사실 두 가지 파괴적인 자연의 힘이 미국의 원시림에서 작용하고 있기는 했지만, 적어도 식민지 북부지방에서는 그로 인한 근본적인 변화를 확인할 수 없을 만큼 충분한 보상이 있었다. 그 보상이라는 것은 바로 소택지를 형성하는 비버와 썩은 나무의 작용, 그리고 삼림을 파괴하는 작은 동물, 곤충, 새들의 작용이다.[11] 미국 북부지방에서는 자연적인 경사 덕분에 배수가 잘 되어 습지가 많지도 넓지도 않았지만, 남부지방에서는 정반대의 이유로 습지의 발달이 탁월했다.[12] 소택지는 일반적으로 쓰러진 나무, 흙, 바위 등이 하천유로를 가로막음으로써 생겨난다. 만일 그렇게 형성된 장애물이 영구적으로 물을 고이게 할 정도에 이르면 물에 잠긴 나무의 뿌리는 곧 썩어버리고, 그에 따라 나무가 쓰러지면 장애물의 규모가 커지고 습지의 면적도 증가한다.

이 과정은 수위가 높아져 물이 방해받지 않고 흐를 수 있는 새로운 유출로를 찾을 때까지 반복된다. 물에 완전히 잠기지 않은 쓰러진 나무는 곧 이끼로 뒤덮인다. 그리고 수생 및 반수생 식물이 증식되어 물이 들어찬 공간을 가득 메울 정도까지 확장되면, 표면은 물웅덩이의 상태에서 수초가 하늘거리는 습지로 점차 변해간다.[13] 습지는 식물이 퇴적됨에 따라 천천히 굳어진다. 종종 물푸레나무, 삼나무, 보다 남쪽에서 볼 수 있는 사이프러스, 그리고 여타 그와 같은 토양에 적합한 나무들이 정착하게 됨으로써 한동안 깨졌던 자연의 조화는 마침내 되돌아온다.

---

11) Lars Levi Læstadius, *Om möjligheten och fördelen af allmänna uppodlingar i Lappmarken*, Stockholm, 1824, pp.23~24.

12) James Dwight Dana, *Manual of Geology*, Philadelphia, 1863, p.614.

13) Amédée Boitel, *Mise en valeur des terres pauvres par le pin maritime*, 2nd ed., Paris, 1857, pp.226~227; Christian Theodor Vaupell, *Bögens Indvandring i de danske Skove*, Copenhagen, 1857, pp.39~40.

나는 북부지방의 소택지의 경우, 바람에 뽑히거나 노화로 썩은 나무가 우연하게 하천을 가로막아 생겼다기보다는 비버의 영향이 크게 작용했다고 생각하고 싶다. 습지의 유출로를 유심히 살펴보면 하나같이 비버가 막은 댐의 흔적이 발견되기 때문이다. 비버는 때때로 자연스럽게 생겨난 작은 호수에 서식하지만 일반적으로는 자신의 생각으로 힘들여 만든 못을 더 좋아한다.

저수지가 일단 완성되면 비버는 급속하게 늘어나며, 겨울철에 먹을 백합과 기타 수생식물이 비버의 수에 비해 턱없이 부족해지면 그들은 새로운 안식처를 찾는다. 습지는 썩은 나무가 유로를 가로막아 우연하게 형성된 소택지에서와 동일한 과정을 거쳐 점차 메워진다. 식생의 통상적인 과정을 통해 원래의 서식지가 습지로 변하게 되면, 마침내 남아 있던 비버들도 포기하고 다른 하천에서 그들만의 새로운 서식지를 만든다.

북아메리카 인디언들보다 문명이 좀 더 앞선, 예를 들어 중세 아일랜드와 같은 곳의 소택지는 사람들이 소박한 생활을 영위하는 데 필요해서 베어낸 나무의 윗가지와 곁가지를 게으름 부리다가 하천에서 치우지 않았을 때 생기기 시작한다. 그렇게 해서 물이 흐르지 못하게 되면 앞에서 설명한 동일한 과정이 재연된다. 준문명화된 지역에서는 또한 삼림이 원래대로 남아 있는 지역에 비해 바람에 쓰러진 나무가 많다. 농업이나 그 밖의 목적으로 빈 공간이 생기면 바람이 드나드는 입구가 형성됨으로써 오랫동안 자리를 지키고 있었을 수백 그루의 나무들이 순식간에 지면에 쓰러지고, 썩은 나무는 하나씩 밑으로 쓸려 나간다.[14] 그 밖에도 유목단계에서 인간이 기르던 가축이 물이 반쯤 빠진 소택지 상의 수목의 성장을 방해함으로써 원래 상태로의 회복을 방해한다.

자생림에서 어린 나무는 그보다 몸집이 작은 설치류에 의해 껍질이 벗겨져 죽고, 끝에 달린 싹을 먹고사는 새들 때문에 성장이 지체된다.

---

14) Vaupell, *Bögens Indvandring*, pp.10~14.

그러나 이들 동물이 대체로 삼림 깊은 곳이 아닌 주변부에서 발견되기 때문에 미치는 영향은 그리 크지 않다. 성장에 필수적인 성분을 먹어 치워 원시림에 해를 끼치는 벌레는 수가 많지 않을 뿐더러 떼를 지어 출현하는 일도 그리 흔하지 않다. 알을 부화하기 위해 줄기와 가지에 구멍을 내는 곤충들은 일부 예외적인 경우를 제외하면 일반적으로 죽은 나무를 대상으로 선정한다. 나는 식민화를 전후한 시기에 곤충에 의해 미국의 삼림이 심각한 피해나 파괴를 당한 증거는 없는 것으로 알고 있다.

그러나 이주한 백인들이 넓은 땅을 개간함으로써 해충의 번식에 유리한 변화가 초래되었고 급기야 해충의 수와 탐욕이 급격하게 증대되었다. 몇 년 전 노스캐롤라이나에서는 전례 없이 수천 에이커의 소나무가 해충의 습격으로 피해를 입었다. 이런저런 경우에 인간이 재앙에 대한 간접적인 책임이 있으며 지금 그 죗값을 치루고 있다고 믿어도 좋다. 해충은 천적인 새들이 사라질 때마다 증가한다. 따라서 저 털 없는 길짐승인 인간은 울새와 같이 곤충을 잡아먹는 새들을 엄청난 규모로 소멸시킴으로써, 떠오르는 태양을 반기는 음향의 오케스트라를 저녁 무렵 졸음을 불러오는 딱정벌레의 윙윙거리는 단조로운 소리로 바꾸고 숲과 경지의 찬란한 장식물을 제거해버렸다. 또한 자연 속의 우군을 상대로 위험천만한 전쟁을 치루고 있다.[15]

요컨대, 인간의 발길이 닿지 않은 나라에서 수륙의 비율과 상대적인 위치, 강수와 증발, 평균기온, 동식물의 분포 등은 매우 느리게 진행되는 지질적 영향에 의해서만 변하기 때문에 지리적인 조건은 항상 그대로인 것처럼 보인다. 그들 지역이 조직적인 공동생활의 현장이 되었을 때에도 그와 같은 자연의 모습은 계속해서 유지해 나가는 것이 바람직하다. 그러므로 자연을 문명의 항구적인 점유에 적응시키기 시작하는 단계에서 자연의 변형작업은, 잘못되었을 경우 교정하고 회복시킬 수

---

15) Boitel, *Mise en valeur des terres pauvres*, pp.49~50.

있는 인간의 능력을 벗어날 정도로 심하게 교란되거나 파괴되지 않는 선에서 진행하는 것이 무엇보다도 중요하다.

교란된 조화의 회복

악의로 무분별하게 사용한 까닭에 황폐해져서 버려졌거나 유목민 같은 소수의 사람들만이 정착해 살아가는 지역을 개간해 다시 점유하는 과정에서 개척자가 펼치는 사업은 아주 다른 특징이 있다. 앞선 정착자의 태만과 방종으로 살 수 없게 된 망가진 지역을 복구하는 데에 자연과 협력관계를 유지해야 한다. 그는 자연을 도와 산비탈에 나무와 식생의 옷을 입히고, 삼림의 갈증을 풀어주기 위해 자연이 공급해준 물을 잡아두어야만 한다. 또한 파괴적인 급류의 울분을 달래어 원래의 작은 하천으로 흘러들어 가게 하고, 자연적으로 막혀서 생겨난 수문을 허물고, 고인 물이 흘러 나갈 수 있는 수로를 터서 습지를 배수해야 한다. 그는 한편에서는 저수지를 만들고 다른 한편에서는 대기 중의 습도와 흐르는 물의 원천이 되는 수분의 과잉을 방지해 균형을 잡아가야 하는데, 이 모두는 식물, 인간, 하등동물 모두에게 매우 중요한 일이다.

인간의 파괴성

인간은 자연을 사용할 권한만 부여받았을 뿐이지 소비한다거나 방탕하게 소모할 수 없다는 사실을 너무도 오랫동안 잊고 있었다. 자연은 자신이 가진 일부 기본적인 물질이 완전히 파괴되는 가운데에도 운영에 필요한 원료를 제공한다. 또한 천둥, 토네이도, 그리고 가장 격렬한 고통으로 인정되는 화산과 지진에 의해서도 파괴되지 않으며 단지 일시적으로 분해되었다가 재구성될 뿐이다. 그러나 자연은 회복이 불가능할 정도로 무기물과 유기체의 조합을 교란시키는 인간의 능력 앞에서는 굴복하지 않을 수 없었다. 자연은 이 세상을 인간이 머무를 장소로 마련하기 위해 영겁의 시간동안 균형과 비례를 유지해왔으며 때가 되었을 때 창조주는 인간을 불러 세상을 소유하게 했다.

내가 이미 지적했듯이 인간의 적대적인 영향과는 별개로 유기체와 무기체는 절대적인 영속성과 균형까지는 아니더라도 안정적인 상호관계와 적응양상을 유지한다. 시간과 장소를 불문하고 그간 다져놓은 상황을 오랫동안 유지해가거나, 적어도 그러한 상황에 변화가 있더라도 그것은 매우 느리고 점진적으로 진행된다. 그러나 인간은 어디에 있든 교란의 주체였다. 그의 발길이 닿는 어느 곳에서든 자연의 조화는 깨져 버렸다. 기존의 배열을 안정되게 유지시켜주었던 비율과 조화는 전도된다. 토종식생과 동물은 사라지고 외래종으로 대치되며 자생력은 억제되고, 지표는 벌거벗겨지거나 원치 않던 식물과 동물로 뒤덮인다. 이러한 인위적인 변화와 교체는 참으로 엄청난 혁명을 야기한다. 그러나 이 같은 현상이 언뜻 보기에 엄청나고 중대해 보이기는 하지만 인간의 즉흥적이고 의도하지 않았던 결과에 비하면 아무것도 아니다.

모든 생명체 가운데 인간만이 근본적으로 파괴적인 세력이다. 모든 유기체와 무기체를 복종시키는 자연조차 무기력해져 저항할 수 없을 정도의 에너지를 휘두른다는 사실은 곧, 인간이 자연 안에서 살고는 있지만 자연의 소유가 아니고 자연 위에 군림하는 보호자며 자연에서 태어나 자연의 섭리에 복종해야 하는 존재 이상의 높은 지위에 있다는 현실을 입증한다.

모든 동물은 다른 생명체를 잡아먹고 파멸시킨다. 육식의 짐승, 새, 곤충은 특히 잔혹하다 할 수 있지만 그 초래된 파괴는 보상을 받아 균형을 잡아간다. 사실 이는 한 부류의 동물 또는 식물이 다른 종의 침입에 의해 궤멸되지 않고 살아남을 수 있는 수단이다. 생물의 재생산 능력은 다른 생물의 먹이를 제공하는 데 기여하며, 그와 같은 공급과 수요는 항상 일정 비율을 이루고 있다. 반면 인간은 앞뒤를 돌아보지 않고 생명체들을 희생시킨다. 하등동물은 배가 고플 때에 먹이를 잡아먹지만 인간은 소비하지도 못할 많은 생명체를 남기지 않고 잡아 멸종을 초래하기도 한다.

자연상태의 지구는 인간의 소용에 맞추어진 것이 아니다. 단지 야생 동물과 식물의 유지에 완전히 적응해 있을 뿐이다. 이들 동식물은 다른 종의 침입에 따른 종족의 멸망을 막기 위해 상호간 과도한 증식을 억제하는 경우를 제외하면, 지구상의 자연적인 배열과 서로서로의 자발적인 성향의 변화를 초래하지도 또 그것을 요구함이 없이, 적정선에서 종을 불리고 완벽한 힘과 미를 이루어낸다. 간단히 말해 인간이 없다면 하등동물과 식물은 종류, 분포, 비율을 변함없이 일정하게 유지한다. 그리고 정체 모를 천문 또는 지질상의 원인으로 인한 급격한 변화가 아니면 자연지리도 무한정 교란되지 않은 상태로 남는다.

그러나 인간, 인간에게 봉사하는 가축, 인간에게 식량과 옷을 제공하는 작물 등은 야만스럽고 비정한 자연을 효과적으로 대적하거나 기술을 활용해 정복하지 않는 한, 독자적으로 그 고귀한 특성을 완전히 개발할 수는 없다. 따라서 어느 정도의 지표면의 변형, 자연억압, 인위적으로 변형된 생산성의 강요는 필요하다. 불행하게도 인간은 그 도를 지나쳤다. 인간은 삼림을 파괴해 그동안 무수한 갈래의 뿌리에 의해서 지구의 암체에 고정되어 있던 비옥한 토양을 느슨해지게 만들었다. 만일 인간이 이곳저곳에 삼림지대를 유지해 자생적으로 재생산할 수 있도록 놓아두었더라면, 토양을 보호해주던 자연을 무자비하게 파괴함으로써 초래된 재앙을 피할 수 있었을 것이다.

인간은 보이지 않는 통로를 따라 샘을 함양하여 소가 마시게 하고 경지를 비옥하게 해주던 녹색 댐을 파괴했다. 그러나 인간은 자신들의 무모한 행동으로 인한 영향을 무마할 수 있도록 지혜롭게 건설된 고대의 관개용 수조와 수로의 관리를 태만히 했다. 인간은 광활한 평야를 엷게 덮고 있던 토양을 앗아갔고 바닷가의 모래가 날리지 않도록 막아주던 해변의 반수생식물을 파괴했지만, 인위적인 조림을 통해 사구의 확대를 막는 데에는 실패했다. 인간은 모든 생명체와 무자비한 싸움을 통해 얻은 것들을 자신을 위해 사용한 반면, 작물에 가장 파괴적인 해충을 잡아먹는 새들을 보호하지는 않았다.

사실 본연의 인간은 자연의 구도에 거의 간섭하지 않으나,[16] 파괴의 동인인 인간은 문명이 발전함에 따라 점점 더 힘을 얻고 냉혹해진다. 인간은 대지의 자연자원이 고갈됨으로써 맛보게 될 궁핍으로 위협을 느낄 때라야 비로소 무분별하게 소모해버린 것들의 회복은 차치하더라도 남은 것만이라도 보존해야 한다는 필요성에 눈뜨게 된다.

이동하는 원시인들은 작물을 기르지 않고 나무를 베지도 않으며 유익한 식물은 물론 유독한 잡초라도 다 없애지는 않는다. 사냥기술을 활용해 식량으로 많은 동물을 포획했다면, 사자, 호랑이, 늑대, 수달, 바다표범, 독수리 등을 또한 잡아냄으로써 짐승과 육식조류에 희생될 수 있는 나약한 동물, 물고기, 물새 등을 보호해 손실을 보충하는 방식으로 균형을 맞춘다. 그러나 정착생활, 아니 이미 유목단계에 들어선 인간은 주변의 동식물을 상대로 무차별적인 전쟁을 선포한다. 그리고 문명의 진보에 따라 점유한 땅으로부터의 모든 자생적인 산물을 점차적으로 박멸하거나 변형시킨다.

인간과 동물의 행동비교

현대 과학의 권위자들은 한결같이 자연에 대한 인간의 행동은 야생동물의 그것과 비교해 정도는 더하지만 성격에서는 별반 차이가 없다고 주장한다. 그러나 내가 보기에는 근본적인 면에서 다르다. 인간의 행위는 예측하지도 바라지도 않았던 결과를 수반하기는 하지만 일차적이거나 부차적인 목적을 가지고 의식적으로 수행된다. 반면 야생동물은 본능에 따라 행동하며 한 가지 직접적인 목적을 가지고 있는 것처럼 보인다. 개척자와 비버 모두 나무를 쓰러뜨린다. 개척자는 자손들이 식용할

---

16) Nicolas Théodore Brémontier, "Mémoire sur les dunes ⋯⋯ entre Bayonne et la pointe de Grave"(1790), reprinted in *Annales des Ponts et Chaussées*, 5(1833), pp.155~157.

수 있도록 임야를 올리브나무 숲으로 바꾸지만 비버는 껍질을 먹거나 서식지를 구축하기 위해 나무를 활용한다.

인간의 행위는 자연의 보상과 균형작용에 통제를 받지 않기 때문에 물질세계에 미치는 영향에서 동물의 행위와는 차이가 있다. 교란된 자연의 질서는 인간이 경지에서 떠나주거나 빈 터를 스스로 치유할 수 있는 힘을 가질 수 있도록 내버려두지 않는 한 다시 회복될 수 없다. 물질세계에 가한 상처 역시 가해의 원인을 철회하지 않으면 치유될 수 없다. 반면, 나는 야생동물이 좁은 면적이라도 삼림을 파괴한 적이 있는지, 특정 생물 종을 멸종시키며 삼림의 자연적인 특성을 변형시키고 지표상에 항구적인 변화를 초래한 적이 있는지, 원인이 된 동물을 몰아내지 않고서는 자체적으로 회복할 수 없는 환경의 교란을 유발한 적이 있는지 말해줄 수 있는 그 어떤 증거도 알고 있지 않다.

한 지역의 지형과 기후는 그 안에 서식하고 있는 식생에 좌우되는 측면이 적지 않다. 인간은 야생식물의 작물화를 통해 기르던 식물의 특성과 습관을 엄청나게 변형시켰고, 의도적인 선택을 통해 그를 따르는 동물의 형태와 특성을 크게 바꾸었으며, 동시에 많은 동식물을 멸종에 이르게 했다. 이와 비견할 수 있는 동물의 영향에는 무엇이 있겠는가? 많은 육상동물과 조류가 서식했지만 인간이 정착하지 않았거나 단지 원시부족이 흩어져 있었을 뿐인 미국 대륙의 경우, 지리상의 발견에 이어 식민화가 시작되기 전까지의 2,000년 동안 뚜렷한 지리적 변화가 있었다고는 보지 않는다. 같은 기간 구대륙에서는 인간에 의해 드넓은 옥토가 황량한 사막으로 변했다.

인간이 자행한 파괴로 인해 자연이 생명체와 환경 사이에 성립시켜 놓았던 관계와 균형은 뒤집어졌다. 인간의 가장 좋은 반려자가 되었을 유기체를 인간본인이 쫓아버리자 자연은 유기체에 의해 그간 억제되어 왔던 자신의 파괴적인 에너지를 거칠어진 땅 위에 발산함으로써 인간 침입자에게 보복을 가한다. 삼림이 사라짐으로써 식생 아래층에 저장되어 있던 다량의 습기가 증발했다가 홍수의 형태로 되돌아와, 그간 건조해져 먼지로 변해버린 비옥한 토양을 휩쓸고 지나갔다.

울창한 삼림으로 덮인 습윤했던 구릉지는 건조한 바위능선으로 변하고 그로부터 떨어져 나온 암설은 저지대를 가로지르며 강을 틀어막아 버린다. 그리고 연중 강수가 고르고 표면경사가 그리 급하지 않은 곳은 예외로 하더라도, 나머지 대부분 지역은 악화되고 있는 자연적 퇴락으로부터 인간의 기술로써 구원받지 못한다면 민둥산이나 풀 한 포기 자라지 않는 언덕 또는 습하고 악한 기운을 뿜어내는 평야로 돌변할 것이다.

소아시아, 북아프리카, 그리스, 유럽 알프스 산지 등에서는 인간에 의해 지표가 달 표면과 흡사하게 황량해졌다. 이곳들은 우리가 "역사시대"라 부르는 짧은 기간동안 녹색의 삼림과 푸릇푸릇한 초지로 덮였던 지역이었다. 그러나 이제는 개간활동으로 너무나도 황폐해져, 엄청난 지질적 변화라든가 우리가 알 수 없고 통제할 수 없는 또 다른 신비스러운 영향이나 동인의 힘을 빌리지 않고는 더 이상 활용할 수 없게 되었다. 지구는 고귀한 가치를 지닌 인간이 더 이상 살아갈 수 없는 곳으로 하루가 다르게 변해가고 있다. 또 한 차례의 한치 앞도 내다보지 못하고 자행되는 범죄행위가 이어지고 그 범행의 잔적이 오래도록 연장된다면 이 세상에서는 먹을 것을 구할 수 없게 되고, 지표는 만신창이가 될 것이다. 또한 기상이변이 빈번해 빈곤과 야만의 상태로 추락할 것이고, 심지어 인류의 멸망으로까지 치닫게 될지도 모른다.[17]

자연의 개발

사실 이러한 상황 한편에서는 부분적인 반전이 없지 않다. 일부 지역에서는 숲을 새롭게 조성했으며, 높다란 제방을 설치해 하천의 범람을

---

17) James M. Martineau, "The Good Soldier of Jesus Christ", *Endeavours after the Christian Life: Discourses, 2nd ser.*, new ed., Boston, 1858, pp.419~420.

조절했다. 급류는 운반해온 물질을 퇴적시켜 저지대를 메우고 이전의 범람으로 형성된 저습지의 고도를 높여주었으며, 바닷물과 조석에 노출된 포락지는 방조제를 건설해 보호했다.[18] 습지와 호수를 배수해 얻어진 토지는 경지로 활용되었고, 사구에는 나무를 심어 이동을 억제하는 한편 보다 생산적으로 이용할 수 있게 했다. 해면과 내수면에는 물고기가 다시 들어차고, 심지어 사하라 사막조차 지하수 관개를 통해 비옥한 토지로 탈바꿈되었다. 이들 업적은 자랑스러운 전쟁의 승리 이상으로 명예로운 것이지만, 자연이 부여해준 풍요로운 자산을 탕진해버린 우리 자신의 잘못을 완전히 속죄하기에는 아직 부족하다.

　인간이 무기체적 자연에 대해 주장할 수 있는 힘의 상한을 제시한다는 것은 무모하고 짧은 생각에서 비롯되었다고 할 수 있다. 그리고 지금까지 알려지지 않았고 생각하지 못했던 자연의 힘을 발견하거나 새로운 기술과 공정을 알아내서 얻을 수 있는 것이 무엇인지 추측하는 것도 그리 유익한 일은 아니다. 그러나 경비행기, 증기력, 근대 전신의 신비, 화약의 파괴적인 힘, 무해하고 다루기 쉬우며 비활성인 면직물 등에서 보아왔듯이 기술적으로 이루지 못할 것은 없어 보인다. 또한 우리는 조상들이 이룩한 기념비적인 업적을 지나 계속 행진해왔기 때문에 우리보다 한 수 위의 실력으로 자연을 정복하게 될 몇 세대 뒤의 우리 후손의 시대를 내다보고 상상력을 발휘하지 못할 법도 없다.

　인간에게 알려져 있고 또 인간이 통제하고 있는 그 어떤 동인도, 알프스의 절벽을 깎아 식생이 정착해 자라고 암석면이 토양으로 덮여 삼림이 형성될 수 있을 정도의 낮은 비탈면으로 만들 수는 없다는 점을 이해해주었으면 한다. 그러나 과학이 아직 풀지 못한 불가사의 가운데 이보다 더 원대한 일을 이룩할 수 있는 방안은 분명 있을 것이다. 공학자들은 엄청난 에너지의 물, 불, 바람, 흙 등의 작용이 가져다준 위대한

---

18) Bernard Pieter Gezienus van Diggelen, *Groote Werken in Nederland*······ *Bedijking van de Zuiderzee*, Zwolle, 1855.

자연의 힘을 인간을 위해 비축할 수 있다고 제언한다. 서인도 제도를 지나는 허리케인이 한 작은 지역을 계속해서 불어델 때의 힘, 폭풍우가 몰아치는 겨울에 셰르부르의 방파제에 가해지는 파도의 추진력, 한 달 동안 펀디 만에 작용하는 조력, 5,000패덤(fathom) 깊이의 바다에서 1제곱마일에 가해지는 압력, 지진이나 화산 등 제반 힘을 모아 우리 마음대로 활용할 수 있다면, 알프스 산맥, 피레네 산맥, 토로스 산맥 등의 거친 산벽을 갈아 원시림만큼 풍부한 식생으로 옷을 입히고 파괴적인 급류를 생기를 불어넣는 시내로 만드는 것은 가능할 것이다. 비록 그 어떤 산도 마음먹은 대로 바다로까지 옮겨다놓을 수 없는 것이 현실이기는 하지만 말이다.

인간이 전복시킨 오래전의 세계를 재건할 수 있다면, 그리고 인간의 책략으로 피폐해진 산허리와 버려진 평야를 고독이나 간헐적인 점유, 황량함, 벌거벗은 상태, 인체에 유해한 상태로부터 구원하고, 에트루리아 해변, 캄파니아와 폰차 제도의 소택지, 칼라브리아, 시칠리아, 펠로폰네소스, 그리스 반도와 부속도서, 소아시아, 레바논과 헤르몬 비탈면, 팔레스타인, 시리아 사막, 메소포타미아, 유프라테스 삼각주, 키레나이카, 아프리카 본토, 누미디아, 모리타니아 등지에서 예전과 같은 비옥도와 활력을 회복할 수만 있다면, 북적되는 많은 유럽인들은 구대륙 여러 지역에 정착할 수 있을 것이다. 또한 이민의 발길은 서방의 신대륙보다는 해가 떠오르는 동쪽으로 이어질 것이다.

그러나 이와 같은 변화가 있으려면 현재 그 지역을 차지하고 있는 정부와 주민 사이의 정치적이고 도덕적인 측면에서의 대대적인 전환과 아울러, 아직은 그들 국가의 상황에서는 요원한 막대한 자금과 기술 그리고 토양과 기후의 개선을 현실화하는 과정과 관련된 선진적이고 보편적인 지식이 필요하다. 그러한 상황들이 지리적인 재건작업에 호의적으로 작용할 때까지, 국지적인 예외를 제외하면 내가 언급한 여러 나라는 폐허 속으로 더 깊이 빠져들 것이다. 그리하여 아메리카 대륙, 남아프리카, 호주, 대양의 작은 군도 등 몇 안 되는 지역만이 인간에 의해 자연의 모습이 대대적으로 변해가는 유일한 무대로 남게 될 것이다.

신생국에서의 자연파괴의 저지

유럽 이민자들이 해외의 영토를 식민화한 기간은 비교적 짧지만, 처녀지를 정복하는 과정에서 되돌릴 수 없는 치명적인 상처를 입히지는 않았을까 염려된다. 지난 2세기 동안 유럽인들에 의해 유린된 지역에서는 지금 유럽 농민들로 하여금 고향땅을 등지게 했던 바로 그와 같은 우울한 파멸의 조짐이 보이기 시작했다. 이런 증상들이 나타나고 있는 국가의 국민들뿐만 아니라 인류 전체의 이해에 관련된 측면에서도 더 이상의 쇠락은 저지되어야 한다.

그리고 아직 본래의 상태를 유지하고 있는 지역의 경우, 향후 농업과 벌목을 영위할 때에는 다른 지역에서 분별없이 자연의 보호자인 토양을 무도하게 파괴함으로써 이미 발생한 바 있는 전면적인 재앙을 방지할 수 있는 선에서 추진해야 한다. 그렇게 되려면 자신과 가족의 자산이 퇴락하지 않을까 하며 보호에 강한 관심을 가지고 있는 사람들, 즉 원래 어떤 기득권도 없이 토지를 차지하고 경작했으나 현재에는 임야, 초지, 경지의 권리를 소유하고 있는 사람들 사이에 이와 관련된 문제가 널리 알려져야 한다.

자연적 퇴락에 취약한 형태와 구조

지금 논의되고 있는 폐해의 성격과 정도는 기후와 함께 지표의 형태 및 구조에 상당 부분 좌우된다. 양이 많고 적음에 관계없이 강수량이 연중 고르게 분포해 호우와 가뭄이 발생하지 않는다면, 그리고 지반의 경사가 완만해서 지표수의 흐름이 파괴력을 상실해 천천히 흐르고 자연수로에 갑작스럽게 집적되는 일이 없다면, 삼림의 제거로 인한 토양 침식의 위험과 지표형태의 변화는 거의 없을 것으로 생각된다. 아일랜드, 잉글랜드 거의 전역, 독일과 프랑스의 넓은 지역, 그리고 다행스럽 게도 미시시피 강 및 오대호 유역 대부분, 그리고 남미와 아프리카 여 러 지역에서 그와 유사한 상황을 찾아볼 수 있다.

파괴적인 변화는 기복이 심한 산비탈을 가진 지역과, 기후의 측면에 서 강수가 한 철에 집중한다거나 오스만 제국 영토와 지중해 연안같이 우기와 건기가 뚜렷하게 나누어지는 지역에서 특히 빈번하다. 전적으 로 그런 것은 아니지만, 식물고사병이 로마 제국 내 가장 비옥한 지역 을 강타한 반면, 브리타니아, 게르마니아, 판노니아, 모에시아 등 카이 사르 당대만 해도 거주에 부적합한 야만족의 고향이었던 지역을 피해 간 것은 부분적으로는 지형과 기후에 원인을 돌릴 수 있다. 병충해를 모면할 수 있었던 이들 지역은 문명화가 거의 진전되지 않아 고도의 사 회문화 그리고 예술과 기술방면의 발전에서 불가분의 관계에 있는 자 연질서에 대한 도전의 힘도 의지도 가지지 못하던 곳이다.

다른 한편 산지국가에서는 다양한 요인들이 복합적으로 작용해 토양 이 항상 위험에 처해 있었다. 많은 양의 눈과 비가 내리고 연중분포도 고르지 않으며, 내린 눈은 산꼭대기에 여러 달 동안 녹지 않고 남아 있 다가 어느 한 순간에 녹아버리기 때문에 수개월 동안의 강수가 단 몇 시간만에 산비탈을 흘러내려 계곡을 따라 흐른다. 비탈면의 자연경사 가 급해 내리는 비와 눈이 녹아 생긴 융설수가 빠르게 모여들고 이내 감당할 수 없을 만큼 강력한 힘을 가지게 된다. 그렇게 되면 침식과 운 반력 또한 강력하기 마련이다. 토양 자체는 평야에서만큼 치밀하거나 점성이 크지 않아 만약 삼림이 파괴되었을 경우 그간 나무뿌리에 의해 바위투성이의 대지에 붙어 있던 토양은 보호장치를 잃는다. 그래서 소 나기가 내릴 때마다 매번 암석이 드러난다. 해빙기나 여름과 가을철의 간헐적인 호우에 의한 급류는 진흙과 자갈이 뒤범벅되어 황무지를 형 성하거나 초지, 경지, 과수원으로 침범한다.

신생국에서의 자연파괴

나는 지형과 관련해 인간의 활동에 의한 영향과 지질적 요인에 수반되는 영향을 항상 구별할 수 있는 것은 아니라고 밝힌 바 있다. 그리고 대지의 개간과 경작으로 인한 영향, 그 밖의 농촌활동이 기후에 미치는 영향을 명확히 파악하는 데에도 마찬가지로 모호한 점이 많다. 연대기가 남아 있지 않은 국가에서 평균기온 또는 최고 및 최저 기온, 계절의 구분, 강수량과 증발량의 분포 등이 역사시대 동안 어떤 변화를 겪었는지에 관해서는 논란이 많다.

개척자들의 많은 활동이 습도, 기온, 전류에서 상당한 변화를 일구었다는 데에는 의심의 여지가 없다. 하지만 지금으로서는 그 가운데 어느하나가 다른 것에 영향을 받는지 아니면 알려지지 않은 요인에 의해 상쇄되는지 단정할 수 없다. 필요한 자료가 부족하므로 과학적 연구로는 이 문제를 풀기에 충분치 않다. 그러나 이제 막 정착이 이뤄진 지역을 유심히 관찰하고 남아 있는 역사적 증거를 잘 살핀다면 머지않아 해결의 실마리가 잡힐 것 같다.

아마도 호주는 이 난해하고 논란의 여지가 많은 문제를 완벽하게 풀어줄 수 있는 나라일 것이다. 호주의 식민화는 자연과학이 사회 전반의 관심사가 되고 난 이후의 일이다. 그리고 역사가 그리 오래되지 않았기 때문에 아직 생존해 있는 많은 사람들은 역사상의 주요 시기를 여전히 기억하고 있다. 호주의 독특한 동물, 식물, 지질은 자연과학에 심취해 있는 사람들의 적극적인 관심을 불러일으켰다. 광산은 관측용도구를 마련할 수 있는 재원과 과학적 탐구를 위해 필요한 여가시간을 부여했다. 광활한 처녀림과 자연초지는 빠르게 문명인의 통솔 아래 놓이고 있었다. 그래서 이곳 호주는 유럽인이 진출했던 그 어느 식민지보다도 제기된 문제에 주의 깊게 파고들 수 있는 시설과 동기의 측면에서 유리했다.

북미에서 자연상태의 지표가 인문화되기 시작한 것은 기상관측에 매우 중요한 도구가 발명될 즈음이었다. 현재 미합중국과 영국령을 구성하는 지역에 처음으로 정착한 사람들에겐 기온과 압력을 표로 작성하는 것보다 더 중요한 많은 일들이 있었다. 그러나 초기 식민지 시대의 자연과 관련된 몇 가지 흥미로운 기록이 남아 있고, 북미에는 아직도 산업과 인간의 우매한 행동에 의해 거의 영향을 받지 않은 광대한 면적의 땅이 있다. 이곳 미국에서도 과학적 관측을 위한 시설이 많이 늘어 향후 인간의 활동에 의한 영향, 향방, 사건 등은 측정이 가능하다. 그리고 자연법칙을 통제하려는 모든 시도와 불가분의 관계에 있는 재앙을 경감시키기 위해서 우리가 개발이라 부르는 농촌의 과정에도 신중을 기할 수 있을 것이다.

명확한 결론에 다가서기 위해 우리는 먼저 자연상태의 지표가 대체로 그대로 남아 있는 지역의 지형 및 기후에 관한 엄정한 지식을 필요로 한다. 이는 오직 정확한 조사와 함께 이미 많이 있기는 하지만 기상관측소를 더욱 늘림으로써 성취될 수 있다. 나아가 머지않아 임야와 경지 또는 건조지와 침수지 비율에서 상당한 변화가 발생할 것이다. 그러므로 경지개간과 호수 및 습지의 배수를 포함한 일체의 내지개간 관련 대규모 사업들이 펼쳐지고 있는 지역에서는, 확실하게 확인할 수 있고 중요성도 큰 국지적 변화에 관찰자의 시선을 돌리는 것이 바람직하다. 기온과 강수량의 변동뿐만 아니라 사업으로 인해 지표면의 기온과 습도 및 자생 동식물에 초래된 변화 같은 것으로 말이다.

영농을 목적으로 한 토지의 점유와 함께 때로는 그보다 앞서 지금 여러 지역에서 빠르게 진행되고 있는 철도의 확장으로 해당 지역의 지형에 관한 우리의 지식을 넓힐 수 있게 되었다. 공사가 진행되고 있는 곳은 지표의 조성과 전반적인 구조를 보여준다. 철로의 경사와 고도는 이미 알려진 고도측정 단면을 구성해 그로부터 높고 낮은 기차역의 측량은 물론 지표면의 기복, 하상경사, 그 밖의 중요한 문제에 대한 기준점을 제시해준다. 거의 모든 문명권의 지방정부가 수행하고 있는 지질, 수문, 지형에 관한 연구는 지리와 자연에 관한 일반적인 지식에 더욱 더 중요한 기여를 하고 있다. 머지않아 잘 정립된 일관된 역사적 사실이 축적된다면 인간과 자연간의 작용과 반응의 관계를 올바로 추론할 수 있을 것이다.

그러나 지금 이 순간에도 우리는 몸을 따뜻하게 덥히고 수프를 끓일 연료를 구하기 위해 방바닥, 벽, 문, 창틀을 모조리 뜯어내고 있다. 그리고 세상사람들은 그보다 더 나은 방안을 가르쳐줄 수 있는, 느리지만 확실하게 진행되는 엄정한 과학의 진보를 기다리지 못하고 조급해한다. 많은 실제적인 교훈은 학교교육을 받지 못한 사람들의 일상적인 관찰을 통해서도 습득될 수 있다. 그리고 자연과학이 아직 거론한 바 없는 주제에 관해 단순한 일상적 경험이 주는 가르침이라고 해서 결코 무시되어서는 안 된다.

자연법칙의 과학적 해설서의 반열에 오른다는 것을 추호도 기대할 수 없는 이 보잘것없는 책에서, 나는 이 땅에 정착하여 땅을 정복하려는 인간노력의 역사를 통해 시사받을 수 있는 가장 중요한 실질적인 결론을 던지고자 한다. 교양 있는 독자라면 누구든 그 결론을 이해할 수 있고 지금까지 특별히 과학적 훈련을 받지 못했던 사람들도 정독하거나 적어도 참고한다면 유익할 만한 사실과 사례로써 입증하려고 한다.

제2장 동식물의 이동 · 변형 · 멸종

생물을 아우르는 현대 지리학

지리학을 땅의 표면과 윤곽을 그려내고 수륙의 상대적 위치와 규모에 관해 서술하는 학문으로 보는 것은 조금은 편협한 관점이다. 조금 더 넓혀서 생각하면 지리학은 지구 자체는 물론 그 위에 서식하고 그 위에서 이동하는 생명체, 그들이 서로에게 미치는 다양한 영향, 그들과 그들이 살아가고 있는 지구 사이의 작용과 반응 등을 아우른다. 설령 지리학의 목적이 지구를 구성하는 광물과 유동체 같은 외적인 형태에 관한 지식을 얻기 위한 것이라 하더라도 생명체에 관한 고려는 여전히 필요하다. 왜냐하면 인간은 파괴적이고 야생동물을 포함해 식물은 그 것을 치유하는 힘을 발휘한다는 차이는 있지만, 그들 모두는 지리적인 동인이기 때문이다.

흐르는 물은 고지대에서 흙을 쓸어내리지만, 식생은 그 즉시 나지에 다시 정착하고자 하며, 부엽토가 차츰 쌓이면서 급류가 탈취해간 토양을 다시 쌓아 올린다. 식생은 이처럼 복원에서 중요한 요소다. 그렇기 때문에 물이 지표면의 수준을 낮추는 반면 식생은 그만큼 높여주는 역할을 수행하지 않을까 하는 물음이 진지하게 제기된 바 있다.

인간이 특정 식물을 기원지에서 다른 지역으로 이식하는 것은 그와 함께 새로운 지리적인 요인을 도입하는 것과 같은 의미를 지닌다. 이는 일반적으로 외래식물에 의해 대체되는 자생종의 희생을 야기한다. 기존의 자생식물과 이식된 새로운 식물은 서로 다르다. 현지에서 자라난 수목, 관목, 풀을 외래종으로 대치하면 그와 함께 변화가 초래된 지역의 지리에서 식물의 상대적 중요성은 증대 또는 감소한다. 나아가 인간은 수확을 염두에 두고 작물의 씨를 뿌린다. 농산물은 땅 위에서 썩어도 별 문제가 없으며, 그렇게 될 경우 한 해 분량의 새로운 비옥한 토층을 쌓아 올리는 셈이다. 농산물은 수확 후 가깝거나 먼 지역으로 수송되며, 인간의 경제활동에 쓰이고 나면 분해되어 새로운 조합을 이루고 자라던 토양으로 일부만이 되돌아간다. 그러나 풀과 많은 재배작물의 뿌리는 삼림의 경우와는 조금 다르겠지만 일반적으로는 토양층에 남아 썩어서 토층을 높인다.

수목을 대신한 식물은 의심할 나위 없이 그와 동일한 많은 기능을 수행한다. 식물은 열을 발산하고 대기 중의 수분을 응축하며 대기의 화학 구성에 관여한다. 뿌리는 더 깊이 땅속으로 파 내려가 무수히 많은 실뿌리를 늘어뜨려 토양을 붙잡아둠으로써 물에 의한 침식으로부터 보호한다. 일년생과 다년생 활엽수 또한 그늘을 드리워 바람과 태양열이 지면으로부터 수분을 빼앗아가는 것을 막아준다. 성장의 어느 단계에 이르면 초지는 숲을 능가하는 강력한 방열기와 응축기가 된다. 그러나 이 강력한 작용은 단지 며칠 동안만 최고의 강도로 수행된다. 이에 반해 나무는 여러 달 동안 계속해서 그러한 기능을 유지한다. 대체로 경작지는 극단적인 기후를 완화시켜주거나 지역의 표면과 윤곽을 보전하는 데 자연상태의 토양만큼 효과적이지 않다는 것이 확실한 것 같다.

식생의 이식

동식물 분포상의 변화와 유기체의 제반 양상에서의 변혁에 대한 인간의 역할을 상세하게 지적하는 것은 그 자체로서 과학이라고 할 수 있는 식물지리학과 동물지리학의 영역에 속한다. 그러나 지금 논의하고 있는 주제와 관련된 더욱 중요한 사실들은 이 책에서 소개하는 것이 타당할지 모른다. 플리니우스(Plinius)와 여타 자연과학자들의 주장이 믿을 만하다면, 유럽과 미국에서 자라는 유실수 대부분은 아시아 온대기후 지역이 기원지이고 실제로 적지 않은 수가 역사적으로 이미 그렇다고 밝혀져 있다. 포도주의 원료인 포도는 흑해 동단에 인접한 지역이 기원지라고 생각되는데, 고대의 파시스 지역에 해당하는 리온 강 연안을 중심으로 널리 풍성하게 자생하고 있다. 그러나 포도나무 일부 종은 유럽 자생종으로 보이며 여러 품종이 미국 전역에서 오랫동안 보편적으로 알려져왔기 때문에 그 모두가 유럽 식민자들이 들여왔다는 가설은 인정할 수 없다.

세계의 상업, 적어도 해상무역과 농업 및 제조업이 고대 그리스, 로마, 유대문명에 거의 알려지지 않았던 동식물의 산물에 크게 의존하고 있다는 것은 흥미로운 사실이다. 대체로 그들 품목은 기원지로 추정되며 지금도 배타적으로 자라고 있는 지역에서 주로 공급되고 있다. 하지만 그 밖의 많은 경우에 동식물은 현재 양육 또는 재배가 가장 성황리에 이루어지고 있는 지역으로 인간에 의해 유입된 것으로서, 200년 또는 300년밖에 안 되는 극히 최근의 일이다.

미국의 외래식물

비지로(Bigelow)에 따르면, 1860년 6월 1일 시점에 미국에는 대략 1억 6,300만 에이커의 개량경지가 있었으며, 이 가운데 5,000만 에이커는 지난 10년 사이에 추가된 면적이다.[1] 중요성이 떨어지는 작물을 논외로 하면, 당시 개량경지에서는 밀 약 1억 7,100만 부셸, 호밀 2,100만 부셸, 귀리 1억 7,200만 부셸, 콩 1,500만 부셸, 보리 1,600만 부셸,

---

1) John Bigelow, *Les Etats Unis d'Amérique en 1863*, Paris, p.360 ; U.S. Census of 1850, *Instructions to Marshals and Assistants*, schedule 4, secs. 2~3.

2,000만 달러 분량의 과일, 클로버 종자 90만 부셸, 그 밖의 목초씨 90만 부셸, 대마 10만 4,000톤, 아마 400만 파운드, 아마씨 60만 파운드가 생산되었다. 이들 작물은 고대 유럽의 농업에서는 이미 잘 알려져 있던 것으로서 북미에는 16세기 이후에 도입되었다.

그리스와 로마에 알려지지 않았거나 상업적으로 중요하지 않아 거의 재배되지 않은 농작물 가운데, 미국은 쌀 1억 8,700만 파운드, 메밀 1,800만 부셸, 20억 7,500만 파운드 상당의 조면,[2] 설탕 3억 200만 파운드, 당밀 1,600만 갤런, 수수시럽 700만 갤런 등을 생산했다. 이것들은 모두 지난 200년 동안 새로 도입된 작물들로서 면화와 기원지가 분명하지 않은 메밀을 제외하면 직·간접적으로 인도에서 들여왔다. 그 밖에 유럽의 고대 농업에 알려지지 않았던 작물로서 옥수수 8억 3,000만 부셸, 담배 4억 2,900만 파운드, 감자 1억 1,000만 부셸, 고구마 4,200만 부셸, 단풍당 3,900만 파운드, 단풍당밀 200만 갤런 등이 생산되었다. 여기에 신구의 자생종 또는 이식된 목초에서 생산된 1,900만 톤의 건초, 텃밭에서 재배한 많은 양의 아시아 및 유럽 기원의 채소, 기타 여러 가지 농산물을 추가할 수 있다.

이들의 연간 수확량은 6,000만 톤을 밑돌지 않을 것이며, 이는 1861년 말에 미국이 보유한 선박 톤수의 11배에 달하는 양이다. 그리고 단풍당, 단풍당밀, 서부의 초지와 일부 인디언 개간지에서 나오는 생산물을 제외하면 모두 200년 가까운 기간에 유럽인이 숲을 개간해 얻어낸 땅으로부터 나온 것이다. 유럽인의 필요에 의해 열대 아메리카 식민지에는 사탕수수, 커피, 오렌지, 레몬 등 동양에서 기원한 작물들이 이식되었다. 사탕수수와 커피의 경우 자생지에서의 재배와 영농이 촉진되어 그 추구된 규모에 비례해 그들 지역의 지리에 영향을 미쳤음이 분명하다.

---

2) Bigelow, *Les Etats Unis en 1863*, p.370.

유럽에 이식된 아메리카의 식물

아메리카는 유럽에 진 빚 일부를 되갚았다. 옥수수와 감자는 유럽과 동양의 농업에 매우 귀중한 공헌을 했고, 비록 유럽인들이 함께 가져간 식용의 구근류와 콩과식물의 수확량에 비할 수는 없지만 토마토 역시 구대륙의 텃밭에 추가된 중요한 선물이었다.[3] 나는 고대의 관능주의에 근대 문명의 준야만주의가 접목된 가장 저속하고 유해한 습관을 낳은 저 불결한 잡초, 즉 담배를 유럽에 소개하는 데 아메리카에 전적인 책임이 있다고 믿고 싶지는 않다. 그러나 슬라브에서 발견되었다고 추정되며 헝가리의 고분에서는 실제 발굴되었던 파이프 모양의 물건이 있기는 하지만, 현대 사회의 절제와 고상함에 반하는 이 중대한 범죄에 그들이 공모했다고 확신하기에는 증거로서 불충분하다.

외래식물의 이식양태

지금까지 내가 언급한 작물들 외에도, 경제적 가치는 그리 크지 않지만 그 밖의 많은 작물들이 극히 최근까지 국제적으로 교환되었다. 16세기 중반경에 부스베키우스(Busbequius)는 오스만 제국의 수도로부터 라일락과 튤립을 고향으로 가져왔다. 그는 콘스탄티노플 주재 오스트리아 대사를 역임했고 터키인의 생활을 소개한 현전하는 편지를 쓴 것으로 유명하다. 거의 같은 시기에 벨기에의 클루시우스(Clusius)는 동양으로부터 마로니에를 들여왔으며 이는 후에 미국으로 건너갔다.

유럽과 미국의 버드나무는 시를 짓고 읊던 교황에 의해 스미르나에서 도입되어 영국의 정원에서 싹을 틔웠다. 포르투갈 사람들은 유럽과 미국의 오렌지 모두 동양에서 리스본에 이식되어 지난 세대까지 생존

---

3) John Smith, *Generall Historie of Virginia, New-England, and the Summer Isles*, London, 1624, p.28.

했던 나무에 기원을 두고 있다고 말한다.[4] 현재 유럽의 화단에서 각광을 받고 있는 꽃들은 세기 반 전에 미국, 일본, 그 밖의 원동 국가로부터 이식되었다. 결국 이들 중요한 농작물과 관상 또는 장식용 작물은 세 곳의 문명대륙에서 일상적으로 접할 수 있는 식물이 되었다.

식물의 이식과 관련된 통계는 이 문제에 별로 관심을 가지지 않았던 사람들에게 놀랄 만한 수치상의 결과를 보여준다. 외롭게 떠 있는 세인트헬레나 섬은 1501년 발견 당시 다른 지역에서도 자라고 있는 3~4가지를 포함해 60여 개의 식물종이 서식했던 곳으로 알려져 있다. 오늘날 그곳의 식물은 750종을 헤아린다. 훔볼트와 봉플랑(Bonpland)은 열대 아메리카가 원산지임이 분명한 식물은 외떡잎 식물뿐이고 쌍떡잎 식물은 에스파냐가 신대륙을 식민화한 다음에 널리 이식되었다는 사실을 밝혀냈다.

자연적인 재생산 및 영속성의 능력은 필연적으로 일정 범위 내에서 우리가 재배작물로부터 확인한 것 이상의 큰 적응력을 암시한다. 특정 식물이 자랄 수 있도록 인위적으로 조성한 경지의 토양이 서로 다른 경우와 마찬가지로, 야생식물의 씨앗은 그 조성과 조건에서 모체가 자라던 토양과 동일한 땅에 떨어지는 일이 드물기 때문이다. 따라서 모든 야생식물 종은 독특한 성질을 구비한 서식지에 영향을 미치지만, 우연이든 아니면 계획적으로 다른 곳에 심길 때 태생지역과 판이한 환경임에도 불구하고 자라날 것이다. 쿠퍼(Cooper)는 "식물은 일단 심어보아야 자라는지 아닌지 확실히 알 수 있다"고 말했으며, 재배작물보다는 야생식물의 경우가 더욱 그러하다.

3세기 반 동안 세인트헬레나 섬으로 찾아든 700개의 새로운 식물종은 거의 전부가 인간에 의해 계획적으로 심긴 것은 아니다. 식물의 이식에 대해 잘 알고 있다면 인간이 이질적인 환경에 의도적으로 도입한

4) M. Goldschmidt, "Discoveries Near Rome", *Athenæum*, No. 1859, June 1863, p.1779; Karl Müller, *Das Buch der Pflanzenwelt*, Leipzig, 1856, I, p.86.

것보다 우연적으로 이식시킨 것이 더 많다는 사실을 알아차리게 될 것이다. 밀이 도입된 이후 그를 괴롭히는 살갈퀴가 따라온다. 곡물들 틈에 섞여 자라는 잡초나 텃밭의 해충은 유럽이나 미국 모두 한가지다. 마차의 전복이라든가 기타 서부로의 여정에서 이민자들에게 닥치는 수많은 사고로 인해 정원에 뿌려져야 할 씨앗이 흩어져버리고 동부 여러 주의 시골 약초밭에 뿌려질 허브는 개척자의 마차행렬이 방금 지나간 초원의 길을 따라 자라난다.[5] 식물학자가 히말라야 기슭에서 채집한 식물표본은 알프스 산맥에 인접한 평야에 뿌려진다.

　성장에 적합한 이국의 기후환경에 이식된 외래식물이 화원에서 탈출해 목초지의 자생식물로 귀화하는 일은 일상적으로 흔하게 볼 수 있는 현상이다. 토르발트센(Thorvaldsen)이 예술적 가치가 높은 물품이 담긴 상자를 박물관 안뜰에서 개방했을 때, 그것들을 담았던 짚과 풀들이 땅 위에 흩뜨려졌고, 이듬해에 과거 로마의 캄파니아 평야에서 자생하던 식물 25종 이상이 그곳에서 자라났다. 그 가운데 일부는 보존되어 스칸디나비아의 유명한 조각가였던 토르발트센을 기억하기 위해 재배되었으며, 적어도 4개 종은 코펜하겐 인근에 자연스럽게 귀화했다.[6]

　러시아 군대는 1814년의 원정에서 말안장의 안감과 다른 우연한 수단을 통해 드네프르 강변으로부터 라인 강 유역으로 씨앗을 들여왔으며, 그 스텝 지역의 씨앗을 심지어 파리 인근까지 소개했다. 유럽을 침공한 터키 군대는 대열 속에 동양의 식물을 가지고 들어왔으며, 그로 인해 담쟁이덩굴 식물이 부다와 빈의 성벽에 자라게 되었다. 유럽에서 자라는 캐나다 엉겅퀴(*Erigeron Canadense*)〔*Cirsium arvense*〕는 200년 전 박제된 새의 피부에서 떨어진 씨에서 자라났다고 한다.

---

5) Christian Theodor Vaupell, *Bögens Indvandring i de danske Skove*, Copenhagen, 1857, pp.1~2.

6) Vaupell, *Bögens Indvandring*, p.2.

외래토양으로의 이식이 식물에 미친 영향

우연히 또는 의도적으로 해외에 이식된 식물들은 때로 왕성한 성장력을 과시한다. 식용엉겅퀴라고 할 수 있는 유럽 안티쵸크[*Cynara cardunculus*]는 라플라타의 에스파냐 식민지 정원에서 빠져나와 크게 성장해 드넓은 팜파스 평원을 빼곡하게 덮을 만큼 확산되었다. 아메리카의 원 서식지에서는 넓게 퍼지지 않았던 수생식물 아나카리스(*Anacharis canadensis*)는 영국의 하천으로 이식되어 물의 흐름과 내륙수로에 지장을 초래할 정도로 널리 퍼졌다.

야생식물들은 놀라우리만큼 강한 적응력을 가지고 있으며, 그 씨앗역시 대개는 강인한 생명력을 자랑해 혹독한 상황에서도 발아할 수 있다. 많은 작물의 씨앗은 2~3년 안에 활력을 잃어 먼 지역으로 이식할때는 주의가 요구된다. 반면, 이들 작물을 괴롭히는 야생의 잡초는 비록 인간이 돌보지 않음에도 사람들이 이동할 때 따라다니다가 정착하는 모든 곳에서 새로운 보금자리를 튼다. 자연은 자신이 낳은 아이들을 보호하기 위해 싸우지만, 그들이 어머니의 품을 거부하고 인간의정복에 저항 없이 굴복했을 때에는 투쟁의 대상이 이제는 그 자식들이된다.

야생식물이 작물보다 훨씬 강인하다는 이 원칙은 짐승 나아가 인간에게도 마찬가지로 적용된다. 사냥의 대상이 되는 야생의 짐승은 인간을 거의 닮아가는 가축에 비해 인내심이 강하고 궁핍을 잘 견뎌내기 때문에 생존력이 강하다. 야생동물은 그들의 문명화된 적이라 할 인간이었다면 즉시 마비되었을 치명적인 상처를 여러 곳에 입더라도 계속해서 싸운다. 멧돼지는 창이 급소를 관통했을 때에도 그 자루를 밀고 나가 창을 휘두른 병사에게 치명적인 타격을 가한다고 한다.

사실 작물은 야생의 상태에서는 견뎌낼 수 없었던 더위와 추위에 점차 적응해갈 수 있다. 훈련을 받은 유럽의 경주마는 야생의 초원에서 가장 빠르다는 말과 심지어 체계적으로 훈련받지 못한 아랍의 준마보다 빨리 달린다. 동력계로 측정해서 알 수 있듯이 영국의 말은 뉴질랜드의 말보다 힘이 세다. 그러나 이 모든 것들은 전반적인 생명력의 희생 위에 특정 능력과 기관이 과도하게 발달한 경우에 해당한다. 이전에 경험해보지 못한 상태에서 모든 가능한 저항과 적응력을 요하는 환경에 야생동식물과 순화된 동식물을 몰아넣는다면, 재배작물과 가축은 쓰러질지라도 야생동식물은 살아남을 것이다.

염분이 가득한 해상의 대기는 씨앗과 어린 식물에 특히 치명적이다. 최근에 와서야 워드(Ward)가 발명한 진공 유리상자에 넣어 희귀식물들을 대양을 가로질러 수송할 수 있게 되었다. 예수회의 바크선을 제작하는 데 사용된 나무들이 아메리카로부터 동양의 영국령으로 이식될 수 있었던 것도 바로 이 방법을 사용했기 때문이다. 이식된 수목들은 그곳에 완전히 귀화할 수 있을 것으로 기대된다.

식물의 멸종

구대륙에서 광범하게 벌목이 행해짐으로써 초래된 여러 가지 재앙이 개탄스럽기는 하지만 그 어떤 자생적인 수목도 인간에 의해 멸종에 이르렀다고 속단하기 어렵다. 소택지에서 발견된 뿌리, 그루터기, 줄기, 잎은 아직도 생존해 있는 종의 것이다. 다른 지역에서 가지고 온 재료가 사용되었다는 역사적 증거가 남아 있는 경우를 제외하면, 유럽의 가장 오래된 건물, 심지어 스위스의 호반주거에 사용된 목재는 이들 주거의 잔해가 잔존해 있는 지역 인근에서 보편적으로 나타나는 나무로부터 생산된 것이다. 이집트의 지하묘지에서도 현재 자라고 있는 나무를 제외하면 과거에 존재했을 것으로 추정되는 수목의 존재는 밝혀지고 있지 않다.

그러나 잉글랜드와 독일, 그리고 테오프라스투스(Theophrastus)의 말이 맞다면 그리스에서 예전에 흔했다는 주목(*Taxus baccata*)은 지금은 거의 사라졌고 독일에서는 소멸 중인 듯하다. 주목은 입자의 치밀함과 미세함에서 유럽의 여느 수목을 능가하며 탄력이 좋아 영국의 궁수에게 인기가 있었다. 주목은 목공예가와 녹로공 사이에서도 수요가 많았는데, 부분적으로는 나무를 구하기 어려워졌기 때문이라고 설명할 수 있다.

어떤 곤충도 먹을거리와 서식지를 주목에서 찾지 않으며 결실에 도움을 주지도 않는다. 새들 역시 그 열매를 먹지 않는데, 이 점은 주목 역시 다른 식물과 마찬가지로 번식 또는 확산을 위한 매개가 필요하다는 사실과 관련해서 중요한 지적이다. 주목의 재생산력은 소진되어 자연적으로나 어떤 인위적인 방식으로 파종한다 하더라도 씨앗은 잘 퍼지지 않는다고 전해진다. 아직 도구를 이용한 관찰을 통해 밝혀진 것이 아니고 가장 설득력 있는 원인으로 삼림면적의 축소가 거론되곤 하지만, 심층적인 조사와 세밀한 실험을 통해 이 사실이 입증된다면 독일에서는 주목의 성장에 적합하지 않은 방향으로 기후변동이 발생했다는 사실을 밝혀줄 것이다.

중국 일부 지역에서는 유해하거나 무익한 식물을 멸종시킬 정도로 사람들이 너무 부지런해 어떤 경우에는 논에서 자라는 몇몇 수생식물을 제외하면 넓은 지역에서 단 한 종류의 잡초도 발견할 수 없다고 한다. 작고한 저명한 농업학자 코크(Coke)씨는 자신이 소유한 잉글랜드의 밀밭에서 잡초를 발견하면 큰 상금을 주겠다고 제안했지만 결국 줄 사람을 찾지 못했다고 한다. 그러나 이 경우 비교적 제한된 면적에서 열심히 농토를 관리했기 때문에 잡초를 완전히 근절했다고 믿을 이유는 전혀 없다. 곡물이 경작자에게 은혜를 베푸는 한 호밀풀과 독보리는 게으른 농민을 계속해서 성가시게 할 것이다.[7]

7) Jacques Babinet, *Etudes et lectures*, Paris, 1856, II, pp.269~270; Louis G.L.G. Lavergne, *Economie rurale de la France*, 2nd ed., Paris, 1861, pp.263~264; Wolfgang Sartorius von Waltershausen, *Ueber den Sicilianischen Ackerbau*, Göttingen, 1863, pp.19~20.

재배작물의 기원

논의 중인 주제와 관련해 가장 중요하고 동시에 가장 어려운 문제 가운데 하나는, 곡물, 식용의 인경 및 구근류, 정원의 과수 등이 자기번식하는 야생식물을 어느 정도 인위적으로 변형하고 개량해서 얻어졌는가 하는 것이다. 식물을 찾아 여행하는 사람들은 종종 작물의 원형과 원래의 서식지를 발견했다고 이야기해왔고, 과학잡지들은 일부 야생 및 재배 식물의 일체성을 밝혀주는 실험에 대해 기술하고 있다.

옥수수와 감자는 곡물을 비롯한 유럽과 동양의 갖가지 식용작물보다 뒤늦게 재배되었을 것으로 생각된다. 비록 일반 사람들의 눈에는 현재 경작되고 있는 것과 동일하지 않은 것으로 보이지만, 아메리카의 에스파냐 정착지에서 옥수수와 감자의 야생종이 발견된 것이 확실시되고 있다. 최근 매우 신빙성 있는 증거에 기초해 프랑스 남부에서 야생으로 자라는 식물(*Ægilops ovata*)이 보통 밀로 변형되었다고 주장된 바 있다. 하지만 그후 몇 번의 반복적인 실험을 통해 관찰자들은 명백하다고 주장된 그 변화가 사실은 밀의 화분에 의한 일시적인 교접 또는 수정에 불과하며, 밀로 변형되었다고 추정되는 풀은 자신의 씨앗만으로는 영속적으로 살아남을 수 없다고 주장했다.

모든 재배작물의 경우 현재의 형태로 성장과 번식을 하기 위해서는 인간의 보살핌을 필요로 한다. 하지만 우리가 지켜보는 가운데 재배작물이 계속해서 엄청난 변화를 경험하고 있고 그들로부터 무수한 품종들이 탄생하고 있다는 사실은, 모든 작물이 형태가 전혀 다른 야생식물로부터 오랫동안 일련의 과정을 거쳐 변형된 것이라는 설을 뒷받침한다. 그러나 그것은 모두가 증거의 문제일 뿐이다. 특정 야생식물과 텃밭 및 경지에서 자라는 작물이 동일하다는 것을 말해줄 수 있는 유일한 증거는 야생종과 재배종을 길러보고, 이식과 재배조건을 변화시켜 야생종을 재배환경에서 그리고 재배종을 야생상태에서 길러보는 것과 같은 실험뿐이다.

곡물이나 인간의 영양에 중요하고 영농의 대상이 되는 여러 식물들이 인간의 기술에 의해 파종, 재배되었을 당시와 동일한 형태 및 특성으로 야생에서 존재하고 번식한다고는 말할 수 없다.[8] 실제로 이 분야의 전문가에 의해 특정 야생식물이 어느 한 재배작물과 동일하다고 확실하게 밝혀진 경우는 거의 없다. 다만 역사적으로 또는 실험을 통해 입증된 사실로서 인간으로부터 독립해 존재했거나 존재할 수 있는 재배작물은 거의 없다는 정도만 확신할 수 있을 뿐이다.[9]

지질·지리적 동인으로서의 유기체

지질적 동인으로서 유기체의 수가 지니는 가치는 개별 유기체의 분량에 반비례하는 것 같다. 자연은 동식물의 유해와 구성물로 전 지역을 덮을 수 있을 만한 층을 형성하고 심연으로부터 대륙은 아니라 하더라도 큰 섬을 쌓아 올리는 데에 부족한 양을 수로 보충하기 때문이다. 사실, 북극해로 흘러들어 가는 시베리아 대하천의 하구 인근에는 코끼리와 마스토돈 같은 거대한 후피동물로부터 나오는 엄청난 양의 뼈와 엄니의 물질로 만들어진 이동성 도서가 퇴적되었다.

세계 곳곳의 대규모 동굴도 네발동물의 뼈로 반쯤 채워져 있는데, 땅에 흩어져 있거나 때로는 석회질을 비롯한 교결물질에 의해 화석골 각력의 상태로 고화되어 있다. 상대적으로 시대가 얼마 되지 않은 지층에서 발견되지만 이들 거대 동물의 유해는 대개 이미 사라져버린 종에 속한다. 현재 남아 있는 유사종은 그 뼈의 양으로 보면 지질적으로나 지

---

8) Johann Gottfried Wetzstein, *Reisebericht über Haurân und die Trachonen*, Berlin, 1860, p.40.

9) Antonio Salvagnoli-Marchetti, *Memorie economico-statistiche sulle Maremme toscane*, Florence, 1846, pp.63~73; Karl Fraas, *Klima und Pflanzenwelt in der Zeit*, Landshut, 1847, pp.35~38; Alexander von Humboldt, *Ansichten der Natur*, 3rd ed., Stuttgart, 1849, I, pp.208~210.

리적으로 중요성이 탁월할 만큼 수가 많은 것이 아니다.

그러나 그들과 함께 발견되거나 드물지만 동물의 위 속에서 확인되는 식물체는 현존하는 것들이다. 이와 같은 증거 외에, 동물의 유골 및 인골 화석과 나란하게 놓여 있으며 이들을 매장했던 주체가 쌓아놓았을 것으로 추정되는 최근에 발견된 인간의 물품들은 해당 동물들이 인간과 공존했고 아마도 인간에 의해 멸종되었을 가능성을 비춰준다.[10] 나는 현재의 인류가 계통적으로 고대의 인류와 연결되는지 아닌지의 난해한 문제를 다루어보자는 것이 아니다. 나는 단지 오늘을 살아가는 인간들만큼 강력하지는 않았더라도 존립 초창기의 인류 역시 지구에서는 파괴적인 권력자였다고 제안하기 위해 이 사실들에 주의를 돌린 것이다.

거대한 야생동물들은 이제는 어떤 지역에서도 그 사체로 광대한 퇴적층을 형성할 만큼 수가 많은 것은 아니지만 그럼에도 어느 정도 지리적인 중요성을 가진다. 남아프리카 평원의 거대한 초식동물들과 수십만을 헤아리는 아메리카의 들소 떼는, 문명세계의 사냥꾼의 입장에서는 대량살육을 통해 잔인한 쾌락과 승리를 맛보게 해주는 원천이라 할 수 있다. 그들 동물은 지표의 형태에 확연한 변화를 가져오지는 않는다 하더라도 적어도 식물의 성장과 분포에 지대한 영향을 미친다. 그리고 식생과 상호관련성이 있는 토양 및 기후 등 제반 자연환경에 간접적으로 영향력을 행사한다.

식물에 미치는 야생동물의 영향력에 관해서는 연구가 거의 이루어지지 않았고 그와 관련된 많은 사실들이 기록으로 남아 있지 않다. 그러나 알려진 바로는 야생동물이 해악을 가져오기보다는 보존력을 구비한 것처럼 여겨진다.[11] 식물을 파괴해야만 얻을 수 있는 산물에 의존해 생

---

10) Charles Lyell, *The Geological Evidences of the Antiquity of Man*, London, 1863, p.354.

11) John Evelyn, "Terra, a Philosophical Discourse of Earth", in *Sylva; or, a Discourse of Forest Trees*, York, 1786, II, p.36.

활하는 종은 거의 없고, 그렇다 하더라도 소비하는 것은 연간 생장하는 잎이나 가지, 또는 적어도 쉽게 재생하는 부분에 국한되어 있다. 이러한 원칙에 예외가 있다면, 그것은 동물의 수와 식물이 균형을 이루어 포식을 하더라도 식물이 풍족하여 멸종에 이르지 않거나, 식물이 부족해도 동물이 굶어 죽을 위험이 없을 경우뿐이다.

먹는 음식과 자연적인 욕구에서 들소는 소와 별반 차이가 없고, 아이벡스와 스위스 영양은 염소와 양에 가깝다. 그러나 야생동물은 자연의 정원에서 파괴적인 동인으로 보이지 않는 반면, 가축화된 그들의 동족은 그러한 성향이 뚜렷하다. 이는 부분적으로 순화과정에서 인간과의 유대로 인한 습성의 변화, 또 다른 일면에서는 가축의 수가 야생동물의 증식을 조절하는 자연적인 수요와 공급에 의해서 보다는 순수한 자연적 배열의 통제를 거의 받지 않는 인간의 편의에 따라 결정된다는 사실에 기인한다.

가축의 처지에서 완전히 해방될 수 있다고 충분히 입증된 사례인 소, 말, 염소, 그리고 아마도 당나귀와 같은 가축은 인간의 통제를 벗어났을 때 다시 자연의 순종자가 될 것이며, 모든 활동은 인간에 의해 종속되어 본 적이 없는 야생동물이 순응하던 동일한 법칙에 의해 통제된다는 것을 나는 알고 있다. 그러나 가축이 인간이라는 군주에게 복종하는 한, 그들은 순종하도록 길들일 수 있는 종족을 제외한 모든 동물을 대상으로 자신의 주인이 치루는 싸움의 조력자가 된다.

미국에 서식하는 동물의 수

문명은 특정 하등동물에 의존하지 않더라도 그들과 매우 밀접하게 관련을 맺고 있는 것이 사실이기 때문에 문명인은 어디를 가든지 이들 얌전한 수행원과 함께한다. 여러 종류의 가금은 물론 소, 말, 양, 심지어 상대적으로 필요성이 떨어지는 개와 고양이까지도 모든 이주민 집단에 의해 자발적으로 수송되며 얼마 지나지 않아 그들과 속성이 유사한 야생동물의 수를 압도하게 된다.[12] 1860년의 미국 국세조사에서는 말 730만 마리, 나귀와 노새 130만 마리, 소 2,900만 마리, 양 2,500만 마리, 돼지 3,900만 마리 등이 조사되었다.[13]

북미에서 군거성향이 있고 수적으로도 크게 불어나 떼를 이루는 짐승으로는 통상 버팔로라 부르는 들소가 유일하다. 들소는 미시시피 강 유역과 멕시코 북부의 초원지대에서 서식한다. 태평양으로의 철도노선을 조사하기 위해 파견된 기술자들이 예측한 바로 지난 10년간 미주리 강 상류의 대평원에서 무리를 지어 다니는 들소 떼는 20만을 내려가지 않았지만, 서식범위는 백인들이 초원에 처음으로 정착했을 당시보다 상당히 축소되었다.[14]

그러나 미국의 들소는 이동성이 있고 광활한 초원에 흩어져 있다가 해마다 이주철에는 무리를 이루는데, 연중 한 지점에서 2~3일 정도밖에 볼 수 없다. 따라서 특정 지역 어느 한 지점에서 관찰한 무리의 규모를 가지고 들소의 수를 추정하는 데에는 무리가 따른다. 전체적으로 현재 북미에서 가축으로 사육되는 소만큼 많은 수의 들소가 한때나마 있었다는 증거도, 그랬을 가능성도 없다. 북유럽산 사슴(elk), 북미산 사슴(moose), 사향소, 순록, 체구가 작은 사슴 등은 흩어져 거주하는 원주민의 수요에는 충분하지만 수치상으로 많은 것은 아니며, 놈들을 잡아먹고 사는 육식동물의 수는 더욱 적다. 따로 밝히지 않아도 로키 산맥에 양과 염소가 굉장히 귀했다는 정도는 다 알고 있는 사실이다.

요컨대, 북미의 야생동물은 심지어 가장 수가 많았을 때에도 가축에 비하면 얼마되지 않았기에 식물성 식료는 그렇게 많이 필요하지 않았

12) Isaac Casaubon, ed., *Scriptores Historiae Augustae*, 1690 ed., p.110.
13) Bigelow, *Les Etats Unis en 1863*, pp.379~380.
14) Isaac I. Stevens, "Narrative and Final Report", in U.S. War Department, *Reports of Explorations and Surveys······ for a Railroad from the Mississippi River to the Pacific Ocean*, Washington, D.C., 1860, XII, book i, pp.59~60.

다. 결과적으로 같은 지역에서 문명인이 사육하고 있는 수백만의 소보다는 중요성이 훨씬 떨어지는 지리적 요소였다.

가축의 기원과 이동

가축화는 역사가 시작되기 전에 이루어졌기 때문에 가축의 기원에 관해 알 수 있는 것이라고는 거의 없다. 가축은 현존하는 특정 야생동물과 동일시될 수는 없지만 원래는 야생의 상태로부터 길들여졌을 것으로 추정된다. 고대의 기록자들은 작물의 이식만큼 신대륙으로의 가축의 이식과 관련된 자료를 남기고 있지 않다.

낙타에 관한 학술논문에서 리터는 이집트 사람들의 경우 비교적 늦게까지 그것을 이용하지 않았고, 카르타고인에게는 왕조가 몰락한 뒤에도 알려지지 않았으며, 아프리카 서부에 처음으로 모습을 보인 것은 최근의 일이라는 사실을 밝혔다. 쌍봉낙타는 3~4세기경 고트족에 의해 소아시아로부터 흑해 북부 연안으로 유입된 것이 분명하다.[15] 아랍의 단봉낙타는 카나리아 제도로 옮겨왔다가 일부가 호주, 그리스, 에스파냐, 토스카나로 유입되었고, 실용화되지는 않았지만 베네수엘라에서 시범적으로 도입되었다. 마지막으로 단봉낙타는 미국 정부에 의해 텍사스와 뉴멕시코로 수입되었는데, 기후와 사료로 쓸 식물의 조건이 가장 적합해 그 지역의 문명을 한층 성숙시키는 데 매우 유용한 요인이 될 것 같다. 아메리카에는 개와 라마, 어느 정도의 들소를 제외하면 가축이 거의 없다.[16] 물론 호주에서 그러했던 것처럼 말, 당나귀, 소, 양,

---

15) Karl Ritter, "Die geographische Verbreitung des Kameels in der Alten Welt", in *Die Erdkunde im Verhältniss zur Natur und zur Geschichte des Menschen; oder allgemeine vergleichende Geographie*, 2nd ed., Berlin, 1847, XIII, pp.609~759.

16) Humboldt, *Ansichten der Natur*, I, p.71; Annibale di Saluzzo, *Le Alpi che cingono l'Italia*, Turin, 1845, I, p.489; Lyell, *Antiquity of Man*, pp.24~25.

염소, 돼지 등은 유럽인의 식민화에 기여한 바 크다.

지금까지 근대 유럽은 몇 차례의 시도는 해보았지만 새로운 동물의 수입에서는 그다지 큰 성과가 없었다. 순록은 약 100년 전에 아이슬란드에 성공적으로 도입되었으나, 그에 반해 같은 시기에 진행된 스코틀랜드에서의 유사한 실험은 실패로 끝났다. 캐시미어 양으로도 불리는 티벳 양은 한 세대가 지난 다음에 프랑스에 도입되어 큰 성공을 거두었다. 그것과 동일하거나 유사한 종, 그리고 아시아의 들소는 1850년 무렵에 사우스캐롤라이나에 도입되었으며, 특히 티벳 양은 미국에서는 앞으로도 계속해서 중요한 가축이 될 것으로 생각된다. 타타르의 소로 불리는 야크는 프랑스에서 번성했던 것 같으며, 남미의 알파카를 유럽으로 도입하려는 노력도 성공적이었다.

동물의 멸종

인간은 자신에게 유익한 것들을 얻기 위해 가축화할 수 없는 덩치 큰 야생동물의 수를 크게 줄이고 궁극에 가서는 전멸시킬는지도 모른다. 그러나 동물의 수는 유동이 잦아 거의 멸종된 것처럼 보이다가도 인간의 의도적인 도움 없이 갑작스럽게 늘어난다. 프랑스 혁명에 뒤이은 전쟁의 와중에 늑대는 사냥꾼들이 더 고상한 사냥감인 인간을 쫓기 위해, 즉 실제로 전쟁을 치루기 위해 숲으로부터 철수하는 한편 살육된 사람과 말에게서 풍부한 먹이를 얻게 되자 유럽 여러 지역에서 증가했다. 러시아 정부가 농민을 무장해제한 뒤에도 늑대는 폴란드에서 늘어났다. 그러나 사냥꾼들이 늑대사냥을 재개하면서 초식동물의 수가 증가했고 이를 먹이로 하는 거대한 육식동물도 따라서 늘어났다.

비버의 모피가 고급모자의 재료로 널리 이용되어 가격이 상승함으로써 비버 사냥이 광적으로 진행되자 동물학자들은 비버가 급속하게 멸종되지 않을까 걱정했다. 파리의 제조업자가 발명한 실크 모자가 널리 통용됨으로써 모피에 대한 수요는 감소했다. 이에 앞서 본 것처럼 소택지의 형성과 삼림의 변동에 관계된 습성을 지닌 중요한 요인이었던 비버가 증가하여 오랫동안 비워두었던 서식지에 다시 출현함으로써, 더 이상 멸종위기에 처한 것으로는 간주되지 않았다. 이처럼 파리 사람의 패션의 편의와 변덕은 멀리 떨어진 대륙의 자연지리에 뚜렷한 변화를 야기할 수 있을 만한 영향력을 부지불식간에 행사했다.

화약이 발명되면서 예전에 많은 수가 서식하던 유럽과 아시아 여러 국가의 일부 동물들이 완전히 사라져버렸다. 영국에서는 마지막까지 남아 있던 늑대가 200년 전에 죽었고 곰은 그에 앞서 전멸했다. 영국의 야생 소는 잉글랜드와 스코틀랜드 일부 공원에서만 볼 수 있다. 그리 오래 된 것 같지 않은 아일랜드의 소택지에서는 가지 난 뿔이 발견되어 현재 유럽에 남은 그 어떤 종보다도 많은 숫사슴이 이곳에 존재했다는 사실을 입증해준다.

사자는 역사시대가 열린 뒤 오랫동안 소아시아와 시리아, 그리고 아마도 그리스와 시칠리아에서도 서식했을 것으로 믿어진다. 십자군 원정이 있었던 시절까지 소아시아와 시리아에서는 멸종하지 않았다고 전해진다. 한때 독일에서 흔하게 볼 수 있었던 덩치 큰 초식동물인 우르(ur)와 셀크(schelk)는 완전히 사라졌고, 영양과 오력(aueroch)도 멸종 직전에 와 있다. 원작은 조금 앞선 시기에 등장했지만 일반적으로 1200년 무렵의 곡으로 이야기되는 독일의 가장 오래된 대서사시, 즉 「니벨룽겐의 노래」(Nibelungen-Lied)는 다음과 같이 읊고 있다.

용맹스러운 지크프리트가 들소와 영양의 발길을 늦추고, 네 마리의 건장한 소와 사납고 억센 셀크를 때려잡는구나.

현대의 동식물학자는 북유럽 및 아시아의 사슴과 아프리카의 영양, 들소와 오력이 동일하다고 본다. 언제 우르와 셀크가 멸종되었는지는 알 수 없다. 오력은 프로이센에서 지난 세기 중반까지 생존했다. 하지만 코카서스에서 발견된 그와 비슷한 동물과 동일하다고 인정되지 않는 한, 지금은 약 1,000여 마리가 보존되어 있는 러시아의 비아로비치 제국림과 1852년 당시 4마리를 보유한 빈 인근의 쇤브룬 같은 대규모 동물원에만 남아 있을 뿐이다. 아메리카의 사슴과 동일하지는 않더라도 가까운 관계에 있다고 보는 영양 400~500마리는 현재 프로이센의 왕립보호구역에 있다. 스위스 영양은 보기 힘들어졌고, 한때 고산 알프스에서 흔했던 큰 뿔을 가진 야생염소, 즉 아이벡스는 도라발테아와 오르코 계곡 중간에 자리한 피에몬테의 코그네 산맥에만 존재한다고 믿어진다.

미국 내 조류의 수

농촌생활에서 가금은 가축보다는 그 역할이 그리 두드러지지 않고, 자연경제와의 관계에서는 네발짐승이나 야생조류에 비해 중요도가 떨어진다. 미국에서 칠면조는 과거에 존재했던 같은 부류의 야생종보다는 수가 많을 것으로 생각되며, 뇌조류 역시 가장 수가 많았던 시절에도 오늘날의 암탉보다 많았을 리 없다. 그러나 집비둘기의 수는 야생비둘기에 크게 뒤지며, 거위와 오리 역시 야생종의 수보다 많지 않았을 것이다. 야생비둘기는 삼림의 개간이 시작된 이후 몇 년 새 크게 증가한 것 같다. 왜냐하면 정착자들이 비둘기의 천적인 매를 무차별적으로 잡아들였고 비행력이 떨어져 멀리까지 날아가 먹이를 구해올 수 없는 어린 새들에게 곡물을 비롯한 식물성 식량을 공급해주었기 때문이다.

미국의 초창기 백인정착자들은, 동물학자들이 깜짝 놀랐을 정도로 야생비둘기가 빼곡히 하늘을 가리며 날아다녔다는 오듀본(Audubon)의 묘사와 같은 식의 기술은 하지 않았다. 그리고 그물과 총에 많은 수가 희생되었기에 떼를 지어 출현한다는 것은 이제 간만에 한 번 있을 뿐이고, 지금 생존해 있는 사람들이 과거에 일상적으로 보아왔던 큰 무리의 비둘기는 더 이상 볼 수 없다.

씨를 뿌리고 소비하며 곤충을 잡아주는 새

화가들이 스타파지(staffage)라 일컫는 자연경관에서 야생조류는 매우 현란하고 흥미로운 사물이며, 그 직·간접적인 영향을 고려할 때 지리적인 측면에서도 중요한 요소다. 새들은 씨앗을 먹거나 퍼뜨림으로써 직접적으로 식생에 영향을 주며, 식생에 해롭거나 때로 도움을 주는 곤충을 잡아먹음으로써 간접적인 영향을 미친다.

그러므로 씨앗을 퍼뜨리는 새를 죽일 때 우리는 식물의 번식을 억제하는 것이고, 삼킨 씨앗을 소화시키지만 퍼뜨리지 않는 새를 죽일 때에는 식물의 증식을 돕는 셈이다. 자연은 작물의 씨앗보다는 야생식물의 씨를 조금 더 효과적으로 보호해준다. 곡물은 새들이 먹을 때 완전히 소화되지만, 작은 핵과를 위시한 많은 야생식물의 씨앗은 손상되지 않으며 심지어 새의 위 속의 자연적인 화학작용에 의해 성장이 촉진되는 듯하다.

비행능력과 쉬지 않고 움직이는 습성으로 인해 새들은 바람에 운반되는 것보다 먼 거리까지 무거운 씨앗을 가지고 갈 수 있다. 날아가는 속도가 빠른 새 한 마리는 버찌의 핵과를 나무로부터 1,000마일 되는 지점에 떨어뜨릴 수 있다. 매는 잡은 비둘기를 갈기갈기 찢음으로써 위도상의 거리로 10도나 떨어진 곳에서 비둘기가 삼킨 신선한 쌀을 흩뜨린다. 다른 식으로는 도저히 설명할 수 없는 식물의 고립적인 존재에 대한 해석은 이렇게 보면 쉽게 해결된다. 자연적으로 동물에 의한 확산에 특별히 적합한 많은 부류의 씨앗이 있다. 갈퀴나 점액을 이용해 짐승의 털이나 새의 깃털에 붙어 운반되는 씨앗이 그렇다. 또한 어떤 새들은 식물의 번식을 직접적으로 의도한 것은 아니지만 목적의식 없이 은밀히 숨기거나 나중에 먹을 식량을 보존하기 위한 차원에서 씨앗을 조심스럽게 땅에 묻는다.

안타깝게도 우리는 새들이 곡물과 콩과식물에 해를 가한 것을 과장해서 잘못 이해한다. 작물의 씨앗을 다량으로 먹어 치운다고 여겨지는 새들은 실상 곤충만 잡아먹는다. 때로 밀밭에서 먹을 것을 찾기도 하지만 낟알 그 자체가 아니라 수확에 큰 해를 끼치는 곤충의 알, 애벌레, 유충 등을 먹는 것이다. 이는 각기 다른 계절에 유럽과 뉴잉글랜드에 서식하는 많은 새들의 위를 검사해서 확실하게 밝혀낸 사실이기 때문에 의심의 여지가 없다.

그리고 일부 곡식을 먹고사는 새들도 그보다 더 치명적인 손해를 끼치는 벌레를 잡아먹음으로써 전체적으로는 보상을 해주는 것이 틀림없어 보인다. 이 문제와 관련해 해부를 통해 얻어낸 것 외에도 많은 증거가 더 있다. 직접 관찰해보아도 새들이 살상되면 해충이 늘어나고, 반대로 해충을 잡아먹는 새들이 보호되어 수가 늘어나면 피해도 줄어든다는 것을 알 수 있다. 이러한 다수의 흥미로운 사실들이 자칭 동식물학자들에 의해 수집되고 있지만, 나는 잘 알려져 있고 쉽게 접근할 수 있는 출처로부터 몇 가지를 소개하고자 한다.

"인색한 농부——로마의 시인 베르길리우스(Vergilius)가 적절하게 감성적으로 부여한 별명이다——는 해충을 잡아내 작물을 보호해주는 새들을 쫓아내는 탐욕스럽고 맹목적인 사람이다. 또한 우기에 생길지 모르는 해충을 쫓아버리고 유충의 서식처를 찾아내며 잎을 샅샅이 뒤져 조사하고 매일 수천 마리의 애벌레를 발견해 죽이는 생명체에게 낟알 하나도 주지 않는 사람이다. 그러나 새들이 전쟁을 벌이고 있는 해충에게는 옥수수 자루를, 메뚜기에게는 경지를 송두리째 넘겨주는 사람이다. 그리고 생각을 하면서 주위를 둘러본다거나 미래에 대한 예측도 없이 오직 밭고랑에 시선을 고정시킨 채 주어진 순간에만 몰두하며, 조화가 깨지면 무사하지 않을 것이라는 사실에는 아랑곳하지 않는다. 그 사람은 어디에서든 힘든 노동에 없어서는 안 될 동료로서 해충을 먹어 해치우는 새를 전멸시킬 수 있는 방법을 찾고 승인했으며, 이에 곤충은 새에게 처절히 복수했다. 한시라도 빨리 새들을 배척하는 이러한 작태를 철회해야 한다. 부르봉 섬에서는 갈색제비에 현상금을 내걸었다. 그 결과, 제비는 이내 사라졌으며 대신 메뚜기가 섬을 점령해 게걸스럽게 먹어댔고 남은 것들은 타는 듯한 가뭄에 시들어 말라 죽었다. 북미에서는 옥수수를 보호해주는 찌르레기에 같은 일이 생겼다.[17] 실제로 곡식을 축내기는 하지만 그럼에도 여전히 보호의 끈을 놓지 않는 참새조차 좀도둑이나 무법자로 불리면서 저주와 욕설을 얻어먹는다. 헝가리에서는 참새가 없으면 사람들이 다 멸망할 것 같다. 저지대에 창궐하는 딱정벌레와 수많은 날개 달린 적들에 대항해서 홀로 장렬한 싸움을 감당해주기 때문이다. 헝가리는 참새의 추방령을 철회해 비록 훈련은 부족하지만 국가의 구원자인 이 용감한 전사를 다시 불러들였다."

"루앙 인근과 몽빌 유역에서는 한동안 지빠귀를 쫓아냈다. 이에 편승해 딱정벌레 유충이 무한정 불어나 땅 속에서 열심히 그리고 성공적으로 파괴적인 활동을 벌였다. 그 결과 초지는 완전히 말라버린 듯 보였고 초본뿌리는 벌레가 다 먹어 치웠으며 초원의 표층은 물러져서 카펫처럼 둘둘 말려갈 것 같았다."[18]

조류의 감소와 멸종

유럽인들이 대체적으로 작은 새에 적개심을 가지는 것은 부분적으로는 과거의 수렵법(game law)에 따른 반작용이라고 볼 수 있다. 프랑스에서는 수렵법에 의거하여 사냥에 적용되었던 규제가 갑작스럽게 풀리면서 모든 사람들이 일제히 야생동물에 대한 파괴적인 활동에 나섰다. 의회가 사냥의 자유를 선포한 직후인 1789년 8월 30일, 프로방스에서 집필활동을 하고 있던 영(Arthur Young)은 자신의 경험으로부터 농민들이 새롭게 쟁취한 자유를 발산하는 과정에서 초래되고 있는 폐해에 대해 불만을 토로했다.

"그간 프로방스 지방에서 녹슬어 있던 모든 총기가 동원되어 온갖 새

---

17) Jules Michelet, *L'Oiseau*, 7th ed., Paris, 1861, pp.169~170.
18) Michelet, *L'Oiseau*, p.170.

들을 잡을 것이라고 생각할 수 있다. 실제로 대여섯 차례 총알이 내 마차와 귓전을 스치고 지나간 적이 있다. 의회는 모든 사람이 자신의 땅에서 사냥할 권리가 있다고 선언했다. ……이로 말미암아 무척이나 짜증스럽게도 프랑스 전역이 온통 사냥에 혈안이 된 사람들로 들끓게 되었다. ……선언서에서는 조건과 보상에 대해서도 말하고 있으나 통제불능의 다수가 철폐의 혜택을 누리고 있으며 의무와 보상의 조항을 비웃고 있다."

프랑스 혁명도 그와 유사한 규제를 없앰으로써 다른 나라의 경우와 비슷한 결과를 초래했다. 그 당시 형성된 관습은 유럽 대륙에서 전승되었다. 영국에서는 수렵법이 여전히 존속되고 있지만, 무지하고 교육을 충분히 받지 못한 계층이 가지는 새에 대한 맹목적인 편견은 적어도 어느 정도는 그 법률 때문이다. 사냥에 적합한 동물에 대한 접근을 법적으로 제한함으로써, 하류층 사냥꾼들로 하여금 상류층이 즐길 수 있도록 예비해둔 동물을 제외한 것만을 잡도록 했던 것이다. 결과적으로 장원의 영주는 소작인들의 식량작물을 희생시켜 꿩이나 토끼를 사들인 셈이며, 크롤리의 농민들은 큰 동물들을 사냥할 수 없는 한, 자신의 밀밭을 보호해주는 참새를 잡아 죽이는 자살행위를 계속할 것이다.

유럽, 특히 이탈리아에서는 육류가 상대적으로 부족하고 비싸서 앞서 지적한 심리상태와 결합되어 조류에 대한 살육에 자극이 가해진다. 2,000제곱마일도 안 되는 토스카나 주의 그로세토에서는 지빠귀를 포함한 30만 마리에 가까운 작은 새들이 해마다 시장에 출시된다.[19]

새들은 골격이 단단하지 못하고 적응력이 떨어져 길짐승에 비해 극단적인 기후에 크게 영향을 받는다. 굴을 파서 생활하는 동물과 천적인 큰 짐승들에게 지하굴과 동굴이 그러하듯이 그들에게도 악천후와 적의

---

19) Salvagnoli, *Memorie sulle Maremme toscane*, p.143; Friedrich von Tschudi, *Ueber die Landwirth-schaftliche Bedeutung der Vögel*, St. Gall, 1854; Baumgarten, "Notice sur les rivières de Lombardie et principalement sur le Pô", *Annales des Ponts et Chaussées*, 13(1847), p.150.

추격을 피할 수 있는 은신처가 필요하다. 알은 부화하기 전까지 수많은 위험에 처하고 어린 새끼들은 너무 유약해 방어능력이 없으며 무기력하다. 양육기에 차고 거센 비바람이나 우박이 몰아치면 둥지가 파손되고, 보호하기 위해 새끼를 품은 어미는 노력한 보람도 없이 밑에 깔린 새끼와 함께 죽기도 한다.

새는 엄청나다 할 정도로 수가 많고 이동성향을 가지며 엄습한 위험으로부터 쉽게 빠져나갈 수 있는 능력을 가지기 때문에, 전멸한다거나 수가 급격하게 줄어드는 위험에서 자유로울 것 같아 보인다. 그러나 법, 인간이 베푸는 호의, 전통종교, 그 밖의 특별한 상황에 의해 보호받지 못한다면, 그들은 문명의 적대적인 영향에 쉽게 무너짐을 경험으로 알게 된다. 비록 초기 정착자들의 생활이 새들의 수적인 증가에 호의적으로 작용했을지라도, 농업과 제조업이 발달하면서 인간이 직접적으로 손을 대지 않은 종들조차 다방면으로 파괴의 국면을 맞고 있다.[20]

자연은 새들이 과도하게 증가하지 않도록 범위를 정하는 동시에 갖가지 수단과 자체적인 기관을 동원해 멸종에 이르지 않도록 보호해준다. 인간은 새들을 잡아먹고 무도하게 파괴한다. 새들이 지닌 감미로운 맛과 사냥꾼의 기술이 더해져 조류는 좋은 표적이 된다. 그리고 한편으로 전사와 여성의 장식으로 사용되는 아름다운 깃털 때문에 한때 헤아릴 수 없이 많았던 종으로서 마지막까지 생존해 있는 새까지 희생될 위험에 처해 있다.

지금까지 과거와 현재의 동물학자들이 설명했던 새들 가운데 멸종단계에 이른 것은 거의 없으나, 일부는 최근 들어 지구상에서 흔적도 없이 사라져버린 것이 확실하다. 프랑스령 모리셔스 섬에 서식했고 1690년에 멸종되어 지금은 두 세 개의 뼛조각밖에 알려지고 있지 않은 덩치 큰 도도새(*Raphus cucullatus*), 그리고 부르봉 섬과 로드리게스 섬에 살았으나 백 년 이상 모습을 드러내지 않았던 독거성향을 가진 솔리테

---

20) Lyell, *Antiquity of Man*, p.409.

리(solitary)[*Pezophaps solitarius*]가 아마 가장 널리 알려진 예가 아닐까 한다.

노퍽 섬에서 볼 수 있었던 앵무새를 포함해 몇몇 새들은 최근에 멸종된 것으로 전해진다. 너무 뚱뚱하여 날지 못하는 것으로 유명한 바다오리(*Alca impennis*)[*Pinguinus impennis*], 즉 펭귄은 200~300년 전에는 페로 제도와 스칸디나비아 해변 전역에 많았다. 초창기 항해자들은 뉴펀들랜드 섬과 주변 해역에서 그와 동일하거나 유사하다고 생각되는 종 여럿을 목격했다. 척박한 지역에 살고 있던 사람들에게 그로부터 얻어낸 고기와 기름은 매우 중요한 자원이었기 때문에 열성적으로 잡고자 했다. 새는 현재 완전히 멸종된 것으로 보이며 뼛조각이라도 전시하고 있는 박물관조차 거의 찾아볼 수 없다.

최근에 벌어진 한두 가지 멸종사건의 경우에는 우리가 자랑하는 현대 문명에 아무런 책임이 없다고 믿어도 좋을 듯하다. 뉴질랜드에서는 전에 세 종류의 디노르니스(dinornis)가 살고 있었다. 그 가운데 하나가 바로 섬사람이 모아(moa)[*Dinornis giganteus*]라고 부르던 종이었는데, 타조와 유사하지만 그보다 훨씬 컸다. 새들의 뼈가 발견된 상황과 원주민의 전통을 종합해보면, 백인들이 뉴질랜드를 발견하기 전에 이미 원주민의 손에 이 새가 멸종되었는지 모르지만 비교적 늦게까지 존속했다는 것을 증명해주고 있다. 알이 마다가스카르에서 전해진 날개 달린 코끼리새[*Aepyornis*]의 경우도 마찬가지였다. 이 새는 모아보다 훨씬 컸음이 틀림없고, 알의 크기를 가지고 비교하자면 타조알보다는 평균 8배, 계란에 비하면 150배나 크다.

인간이 다수의 조류를 멸종에 이르게 했다는 증거는 없다. 하지만 그들의 학대로 인해 한때 흔하게 볼 수 있었던 많은 지역에서 조류가 자취를 감추었고, 또 다른 지역에서는 그 수가 줄었다는 정도는 알 수 있다. 이전에 스코틀랜드에 많이 살았고 뇌조 가운데 품종이 가장 뛰어났던 검은색의 캐퍼캐일지(cappercailzie)(*Tetrao urogallus*)는 영국에서 멸종되었다가 스웨덴으로부터 최근에 다시 도입되었다.[21] 타조의 경우

나이 먹은 여행가들의 입을 통해 17세기 중엽까지 수에즈 지협에서 흔하게 볼 수 있었다고 전해진다. 그 전에는 시리아와 소아시아에서도 자주 나타났으나 지금은 멀리 떨어진 고립된 사막에서만 발견될 뿐이다.

교통이 편리해진 현재에는 먼 곳의 시장도 전문사냥꾼의 도달범위 안으로 들어와 그들의 파괴적인 본성에 새로운 충동을 부채질했다. 모든 영국인과 아일랜드인이 런던에 사냥감을 공급했을 뿐만 아니라, 포토맥 강의 들오리와 미시시피 강 유역의 초원뇌조까지도 런던 가금상인의 새장 속에서 볼 수 있다. 콜(Kohl)은 북해 연안에서는 사냥철이 되면 쳐놓은 함정에서 2만 마리의 오리가 잡혀 해안가 도회지로 보내져 팔려 나간다고 알려준다.[22]

유럽 대도시의 통계는 사냥해온 새들이 막대한 양으로 소비되었음을 말해주지만, 농촌지역의 수치가 빠져 있고 사냥꾼이나 구매자 그 어느 쪽도 보고를 하지 않기 때문에 실제에 크게 못 미친다. 문명국에서는 조류의 재생산이 이 엄청난 파괴의 속도를 쫓아갈 수 없다. 그래서 고기와 깃털 때문에 사냥되는 모든 야생조류가 현저하게 줄어들어 도도새와 날개 없는 바다오리가 걸어온 길을 밟게 되지는 않을까 두려움이 앞선다.

다행스럽게도 고기와 깃털을 목적으로 사냥되는 큰 새나 알이 식량으로 이용되는 새들은 자연이 그들에게 부여한 기능을 고려해볼 때, 그 밖의 용도로는 인간에게 유용하지 않다. 그러므로 그들의 멸종은 생산재를 모두 소비해버리는 것과 같은 경제적인 죄악으로 이해할 수 있다. 우리가 만일 소비를 연간증가분으로 국한시킬 수 있다면 세계는 그나마 얻는 것이라도 있을 것이다. 그러나 그것도 식용으로의 가치는 없지

---

21) Edward William Lane, *An Account of the Modern Egyptians, 1833~35*, London, 1836 ; Petrus Læstadius, *Journal för första året af hans tjensgöring såsom missionaire i Lappmarken*, Stockholm, 1831, p.325.

22) Johann Georg Kohl, *Die Marschen und Inseln der Herzogthümer Schleswig und Holstein*, 3 vols, Dresden, 1846, I, p.203.

만 우리를 대신해서 또는 자진해서, 날거나 기어 다니는 무수히 많은 벌레와 곤충에 맞서 싸움으로써 극히 중요한 봉사를 해주는 작은 새들을 수백만 마리씩 잔혹하게 희생시키는 것을 통제함으로써 얻을 수 있는 이득에는 미치지 못한다. 새들이 없다면 해충의 막대한 번식력 때문에 세상은 온통 해충투성이가 될 것이다.

조류의 도입

인간이 부지불식간에 다른 지역으로 이식한 것으로는 조류가 길짐승보다는 못할 것이다. 그러나 조류의 분포는 인간의 활동에 의해 크게 영향을 받으며, 모든 농산물의 이동에는 길건 짧건 간에 어느 정도의 시간 차이를 두고 씨앗이나 작물에 서식하는 곤충을 먹고사는 새들의 이동이 수반된다. 독수리와 까마귀 같은 썩은 고기를 먹고사는 새들은 늑대와 함께 이동한다. 새들은 배 바깥으로 던지는 쓰레기를 받아먹기 위해 긴 항해에 오른 선박과 동행하는데, 그러한 가운데 이역에서 알을 낳고 새 둥지를 틀기도 한다. 영국에서 살던 새 한 마리는 범선의 조범장치에 달린 쓰지 않는 선반에 집을 짓고 알이 부화하는 동안 배와 함께 한두 번의 짧은 여행을 했다. 이국의 항구에 머무는 동안 새끼에 털이 생긴다면, 그들은 당연히 처음으로 날갯짓을 한 바로 그 나라의 시민권을 주장할 것이다.

곤충과 벌레의 효용

일부 열성적인 곤충학자들은 아마도 곤충과 벌레 역시 자연계가 원활하게 돌아가는 데에 큰 생명체만큼이나 중요하다는 사실을 점차 깨닫게 될 것이다. 그리고 우리 자신은 투스넬(Toussenel)과 미슐레(Michelet)가 새를 위해 그러했던 것처럼 모기나 심지어 체체파리를 변호하게 될지도 모른다.[23] 누에와 벌은 변론자가 따로 필요 없을 것이다. 곤충이 시리아오크에 구멍을 뚫어 생긴 벌레혹은 내가 지금 쓰고 있는 펜의 잉크에 필요한 요소다. 창가에서 내려다보면 공휴일을 즐기고 있는 사람들이 입고 있는 화려한 의복에서 연지벌레 암컷을 말려 만든 적색염료인 케르메스(kermes)와 진홍색의 코치닐(cochineal)이 눈에 들어온다.

그러나 농업 또한 곤충과 벌레에 힘입은 바 크다. 플리니우스에 따르면 고대인들은 야생 무화과나무의 가지를 작물화된 동종의 나무 위에 매달아 놓곤 했다. 여기에는 야생종을 쫓아다니던 곤충이 재배종에 구멍을 뚫어 개화를 촉진한다는 이유도 있고, 야생종의 화분을 재배종으로 옮겨 결실을 기대할 목적으로 그렇게 한다고 주장하는 사람도 있다. 캐프리피케이션(caprification)이라 불리는 이 과정은 아직도 통용되고 있다. 지렁이는 오래전부터 낚시꾼뿐만 아니라 농민들 사이에서도 경의와 사의를 받아왔다. 지렁이의 효용에 대해서는 농업 및 과학 관련 여러 편의 논문에서 강조되었다. 신문에서 발췌한 다음의 내용으로 내가 이야기하려는 바를 대신하고자 한다.

"영국 왕립농업협회의 자문기사인 파크스(Josiah Parkes)는 지렁이가 배수에는 물론 농민들이 토양의 비옥도를 유지하려는 데에도 큰 도움을 준다고 이야기한다. 그는 또한 지렁이는 습한 땅을 좋아하지만 젖은 땅은 싫어하고, 땅을 파 내려가지만 물로는 들어가지 않으며, 배수 후에 빠르게 증식하고, 땅속 깊은 곳의 건조한 토양을 선호한다고 밝히고 있다. 해몬드(Thomas Hammond)와 함께 켄트 주 펜허스트를 조사하면서 그는 얕은 부위를 오랫동안 배수하고 난 다음에 깊은 부분까지 배수한 곳에서 지렁이가 많이 증가했고 배수관이 깔린 곳까지 구멍을 뚫고 내려갔다는 사실을 확인했다. 지렁이가 파놓은 구멍은 작은 손가락이 들어갈 정도로 컸다. 핸들리(Henry Handley) 씨는 링컨셔의 바닷가에 자리한 한 필지의 경지에 바닷물이 들어 지렁이가 모두 죽어

---

23) Adolf Schmidl, *Zur Höhlenkunde des Karstes*, Vienna, 1854.

버렸고, 지렁이가 다시 찾을 때까지 황폐한 상태로 남아 있었다고 전해준 바 있다. 그는 또한 집 근처의 초지에 지렁이가 도를 넘어설 정도로 많아지자 배설물이 풀에 해를 끼친다고 판단해 그를 퇴치할 목적으로 야밤에 땅을 골랐다. 그 결과 땅의 비옥도가 급격히 떨어졌으며 인근 경지에서 지렁이를 대량으로 모아 옮겨놓은 연후에야 다시 회복시킬 수 있었다."

"지렁이가 아주 깊은 곳까지 파고들어 갔다가 기름진 고운 토양을 가지고 올라와 표면에 쏟아놓는다는 사실은 켄트 주 다운 지방의 다윈 씨에 의해 훌륭하게 연구되었다. 그는 몇 년이 지난 다음 경지의 표면에 6~7인치 두께의 비옥한 토양층이 쌓여 풀뿌리에 영양분이 공급됨으로써 생산성이 증진되었다는 사실을 밝혀주었다."

방금 인용한 다윈을 포함해 이 주제에 대해 의견을 피력한 많은 사람들이 지렁이가 만들어내는 한 가지 중요한 거름성분을 간과했다는 점을 추가하고 싶다. 즉 생전에는 배설물로 그리고 사후에는 부식된 유해로 토양의 비옥도를 높인다는 사실이다. 이런 식으로 공급되는 거름은 고등동물로부터 얻어낸 동일 분량의 성분만큼이나 소중하다. 1제곱야드 면적의 토양에서 발견된 지렁이의 수가 지극히 많다는 점을 염두에 둔다면, 식물이 자라는 데 필요한 영양물질의 공급량이 결코 적지 않다는 사실을 쉽게 알 수 있다.

지렁이가 파놓은 구멍은 기계적으로 토양의 조직과 투수율에 영향을 미치며, 그렇게 함으로써 지표의 형태와 특성에 일정한 영향력을 행사한다. 그러나 곤충과 벌레 그 자체의 지리적 영향력은 결정적으로 그들의 번식과 파괴의 동인이라 할 수 있는 식물과의 관련성에 의해 결정된다. 다윈의 책에서 난초에 관한 내용을 담은 다음의 설명이 바로 이 점을 가장 명료하게 제시해준다. "결론적으로 6,000여 종의 난초의 수정에는 절대적으로 곤충의 힘이 필요하다. 다시 말해, 곤충이 찾지 않는다면 모든 난은 빠르게 사라질 것이다."[24]

다른 식물군에서도 상황은 마찬가지다. 우리는 이들 동인의 한계는 없다고 보며 관습상 해충으로 규정되는 많은 곤충들도 직·간접적으로는 일부 곤충들이 난에 대해서 그랬던 것같이 귀중한 식물에 의미 있는 기능을 수행할 수 있다. 내가 직·간접적이라는 단서를 붙인 것은, 특정 생물 종의 과도한 증식을 제어하는 장치 외에도 자연은 곤충들 사이에 질서를 잡아줄 조절자를 두어 어떤 종은 늘리고 어떤 종은 줄여 나가기 때문이다. 자연 안에는 곤충뿐만 아니라 그들을 잡아먹는 새와 길짐승이 있다는 것이다.

유용한 식물의 번식을 돕는 곤충은 생의 특정 시점에 그의 먹이가 되는 다른 곤충에 의존하기도 하며, 이 다른 곤충은 다시 특정 식물에 해를 끼치고 그의 천적은 다른 식물에 도움을 주기도 한다. 이처럼 동물과 식물의 삶은 인간의 지식으로는 풀 수 없는 매우 복잡한 문제가 아닐 수 없다. 그러하기에 생명체의 바다에 아주 작은 조약돌을 던졌을 때 자연의 조화에 교란을 야기하는 파장의 범위가 얼마나 넓은지 결코 알 수 없다.

하지만 우리는 다음과 같은 정도의 결론은 이끌어낼 수 있을 것이다. 즉, 다양한 계층의 생명체들 사이에 부여된 태초의 비율을 교란시킴으로써 균형을 파괴할 때마다, 자기 보존의 법칙은 저울에서 뽑아낸 추를 다시 올려놓거나 다른 저울에서 그만한 무게의 추를 빼내는 방법을 통해 평형을 되찾도록 요구한다는 것이다. 바꾸어 말해, 파괴는 재생을 통해 회복되거나 상대 진영의 새로운 파괴에 의해 보상을 받는다.

거실에 놓여 있는 어항은 단지 그것을 재미있는 장난감으로 받아들이는 사람들에게도, 천연수에서나 인공적인 물탱크 안을 불문하고 동물과 식물의 균형은 반드시 지켜져야 하며, 어느 한쪽이 비대해지면 다른 쪽에는 치명적이라는 사실을 일깨워주었다. 몇 년 전, 보스턴의 코치츄에잇 수로에서 심한 악취가 진동해 물을 마실 수 없게 된 일이 있었다. 과학적으로 조사한 결과, 너무 세심하게 주의를 기울여 저수

---

24) "Mr. Darwin's Orchids", *Saturday Review*, 14(1862), p.486.

지로부터 수생식물을 모두 제거하다 보니 식물이 없는 물에서는 살 수 없고 완전히 몰아낼 수도 없는 원생동물이 죽어 부패했던 데 원인이 있었다고 밝혀졌다.[25]

곤충의 도입

있는 그대로의 자연에 침입하려는 인간의 일반적인 성향으로 말미암아 식물, 작은 길짐승, 날짐승 등의 희생 위에 곤충이 증가해왔다. 의심할 여지없이 모든 삼림에는 곤충이 있지만 온대기후에서는 그 수가 비교적 적고 유해하지도 않다. 산, 물, 그 밖의 모든 한적한 곳에 서식하며 가장 수가 많은 모기나 각다귀 같은 족속들은 식물에 거의 피해를 주지 않는다. 인간의 재배작물이 등장하면서 그것을 먹고 그 위에서 번식하는 수많은 곤충이 따라오기 마련이어서, 농업은 결국 새로운 종을 끌어들일 뿐만 아니라 이루 헤아릴 수 없을 정도로 개체의 수를 불린다.

새로 도입된 식물은 종종 몇 년 동안은 원래의 서식지에서 자신들을 괴롭히던 곤충의 피해로부터 자유롭다. 그러나 동일 식물의 다른 품종을 들여오고 씨앗을 교환한다거나 또는 단순한 사건을 기화로 결국에는, 자연이 정해준 대로 따라붙는 곤충이 한동안 존재하지 않던 그 식물을 찾아 알, 유충, 번데기들이 끝 닿는 데까지 이동한다. 미국의 식민화가 이루어진 뒤 여러 해 동안 각 성장단계에서 밀을 공격하던 곤충은 거의 없었다. 독립전쟁 기간 중에 헤센 파리(Hessian fly)(*Cecidomyia destructor*)가 출현했다. 헤센 파리는 전쟁 중에 영국이 고용한 독일 헤센 지방의 용병이 건너온 바로 그해에 발견되었기 때문에 그렇게 불렸는데, 항간에서도 그들 불청객을 따라서 헤센 파리가 우연하게 유입되

---

25) Bernard Palissy, "Discours admirables……" (1580), in *Œuvres complètes*, Paris, 1844, p.174.

었다고 전해진다.

　곡물을 침해하는 다른 곤충들도 그 뒤에 대서양을 건너 속속 들어왔고, 유독성 유럽 진딧물은 4~5년 전에 미국의 밀밭을 공격하기 시작했다. 불행하게도, 이들의 이동에는 과도한 번식을 막아줄 수 있는 자연의 치유장치로서 해충에 기생하거나 그것을 게걸스럽게 먹어 치우는 천적들이 동행하지 못해 독성이 항체에 한참 앞서는 형국이 되고야 말았다. 따라서 미국의 경우 작물에 유해한 곤충의 유입으로 인한 참화는 자연의 대응작용에 의해 완화될 수 있었던 유럽보다 훨씬 처참했다. 미국에서는 어떤 곤충도 밀 애벌레를 잡아먹지 않는 것으로 알려진다. 그리고 조건이 양호한 철에는 애벌레가 전체 수확에 치명적일 수 있을 만큼 증식되기도 한다.

　그 정도는 아니라도 미국과 같이 땅덩이가 큰 지역에서는 토양과 기후조건의 차이에 따라 어떤 해에는 한 주 전체에 특정 곤충이 증식하기에 유리한 상황이 조성되는 반면, 다른 주에서는 자연의 영향이 애벌레에 불리하게 작용하기도 한다. 이러한 재난에 대한 유일한 치유책이라면 비대해진 외래해충의 원 서식지로부터 천적을 들여와 균형을 맞추는 방법뿐이다. 그 방법은 이미 시도된 것 같다. 뉴욕농업협회는 이들 약탈자의 파괴력에 대응할 수 있도록 신이 창조한 몇몇 기생동물을 외국에서 들여왔다.[26]

　인간이 계획적으로 다른 지역의 곤충을 도입했던 것은 그것만이 주목적이었던 것이 아니다. 누에의 알은 6세기에 극동에서 유럽으로 전해졌고, 피마자기름과 가죽나무를 먹고사는 새로운 누에도 프랑스와 남미에서 성공적으로 배양되고 있다. 아메리카 원주민들이 오래전부터 길러왔던 연지벌레는 에스파냐로 이식되었으며 적색염료를 생산하는 연지벌레의 일종인 케르메스와 자극제 및 이뇨제의 원료가 되는 칸타

---

26) Joseph C.G. Kennedy, *Preliminary Report on the Eighth [U.S.] Census. 1860*, Washington, D.C., 1861, p.82.

리스(cantharides)는 기후가 다른 지역으로 이식되었다. 경제적인 측면에서 꿀벌은 누에 다음으로 중요했음이 틀림없다.[27] 이 유용한 생물은 17세기 후반 유럽 식민자들에 의해 미국으로 옮겨졌고, 18세기를 넘기고서야 미시시피 강을 건널 수 있었다. 또 지난 5~6년 사이에는 이전까지 알려지지 않았던 캘리포니아로 전파되었다. 이탈리아산 침 없는 벌은 아주 최근에 미국에 상륙했다.

인간이 의식적으로 도입한 곤충과 벌레는 우연한 기회에 이식된 것에 비하면 극히 일부에 불과하다. 동물과 식물은 대체로 식객들을 함께 데리고 다닌다. 그리고 지역과 사회발전 단계에 관계없이 보편적으로 행해지는 교역활동은 인간의 물질적 이해에 중요한 모든 사물과 어떤 식으로든 연관되어 있는 미생물의 쌍방향 이동을 수반한다.

많은 곤충들이 보유하고 있는 끈질긴 생명력, 엄청난 번식력, 생의 주기 각 단계에 머무는 시간의 길이, 작은 체구 덕에 물러나 의지할 수 있는 피난처의 안전성, 이 모든 상황들은 종의 영속성은 물론 판이한 기후지역으로의 이동과 새 보금자리에서의 증식에 유리하게 작용한다.[28] 선박에 매우 치명적인 좀조개는 선체에 구멍을 내고 잠입해 세계 어느 곳으로든 이동한다.

흰개미는 100년 전에 로셰포르 항구의 상업활동으로 유입되었다.[29] 이 개미는 다른 어느 곤충보다 더 목재구조물과 도구에 치명적이다. 나무로 된 것이면 무엇이든지 먹어 치우는데, 화랑에 파고들어 가 얇은 칸막이만 남겨놓을 정도다. 그러나 흰개미는 물체의 표면 밖으로까지 갉아 나오지 않기 때문에 겉으로 보기에 아무런 피해의 흔적도 남기지 않고 목재 하나를 거의 다 해치운다. 흰개미는 프랑스 다른 지역에도 출현하며, 특히 로셸에서는 지금까지 도시 한 구역을 파괴한 뒤 다음을

---

27) Bigelow, *Les Etats Unis en 1863*, p.376.
28) Dwight, *Travels*, II, p.398.
29) J.L. Armand de Quatrefages de Bréau, *Souvenirs d'un naturaliste*, Paris, 1854, II, pp.400, 542~543.

노리고 있다. 이탈리아에서도 그와 유사한 습성을 보이는 곤충을 볼 수 있다. 그곳에서는 멋지게 보이기는 하지만 곤충에 의해 거의 가루가 되다시피한 나무틀이 니스로 겉치장되어 붙어 있을 뿐인 의자와 그 밖의 가구를 볼 수 있다.

육식곤충이나 가끔은 초식곤충들도 죽어 부패해가는 동물과 식물체를 소모시킴으로써 인간에게 중요한 혜택을 베풀어주는데, 분해가 되지 않는다면 대기 중에는 인체에 해로운 악취가 가득할 것이다. 그 가운데 어떤 것들, 예를 들어 무덤파게 딱정벌레는 작은 동물의 사체를 묻어 그 위에 알을 낳고, 그렇게 함으로써 부패할 때 발생하는 가스가 유출되는 것을 막아준다. 급속한 성장, 엄청나게 많은 개체 수, 유충상태에서의 폭식 등의 특성 때문에 자연의 청소부라는 별명이 그들에게 붙여지며, 더운 지역에서는 길짐승과 날짐승 이상으로 부패하기 쉬운 유기물을 다량으로 먹어댄다.

곤충파괴

동식물학자에게는 잘 알려져 있으나 일반 관찰자에게는 낯선 사실이 있다. 그것은 일부 곤충의 수생유충이 민물고기의 알이나 심지어 그 새끼를 잡아먹는 데 반해, 다른 유충들의 경우 특정 계절에 물고기가 필요로 하는 먹이 상당량을 제공한다는 것이다. 모기와 각다귀가 서식하는 삼림지역에서 그들의 유충은 송어가 가장 좋아하는 먹이다.[30] 한 해가 시작될 무렵에 송어는 하루살이의 유충을 먹지만, 그 유충은 연어의 알에는 치명적이다. 따라서 이런 논리대로라면, 식도락가를 즐겁게 하는 연어의 알을 해치는 하루살이를 먹고사는 송어에게 먹이를 제공하는 모기의 파멸은 곧 연어의 감소로 이어질 것이다. 이렇게 모든 자

---

30) Lars Levi Læstadius, *Om allmänna uppodlingar i Lappmarken*, Stockholm, 1824, p.50; Petrus Læstadius, *Journal för första året*, p.285.

연은 보이지 않는 연줄로 얽혀 있어 아무리 하등하고 약하고 의존적이라 하더라도 모든 생명체는 창조주가 지구상에 살도록 허락한 수많은 생명체 상호간의 행복에 없어서는 안 된다.

나는 인간이 새와 물고기를 파괴함으로써 그들이 먹고사는 곤충과 벌레를 증식시켰다고 말한 바 있다. 많은 곤충들은 성장의 네 단계를 거치며 차례대로 땅과 물과 하늘에서 자란다. 각 단계에서 곤충들은 특정한 적을 가지고 있다. 그래서 아무리 어둡고 깊고 좁은 곳으로 숨는다 해도 자연이 잘못을 벌하기 위해 지명했고, 범법자를 찾아내 만천하에 끌어낼 수 있는 기발한 장치를 부여해준 처형자들에 의해 멀고도 알 수 없는 곳까지도 추적을 당한다.

딱따구리는 이미 죽었거나 죽어가고 있는 나무에 서식하는 곤충을 잡아먹고 산다. 그렇기 때문에 이 새가 삼림에 피해를 입힌다는 것은 아마도 잘못된 생각일 것이다. 그들은 자라나 앞으로 나무를 파게 될 유충을 위한 집을 마련하기 위해 줄기에 구멍을 뚫는 것이 아니다. 단지 이미 구멍을 파고 들어선 벌레를 끄집어낼 뿐이다. 그러므로 딱따구리는 곤충의 서식지로 적합하다고 생각될 즈음에 삼림관이 지체없이 베어버린 나무에서는 발견되지 않는다.

미국에서 경지를 개간할 때, 침엽수의 경우가 특히 그렇지만 죽은 나무 가운데 너무 썩어서 목재로 사용하기 어렵고 그 상태로는 연료로서도 가치가 없는 것들은 스스로 쓰러질 때까지 그대로 남겨둔다. 일반적으로 그루터기라고 불리는 그러한 나무에는 구멍을 내고 사는 곤충들로 가득하며, 딱따구리는 강한 부리로 나무중심까지 깊게 파 내려가 숨어 있는 유충을 끌어올린다. 몇 년 후에 그루터기는 스스로 쓰러지거나 아니면 나무의 가격이 상승할 때 베어져 연료용으로 실려 나간다. 한편으로는 농부들이 영구적인 신탄과 목재의 조달처로 보전해둔 삼림에서 벌레와 그 벌레를 먹고사는 놈들에게 집을 제공해주는 썩은 나무를 선택해 베어낸다. 우리는 그러한 방식으로 곤충은 물론 그 곤충을 먹고사는 조류를 점차 멸종시킨다. 한때 뉴잉글랜드에서 일상적으로 볼 수 있었던 크고 고상한 붉은머리 딱따구리(*Picus erythrocephalus*)는 죽은 나무가 없어졌거나 좋아하는 사과가 부족해져서 그랬는지 현지에서 완전히 사라졌다.

개중에는 오로지 곤충만을 먹고사는 큰 짐승도 있다. 개미곰은 일상적인 먹이인 흰개미종이 지어놓은 흙집을 무너뜨릴 만큼 힘이 세다. 나무를 타고 오르내리는 신기한 마다가스카르의 나무늘보의 경우——나는 샌드위스(Sandwith) 씨가 포획한 종만이 유럽에 이르렀다고 보는데——매우 가늘고 갈고리처럼 구부러진 긴 손가락을 나무줄기에 난 구멍으로 집어넣어 파고들어 간 벌레를 끄집어낸다.

파충류

곤충, 나아가 작은 설치류에게 가장 무서운 적은 파충류다. 카멜레온은 알아차리지 못할 정도의 아주 느린 움직임으로 나뭇가지에 매달려 있는 곤충에게 다가가 한 걸음 남겨둔 시점에서 길고 끈적이는 혀를 내밀어 거의 틀림없이 먹이를 잡는다. 느린 두꺼비 역시 같은 방식으로 날래고 조심스러운 집파리를 낚아챈다. 유럽의 온난한 지역에서는 수많은 도마뱀들이 곤충의 감소에 관련되는데, 벽이나 나무에 날개를 달고 붙어 있는 것이나 변태 초기의 알, 유충, 번데기 등을 가리지 않고 잡아먹는다.

뱀들도 쥐, 사마귀, 동종의 뱀을 포함한 작은 파충류는 물론 곤충을 먹고산다. 뱀은 오랫동안 혐오와 공포의 대상으로 간주되어왔기 때문에 인간에 의해 줄기차게 배척되었고 다른 어떤 동물보다도 잔인하게 희생되었다. 온대기후에서 황새를 제외하면 어떤 짐승과 새들도 뱀을 먹지 않기 때문에 인간을 제외하면 뱀에게는 위험한 적이 거의 없다. 열대지방에서는 뱀을 잡아먹는 동물이 있어 예외다. 인간과 함께한 시기 동안 멸종된 뱀 종류가 있는지 여부는 알 수 없지만, 중국과 같이 인구가 조밀한 국가에서도 독사는 완전히 사라지지는 않고 있다. 그러나 일부 지역에서는 거의 사라져버렸다. 방울뱀의 경우 불과 50년 전만 해도 지극히 일상적이었던 지역에서 이제는 찾아볼 수 없게 되었다. 전혀 없는 것은 아니지만 팔레스타인에도 독사가 오래전에 거의 자취를 감추었다.

어류의 파괴

물에 사는 생물들은 그 서식지에 접근하기 힘들고 인간이 살 수 없는 곳에서 생활하기 때문에 관찰하기 어렵다. 따라서 행태가 잘 알려지지 않아 인간의 추적이나 간섭으로부터 비교적 안전한 것처럼 보인다. 그런데도 인간은 직·간접적으로 바다, 호수, 강에 살고 있는 생물에 변화를 초래했다.

수생생물에 미친 영향이 지리 전반에 대해서는 그리 중요하지 않다고 할지라도 그러한 일면을 전혀 찾아볼 수 없는 것은 아니다. 먹기 위해서, 아니면 예술품을 만들기 위한 원료로서 포획하던 큰 물고기의 수가 크게 줄어들었다는 것은 잘 알려져 있다. 그리고 어류를 먹고사는 식물과 동물이 물고기 수의 감소로부터 어떤 영향을 받을지 생각해본다면, 어류의 파괴가 자연의 물질적 조성에 커다란 변화를 수반할 것임은 어렵지 않게 상상할 수 있다.

고래는 고대인들이 특별한 목적을 위해서 포획한 것 같지는 않아 보이고, 언제 포경이 시작되었는지에 대해서도 우리는 잘 모른다. 그렇지만 중세에는 아주 적극적으로 포획되었으며, 비스케이 만의 사람들은 여타 수산업에서와 마찬가지로 포경에서 특출한 실력을 과시했던 것 같다.[31] 500년 전에 고래는 전 해역에서 넘쳐났다. 한참 지난 뒤로 지중해에서는 고래를 보기 힘들어져 포경이 존폐의 기로에 몰렸다. 금세

---

31) Ohther, *The Life of Alfred the Great*, trans. B. Thorpe, New York, 1857, pp.249~253.

기 들어 향유와 제조용으로 쓰이는 고래 뼈에 대한 수요가 늘어나 "살아 있는 생명체 가운데 가장 큰" 고래의 포획을 부채질했다. 고래는 지금 여러 곳의 황금어장에서 완전히 자취를 감추었으며, 그렇지 않은 일부 지역에서도 그 수는 크게 줄었다.

인간을 위한 효용 이외에 고래가 자연의 경제에서 어떤 특별한 기능을 수행하는지 우리는 알 수 없다. 그렇지만 고래 여러 종이 소비하는 먹이의 특성에 착안한 몇 가지 사항에는 특히 주목해볼 가치가 있다. 고래라는 이름으로 불리는 이 거대한 포유류가 하나같이 탐욕스러운 것은 아니다. 고래는 작은 생명체를 먹고살며, 수가 가장 많은 종들은 거의 전부가 해상에 풍부한 젤라틴성 연체류를 먹으며 살아간다. 우리는 고래 수의 근사치, 개체 하나가 먹어대는 유기양분의 양, 주어진 기간 동안 고래가 바닷물로부터 추출해간 동물성 물질의 총량 등을 계산해낼 수 없다. 그러나 지금도 그렇지만 고래가 많았을 때에는 그 양이 더욱 엄청났을 것임은 틀림없는 사실이다.

몇 년 전만 해도 미국은 태평양상에서 포경에 종사하는 600척 이상의 선박을 보유했고, 1860년 6월 1일 만료되는 회기 동안 포경업의 생산액은 750만 달러에 달했다.[32] 미국과 유럽의 포경선에 의해 한 해 포획된 고래의 부피만으로도 작지 않은 크기의 섬을 조성할 정도였다. 잡힌 고래 각각은 성장기 동안 자신의 무게의 몇 배에 해당하는 연체동물을 소비했음이 분명했다. 고래가 사라지면 그에 비례해 그간 먹이로 희생된 생명체의 증가가 이어진다. 만일 1760년과 1860년 사이의 짧은 기간동안이라도 고래에 희생된 동물을 비교할 수 있는 수치를 얻을 수만 있다면 현재로서는 설명이 불가능한 몇 가지 현상을 해명해줄 큰 차이점을 발견할 수 있을 것이다.

내가 이미 다른 책에서 밝힌 대로[33] 예를 들어 바다의 인광은 고대의

---

32) Bigelow, *Les Etats Unis en 1863*, p.346.
33) *Origin and History of the English Language*, pp.423~424.

작가들에게는 알려지지 않았거나 적어도 인식되지 못했다. 서사시를 쓸 당시에는 이미 구습에 젖어 맹목적으로 변했다지만, 어린 시절에는 지중해와 그 연안의 장엄한 자연이 드러내주었던 모든 것들을 보고 이야기했던 호머(Homer)조차 인광이라는 지극히 아름답고 놀라운 해양의 신비에 대해 어디에서도 언급하지 않았다. 앞의 책에서 나는 인광을 비롯한 다른 놀라운 현상에 대해서 고대의 작가들이 침묵했던 것을 심리적인 원인에 돌려 설명하고자 했다. 그러나 인간이 그들의 천적을 멸종시킴으로써 현재 인광을 발산하는 원생동물은 수적으로 엄청나게 불어났고, 따라서 그들의 분해 또는 생활 과정에서 방사되는 빛이 고대에 비해 출현이 잦고 밝기도 더하다는 정도는 이야기할 수 있지 않을까?

고래가 형태와 습성에서 자신과 유사한 생물을 먹지 않았다고 하더라도 포유류가 아닌 일반 어류는 탐욕스러워 약한 물고기와 심지어 자신이 낳은 알과 새끼들까지 남기지 않고 먹어 치운다. 물고기를 잡아먹고 사는 새, 바다표범, 수달 등과 함께 강꼬치어와 송어류 같은 포식성 어류가 인간에 의해 큰 피해를 입게 되면, 자연스럽게 그들이 먹고사는 연약하고 방어능력이 떨어지는 물고기는 인간과 천적에 해가 되지 않는 한 증가할 것이다. 현재 귀중한 어종들이 크게 줄어드는 가운데 인간의 식량으로 이용되는 어류들이 자연적으로 늘어나고 있다는 증거는 거의 없다.[34]

어족의 감소는 인간이 먹지 않는 보다 난폭한 종에 영향을 미쳤을 것이 틀림없다. 상어 또는 그와 유사한 습성을 가진 어류의 경우 조직적으로 포획되지는 않았더라도 한때 많이 살았던 수역에서 찾아보기 힘들어진 것이다. 결과적으로 인간은 덩치 큰 모든 해양동물의 수를 크게 감소시켰고 간접적으로 그들이 잡아먹던 작은 수생생물의 증가에 일조했다. 바다 속 유기체와 무기체의 관계의 변화는 후자에 영향을 미쳤음

---

34) Zadock Thompson, *History of Vermont, Natural, Civil and Statistical,* Burlington, Vt., 1842, part i, p.142.

이 분명하다. 그 영향이 어떠했는지 말할 수 없고 또 앞으로 어떻게 진행될지 예측한다는 것은 더욱 어렵지만, 그렇다고 해도 그 작용이 현재 어떠한지는 여실하다.

어류의 도입과 번식

중국에서는 오랫동안 다른 지역의 어류를 들여와 성공적으로 번식시킨 듯 보이며 그리스와 로마 사람들도 그와 같은 방식을 알고는 있었다. 이 기술은 최근에 다시 각광을 받고 있으며 보다 확대된 규모로 유효하게 적용되고 있을 것으로 믿어 의심치 않지만, 지금까지는 경제적으로나 자연적으로 주목할 만한 별다른 결과는 없었다. 식물의 사정과 마찬가지로 인간은 때로 우연한 기회에 수생동물을 원산지로부터 멀리 떨어진 지역에 가져온다. 정원의 조경장식용으로 연못에서 자라고 있던 금붕어가 뜻하지 않게 탈출해서 몇몇 유럽 국가로 들어갔고 미국의 하천에서도 발견되는 것으로 전해진다. 자연장벽으로 가로막힌 호수와 강에 서식하던 물고기와 그곳에 씨앗을 떨어뜨린 식물은 내륙수로와 관개용 운하를 통해 서로 교환될 수 있었다.

수로의 길이가 약 360마일에 달하는 이리 운하는 오르내리는 양 방향으로 갑문을 설치해두고 있다. 이 길을 따라서 허드슨 강과 오대호의 담수어 및 각 유역분지의 토착식생이 서로 혼합되었고, 동·식물상은 운하가 개통되기 전에 비해 종의 수가 부쩍 늘었다. 예기치 못한 몇 가지 견인요소로 인해 물고기들이 수일간 계속해서 이 통로를 따라 원래의 서식지로부터 멀리 떨어진 곳으로 이동했다. 몇 년 전 나는 콘스탄티노플에서 현지 사람들에게는 전혀 알려지지 않았던 물고기 몇 종이 보스포루스 해협에서 잡혔다는 말을 믿을 만한 소식통으로부터 전해들었다. 그 물고기들은 템스 강으로부터 영국의 선박 한 척을 따라온 것으로 추정되며, 선원들도 지나는 길에 종종 보았다고 하는데, 나는 그들의 특성에 대해서 배운 바가 없다.

연중 대부분의 시간을 바닷물에서 보내다가 민물에 산란하는 물고기와 뉴잉글랜드의 개울에서 발견되는 송어같이 일반적으로는 바다로 왕래하지 않는 몇 종의 민물고기는, 바다로 직접 유입하는 하천으로 옮겨질 경우 산란 후에 바다로 내려갔다가 다음해 다시 돌아온다. 빙어류 같은 바닷물고기는 민물에 완전히 적응했다고 설명되고 있다. 바이칼호 물고기들의 특성, 특히 바다표범이 존재한다는 사실로부터 일부 자연사학자들은 서식하고 있는 모든 종은 원래 바다에 살았으나, 한때 해만이었다고 추정되는 호수의 바닷물이 민물로 점차 바뀌는 과정에서 습성도 함께 변했다고 주장했다.[35]

바다표범이 그 주장을 결정적으로 뒷받침한다고는 볼 수 없다. 왜냐하면 염분이 함유된 물에서 수백 마일 떨어진 곳에 자리한 샴플레인 호에서도 바다표범이 가끔 발견되기 때문이다. 이들 가운데 한 마리가 1810년 2월에, 또 한 마리가 1846년 2월에 호수의 얼음 위에 죽은 채로 발견되었다.[36] 그후에도 동일한 장소에서 바다표범의 사체가 목격되었다.

물에 사는 고등동물의 사체는 일반적으로 잘 부패하기 때문에 가장 많다는 지역에서조차 일정 규모의 영구퇴적층을 형성하지 못한다. 그러나 갑각류와 다음에 살펴볼 미세 석회질 생물이라면 이야기는 달라진다. 미국 남부 해안에는 자연적으로 퇴적되었을 것으로 생각되는 넓은 면적의 패각층이 있는데, 지질적 요인에 의해 해안이 상승했다는 증거로 제시된다. 그러나 그 퇴적층은 인디언 마을에서 먹고 버린 굴껍질이 오랫동안 쌓여 이루어진 것으로 확인되었다. 새로운 곳에서 한 판의 굴을 양식해보면 시간이 지나 분명 층서를 이룰 것이다. 이는 여타 퇴적층과 더불어 해안선에 뚜렷한 영향을 미치거나 해류의 진행경로 또는 강하구의 위치를 바꿈으로써 중요한 지리적 변화를 초래할 것이다.

굴을 인공연못으로 이식하는 관행은 보편적으로 행해졌고, 최근 프

---

35) Babinet, *Etudes et lectures*, II, 1856, pp.108~111.
36) Thompson, *History of Vermont*, part i, p.38.

랑스 방면 공해상에서는 대규모로 시행되어 성공을 거둔 것으로 보인다. 앞으로 굴 양식업의 확장이 기대된다. 그리고 조수가 왕래하는 롱아일랜드 만의 해빈에 풍부하게 서식해 인근 주민의 식단에 빠질 수 없는 육질이 연한 조개를 프랑스 해안에 도입하자는 제안이 올라와 있는 상태다.

이미 지적했듯이 다른 지역의 어류를 의도적으로 새로운 환경에 귀화시키는 작업은 지금까지 이렇다 할 결실을 거두지 못했다. 양어(pisciculture)라는 용어로 그리 달갑지 않게 불리는 이 새로운 분야는 아직 자연지리학자나 정치경제학자의 관심을 끌지 못했다. 하지만 어류를 인공적으로 배양함으로써 이미 값진 결과를 얻어냈으며, 앞으로 사람들이 자연의 선물을 사치스럽게 소비한 것을 보충하려는 인간노력의 역사에서 매우 중요한 부분을 차지할 것으로 확신한다.

민물고기와 바닷물고기를 원래의 풍족했던 상태로 복원하려는 것은 우리가 현재 보유한 자연자원을 가지고 정부가 국민에게 제공하려는 위대한 물질적 혜택의 하나다. 강, 호수, 해안 등지에 물고기가 다시 넘쳐나고 법률을 발동해 정해진 기간 외에는 파괴적인 방법으로 남획하지 못하게 한다면, 집에서 가꾸는 농산물과 달리 자연발생적으로 재생산되고 단지 잡아들이는 외에는 일체의 노력과 비용이 소요되지 않는 이 건강식품을 대량으로 무한정 계속해서 공급할 수 있을 것이다.

유럽에는 척박한 지역이 많이 있다. 이 지역들은 큰 비용을 들이지 않고도 영구호수로 바꿀 수 있는 곳에 위치하기 때문에, 일단 성사만 된다면 겨울비와 눈을 모았다가 건기에 관개수를 공급해주는 저수지는 물론 양어장으로 활용할 수 있다. 이렇게 되면 추가적인 비용 없이도 현재 막대한 자본과 노동이 소요되는 영농을 통해 얻을 수 있는 것보다 훨씬 많은 먹을거리를 생산할 수 있을 것이다. 수자원을 현명하게 활용함으로써 문명세계에 영양분을 추가로 공급할 수 있다면, 현재 농업적 목적으로 활용되는 땅을 제한하고 그에 상응해 삼림면적을 늘릴 수 있다. 그리하여 원래의 지리적 배열을 되돌리는 데 큰 힘이 될 것이다.

수생동물의 멸종

인간은 자신의 광포함과 기술 모두를 가지고서도 어떤 바닷물고기든 완전한 멸종에 이르게 할 것 같지 않았다. 그러나 인간은 실제로 스텔러(Steller)의 바다소라 불리는 해양성 항온동물을 벌써 전멸시켰고, 해마, 바다사자, 몸집이 큰 양서류, 그리고 물고기를 잡아먹고 사는 주요 길짐승들이 멸종위기 상태에 있다.

스텔러의 바다소(*Rhytina* 〔또는 *Hydrodamalis*〕 *Stelleri*)는 1741년 유럽인에 의해 베링 섬에서 처음으로 발견되었다. 거대한 수륙양생의 포유류로서 무게가 8,000파운드 이상이고, 베링 해 인근의 섬들과 해안에서만 서식한 것으로 보인다. 육질이 상당히 좋으며 캄차카에 있는 러시아 기지로부터 그들의 서식지까지는 쉽게 접근할 수 있었다. 베링 해협 탐사의 생존자들이 귀환해 그 모피동물의 존재와 특성 및 수가 기지 거주자에게 알려지면서 무분별한 사냥이 시작되었다. 1741년에 스텔러란 인물이 그렇게 많다고 묘사한 바다소는 27년 사이에 완전히 멸종되어 1768년 이후로 단 한 마리도 볼 수 없게 되었다. 북태평양과 남태평양의 바다표범, 해마, 해달은 그 수가 이미 많이 줄어든 상태다. 그렇기 때문에 엄격한 법과 강력한 경찰력으로 밀엽꾼들의 강렬한 탐욕을 억눌러 그들을 보호하지 않는 한 머지않아 바다소의 전철을 밟게 될 것 같다.

바다표범, 수달, 기타 여러 양서동물은 물고기만 먹고살며 무척이나 탐욕스럽다. 따라서 이들이 멸종하거나 수가 감소한다면 그동안 먹이로 희생된 어류가 증식될 것이 틀림없다. 나는 바다표범을 기르고 있는 사람에게서 먹이를 자주 주면 한 마리당 14파운드, 환산하면 자기 몸무게의 4분의 1정도 되는 양을 하루에 먹어 치운다고 들었다. 일생의 대부분을 삼림에서 보낸 무척 영리하고 관찰력이 뛰어난 사냥꾼 한 명은 미국 북부 여러 주의 민물에 서식하는 수달의 습성을 주의 깊게 살핀 결과 하루에 4파운드의 어류를 먹는다고 추정한다.

인간은 잔인한 천적을 대상으로 전쟁을 치름으로써 물고기의 증식을 도왔으나, 자신이 저지른 어마어마한 파괴력을 보상할 어떤 수단도 가지고 있지 못하다.[37] 육식성 새와 길짐승은 땅에 있든 물에 있든 상관없이 배고픔을 느낄 때에 사냥을 한다. 그들의 파괴는 현재 어느 정도 먹고 싶은지에 따라 절제되며, 먹지 못할 것은 헛되이 잡지 않는다.

반면 인간은 내일 먹을지도 모를 것을 오늘 낚는다. 그들은 뉴펀들랜드 연안에서 수백만 마리의 물고기를 잡아 말린다. 지중해 연안의 독실한 가톨릭 신자들의 경우에는 교황의 교리를 어겨 그의 영혼을 더럽힐 하등의 염려 없이 내년에 있을 사순절 동안 배를 채우기에 충분한 밑천을 확보한다. 그리고 인간의 어업활동은 자신에게 필요한 양을 초과해서 물고기를 잡아들이는 구도로 조직되며, 잡은 물고기를 가공하고 소비지까지 운반하는 과정에서 바다로부터 수확한 상당 부분이 유실된다.

물고기는 육상의 동물보다도 산란장과 서식지의 아주 작은 변화에 민감하게 반응한다. 모든 강과 시내와 호수는 그 안에 살고 있는 연어, 청어, 송어에 독특한 특성을 부여하며, 이 물고기들을 다루거나 먹는 사람들은 그것을 한눈에 알아볼 수 있다. 그 어떤 기술로도 인간이 준비한 사료를 먹고 자란 물고기에게서는 자연의 식탁에서 영양분을 섭취한 물고기와 비슷한 맛을 기대할 수 없다. 독일과 스위스의 인공연못에서 자라는 송어는 같은 기후의 개울에서 뛰노는 송어보다 못하기 때문에 그들이 똑같다고 보기는 어렵다. 유럽산에 비해 미국산 송어의 맛이 뛰어나다는 것은 두 지역을 잘 아는 사람들에게는 익히 알려진 사실이다. 이것은 특별한 차이가 있어 그렇다기보다는 신대륙에서 가장 오랫동안 작물화와 가축화가 진행된 지역에서조차 구대륙에서 이룩한 만큼 야성의 순화가 진전되지 않았기 때문이다. 미국도 유럽처럼 문명화가 진행된다면 곧 그렇게 될 것이다.

---

37) Georg Hartwig, *Das Leben des Meeres*, Frankfurt, 1857, pp.182~183;
Dwight, *Travels*, II, pp.512~515.

인간은 지금까지 그 어디에서도 건조한 대지의 야생생물을 완전히 내칠 만큼 기후를 비롯한 상황의 변화를 초래하지는 못했다. 야생의 날짐승과 길짐승이 특정 지역에서 사라진 것은 인간의 직접적인 살육만큼 삼림서식지, 먹잇감, 또는 여타 생존에 필요한 것들이 부족했던 데에도 그 원인을 돌릴 수 있다. 그러나 농업과 공업에 수반되는 모든 과정은 그 영향이 미치는 범위 안의 수생동물에게는 치명적이다.

　삼림을 개간한 결과 이미 언급한 것과 같이 강바닥과 강물의 흐름이 조금이라도 변했을 때, 어류의 산란장은 해마다 일련의 자동적인 교란에 노출된다. 삼림에 의해 녹음이 드리워져 보호를 받을 때에 비해 여름의 수온은 더 높고 겨울에는 더 차다. 어린 물고기를 먹여 살리는 미생물이 사라지거나 수가 줄어드는 가운데 기존의 천적에 더해 새로운 적들이 나타난다. 연례적인 범람에 물이 더욱 혼탁해지면 물고기가 질식사한다. 또 물살이 더욱 빨라짐으로써 급격한 상황변화를 견뎌낼 수 있기도 전에 유약한 물고기들은 바다로 휩쓸려간다.[38] 산업활동은 민물에서 산란하고 살아가는 물고기에게도 마찬가지로 치명적이다. 물레방아용 보는 완전히 차단하지는 않는다 하더라도 물고기의 이동에 지장을 초래하고, 제재소에서 나오는 톱밥은 아가미를 틀어막는다. 그리고 금속공장, 화학공장, 제조업소에서 강으로 방류되는 유독성 물질은 수많은 물고기를 오염시킨다.

미생물

　길짐승, 파충류, 조류, 양서류, 갑각류, 어류, 곤충, 벌레 등 육상과 수상의 큰 생물 외에도 다른 형태의 무수한 생명체가 있다. 흙, 물, 동식물의 도관과 분비액, 우리가 숨쉬는 공기 등에는 유기체와 무기체로 구

---

38) Friedrich Wilhelm Schubert, *Resa genom Sverige, Norrige, Lappland, Finnland och Ingermanland ⋯⋯ 1817, 1818, och 1820*, Stockholm, 1825, II, p.51.

성된 자연의 왕국에서 가장 중요한 기능을 수행하는 미생물이 살고 있다. 이들 미생물에 부여된 기능은, 그들이 살았던 물에서 석회나 그보다 조금은 드물지만 규소가 추출되고 유체나 분비물의 영양성분이 딱딱한 형태로 퇴적된다는 데에서 가장 보편적으로 확인할 수 있다. 현미경이나 다른 과학적 관찰수단을 통해 영국과 프랑스의 백악층, 온대기후 지역 해양의 산호초, 해양과 여러 민물호수의 광대한 석회 및 규산질 퇴적층, 광택을 가진 흙과 점판암, 조직이 치밀한 다양한 종류의 경암 등이 바로 그 평범한 미생물이 만들어낸 것임을 알 수 있다.

미생물은 너무 작아서 척도를 수백 배로 확대한 렌즈의 도움이 있어야만 볼 수 있는 원생동물이다. 일반적으로 적층류라는 다소 모호한 이름으로 불리는 원생동물은 물에서만 산다고 말해진다. 하지만 매번 바람이 불어왔다가 조용해질 때 쌓이는 대기 중의 먼지에도 미생물 또는 그 잔해가 가득하다. 베를린 시 지하 10~15피트 깊이의 토양에는 무수 규산을 만들어내는 미생물이 살고 있다.[39]

그리고 자연사학자들은 범행의 물적 증거와 관련된 한 줌의 흙을 현미경으로 검사해 범죄가 일어난정확한 위치를 밝혀낼 수 있다. 대하천의 유출에 의해 쏟아져 내리는 물체 가운데 6분의 1은 식별이 가능한 적층류의 껍질과 등딱지로 구성되는 것으로 계산되었다. 흐르는 물의 마찰로 이들 무른 구조물은 분쇄되기 때문에 현미경을 사용해도 확연한 입자의 상태에서 동식물의 유해임을 알아낼 수 없다는 점을 감안하면, 하천운반물의 상당 비율은 원생동물의 생산물이라고 결론 지을 수 있다.

인간의 물질생활에 중요한 수많은 사물의 화학적, 기계적 특성이 그 안에 다량 포함된 유기물질에 영향을 받는다는 것은 확실하다. 마찬가지로 모든 경제활동은 유기물의 자연적인 배열을 교란시킨다. 따라서

39) Wilhelm Constantin Wittwer, *Die Physikalische Geographie*, Leipzig, 1855, pp.142~143.

특정 지침에 따라 유기물질이 내부에 들어서 있는 모든 매개체의 특별한 적응력을 증대시키거나 떨어뜨린다는 것 또한 명백하다. 삼림을 초지로, 초지를 경지로, 습지와 얕은 바다를 건조한 대지로 변환시키고 작물을 윤작하는 것은, 인간의 그러한 행위로 교란된 일정 면적의 지표에 서식하는 수많은 생명체에게는 치명적이기 마련이다. 동시에 다른 미생물 종의 성장과 증식을 도와줌으로써 파괴와 비슷한 수준의 보상적인 영향을 미치는 것이 틀림없다.

나는 인간이 인위적인 장치를 가지고 미생물이라는 놀라운 건축가와 제작자의 작용을 활용할 수 있게 되었다고는 보지 않는다. 우리는 미생물의 자연경제에 정통해 그들의 산업을 흑자로 전환시킬 수 있는 수단을 강구할 수 있는 단계에는 아직 이르지 못했다. 또한 미생물은 대개의 경우, 가시적인 성과가 나오기까지 기다림을 거부하는 우리 시대의 성급함에 비추어 너무나도 천천히 움직인다. 19세기의 오늘은 과도한 문명화로 인해 지극히 적은 이득이 조금씩 모여 부가 축적되는 것을 느긋하게 기다려주지 못한다. 그리하여 다른 사람과 물건을 사고팔 때 할인상품에 대해 그러한 것처럼 서둘러 자연의 힘에 투기한다. 그러나 우리가 잘 알지 못하고 그 움직임을 맨눈으로는 확인할 수 없는 다른 생명체가 분명히 있다는 것은, 우리 눈으로 볼 수 없는 그 기술자 집단의 노력을 유익하게 활용할 수 있는 가능성을 시사해준다.

산호해안에서 산호초를 만들어내는 원생동물은 하천하구에서는 작업을 하지 않는다. 따라서 매우 흔한 일이겠지만 하천유출구의 변화는 강물의 흐름을 한쪽에서 다른 쪽으로 바꿈으로써 한 지점에서는 항해의 장벽을 조성하고 다른 쪽에서는 산호의 형성을 저지한다. 많은 사례들을 열대해양에서 발견할 수 있다. 그곳의 강들은 섬과 섬 그리고 섬과 본토를 가르는 해협에서 산호미생물이 작업하는 것을 가로막는다. 물길을 다른 곳으로 돌린다면 이러한 장애가 제거되어 마침내 산호가 형성됨으로써 여러 개의 섬으로 구성된 군도가 하나의 큰 섬으로 이어지고 궁극에는 본토와 연결될 수도 있다.

콰트르파게스(Quatrefages)는 물속에 치명적인 미네랄 용액을 넣어 항구 주변에 서식하는 좀조개를 없앨 것을 제안했다. 같은 방법으로 광대한 범위에 걸친 해안지역에서 산호동물의 작업을 중단시킬 수 있을 것이다. 산호동물은 한가롭게 작업하지만 그 귀한 산호는 순식간에 형성되기 때문에 10년에 한 번 정도라면 아마 별다른 불이익 없이 산호층을 떼어낼 수 있을 것이다.[40] 산호를 미국 해안에 이식하는 것도 불가능해보이지는 않는데, 멕시코 난류가 산호의 성장을 제한할 수 있는 기후한계를 넘어 적당한 온도를 유지시켜 주기 때문이다. 그렇게 한다면 돈벌이가 변변치 않아 힘들게 생활하는 어민에게 새로운 소득원을 가져다줄 수 있을 것이다.

특정 지층에서 규조류는 물컵과 물속에서 경화되는 수경시멘트를 만들거나 아직은 밝혀지지 않았지만 다양한 산업과정에 쓰이는 매우 가벼운 내화벽돌의 원료인 규사질 피각층을 민물호수 바닥에 퇴적시켜놓는다. 규조의 번식에 유리한 환경을 주의 깊게 연구함으로써 우리는 이 유기물의 생산성을 직접적으로 활용할 수 있을 것이다. 그리고 동시에 규암과 그 밑에 놓인 금속을 다룰 때 절실히 요구되는 설명을 대신해줄 자연의 신비를 밝힐 수도 있을 것이다.

내가 지금까지 이야기한 너무나 작은 생명체를 인식하기 시작한 것은 최근의 일이고 아직은 단편적인 수준에 불과하다. 우리는 미생물이 자연의 경제에 매우 중요하다는 것을 알게 되었다. 그러나 우리 자신은 큰 것 앞에서는 대담한 반면 작은 것에 대해서는 너무도 익숙치 않다. 그래서 형체가 없는 물리적 힘이 아니라 하찮은 존재로 이해되고 있는 미생물의 작용에 대해 우리가 어느 정도 통제하고 주관할 수 있는지의 문제를 진지하게 고민해볼 준비가 되어 있지 못하다.

자연은 스스로가 하는 일을 측정할 수 있는 척도를 가지고 있지 않

---

40) Sant' Agabio, "Rapporto in sulla pesca del corallo", *Annali di Agricoltura, Industria e Commercio*, Turin, 1(1862), pp.361~373.

다. 인간은 자신에게서 측정기준을 취한다. 커다란 캘리포니아 삼나무와 인간의 신체가 대비되는 것 이상으로 머리카락 한 올이 커다란 드럼통으로 느껴질 만큼의 작은 생명체가 있다는 사실을 현미경이 알려줄 때까지, 머리카락의 넓이는 인간이 취할 수 있는 최소 단위였다. 인간은 엄지손가락과 손바닥의 폭에서 인치(inch)를, 손의 너비 또는 쫙 편 손가락에서 스팬(span)을, 발이라 명명된 인체기관으로부터 피트(feet)를, 중지 끝에서부터 팔꿈치까지의 거리에서 큐빗(cubit)을, 양 팔을 펼쳐 잴 수 있는 공간으로부터 패덤(fathom)을 빌려왔다.

자신의 신체적 틀에서 모든 규모의 기준을 직감적으로 발견해내는 존재에게는, 자신의 규모를 넘어서면 절대적으로 큰 것이고 그에 미치지 못하면 절대적으로 작은 것이 된다. 우리 인간은 습관적으로 고래와 코끼리를 본질적으로 크고 그 크기만큼이나 중요한 창조물로, 그리고 원래부터 작은 미생물은 따라서 중요하지 않은 유기체로 간주한다. 그러나 덩치 큰 포유류의 노동이나 그 유해에 기인한 어떤 지층도 없다. 다름 아닌 미생물이 수천 피트의 두께로 경위도상의 넓은 범위에 걸쳐 연속된 층위를 형성하는 물질을 구성하거나 공급했던 것이다.

만일 인간이 지구상에 더 오랫동안 거주할 수 있고 지난 2~3세기 동안 이룩한 자연과학의 발전만큼 빠른 속도로 자연에 관한 지식을 진전시킬 수 있다면, 그는 창조의 작업에 대한 보다 정확한 추정치를 내놓을 수 있을 것이다. 그리고 잘 드러나지 않고 미천한 분야에서의 자연의 방식을 연구함으로써 값진 교훈을 이끌어내고, 지금까지 영원토록 접근이 불가능하고 극도로 황폐한 것으로만 알려진 자연의 제국에서 생산적 에너지를 분발시킴으로써, 적지 않은 물질적 이득을 취할 수 있을 것이다.[41]

---

41) Louis Pasteur, *Mémoire sur le fermentation alcoolique*, 1860, reviewed by Auguste Laugel, "Les Découvertes récentes de la chimie physiologique: travaux de M. Pasteur", *Revue des Deux Mondes*, 47(1863), pp.326~348.

제3장 삼림

울창했던 지상의 거주지

많은 문명인의 거주지가 된 다양한 풍토의 지표면은 인간이 처음으로 정착했을 무렵 예외 없이 삼림으로 덮여 있었다고 믿을 만한 충분한 근거가 있다. 우리는 이러한 사실을 역사시대 들어 삼림이 존재하지 않았던 습지에서 원시미술 작품과 함께 광범하게 발견된 줄기, 곁가지, 뿌리, 열매, 씨, 잎 등의 식생잔해로부터 유추한다. 지금까지 나무 한 그루 없는 지역이지만 그리스와 로마 문명에 처음으로 알려졌을 때에는 광활한 삼림으로 덮여 있었다는 고대의 기록,[1] 유럽인에 의해 발견되고 식민화될 당시의 남북 아메리카의 상황도 그에 대한 증거가 된다.

이들 증거는 우리 시대의 자연경제를 관찰함으로써 더 확실해진다. 인류에 의해 점거되어 경작이 이루어진 일정 범위의 땅이 인간과 가축에 의해 버려져[2] 교란되지 않은 자연의 영향 아래에 놓이게 되면, 토양에는 많은 초본 및 목본 식물의 옷이 입혀지고 얼마 지나지 않아 빼곡

---

1) L.F. Alfred Maury, *Histoire des forêts de la Gaule et de l'ancienne France*, Paris, 1850; *Des Climats et de l'influence qu'exercent les sols boisés et non boisés*, Paris, 1853, pp.180~240.
2) Alexander Beatson, *Tracts Relative to the Island of St. Helena*, London, 1816; Charles Darwin, *Journal of Researches into the Geology and Natural History of the Various Countries Visited by H.M.S. Beagle …… from 1832 to*

하게 숲이 들어선다. 실제로 안정되어 경사가 급하지 않은 지표상에서 나무가 자연적으로 퍼지는 데 필요한 특별한 조건들이란 하나같이 부정적인 방식으로 표현될 것이다. 곧 습기의 과부족이 없어야 하고, 영구동토층이 없어야 하며, 인간과 가축의 파괴가 또한 없어야 한다는 것이다.

이러한 조건이 충족된 곳이라면 속도야 물론 느리기는 하겠지만 최상의 기름진 평야에서처럼 단단한 돌덩이에도 나무가 빽빽해질 것이다. 지의류와 이끼가 처음으로 나타나 고도로 조직된 삼림으로의 길을 터준다. 이들은 비와 이슬로부터 습기를 머금고 유기적인 작용을 통해 방출된 가스와 결합해, 덮고 있던 바위표면을 분해한다. 지의류와 이끼는 바람에 날려온 먼지를 붙잡아두며, 죽은 다음에 형성되는 부식토는 이미 위아래에 반쯤 들어찬 토양에 새로운 물질을 추가로 공급한다. 아주 얇은 비옥한 토양층만 있어도 강인한 상록수와 자작나무의 씨가 발아하는 데 충분하다. 나무뿌리는 바위에 직접 붙어 낙엽이 분해되어 만들어진 토양으로부터 양분을 나무에 공급하고, 기다란 수염뿌리는 나무를 적셔줄 물을 찾아 주변 땅으로 퍼져 나간다.

화산분출물은 겉모습은 척박해 보이지만 나무에 양분을 제공한다. 사실 에트나의 단단한 용암은 오랫동안 황량하게 남아 있었으며, 1669년의 대폭발 당시 흘러내린 용암에서도 식생은 전혀 자라지 못했다.[3] 그러나 여기에 선인장이 점차 찾아들기 시작했다. 베수비오 산이 내뿜은 화산재와 용암에도 이내 무엇인가 자라났다. 몇 세기 동안 휴지상태로 있었던 이 산을 1611년에 찾았던 샌디스(George Sandys)는 화구 하단의 화산경이 "암설과 쓰러진 나무로 막혀 있는 것"을 목격했다. 계

1836, London, 1839, pp.582~583; A.H. Emsmann, *Meteorologie*, Leipzig, 1859, p.654; Jules Clavé, "Etudes forestières: la forêt de Fontainebleau", *Revue des Deux Mondes*, 45(1863), p.157.

3) Wilhelm Sartorius von Waltershausen, *Ueber den Sicilianischen Ackerbau*, Göttingen, 1863, p.19.

속해서 그는 다음과 같이 말한다. "바로 옆에는 붉은색의 가볍고 부드러운 물질이 분출되어 있었고, 좀 더 떨어진 곳에서는 검은색의 무거운 물질이, 연극무대의 좌석처럼 기울어진 벼랑 머리부분에는 나무와 풀이 울창하게 자라고 있었다. 그리고 언덕 중턱에는 밤나무를 비롯해 각양각색의 유실수의 녹음이 드리워졌다."[4)]

나는 아라비아와 아프리카의 사막 여러 곳에서도 인간과 가축, 특히 그 가운데 염소와 낙타를 내쫓는다면 얼마 지나지 않아 숲이 찾아올 것으로 확신한다. 낙타는 단단한 입천장과 혀, 강한 이빨과 턱을 가지고 있어 손가락만한 거칠고 가시 돋친 가지들을 떼어내 씹어 먹을 수 있다. 특히 북미산 아카시아와 같이 건조한 모래땅에서 잘 자라는 송(*sont*)을 포함한 여타 아카시아 나무의 작은 가지, 잎, 씨가 들어 있는 깍지를 좋아한다. 내 기억이 옳다면 만나(manna) 열매가 달리는 위성류를 제외한 모든 나무를 대상으로 입에 닿는 가지는 전부 먹어 치운다.

사막의 어린 나무들은 오아시스 근처와 겨울철 수로 연변에 번창하며, 이들 지역은 오고가는 카라반이 휴식을 취하는 곳이자 여행로이기도 하다. 나무그늘에서는 일년생 풀과 다년생 관목의 싹이 트지만 자라자마자 베두인 족의 허기진 소의 입속으로 들어간다. 몇 년 동안 식생이 교란되지 않는다면 그 지역은 숲으로 덮일 것이다. 숲은 지금은 푸른 빛깔이라고는 어디에서도 찾아볼 수 없고 오직 쓰디쓴 콜로신드 오이와 독성이 있는 리기탈리스만을 볼 수 있는 척박한 땅으로까지 점차 확대될 것이다.

인간의 식량원이 아닌 숲

완전히 숲으로 뒤덮인 지역에서 인간의 삶은 오래 지속될 수 없다.

---

4) *A Relation of a Journey Begun 1610*, 6th ed., London, 1670, book iv, p.203; Justus L.A. Roth, *Der Vesuv und die Umgebung von Neapel*, Berlin, 1857, p.9.

깊은 숲 속에서는 인간이 영양분을 보충할 수 있는 구근식물과 과일을 얻을 수 없다. 인간이 잡아먹는 조류와 동물들은 삼림 주변이 아니면 볼 수 없는데, 유독 이곳에서만 관목과 풀들이 자라고 또한 비육식성 조류와 짐승의 먹이가 되는 곤충과 씨앗이 발견되기 때문이다.[5]

최초의 삼림제거

수를 계속 불려온 인간이 강, 호수, 바다 연변의 개활지를 채우고 내지의 초원과 사바나에 정착한 뒤로는,[6] 자신을 에워싸고 있는 숲 일부를 제거하는 방법에 의해서만 거주지를 확장하고 성장을 계속할 수 있었다. 당시의 삼림파괴는 인간이 최초로 자연을 정복하고 최초로 자연의 조화를 범한 행위였다.

원시인들은 연료를 구하거나 집, 배, 농기구, 도구 등을 만들기 위해 나무를 벨 일이 거의 없었다. 인구가 많지 않았기 때문에 바람에 날려 쓰러진 나무만으로도 충분히 조달되었고, 자라고 있는 나무를 어쩌다가 베었을 때라도 삼림에 미친 상처는 너무 미미해서 감지할 수 없는 정도였다.

실화로 불길이 확산되거나 번개에 의해 자연적으로 발화했다면, 이는 무엇보다 너무 많은 나무가 광범위에 걸쳐 자라고 있어 수목을 제거하는 편이 더 유익했을 것임을 시사하는 동시에, 넓은 면적의 지표에서 이 자연의 장애물을 없애버릴 수 있는 한 방식을 일러준다. 어찌되었건

5) J.S. Newberry, "Botanical Report", in U.S. War Dept., *Reports of Explorations and Surveys ······ for a Railroad ······ to the Pacific*, Washington, D.C., 1855~60, vol. VI, 1857, part iii, p.37; J.T. Headley, "Darien Exploring Expedition", *Harper's New Monthly Magazine*, 10(1855), pp.433~458, 600~615, 745~764; Jules Clavé, *Etudes sur l'économie forestière*, Paris, 1862, p.13.

6) Alexander von Humboldt, *Ansichten der Natur*, 3rd ed., Stuttgart, 1849, I, pp.71~73.

농업이 시작되면서 많은 야생식물을 비롯한 재배작물은 불태워진 토양 위에서 급속하게 그리고 무성하게 성장했다. 결과적으로는 개활지를 확대하고 생산성이 높은 토양을 확보하기 위한 수단으로서 불을 이용한 삼림파괴의 관행을 촉진시켰다.

몇 년간의 수확 후에 최고의 비옥도를 자랑하던 처녀지의 토양이 척박해지거나, 잡초, 덤불, 나무뿌리 등이 반쯤 개간된 토양의 작물을 질식시키면 경지는 버려지고 똑같은 방식으로 삼림에서 새로운 경지를 얻어낸다. 버려진 평야와 구릉지에는 곧 관목과 교목이 들어서고, 다시 파괴적인 과정을 거치다가 또다시 식생의 회복력에 의탁한다.[7] 이와 같은 투박한 자연의 섭리는 여러 세대 동안 계속되며, 소모적이기는 하지만 스웨덴의 북부지방과 라플란드, 그리고 때로 프랑스와 미국에서도 여전히 영위되고 있다.[8]

불이 삼림의 토양에 미치는 영향

농업활동에 의한 교란과 자연스럽게 경지에 가해지는 태양, 비, 대기 등의 기계적, 화학적 영향을 제외하면, 불 그 자체도 토양의 조직과 상태에 중요한 영향을 미친다. 불은 미네랄 성분을 함유하고 강수를 저장하는 데 도움을 주는 반쯤 썩은 부엽토 일부를 태우고, 그렇게 함으로써 토양을 느슨하게 만들고 분쇄하며 건조하게 만든다. 화재는 파충류, 곤충, 알을 가진 벌레, 그리고 수목과 작은 식물의 종자를 파괴하며, 지표에 퇴적되는 재 안에 새로운 숲의 형성에 중요한 요소를 공급한다. 이러한 변화를 통해 불은 자연발생적으로 지표를 덮었던 식생과는 성

7) Timothy Dwight, *Travels; in New-England and New York*, 4 vols., New Haven, 1821, IV, pp.58~63.
8) Lars Levi Læstadius, *Om allmänna uppodlingar i Lappmarken*, Stockholm, 1824, pp.15~16; F.W. Schubert, *Resa genom Sverige* …… Stockholm, 1825, II, p.375; Clavé, *Etudes sur l'économie forestière*, pp.21~22.

격이 다른 새로운 식생을 맞을 수 있도록 대지를 적응시킨다. 이들 새로운 상황들은 불을 놓아 개간했다가 방기된 임야에서 일반적으로 관찰할 수 있는 삼림의 자연적 천이를 설명하는 데 도움을 준다. 그러나 다른 요인들도 이와 비슷한 결과를 낳을 수 있다는 데에는 의심의 여지가 없는데, 강풍, 벌목꾼의 도끼, 심지어 자연적으로 썩어갈 때에도 같은 결과가 초래된다.[9]

삼림파괴에 따른 영향

삼림의 파괴에 수반되는 자연지리적 영향은 크게 두 가지로 나눌 수 있다. 이들 각각은 어떤 형태가 되었든 식물과 동물의 생활은 물론 농촌의 경제활동 전반과 나아가 인간의 물질적 이해 모두에 중요한 영향력을 행사한다. 첫 번째는 그러한 영향력이 행사된 지역의 기상, 두 번째는 해당 지역의 외형적 지리로서 다시 말해 지표면의 형태, 지속성, 피복에 관련된다.

제1장에 제시된 여러 가지 이유로 이 주제의 기상학 또는 기후학적 측면은 모호하기 이를 데 없고, 그에 관한 자연과학자의 결론은 대체로 추론에 불과한 것으로서 실험이나 직접적인 관찰에 근거한 것은 아니다. 예상할 수 있듯이 결론은 일관성이 없고 일부 일반적인 결론이라는 것도 거의 보편적으로 받아들여지기는 하지만 너무나 당연시되기 때문에 진지하게 문제를 제기하지는 못한다.

---

9) Carl Heinrich Edmund von Berg, *Das Verdrängen der Laubwälder im Nördlichen Deutschland durch die Fichte und die Kiefer*, Darmstadt, 1844; Gustav Heyer, *Das Verhalten der Waldbäume gegen Licht und Schatten*, Erlangen, 1852; W.C.H. Staring, *De Bodem van Nederland*, Haarlem, 1856, I, pp.120~200; C.T. Vaupell, *Bögens Indvandring i de danske Skove*, Copenhagen, 1857; E.A. Knorr, *Studien über die Buchen-Wirthschaft*, Nordhausen, 1863.

수목의 전기적 영향

개별적으로나 집단적으로 전기를 촉발하고 전도하는 물체로서의 나무의 속성과 나무가 대기의 전기상태에 초래한 영향에 대해서는 그다지 많은 조사가 이루어진 것 같지 않다. 숲의 상황 자체는 너무 다양하고 복잡해서 그의 전기적 영향과 관련된 어떤 일반적인 문제에 대한 해답을 찾는다는 것은 매우 어렵다. 두터운 수증기의 바다, 즉 구름이 전기조건에 어떤 변화도 겪지 않고 훌륭한 전도체가 빽빽하게 들어선 표면 위를 수마일 동안 그냥 지나간다는 것은 상상도 할 수 없는 일이다.

이미 알려진 전기작용의 법칙으로부터 변화의 특성을 추론할 수 있는 가설적인 사례를 제시해볼 수 있을 것이다. 그렇지만 실제 상황에서는 관여하고 있는 요인들이 너무 많아 모두 파악할 수 없다. 구름이나 숲의 진정한 전기적 상태에 대해서는 알 수 없으며, 수증기가 숲 위를 떠갈 때 흩어지는지 아니면 비로 쏟아지는지 예상할 수도 없다. 있을 수 있는 숲의 전기적 영향은 작용의 범위가 여전히 넓기 때문에 그 불확실성이 더욱 크다. 그 하나만으로 확실하거나 아니면 적어도 그럴 듯한 결론으로 유도할 수 있는 데이터는 없다. 이런 이유로 중요하긴 하지만, 이 기상학적 요인을 잘 알려지고 이해된 기상현상과의 인과관계의 틀에서 논의하고자 한다면 논쟁에 혼란을 가중시킬 뿐이다. 그러나 지금도 많은 사람들이 그렇게 생각하지만 한때 특별한 전기작용에 의해 생산되는 것으로 여겨졌고 적어도 전기의 교란에 수반된다는 폭풍우는, 노출된 모든 지역의 삼림이 제거되는 데 비례해 찾아오는 빈도가 잦고 파괴력도 강해진다는 정도는 이야기할 수 있다.

카이미(Caimi)는 이렇게 말한다. "알프스와 아펜니노 산맥의 크고 웅장한 나무들이 잘려 나가기 전에는 현재 롬바르디아의 기름진 평야를 초토화시키고 있는 5월 우박이 지금보다는 잦지 않았다. 그러나 숲이 전체적으로 폐허가 된 다음에 이 험악한 기상현상은 산지의 토양까지 황폐하게 만들어놓았는데, 그것은 예전 주민들이 전혀 알지 못하던 피해였다. 파라그란디니(paragrandini)는 학식 있는 리볼타의 목사가 곧추세운 짚단과 함께 싸락눈을 방지하기 위한 전도체로서 드넓은 경작지대에 세우도록 권고한 것이었다. 그러나 이것은 알프스 및 아펜니노 산맥의 산꼭대기와 능선에 자리한 파라그란디니와 자연적으로 자라난 수백만 그루의 소나무, 낙엽송, 전나무에 비하면 단지 소인국 이미지에 불과했다."[10]

멕어셔(Meguscher)는 "삼림의 영향으로 전기작용이 감소하고 열손실에 의한 수증기의 급속한 응결이 억제되면서, 폭풍우가 밀어닥쳤을 때 넓은 삼림지역 내부에서 발생하는 우박과 호우는 뜸해졌다"고 말했다.[11] 영은 리비에라와 몬페라토 코뮌 중간에 솟아난 산맥을 덮고 있던 삼림이 사라지면서 아키 지역의 우박이 더 파괴적인 힘을 가지게 되었다고 들었다.[12] 확실한 근거에 기초할 때, 살루초와 몬도비 인근, 발테리나 하류, 베로나와 비첸차 지역 등지에서 우박을 동반한 폭풍의 빈도와 강도가 증가했던 것 역시 그와 비슷한 원인에 기인한 것처럼 보인다.

숲의 화학적 영향

우리는 밀폐된 아파트의 공기가 그 안에서 자라나는 식물들이 들이내쉬는 가스에 의해 뚜렷한 영향을 받는다는 것을 잘 알고 있다. 그와 동일한 작용이 엄청난 규모로 숲에 의해 수행되며, 지질시대 초기에 무성했던 식생이 탄소를 흡수함으로써 지구상의 대기의 조성에 항구적인 변화가 초래되었다고 가정되었다.[13] 그렇게 발생한 효과에 더하여 해

---

10) Pietro Caimi, *Cenni sulla importanza e coltura dei boschi, con norme di legislazione e amministrazione forestale*, Milan, 1857, p.6.

11) Francesco Meguscher, *Memorie sulla migliore maniera per rimettere i boschi nelle montagne diboschite dell'alta Lombardia……*, 2nd ed., Milan, 1859, pp.44~45.

12) *Voyages e Italie et en Espagne, pendant les années 1787 et 1789*, Paris, 1860, p.329.

마다 나무에서 떨어지는 많은 양의 낙엽과 수령이 다된 줄기 및 곁가지의 최종적인 기체분해로 인한 효과를 생각해야 한다.

그러나 그런 식으로 대기에서 끌려왔다가 대기로 되돌아가는 가스의 양은, 단순히 공기의 바다로부터 끌려오고 다시 돌아가는 양에 비하면 무한정하다고 말할 수 있다. 그리고 소택지나 기타 저지대에 덮여 있는 부패한 식물성 물질로부터 방출된 가스는 인체에 유해하지만 대체적으로 삼림의 공기는 화학적으로 사막의 그것과 다를 바 없다. 따라서 샘물의 미네랄 성분이 바다의 화학적 특성에 상당한 영향을 미친다는 사실을 증명할 때와 마찬가지로, 대기의 분석에서 삼림의 영향은 거의 확인할 수 없다.

그러므로 나는 숲의 전기적 영향에 대해서 그러했듯이 화학적 영향에 부정적이며, 양자 공히 중요하지 않은 동인이라고까지는 볼 수 없어도 우리의 기상학 공식에서는 미지수로 간주하고자 한다.[14] 이 분야에 대한 우리의 탐문은 따라서 기온과 습도에 미치는 삼림의 영향에 국한될 것이다.

무기체로서 숲이 기온에 미치는 영향

유체의 증발, 수증기와 가스의 압축과 팽창은 기온의 변화를 수반하고, 대기가 품을 수 있는 습기의 양과 증발량은 기온과 함께 오르거나 낮아진다. 대기의 습도 및 온도의 조건은 상호의존적인 양으로서 불가분의 관계에 있기 때문에 어느 한쪽도 다른 쪽을 고려하지 않고는 충분히 논의될 수 없다. 그러나 수분과 가스를 흡수하고 내뿜으며 살아가는 과정에 대한 고려 없이 단순히 비유기체로 간주되는 숲은, 열의 흡수, 방출, 전도체로서 그리고 단순한 대지의 피복으로서 대기와 지표의 온

---

13) Clavé, *Etudes sur l'économie forestière*, pp.12~13.
14) Hermann Schacht, *Les Arbres*, 2nd ed., trans. Edouard Morren, Brussels, 1862, p.411.

도에 영향을 미친다. 이는 그 자체만으로 논의의 가치가 충분하다.

흡수하고 방출하는 지표면

야드나 에이커와 같이 일상적인 척도로 측정된 일정 면적의 대지는 항상 동일한 양을 흡수하고 방출하며 반사하는 표면을 제공한다. 하지만 지표면의 실질적인 규모는 지형과 부피, 그리고 지표가 담고 있는 외래물질의 형태에 따라 매우 다양하다. 또한 절대면적은 항상 동일하더라도 열을 흡수하고 방출하며 반사하는 힘은 지표의 단단함, 어느 정도의 습도, 색깔, 기울기, 노출각 등에 의해 큰 영향을 받을 것이다.[15]

1에이커의 백악은 크게 굽이치고 부드러우며 큰 반사력을 가진다. 복사는 흙덩이로 깨뜨렸을 때 더욱 증가한다. 왜냐하면 경지의 외형은 동일하지만 실제 노출면은 더 커지기 때문이다. 삼각형의 면적은 밑변과 높이를 곱한 것의 절반과 같다고 할 때, 사각형의 밑면을 토대로 해서 지어진 피라미드의 삼각형 빗면의 높이는 밑변의 2배가 되고 4개의 빗면 전체 면적은 덮고 있는 지면면적의 4배에 이를 것이다. 그리고 피라미드가 서 있는 밑면에 추가적으로 열을 받아들이고 방출하는 표면을 더해줄 것이다. 평면의 경사와 방향이 달라 실질적인 열의 흡수와 방출은 밑면적의 4배 크기인 평면에서 기대할 수 있는 것보다는 적을 것이다. 일반적인 지표면에서 항상 일어나는 이와 같은 약간의 차이는 동일한 방식으로 기온에 작용하는 표면에 영향을 미치고 기온에 의해 다시 영향을 받는다. 그런데 그 작용과 반응량을 측정하는 것은 어렵다.

그와 유사한 효과는 형태와 특성에 관계없이 지구에 서 있거나 누워 있는 다른 사물에 의해서도 발생한다. 평지에 놓여진 모든 입방체는 덮고 있는 지역보다 더 넓은 면을 외부로 드러낸다. 이 원칙은 숲 속의 나

---

15) Becquerel, *Des Climats et des sols boisés*, p.137.

무와 그 잎은 물론 실제로 모든 식생과 그 밖의 물체에도 그대로 적용된다.

1에이커의 면적에 한 변의 길이가 2로드(rod)인 정사각형의 정중앙에 한 그루가 자리하도록 하는 방식으로 총 40주의 나무를 심어 나뭇가지와 잎이 모두 맞닿을 때까지 기른다고 해보자. 그렇다면 잎이 무성해진 시점에서 줄기, 곁가지, 잎은 1에이커의 나지보다 더 넓은 온도측정면을 부여할 것이 틀림없고, 추가적으로 지면에 흩어져 있는 낙엽은 총계를 조금 더 늘릴 것이다.[16] 한편, 자라고 있는 나뭇잎은 일반적으로 연간 성장하는 곁가지에 상응하는 일련의 단계, 쉽게 말해 층을 형성하며 상호간 다소 중첩되기도 한다. 이와 같은 나뭇잎의 성향은 열의 흡수와 발산을 좌우하는 상층의 하늘과 태양, 그리고 하층의 나뭇잎 표면 사이의 자유로운 소통을 방해한다. 종합해볼 때, 잎이 무성한 숲의 유효 온도측정면은 계측된 면적에 비례해 나지의 그것을 능가하는 것은 아니다. 그렇지만 열을 받아들이고 방출할 수 있는 실제 면적은 숲이 나지보다 훨씬 넓다.[17]

나아가 주어진 지표면의 형태와 조직이 온도의 특성을 결정짓는 중요한 요소라는 사실 또한 기억해야만 한다. 잎에는 기공이 있어 빛과 공기를 체내로 비교적 자유롭게 받아들이고, 전반적으로 부드러우며 한쪽 면이 반질반질하기까지 하다. 대개 한쪽 또는 양면 모두 잎바늘이 돋아 있고, 외형에서 하나 이상의 뾰족한 끝을 드물지 않게 발견할 수 있는데, 이 모든 상황은 반사나 방열을 통해 열이 빠져나가는 데 도움을 준다. 나무를 대상으로 한 직접적인 실험은 무척 어려우며, 식생에 의한 기온감소의 어느 정도가 발산에 의한 것이고 식물 내의 수분이 얼마만큼 가스의 형태로 증발하는지 밝혀내는 것 또한 거의 실현성이 없는 일이다. 왜냐하면 그 두 작용이 함께 진행되기 때문이다. 하지만 잎

---

16) Harland Coultas, *What May Be Learned from a Tree*, New York, 1860, p.34.
17) Humboldt, *Ansichten der Natur*, I, p.158.

이 온도를 낮추는 효과는, 지표에서 몇 야드 상공의 기온이 이슬점은커녕 이슬을 서리로 응결시키는 데 필요한 온도인 화씨 32도까지 내려가지 않았는데도, 풀과 키 작은 식물 그리고 그 밖의 비슷한 형태와 견고함을 지닌 다른 물체에 이슬이 맺히고 서리가 끼는 것에서 확인할 수 있다.

열의 전도체로서의 수목

우리는 또한 대기와 땅 중간에 자리한 열의 전도체로서 숲의 작용에 대해 알아볼 것이다. 아메리카와 유럽에서 가장 중요하다는 국가, 특히 삼림파괴로 인한 피해를 가장 고통스럽게 겪었던 국가의 경우 지표면은 몇 인치 아래에 비해 겨울에는 더 차고 여름에는 더 따뜻하다. 그리고 지표면의 온도변화는 각 계절의 대기온도 평균치에 가깝다. 키가 큰 나무의 뿌리는 토양상층을 뚫고 내려가 연간 평균치에 상응하는 온도가 항상적으로 유지되는 곳까지 이른다. 전도체로서 나무는 땅이 대기보다 찰 때 대기 중의 열을 땅으로 전하고 땅의 온도가 대기 중의 온도보다 높을 때에는 그 반대방향으로 열을 전한다. 물론 전도체로서 나무는 그런 방식으로 대기와 지표면의 온도를 같게 한다.

여름과 겨울의 수목

내가 지금 논의하고 있는 문제가 실질적으로 가장 중요한 국가에서는, 대부분은 아니라 하더라도 상당 비율의 수목이 낙엽수로 분류되어 복사하고 그늘을 드리우는 면이 겨울보다는 여름에 훨씬 더 커진다. 겨울에는 지면에 열이 흡수된다거나 그로부터 복사되는 데에 별다른 지장을 주지 않는다. 반면 여름에는 하늘과 땅 중간을 종종 울창한 수관으로 가로막아 두 과정에 크게 간섭한다.

수목의 유해생산물

비유기체로 여겨진 우뚝 선 수목이 수행하는 이와 같은 다양한 작용

외에도, 숲은 낙엽활동을 통해 지표면의 온도와 대기온도에 영향을 미친다. 자연림이나 심은 지 오래되었고 교란되지 않은 인공림의 토양표층의 구성을 조사해보면, 제일 먼저 지표면에 푸석푸석한 층을 이루며 쌓여 있는 아직은 썩지 않은 잎, 잔가지, 종자 등을 볼 수 있다. 그 밑에는 같은 물질로 이루어진, 형성초기의 보다 치밀한 층이 자리하고 아래로 내려갈수록 분해의 단계는 더욱 진전된다. 그 다음으로 현미경 관찰이 아니면 유기물의 흔적을 거의 발견할 수 없는 검은색의 비옥한 토양이 있다. 또 그 아래에는 물에 의해 씻겨 내려왔거나 뿌리가 썩어서 형성된 식물성 물질과 섞여 있는 미네랄 토양층과 마지막으로 무기질 모암이 나타난다.

수목에서 공급된 이들 사체의 퇴적이 없었다면 지면은 겉거죽에 불과할 것이고, 열의 흡수, 방사, 전도력의 측면에서 나무에서 떨어진 것들로 덮여 있는 층과는 근본적으로 다를 것이다. 깨끗한 지면은 나뭇잎과 부식이 퇴적된 지면과는 다른 방식으로 대기의 온도에 작용을 가하며 그로부터 작용을 받을 것이다. 잎은 완전히 썩은 상태에서나 부분적으로 그렇게 된 상태에서는 열을 효과적으로 전달하지 못하기 때문에, 아래에 놓인 토양을 데우는 여름철 태양의 작용을 약화시킨다. 다른 한편으로 겨울에는 토양으로부터 열이 빠져나가는 것을 막아준다. 결과적으로 삼림지대에서는 대지를 보호해주는 눈이 쌓이지 않은 추운 날씨에도 개활지에 비해 땅이 깊은 곳까지 얼어붙지 않는다.

바람그늘 쪽 지면을 보호해주는 수목

바람이 불어가는 방향 배후의 지면에 대한 자연적인 피난처로 단순하게 이해되는 숲의 작용은, 그 영향력이 너무 제한되어 보이는 탓에 주의 깊게 살필 가치가 없을 것으로 여겨진다. 그러나 여러 사실을 종합해볼 때, 숲이 국지적인 기후에 중요한 요소며, 기계적이고 화학적인 작용을 통해 유독한 냄새가 퍼져 나가는 것을 막아주는 중요한 수단이 된다는 데 의견이 모아지고 있다. 1836년 프랑스의 삼림법 조항을 검토하기 위해 설치된 위원회에 제출된 보고서에서 아라고(Arago)는 다음과 같이 언급한다. "노르망디와 브르타뉴 해안의 숲의 장막이 파괴된다면 두 지역은 서쪽 바다에서 불어오는 온난한 바람의 접근을 용인해 겨울의 추위를 누그러뜨렸을 것이다. 만약 프랑스 동쪽 국경지대의 삼림이 제거된다면 빙하지대의 동풍이 강력한 세력을 얻어 겨울은 더욱 견디기 힘들 것이다. 따라서 두 지역에서 숲 지대를 제거하면 상반된 결과가 나타날 것이다."[18]

이 의견은 드윗(Dwight) 박사의 관찰을 통해 확인되었다. 그는 뉴잉글랜드의 삼림을 지칭하면서 이렇게 말한다. "숲을 제거함으로써 초래되는 또 다른 영향은 남풍을 비롯한 여러 방면의 바람이 자유로이 지표면을 통과할 것이라는 점이다. 이는 내 기억에 비추어보면 더욱 확실시되는 사실이라 생각한다. 경작지대가 북쪽으로 확장되고 있었을 때 남쪽으로부터 불어온 바람은 바다에서 멀리 떨어진 곳까지 자주 온기를 전달해, 40년이 지난 다음에는 같은 지역을 전혀 알아볼 수 없을 정도로 변화시켰다. 또한 그로 인해 여름이 반년으로 길어지고 겨울은 짧아졌다."[19]

이탈리아 아펜니노 산맥의 개간은 포 강 유역의 기후를 크게 바꾸어놓았다고 생각된다. "아펜니노 산맥에서 나무를 베어낸 결과 시로코가 포 강 우안인 파르마와 롬바르디아 일부 지역을 자주 강타하고 있다. 시로코는 작물과 포도원에 피해를 안겨주며, 어떤 때에는 한 해 수확을 송두리째 앗아가기도 한다. 마찬가지 이유로 모데나와 레지오 지역의 기상변화가 초래되었다. 지역 내부적으로 전에는 초가지붕만으로도 바람을 견뎌낼 수 있었다. 그러나 지금은 기와지붕을 올려도 충분하지 않고, 기와지붕으로 족했던 지역에서는 돌덩이를 올려놓아도 별 효과가 없다. 인근 지역의 포도와 곡물이 남풍 및 남서풍에 날아가버린다."

18) Becquerel, *Des Climats*, pp.vi~vii.
19) *Travels*, I, p.61.

한편, 앞서 인용한 전문가에 따르면 라벤나 인근 포르토의 소나무 숲은 길이가 33킬로미터에 이르는 이탈리아에서 가장 오래된 송림 가운데 하나로서 불행하게도 벌목되었다. 그러나 나중에 그 수지질 수목이 다시 심기자 그때까지 시로코에 노출되어 있던 도시가 안전할 수 있었고, 대체로 과거의 기후를 되찾았다고 한다.[20]

대서양 연안 유틀란트 해안에서의 벌목은 바람에 날려온 모래와 거센 해풍에 땅을 노출시켰다. 그리하여 바람을 막아주고 강수 또는 대기 중의 수증기에서 응결된 습기를 보존해줄 산지를 가지지 못했던 그 반도지방의 기후에 부인할 수 없는 악영향을 미쳤다.[21]

바람의 통행을 막아주는 기계적인 차단장치로서 숲이 지닌 영향은 인접한 지역을 넘어 먼 곳에까지 미친다. 삼림이 유지되었을 때에는 예상보다 더 넓은 면적을 보호해주었고, 파괴되었을 때에는 그만한 면적을 노출시켰다. 입자가 활동성이며 질량은 가볍고 탄력적인 대기이지만 구성원자 사이의 견인법칙에 의해 연속된 전체로 뭉쳐 있다. 따라서 특정 공기층의 이동을 방해하는 기계적인 장애물이 있다면, 그 위아래로의 공기이동을 지체시킬 것이다. 또한 숲 속에 정체해 있는 공기가 주변과 상층으로 수평 또는 수직적으로 이동하는 기류로부터 더디게 온도를 빼앗기 때문에, 삼림 내부의 공기가 그 위의 공기보다 더워졌을 때나 방향에 상관없이 찬바람이 불어칠 때에 거의 항상 발생하는 숲 자체의 상승기류를 생각할 수 있다.

사실, 경험에 비추어도 줄이어 서 있는 나무들이나 그보다 작은 장애물은 바람의 작용으로부터 식생을 보호하는 중요한 기능을 수행한다. 하디(Hardy)는 알제리에 100미터 간격의 숲지대를 조성해 프랑스에서 그 유용성이 증명된 피난처로 활용하자고 제안한다. 베커렐(Becquerel)은 "론 강 유역에서는 2미터 높이의 생울타리만으로도 22미터 거리를 보호

20) Saluzzo, *Le Alpi che cingono l'Italia*, pp.370~371.
21) Adolph Frederik Bergsøe, *Geheime Stats-Minister Greve Christian Ditlev Frederik Reventlovs Virksomhed……*, Copenhagen, 1837, II, p.125.

하기에 충분하다"고 말한다.[22]

분명 숲이라는 자연적 피난처는 바람의 기계적인 힘에 맞서 방어기능을 수행하지만, 이 목적 하나에 국한된 것은 아니다. 숲이 차단하는 공기의 흐름이 수평적이라면 한랭하거나 매우 건조한 강풍이 대지에 닿는 것을 상당한 거리에 걸쳐 막아준다. 공기가 큰 각도로 지면에 내려오더라도 바람이 불어오는 쪽에 자리한 숲은 넓은 면적의 대지를 보호해줄 것이다. 숲 속의 나무들이 단지 20야드의 평균높이를 가진다고 가정하면 넓이 200~300야드에 이르는 지대의 기온과 습기에 좋은 영향을 미쳐 귀한 작물들이 훼손되지 않게 지켜낼 것이다.[23]

이탈리아, 프랑스, 스위스에서 많은 불평이 있었던 뒤늦은 봄의 도래와 춘계에 빈발하던 늦서리는, 차단벽을 형성해 한파를 막아주고 토양 내부의 온기를 대기와 바람그늘의 지면으로 퍼져 나갈 수 있게 해주던 숲을 베어냄으로써 찬바람이 지면에 닿게 된 것이 원인이었던 것 같다. 카이미는 아펜니노 산맥의 삼림을 베어낸 뒤 한파가 식생을 파괴하거나 성장을 지체시켰다고 진술한다. 그 결과 "겨울이 봄까지 확장됨으로써" 무겔로 지역의 경우 예전에 숲이 그러했던 것같이, 건물이 바람막이가 되어 그늘 쪽에 남겨놓을 수 있었던 몇 그루를 제외한 뽕나무 거의 전부가 사라지고 말았다는 것이다.[24]

클라베(Clavé)는 이렇게 말한다. "버젓한 숲 하나 가지고 있지 않은 아르데슈는 지난 30년 동안 기후의 교란을 겪어, 이전까지 존재하지 않았던 늦서리가 현재 가장 침울한 영향의 하나가 되기에 이르렀다. 알사스 평원에서도 유사한 결과가 발생했는데, 이는 바로 보스게스 산맥 일부 산정부의 산림파괴에 기인한다."[25]

---

22) Becquerel, *Des Climats*, p.116.
23) Gabriele Rosa, "Le Condizioni de' boschi, de' fiumi e de' torrenti nella provincia di Bergamo", *Politecnico*, vol.11, no.66, December 1861, pp.613~614; J.J. Baude, "Les Côtes de la Manche: II. Cherbourg et les ports anglais……", *Revue des Deux Mondes*, 19, 1859, p.277.
24) *Cenni sulla importanza e coltura dei boschi*, p.31.

뒤사르(Dussard)는 북서풍으로서 봄철의 어린 식생에는 매우 치명적인 한파인 미스트랄조차 "인간의 파괴로 인해 초래되었다"고 주장한다. 계속해서 그는 다음과 같이 언급한다. "아우구스투스(Augustus) 치하에서 세벤을 보호하던 숲이 대규모로 벌목되거나 불로 파괴되었다. 한때 빠져나갈 수 없을 만큼 빽빽한 삼림으로 뒤덮여 허리케인의 형성과 이동에 강력한 장애물이 되어준 숲을 가지고 있던 광활한 지역이 하루 아침에 벌거숭이가 되었다. 이로써 이때까지 경험해본 적이 없는 재앙이 아비뇽에서 론 강 하구를 거쳐 마르세유에 이르는 전 지역을 공포의 도가니로 몰아넣었다. 그리고 오랫동안 불어왔기 때문에 세력이 약해지기는 했지만 미스트랄은 그 파괴의 손길을 해안지대 전체로 확장시켰다. 사람들은 이 바람을 신의 저주로 생각했고, 노여움을 달래기 위해 제단을 세우고 희생물을 바쳤다."[26]

그러나 당시의 재해는 지금에 비하면 파괴력이 덜했던 것 같다. 16세기 이후 계속되는 삼림파괴로 인해 남아 있던 장벽이 사라지면서 상황은 악화되었다. 삼림이 제거되기 전까지 현재 특정 지역에 국한된 현상으로 설명되는 북서풍의 특별한 영향이 극에 달하지는 않았다. 계절의 냉혹함으로 귀한 작물들이 파괴되어버린 지금, 바로 그 넓은 지역은 당시에는 폭풍, 한파, 한발로 수확을 망친 적이 없었다. 상황은 빠르게 악화되었다. 총독정치 시대에 진행된 각종 개간사업은 기후에 치명적인 결과를 가져와 올리브 재배면적이 축소되었다. 1820년과 1836년의 겨울과 봄 이후 그 분야의 농촌산업은 이전까지 고수익을 창출했던 많은 지역에서 문을 닫았다. 오렌지는 지금 해안가 일부 안전지대에서만 재배되고 있고, 이에르도 위협에 직면해 있는데, 도시 인근의 구릉지 개간사업이 그 귀한 나무에 매우 치명적이라 판명되었다.

마샹(Marchand)은 삼림제거 이후로 알프스 산맥 북쪽의 많은 지역

---

25) *Etudes sur l'économie forestière*, p.44.
26) Charles de Ribbe, *La Provence au point du vue des bois, des torrents et des inondations avant et après 1789*, Paris, 1857, pp.19~20.

에서 봄철의 늦서리 발생빈도가 잦아지고 있고, 유실수는 성장이 원활치 못하며, 어린 나무는 배양하기 어렵다고 전해준다.[27]

말라리아를 막아주는 수목

유독성 증기의 확산을 막아준다는 숲의 영향은 우리에게 익숙한 내용은 아니다. 아마도 지금 우리가 탐구하고 있는 영역에 포함되지 않을지도 모르지만, 사안이 중대하기 때문에 좀 더 살펴보는 것이 당연할 것이다. "유해한 기운으로 가득한 습한 공기는 숲을 지나면서 독성이 제거되었다. 드라일(Rigaud de l'Isle)은 이탈리아의 경우 숲이 중간에 끼어 있는 지역은 그 너머의 모든 것을 보존했지만 보호되지 못한 곳은 열병에 시달린 것을 관찰했다."[28]

유럽 어느 국가도 이탈리아만큼 그러한 사실을 살펴보기에 좋은 기회를 제시해주지 못한다. 왕국 곳곳에는 독한 기운에 노출된 지역들이 많이 있고, 숲은 아니라 하더라도 삼림지대가 자주 나타나 문제와 관련한 효율성을 점검하기에 좋기 때문이다. 삼림지대가 말라리아의 영향을 막아주는 중요한 방어막이라는 사실은 이탈리아 지식인과 그 문제의 전문가들 대부분이 믿고 있다. 토스카나 저습지의 개간에 취할 수 있는 조치를 강구할 목적으로 지명된 위원들은 말라리아 지대에서 날아오는 공기를 막을 수 있는 방향으로 3~4열의 포플러(*Populus alba*)를 심어 상당 분량의 독기를 중간에서 차단해야 한다고 조언했다.[29]

모리(Maury) 대위는 심지어 워싱턴 교도소와 포토맥 강변 습지 사이에 열을 지어 심어놓은 몇 그루의 해바라기도 전에 자주 감염되었던 간헐열로부터 수감자들을 구제해주었다고 믿었다. 모리의 실험은 이탈리아에서 재연되었다. 피소네 인근의 이제오 호로 유입하는 지점 위쪽의

---

27) A. Marchand, *Ueber die Entwaldung der Gebirge*, Bern, 1849, p.28.

28) Becquerel, *Des Climats*, p.149.

29) Antonio Salvagnoli-Marchetti, *Rapporto sul bonificamento del Maremme toscane, 1828~1859*, Florence, 1859, pp.xli, 124.

오글리오 강 범람원에 해바라기를 대대적으로 식재했는데, 이것이 인근 주민의 건강에 좋은 결과를 가져왔다고 한다.[30] 실제로, 숲이나 그밖의 식물차단막이 습지에서 스며 나오는 독기라든가 바람이 불어오는 쪽에 있는 다른 발병원인으로부터의 보호막으로서 긍정적인 효과를 낸다는 사실은 일반적으로 인정된다.

이들 사례에서 나무와 여타 식물의 잎은 대기에 기계적인 영향뿐만 아니라 화학적인 영향을 동시에 발휘한다. 일부 사람들은 숲이 습지의 토양에서 나오는 독한 기운의 순환을 차단해주고 나아가 그들을 분해해 무해하게 만들지도 모른다고 한다. 그러나 이러한 긍정적인 측면이 있음에도 그들은 숲 자체가 말라리아를 생산하는 능동적인 요인이라고 주장한다. 이 문제는 이탈리아에서 충분히 논의되었다. 숲의 영향은 전체적으로는 그렇지 않을지라도 특별한 상황에서는 유익하기보다는 해로울 수 있다고 믿을 만한 이유도 없지 않다.[31] 어찌되었건 이탈리아의 기후와 매우 유사한 버지니아와 캐롤라이나 주의 거대 습지는 주위에 숲이 유지되는 한 백인에게도 문제될 것이 없지만, 삼림이 파괴되었을 때에는 유해하다는 사실은 널리 알려져 있다.[32]

극단을 완화시키는 무기체로서의 숲

나무와 나뭇잎이 제공하는 표면은 열을 흡수하는 지구의 전체 표면적을 증대시키고, 같은 비율로 복사와 반사면적을 늘려준다. 온도에 영

30) W.S. Mayo, "Progretto di abstazioni e stabilimenti agricoli intensi a preservare i coloni dai tristi effetti della malaria nelle Maremme toscane", *Il Politecnico*, vol.17, no.82(April 1863), pp.5~25.
31) Salvagnoli, *Memorie sulle Maremme toscane*, pp.213~214.
32) Adolph Hohenstein, *Der Wald, sammt dessen wichtigen Einfluss auf das Klima der Länder, wohl der Staaten und Völker, sowie die Gesundheit der Menschen*……, Vienna, 1860, p.41; "Nutzen der Baumpflanzungen in der Städten", *Aus der Natur*, 22(1862), pp.813~816.

향을 미치는 요인으로서 흡수면과 복사면의 증가라는 두 요소의 상대적인 가치를 측정한다는 것은 불가능하다. 왜냐하면 양자가 굉장히 다양한 상황 속에서 발생하기 때문이다. 마찬가지로 무기물로 인식되는 숲이 대기의 온도에 미치는 부분적인, 나아가 총체적인 영향과 그러한 작용이 벌어지는 지역을 정량적으로 추정하는 것 또한 불가능하다. 그러나 이 점과 관련된 가장 큰 영향은 아마도 차단막, 즉 지면과 대기 중간에서 열이 전달되는 것을 막는 기계적 장애물의 특성에 기인하는 것 같다. 그리고 이 사실은 살아 있는 나무나 그 밑에 여러 층으로 쌓여 있는 죽은 나뭇잎 모두에게도 마찬가지로 적용된다.

열의 흡수, 복사, 반사, 전도의 매체이자 열전달의 방해자로서 나무와 나무의 부산물이 수행하는 복잡한 작용은, 대기와 지면의 습도에 미치는 영향 및 일체의 생존과정과 너무 밀접하게 연관되어 있다. 그래서 나무와 부산물 각각의 영향을 분리하는 것은 어렵다. 그러나 전체적으로 숲은 지금까지 극단을 완화시키는 경향이 있고 따라서 기온의 평형을 잡아주는 실체로 간주됨이 틀림없다.

유기체로서의 수목

비열

유기체로 간주했을 때 나무는 내부적으로 또는 대기 중에서 수증기를 흡수하고 응축시킴으로써 일정량의 열을 생산하고, 물을 흡수했다가 수증기의 형태로 방출함으로써 그 반대의 영향력을 행사한다. 그러나 또 하나의 유형이 있는데, 그것은 응결과 증발이 기온에 미치는 영향과는 별개로 나무의 생존과정에서 주변의 공기가 더워질 수 있다는 것이다. 모여 있는 사람들의 체온은 방 안의 온도를 높인다. 과정은 다르겠지만 만일 나무가 항온동물이 부여받은 것과 같이 자신만의 특수한 온도, 즉 열을 낼 수 있는 유기적인 힘을 지니고 있다면, 숲이 기온에 미치는 작용을 추정하는 단계에서는 바로 이 점에 어느 정도의 가중치를 부여해야 한다.

멕어셔는 다음과 같이 말한다. "관찰을 통해, 살아 있는 나무 한 그루는 대기온도가 영상 3도, 7도, 8도를 가리킬 때 영상 12도 또는 13도를 유지해 나무의 내부 온도가 기온에 따라서 오르내리는 것이 아님이 확인된다. 대기온도가 18도 미만인 한, 나무의 온도는 항상 최고치를 유지하지만, 만일 18도까지 오른다면 식생의 온도는 최저치가 된다. 나무는 계절에 관계없이 12도의 일정한 평균기온을 유지하기 때문에, 숲에 인접한 공기가 숲의 영향이 없을 때보다 겨울에 더 따뜻하고 여름에 더 차갑기 마련인 이유를 쉽게 이해할 수 있다."[33]

부젱골(Boussingault)은 "개화가 임박해지면서 많은 꽃에서 상당한 열이 발산되었다. 일부 아룸속 식물에서는 온도가 무려 40도 또는 50도까지 올라간다. 이러한 현상은 보편적으로 나타나며 표출되는 강도에서만 차이가 있다"고 언급한다.[34] 만일 숲 속의 나무가 개화할 때 열 발생력의 단지 10분의 1만이 발현된다고 가정하더라도 인접한 대기층의 온도에 중요한 영향을 미칠 수 있을 것이다.

저명한 물리학자인 헨리(Henry) 교수는 다음과 같이 평한다. "기계적, 화학적 원리에서 일반적으로 유추할 때, 이 두 가지 원리 가운데 어느 하나 또는 양자 모두에 속하는 작용이 일어나지 않는다면 온도의 변화를 기대할 수 없다. 따라서 모든 식물의 활동이 휴지상태에 들어가는 한겨울에 나무 자체에서 열이 발생한다거나 외부의 공기로부터 보호받는 것 이상의 큰 폭으로 나무 내부와 외부의 온도에 차이가 있다고는 믿을 수 없다. 우리가 생각하기에 이 점에 착안한 실험은 잘못된 유추에 근거해 이루어져왔다. 수액이 활발하게 순환하고 새로운 조직이 생기는 동안 식물의 온도변화는 관찰될 수 있다. 그러나 어떠한 변화도 일어나지 않는 곳에서 열이 발생한다는 것은 일반적인 원칙에

---

33) *Memoria sui boschi di Lombardia*, p.45.
34) Jean Baptiste Boussingault, *Economie rurale considerée dans ses rapports avec la chimie, la physique et la météorologie*, 2nd ed., Paris, 1851, p.22.

반한다."[35]

습기는 나무에 의해서 발산되고 극심한 겨울추위에서는 증발한다. 뿌리로부터 새로운 유체가 공급되지 않으면 겨울이 끝나기 전에 수액이 고갈될 것이라는 점에는 의심의 여지가 없다. 그러나 이것은 사실이 아닌 것으로 밝혀졌다. 논란의 여지는 있지만 전문가들은 "한겨울에 베어낸 나무에는 수액이 충분히 들어차 있었다"고 밝히고 있다.[36]

확실히 느껴질 만큼 지면의 온도에 영향을 주기에는 지속기간이 너무 짧지만, 겨울철의 온화한 날씨는 단풍나무의 수액이 자유롭게 순환하도록 촉진시킨다. 그러한 이유로 1862년 12월 마지막 주와 1863년 1월 첫째 주에 걸쳐 뉴잉글랜드 여러 지역의 단풍나무에서 당분이 생성되었다. "겨울의 차가운 날씨를 피해 창틈을 비집고 따뜻한 방으로 들어온 나뭇가지에서는 싹이 나고 잎이 생겨났지만 바깥에 남겨진 나머지 부분은 동면상태로 있었다."[37] 온대기후 지대에 서식하는 나무의 뿌리는 대부분 연평균 기온보다 그리 낮지 않은 온난하고 습한 토양에서 겨울을 보낸다. 그래서 뿌리가 일정량의 물을 공급한다고 가정하지 않는 한, 지속적으로 유지되는 나무의 습기를 설명할 길이 없다.

애킨슨(Atkinson)은 25피트 깊이의 얼음으로 가득한 시베리아 어느 계곡 내부의 작은 골짜기에 대해 설명한다. 얼음 속에서 포플러가 자라고 있었으며 얼음은 줄기로부터 몇 인치되는 지점까지는 녹아 있었다. 그러나 나무 주변의 구멍에 녹아내린 물이 고여 있는 점으로 미루어 그 밑의 토양표면은 여전히 동결상태로 있을 것으로 보인다. 왜냐하면 지면이 녹았다고 한다면 물이 다 밑으로 빠져나갔을 것이기 때문이다. 이 경우, 비록 뿌리는 그 위를 덮고 있는 두터운 토양층을 녹이지는 못했

---

35) Joseph Henry, "Meteorology in Its Connection with Agriculture", in *U.S. Report of the Commissioner of Patents(Agriculture) for the Year 1857*, 35 Cong., 1 Sess., Sen. Ex. Doc. 30, Washington, D.C., 1858, p.504.

36) Emil Adolf Rossmässler, *Der Wald*, Leipzig, 1863, p.158.

37) Rossmässler, *Der Wald*, p.160.

으나, 나무줄기는 그에 접촉한 얼음을 녹였음이 틀림없다. 애킨슨이 지켜보았을 때 나무의 잎은 무성했지만, 줄기 주위의 얼음이 언제 녹았는지는 확실하지 않다.

이런저런 사실로부터, "모든 식생의 기능"은 겨울에 완전히 "동면하는 것"은 아니어서 나무는 겨울철에도 약간의 열을 방출하는 것 같다는 생각이 든다. 그러나 아무리 그렇다 하더라도 "수액의 순환"은 봄이 시작될 무렵에 재개된다. 그리고 나무에 인접한 대기의 온도는 식생이 살아가는 과정에서 방출된 열에 충분한 영향을 받아 삼림지역의 춘계 평균기온과 연평균 기온을 상승시킨다.

숲이 온도에 미치는 총체적 영향

숲의 총체적인 영향, 즉 숲의 작용과 그 산물이 온도에 미치는 영향을 측정하고 총계를 계산하며 공식화하는 것은 아직까지는 현실적으로 어렵고, 이 문제에 대한 조사자들의 결론도 각양각색이다. 한 가지 이야기할 수 있다면, 모든 특정 사례에서 결론은 너무나도 다양한 현지사정에 의해 결정된다고까지는 할 수 없어도 달라지는 것이 사실이기 때문에, 어떤 일반적인 공식도 그 문제에 적용하기 곤란하다는 것이다.

내가 앞에서 인용한 『기후』라는 제목의 보고서에서 게이루삭(Gay-Lussac)은 다음과 같이 자신의 생각을 표명한다. "내가 생각하기에 삼림 그 자체가 땅덩이가 큰 국가나 어느 특정 지역의 기후에 실질적인 영향을 미친다는 긍정적인 증거는 아직 없다. 삼림제거로 인한 영향을 면밀하게 살펴봄으로써 우리는 그것이 해악이 되기보다는 오히려 도움이 된다는 사실을 발견할 수도 있을 것이다. 그러나 이 문제는 기후학적인 측면에서 보았을 때 너무 난해하기 때문에 해결하는 것이 불가능하다고 말할 순 없지만 매우 어렵다."[38]

한편, 베커렐은 열대기후에서 삼림파괴는 평균기온의 상승을 수반하는 것이 확실하고 온대기후 지역에서도 동일한 효과를 가질 가능성이 크다고 본다. 다음의 인용문은 이 문제에 대한 그의 생각을 잘 말해준다. "숲은 세 가지 방식으로 온도를 낮추는 역할을 수행한다. 첫째, 일사로부터 지면을 보호해 습도를 높게 유지하고, 둘째, 잎의 표면을 통해 증산작용을 수행하며, 셋째, 곁가지를 뻗어 복사에 의해 냉각될 수 있는 표면을 늘린다." "우리는 한 국가의 기후를 연구하는 데 크고 작은 힘을 발휘하는 이들 세 가지 요인과 함께 삼림지대와 초지로 덮인 지역의 비율을 고려하지 않을 수 없다."

"이상의 생각에 기초해 우리는 선험적으로, 삼림을 제거하면 기온을 상승시키고 대기의 건조화를 촉진시켜 기후에 영향을 미친다고 믿는 경향이 있다. 만일 시간이 지나 광활한 사하라 사막에 나무가 자란다면 지금과 같이 평균 29도까지 더워지지 않을 것은 분명하다. 그 경우에 온난한 상승기류의 발생이 차단되거나 공기가 서늘해져, 내가 지금 서 있는 이 위도대로 하강해 차가운 서부 유럽의 기후를 유화시키는 데 그다지 큰 기여를 하지 못할 것이다. 이렇듯 영토가 넓은 국가에서 삼림이 제거되면 그보다 멀리 떨어진 지역의 기후에도 영향을 미칠 수 있다."

"부젱골의 관찰은 이 점을 분명히 해준다. 그는 북위 11도와 남위 5도 사이의 적도에 가까운 열대지역으로서, 구름 한 점 없이 맑은 야밤의 강한 복사작용에 의해 기온이 내려가는 지역을 대상으로 동일 위도상의 같은 고도대의 입목지와 무입목지의 평균기온을 알아보았다."[39]

그 관찰결과는 상당히 많은 자연과학자들에 의해 인정을 받고 있는데, 열대지방 개활지의 평균기온은 1도 정도 입목지에 비해 높다는 것이다. 나중에 베커렐은 적도 내의 온대 또는 극 기후가 나타나는 고도대의 개활지에서 그와 비슷하거나 그보다 큰 차이가 발견되므로, 북미

---

38) Becquerel, *Des Climats*, p.vi.
39) Becquerel, *Des Climats*, pp.139~141.

지역의 숲 역시 그처럼 강력한 냉각효과를 발휘할 것으로 결론 내려야만 한다고 주장했다.[40] 그렇지만 비교된 두 지역의 토양조건이 너무달라서 내 생각으로는 한 지역의 상황으로 미루어 다른 지역의 상황을확실하게 추론할 수는 없을 것 같다. 그리고 너무 늦기 전에 북미 삼림지대 내부의 대기와 지면의 겨울철과 여름철 온도를 관찰하는 것이 바람직하다고 본다.[41]

삼림이 대기와 대지의 습도에 미치는 영향

무기물로서의 삼림

기후에 미치는 숲의 가장 중요한 영향은 대기와 지면의 습도에 대한것이다. 그리고 기후에 관한 이상의 작용은 한편으로는 살아 있는 나무가, 또 한편에서는 죽은 나무의 부산물이 수행한다. 숲은 하늘과 땅 사이의 커튼으로 들어서서 토양표면을 적셔줄 상당량의 이슬과 가벼운소나기를 증발시켜 대기 중으로 다시 돌려보낸다. 폭우가 내릴 때 큰빗방울들은 나뭇잎과 가지에 떨어져 작은 방울로 부서짐으로써 결과적으로 힘을 잃은 상태로 지면에 닿거나 아니면 그 전에 수증기로 변해흩어진다. 차단막으로서 숲은 태양광선이 땅에 접근해 기온이 상승함으로써 증발작용이 크게 증가하는 것을 막아준다.

기계적인 장애물로서의 숲은, 증발을 촉진해 냉각효과를 초래하는가장 효과적인 매체의 하나인 기류가 지상으로 통과하는 것을 저지한다. 숲에서 공기는 움직임이 거의 없어 조용하고 국지적인 온도의 변화가 공기입자의 비중에 영향을 미칠 때에만 이동한다. 따라서 몇 야드

---

40) Becquerel, *Des Climats*, p.147.
41) Samuel Williams, *The Natural and Civil History of Vermont*, Burlington, Vt., 1809, I, pp.66, 74; Zadock Thompson, *History of Vermont* ……, Burlington, Vt., 1842, part i, p.14; *History of Vermont* …… *with an Appendix*, Burlington, 1853, p.9.

떨어진 개활지에서 폭풍이 몰아치고 있을 때에도 숲에서는 바람 한 점 없이 고요한 상태가 자주 나타난다. 침엽수나 혼효림의 경우와 같이 삼림이 빽빽할수록 그 효과는 더욱 뚜렷하다. 춥고 바람 부는 날씨에 들판에서 숲을 거쳐가는 사람이라면 하나같이 그 사실을 이야기한다.

나무와 잎이 분해되어 만들어지는 부엽토는 푹신한 층을 이루어 지면을 덮어줌으로써 그 아래의 광물성 토양의 증발을 막는다. 또한 그것이 없었더라면 지표 위를 빠르게 흘러 멀리 바다에 도달했을 빗물과 융설수를 머금으며, 그렇게 빨아들인 수분을 증발, 침투, 여과시켜 천천히 내보낸다. 또한 뿌리는 표토 아래로 깊이 파고 내려가 표면을 따라 흐르던 물을 깊은 곳으로 전달함으로써 토양상부층을 배수하고 습기가 증발하는 것을 막는다.

유기체로서의 삼림

이상이 대기 중의 습도가 무생물로서의 삼림에 의해 영향을 받는 주된 방식이다. 그러면 숲의 유기적인 과정이 이 기상학적 요소에 어떻게 작용하는지 알아보자.

언뜻 보아도 나무와 나무껍질에는 언제나 물과 그 밖의 유체가 가득하다. 그 가운데 수액은 낙엽수에서 특히 풍부한데, 싹이 부풀어 오르고 잎이 생기기 시작하는 봄철에 그러하다. 대부분의 나무외피는 코르크 성분으로서 기공을 통해 대기로부터 과도한 수분이 흡수되지 않도록 조절한다. 싹이 대기 중에서 많은 양의 수분을 공급받는 것 같지는 않다. 봄에 특히 많은 양의 수액이 형성될 수 있는 원천과 관련된 확실한 결론은 과학적 관찰을 통해 얻어진 것이다. 즉, 수액은 땅속에서 뿌리에 의해 흡수되어 나무 전체로 배분된다는 것이다.

실제로 일반인들은 살아 있는 식물의 액체는 땅속 깊은 곳으로부터 나오고, 원목을 비롯한 나무의 여러 가지 부산물은 뿌리가 땅에서 추출한 물에 용해되어 있는 물질로 형성된다고 생각한다. 이것은 오해다. 왜냐하면 우리의 현 관심사에서 그리 중요하지 않은 나무의 고체물질이 잎과 작은 가지의 기공을 통해 대기로부터 가스의 형태로 받아들여질 뿐만 아니라, 수증기 상태의 수분도 동일 기관에 의해 흡수되어 순환되기 때문이다.[42] 그러나 뿌리가 흡수한 수분의 양은 잎을 통해 들어온 양보다 훨씬 많고, 특히 수액이 가장 풍부한 계절과 앞서 보았던 것처럼 잎이 생성된 초기에는 더욱 그러하다. 자연림과는 상이한 인위적 조건에서 나무와 그 밖의 식생이 들이쉬고 내뱉는 물을 확인하기 위해 실시한 관찰을 통해 나온 결론이 모호해 그 규모를 대략적으로 추정할 수 있는 데이터는 얻을 수 없다. 하지만 100에이커의 숲에서 한 해에 대기와 대지로부터 그런 방식으로 흡수된 수분의 양이 막대한 것은 사실이다.

나무이끼와 균류 뿌리가 대지로부터 얻어낸 수분과 잎이 대기로부터 흡수한 수증기 외에도, 밀림에 풍부한 나무이끼와 균류 역시 습도가 높을 때 대기로부터 많은 양의 습기를 흡수했다가 공기가 건조할 때 그것을 다시 방출한다. 여러 연구자들이 인정하는 것 이상으로 대기의 습도를 조절하는 데 중요한 역할을 수행하는 이들 평범한 생물체는 붙어 자라고 있던 나무가 죽으면 함께 사라진다. 그러나 자연은 대개 나무이끼 대신에 지상에서 자라는 종으로 보상을 해준다. 그 종들은 특히 북향의 차가운 토양에서 나무가 쓰러지기 전에 그리고 초지를 조성할 목적으로 땅을 개간하거나 버려둘 때 많이 자라난다. 이 이끼들은 수목에 부여된 기능 일부를 수행한다. 그리고 이끼는 개간된 토양을 농업적으로 활용하기에 부적합하게 만들기는 하지만, 동시에 그로 인해 땅이 척박해져 사람들이 떠나고 버려진 땅이 다시 자연의 품으로 돌아왔을 때 나무들이 새롭게 자랄 수 있도록 준비를 해준다.[43]

수액의 흐름 살아 있는 나무로부터 얻을 수 있는 수액의 양은 대지로부터 뿌리가 빨아올린 물의 양에 대한 척도를 제시해주지는 못한다. 우

---

42) Schacht, *Les Arbres*, p.340; Gustav Wilhelm, *Der Boden und das Wasser, ein Beitrag zur Naturlehre des Landbaues*, Vienna, 1861, pp.18~19.

43) Rossmässler, *Der Wald*, pp.33ff.

리가 나무에서 모든 수분을 추출할 수 없기 때문이다. 하지만, 그 수액의 양은 상상력을 발휘해 땅으로부터 습기를 흡수하는 실체로서의 숲의 강력한 작용에 대한 일반적인 개념을 형성하는 데 도움을 줄 수 있는 수치데이터를 제공한다.

유럽과 북미에 알려진 수목 가운데, 수액의 양이 경제적으로 활용하기에 충분해서 그 유동량이 현실적인 중요성을 띠고 대중적 관심의 대상이 된 것으로는 앵글로색슨족 정착지의 사탕단풍(*Acer saccharum*)이 유일하다. 보통 25일에서 30일간 계속되는 한 해 "설탕철"에 직경 2피트의 사탕단풍은 적어도 20갤런, 때로는 그 이상의 수액을 생산한다.[44] 그러나 이것도 같은 기간에 뿌리가 땅에서 추출한 물에 비하면 극히 일부에 지나지 않고, 나뭇잎은 충분히 자라지 않아 아직은 대기로부터 많은 양의 수증기를 흡수할 수 없을 때의 양이다. 수액은 비교적 적은 수의 수관을 가로지르는 2~3개의 매우 좁은 절개부 또는 송곳구멍을 통해 흘러나오기 때문에, 경험에 비추어보면 상당한 양을 얻어냄에도 나무가 계속해서 자라는 데에는 그리 큰 지장을 주지는 않는다.

1에이커의 면적에 자랄 수 있는 키 큰 단풍나무의 수는 적어도 50그루는 되며[45] 토양으로부터 추출할 수 있는 수분의 양은 수천 갤런에 이른다. 일반적으로 "설탕과수원"이라 불리는 이곳에는 아직은 너무 어려 수액을 채취할 수 없는 단풍나무가 많이 자란다. 또 동일 기후에서 흔하게 볼 수 있고 단풍나무보다 수액이 더 풍부한 흑자작나무(*Betula lenta*)와 황자작나무(*Betula excelsa*〔*lutea*〕)를 비롯한 그 밖의 많은 나무들이 사이사이에 흩어져 있다. 북아메리카 원주민에게 숲은 다양한 결실을 가져다준다.

---

44) George B. Emerson, *A Report on the Trees and Shrubs Growing Naturally in the Forests of Massachusetts*, Boston, 1850, p.493.
45) Joseph C.G. Kennedy, *Preliminary Report on the Eighth Census*, Washington, D.C., 1861, p.88; John Bigelow, *Les Etats Unis d'Amérique en 1863*, Paris, 1863, ch. iv.

단풍나무와 같은 기후에서 자라는 여타 낙엽수의 수액은 초봄, 특히 밤에는 차갑고 낮에는 따뜻한 맑은 날씨 조건에서 가장 자유롭게 흐른다. 바로 그때가 되면 융설수가 대지에 적정량의 수분을 공급해주고 뿌리의 흡수력이 최고조에 달한다. 꽃이 피고 푸른 잎이 비늘질 표피 아래로부터 모습을 드러낼 무렵이 되면 땅은 건조해지고 뿌리의 갈증은 이미 다 풀려 뿌리에서 나무줄기로의 수액이동은 현저하게 떨어진다.

수분의 흡수와 방출 잎은 이제 흡수과정을 시작해 비합성 가스와 확실하게 알 수는 없지만 아마도 상당한 양에 이를 것으로 추정되는 수증기를 봄철의 습한 대기로부터 들이마신다.

지금까지 설명한 나무의 유기적인 작용은 대기와 대지를 건조하게 만드는 경향이 있다. 그러나 큰 나무 한 그루가 하루에 흡수하는 수분의 양과 그 가운데 극히 적은 분량이 새로운 합성단계의 물질이 되어 식생의 딱딱한 뼈대부분을 이루거나 낙엽과 같이 떨어져 나가는 부산물의 요소가 된다고 생각해보자. 이때 표층의 수분은 나무에 흘러들어 가자마자 다른 곳으로 사라지는 것이 분명하다. 식물이 활동을 개시하는 봄에 액체의 일부는 싹, 바야흐로 나오기 시작한 잎, 나무껍질의 기공 등으로 빠져나가며, 식물생리상으로 뿌리로 들어가 그로부터 나오는 수액도 있다.[46]

나무껍질이나 여러 기관의 선단을 통해서 수분이 대지로 빠져나간다는 사실이 직접적으로 입증되었는지 잘 모르겠지만, 잉여수분을 배출하는 그 밖의 다른 양식들도 가장 많은 양의 수분을 받아들이는 잎이 거의 떨어진 시기에 그것을 다 배출하기에는 충분하지 않다. 따라서 뿌리가 어느 정도 줄기 내부에 있는 수관의 물을 빼내고 채우지 않는다고는 믿기 어렵다. 그후 수목의 활동기에 들면 뿌리는 적은 양의 수분을 흡수하고 이제 커질 대로 커진 잎은 많은 양의 수분을 대기 중으로 방

---

46) Asa Gray, *How Plants Grow, a Simple Introduction to Structural Botany, with a Popular Flora*, 2nd ed., New York, 1859, pp.88~89.

출한다. 어찌되었건 살아 있는 나무가 대기와 땅으로부터 얻어낸 수분 가운데 성장에 필요한 용해 또는 부유 상태의 극히 일부의 물질을 식물에 넘겨준 나머지는 증산 또는 삼출에 의해 되돌아간다.[47] 이렇게 된다면 습도는 균형을 회복한다. 나무는 땅과 대기로부터 받은 수분을 다시 넘겨주기는 하지만 받은 만큼 그대로 돌려주지는 않는다. 증산작용에 의해 발산된 수증기는 잎을 통해 대기로부터 흡수된 것과 조금이라도 뿌리를 통해 대지로 다시 돌아간 수분의 양을 넘어선다.

어떤 과정이 개재되었든 식물 내부의 수분이 증발하면 대기에서 열을 빼앗아 냉각효과를 유발한다. 이 효과는 목초지나 야초지에 비해 눈에 덜 들어오지만 삼림에서도 마찬가지의 실제적인 상황으로서, 현지의 기온이 그로 인해 상당한 영향을 받는다는 점에는 일말의 의심도 없다. 그러나 공기를 식혀주는 증발작용은 그와 함께 복사에 의해 지상으로부터 빠져나가려는 열을 강하게 저지하는 매체를 또한 확산시킨다.

눈에 보이는 수증기, 다시 말해 구름은 발산을 방해해 서리를 억제하거나 기계적인 차단막과 마찬가지로 대지에서 방사된 열을 반사해 다시 돌려보낸다. 구름은 또한 태양광선을 가로챔으로써 열이 지상에 도달하지 못하게 한다. 나뭇잎이 발산한 보이지 않는 수증기는 땅이나 모든 지상의 물체들이 반사하고 발산한 열이 통과하는 것을 저지하지만, 태양의 직사광선에 대한 저지력은 조금 약하다. 실제로 건조한 대기를 통과했을 때보다 응결되지 않은 수분이 가득 함유된 맑은 공기를 통과한 태양광선이 더 덥게 느껴진다. 식물의 증발작용에 의한 기온감소는 피부로 느껴지기는 하지만, 그 느낌의 폭은 가스상태의 물 다시 말해 수증기가 지표상의 사물이 발산하는 열과 태양으로부터의 열에 대해서 비투과성을 보일 때보다 작다.

부엽토의 흡습성은 광물성 토양에 비해 훨씬 크기 때문에 삼림토는 개활지보다 많은 양의 수분을 빨아들인다. 흡수에 의해 수증기가 응축

---

47) "Die Wardschen Kästen", *Aus der Natur*, 21(1862), pp.537~542.

되면 열을 분해하므로 결과적으로 열을 흡수하는 토양의 기온을 높인다. 폰 바보(von Babo)는 사질토양의 온도는 그렇게 해서 20도에서 27도까지 상승하고, 부식이 풍부한 토양은 20도에서 31도까지로 상승폭이 조금 달라진다는 것을 알아냈다.[48]

상반되는 영향의 균형

지금까지 무기물로서의 숲이 지상에 도달하려는 태양광선을 방해하고, 지표에 떨어진 물을 증발시킨다거나 대기로부터 수분을 흡수해 내부에 저장하는 푹신한 부엽토층을 대지에 펼쳐놓음으로써 대기 중의 수분을 감소시키는 경향이 있음을 알아보았다. 물론 부식피복물은 땅속 깊은 곳으로 순식간에 빠져 내려가거나 지표상의 하천을 따라 다른 기후지역으로 흘러갔을 강수를 일종의 저수지에 모아들임으로써 그 반대방향으로 작용하기도 한다. 단, 그 저수지가 물을 수증기로 만드는 영향으로부터 완전히 단절되지 않았을 경우에 그렇다. 우리는 또한 유기체로서의 숲이 대기로부터 수분을 흡수함으로써 대기 중의 수분을 감소시키고, 다른 한편에서는 뿌리를 통해 끌어올린 물을 수증기의 형태로 대기 중으로 뿜어냄으로써 습도를 증가시킨다는 것을 보았다. 이 마지막 작용은 물이 수증기로 변환될 때 적용시킬 수 있는 법칙에 따라 삼림지대를 포함한 인접 지역의 기온을 낮춘다.

누차 이야기했듯이, 기온의 오르내림이나 습도의 증감 같은 기후학적 교란과 관련된 이들 요소의 수치를 측정할 수는 없다. 기간이 짧든 길든 간에 연, 계절, 주기를 단위로 했을 때 온도와 습도는 균형을 이룬다. 항상 그러한 것이 아니고 방향성이 같거나 다르다는 차이는 있지만 가끔은 이들 작용이 동시에 일어나며, 따라서 그 영향은 누적적이기도 하고 때로 상충되는 측면도 없지 않다. 그러나 총체적인 영향은 대기의

---

48) Wilhelm, *Der Boden und das Wasser*, p.18; Babinet, *Etudes et lectures*, II, p.212.

온도와 습도의 극단성을 경감시키는 데 있는 듯하다. 숲은 기온과 습도의 평형을 잡아주는 기능을 수행한다. 그 밖의 여러 가지 자연의 작용에서 유추해보았을 때 이들 요소가 일시적으로 교란되었을 때에는 무기체나 유기체의 자격으로 언제라도 그 균형을 다시 잡아준다.

그러므로 인간이 기후의 부조화를 바로잡아줄 수 있는 이들 자연의 조화자를 파괴했을 때 대기의 온도와 습도의 극단성을 어느 정도 과장했는지, 다시 말해 어느 정도 기후와 습도의 가변범위와 규모를 증대시키고 늘렸는지 확신할 수 없다 하더라도, 인간은 분명 중요한 보존력을 희생시킨 셈이다.

숲이 기온과 강수에 미치는 영향

보상의 문제를 차치하면, 숲이 총 강수량이나 지구 전체의 평균기온에 뚜렷한 영향을 미친 것 같지는 않다. 심지어 현재보다 숲의 규모가 훨씬 광대했을 때에라도 그와 같은 영향력을 행사했을 것으로는 보이지 않는다. 물은 지표의 4분의 3을 덮고 있다.[49] 만일 동토대, 고산지대의 산꼭대기와 험준한 비탈, 사하라를 비롯한 아프리카와 아시아의 대사막, 그리고 영원토록 삼림이 정착하기에는 적합하지 않은 지표의 여러 지역을 빼고 나면, 현 지질시대 어느 시기에도 지구 총 면적의 10분의 1정도가 삼림으로 덮였던 적은 없었을 것이다.

임야, 사막, 물의 분포 또한 숲이 미칠 수 있는 영향을 제대로 발휘할 수 없게 만들었다. 왜냐하면 대부분의 삼림이 한대 또는 온대 기후 지대에 위치해 온도를 높이고 증발을 촉진하는 태양의 작용이 상대적으로 약하기 때문이다. 반면, 열대지역에서는 사막과 더불어 증발면을 상시로 제공하는 해양의 영향이 매우 크다. 전체적으로, 그렇게 위치하고

---

49) J.F.W. Herschel, *Physical Geography*, Edinburgh, 1861, p.19; *Physical Geography*, 5th ed., London, 1862, p.30.

있는 숲의 규모가 너무 작아 비록 국지적인 기후요소의 작용에는 상당한 영향을 미치기는 하나 지구의 **전반적인** 기후에 막대한 영향을 줄 것 같지 않다. 지구에 의해 연간 흡수되고 발산되는 태양열, 대지의 증발량, 강수량 등은 변하지 않을 것이 틀림없지만, 열과 습도의 분포는 숲의 존재 여부를 포함한 많은 국지적 요인 때문에 시공간적으로 혼란을 겪는다.

전체적인 결과를 종합해본다면, 삼림으로 덮여 있는 온대지역의 여름은 삼림을 제거했을 때보다 더 한랭하고 습하며 짧고, 겨울은 더 온화하고 건조하며 긴 듯하다. 이 문제에 관한 몇 가지 상반되는 증언과 의견, 그리고 일반 법칙 가운데 특정 분야에서 근거를 갖춘 예외가 있기는 하지만, 우리가 확보한 얼마 안 되는 역사적 증거 역시 비슷한 결론을 가리킨다.

그런 예외 가운데 하나는 겨울이 너무 추워 지하 깊은 곳까지 얼어붙는 스웨덴과 미국 북부의 여러 주가 위치한 기후지대 그리고 이탈리아와 프랑스 일부 온난한 지대로서 지표면이 한랭한 산바람에 노출된 지역에서 발생한다. 왜냐하면 이미 살펴본 대로 그곳에서는 삼림이 넓은 지역을 덮고 있을 때에 비해 겨울이 봄으로까지 연장되어 길어지기 때문이다.[50] 그렇게 된 데에는 한 가지 이상의 요인이 관여하고 있다. 그러나 스웨덴과 미국의 경우 가장 중요한 설명변수는 지면에 보호막을 형성해주던 두터운 낙엽층, 그리고 날려가지 않고 겨울의 짧은 융해기간에도 녹지 않도록 삼림이 보호해주던 적설층의 소실에 있다. 나는 앞서 맨땅은 낙엽으로 덮여 있는 지역보다 더 깊은 곳까지 얼어붙고, 지표가 눈으로 두껍게 덮일 때 그 전에 얼었던 땅은 녹기 시작한다고 말했다.

2~3피트 두께로 눈이 쌓여 있는 삼림지대의 땅이 여러 주 동안 기온이 영하로 유지되고 수일간 화씨 0도 아래로 떨어질 때에도 얼어붙지

---

50) Peter Christen Asbjörnsen, *Om skovene og om et ordnet skovbrug i Norge*, Christiania, Oslo, 1855, p.101; Noah Webster, *A Collection of Papers on Political, Literary and Moral Subjects*, New York, 1843, p.162.

않는 것을 종종 볼 수 있다. 나무를 베어내고 경작이 이루어질 경우 나뭇잎은 쟁기에 갈려 흙 속에 파묻혀 분해되고, 야산이나 고지대에 쌓인 눈은 겨울 동안 여러 차례 바람에 날리거나 절반이 녹는다. 융설수는 함몰지로 흘러들며, 하루나 이틀 동안의 따뜻한 태양과 가랑비가 있은 다음 추위가 다시 찾아왔을 때 얼어붙고, 벌거벗은 산등성이와 구릉지는 깊게 얼어들어 간다.

이 상태에서 토양과 그에 인접한 대기의 온도를 같은 기후지역의 삼림지대 토양의 온도 정도로 높이기 위해서는 수일 간 따뜻한 날씨가 계속되어야 한다. 식물은 농업의 여신인 케레스(Ceres)의 화환을 치장할 옥수수 꽃이 겨울잠에서 깨어나기 전에 벌써 숲의 화환을 맺고 있다. 그리고 인간이 자연상태에서 스스로 자라나는 식물을 재배작물로 대체시킨 곳에서 봄이 늦게 찾아온다는 것은 공공연한 사실이다.

각 계절의 지속기간의 변화는 대부분 단순한 국지적인 현상으로서, 평균기온의 균형을 깨뜨리지 않으면서 기온이 높은 달에 의해 보상될 것이다. 우리는 강수에 관한 일반 법칙에서 벗어나는 유사한 사례도 있을 것으로 쉽게 예상할 수 있다. 그리고 삼림의 제거로 눈과 비의 총량이 감소되었다 주장하지 않더라도, 제한된 범위 내에서 연 강수량이 줄었다는 정도는 인정할 수 있다. 여러 이론을 고려해 이러한 예상이 가능해졌다고 보며, 일반적으로 인정되는 사실에서 끌어온 것이기는 하지만 아마도 가장 확실한 주장은 숲의 여름철 및 연평균 기온이 같은 위도대의 무입목지보다는 낮다는 것이다. 삼림지대의 대기가 그 바깥쪽 대기보다 차갑다면, 삼림상공의 기온을 떨어뜨릴 것이고 포화상태의 대기가 그 위를 지날 때마다 숲이나 인근에 강수를 발생시킬 것이다.

그러나 이 문제는 지극히 복잡하고 난해하기 때문에 선험적인 직감에 기초해 결정을 내리기보다는 역사적인 문제 아니면 적어도 변호사들이 부르는 법과 진실의 문제로 간주하는 것이 더 안전할 것 같다. 불행하게도 구비된 증거는 상반되는 경향을 보이며 때로 해석이 모호하다. 그러나 이 문제를 연구해온 대다수의 임학자와 자연과학자들은 모든 경우가 다 그러한 것은 아니지만 대체로 삼림파괴가 연간 내리는 비와 이슬의 양을 감소시킨다는 데에 한목소리를 내고 있다. 실제로 식생 그리고 대기 중 수분의 응결 및 강수가 상호의존적이라는 생각은 오랫동안 관습적으로 인정되어 왔으며, 시인들조차 다음과 같이 읊고 있다.

> 아프리카의 메마른 사막,
> 그곳은 비가 없어 아무것도 자랄 수 없고,
> 아무것도 자라지 않기 때문에,
> 땅에 은총을 내려줄 비가 없는 곳.[51]

그러나 일반적인 문제에 대한 증거를 진술하고 그 문제에 대한 전문가의 판단을 인용하기에 앞서, 특정 시기를 전후해 발생한 범람의 상대적 다양성과 빈도를 이전에 비해 비가 더 많이 또는 적게 내린다는 증거로서 중요하게 여길 만한 당위성도 개연성도 없다는 점을 지적해야 할 것 같다. 왜냐하면 수로에 물이 불어나는 것은 유역의 강수량보다는 지상이나 지하를 통해 중심하천으로 물이 운반되는 속도에 달려 있기 때문이다. 이 점에 대해서는 다음 장에서 조금 더 자세히 알아볼 것이다.

여기서 소개해야 할 또 다른 중요한 사항이 있다. 대기가 습기를 흡수한 바로 그 지역으로 습기를 다시 돌려준다는 것은 보편적으로나 일반적으로 타당하지 않다는 것이다. 공기는 항상 이동한다.

> ……사나운 소리를 내는 폭풍우가 전속력으로 휩쓸고 지나간다.
> 바다에서 육지로, 육지에서 바다로.[52]

---

51) Frederik Paludan-Müller, *Adam Homo*, Copenhagen, 1857, II, p.408.
52) Goethe, "Song of the Archangels", *Faust*.

그러므로, 하천, 바다, 숲, 초지 등에서 대기에 의해 유발된 증발이 그 발생지역이나 인근이 아닌 수마일, 수리그 또는 경도와 위도상으로 멀리 떨어진 곳에서 강수로 방출될 가능성은 항시 존재한다. 상층기류는 눈으로 확인할 수 없고 이동경로를 추적할 만한 어떠한 흔적도 남기지 않는다. 어디로부터 와서 어디로 가는지 알 수 없다. 우리는 일반적인 대기의 이동법칙에 대해 많은 것을 빠르게 알아가고 있으나, 특정 시간과 장소에 출현한 그것의 기원과 한계, 시작과 끝에 대해서는 아무것도 알지 못한다.

우리가 탄 배가 떠 있는 호수로부터 바로 오늘 흡수된 수증기가 언제 그리고 어디서 응결되어 비로 내릴지, 황량한 사막에서 약화되었다가 고지대 초지에서 활력을 얻어 고산지대에서 눈으로 내릴지, 아니면 드넓은 비옥한 옥수수 밭을 황폐화시킬 수 있는 긴 급류를 만들어낼지 우리는 알 수 없다. 개울을 함양하는 빗물이 인근 숲에서 진행되는 증산에 따른 것인지 아니면 멀리 떨어진 바다로부터의 증발에 의한 것인지도 알 수 없다. 따라서 예를 들어 오늘날 카스틸 평야에 연간 내리는 비와 이슬의 양이 한때 자연림으로 덮였을 때의 양과 같다고 하더라도, 바로 그 삼림이 다른 지역의 강수량을 더해주지 않았다고는 결코 말할 수 없다.

사정이 그렇더라도 그 문제로 다시 돌아가보자. 나는 우리 시대의 권위자인 클라베의 글을 인용하는 것으로 시작하고자 한다.[53] 열대와 아열대 지역에서 숲이 미치는 기후학적 영향을 가지고 온대기후 지대에서의 영향을 추론할 수는 없다고 주장하면서 그는 다음과 같이 설명을 이어간다.

"비는 숲이 기온에 행사한 영향의 결과로서 내리는데, 이것에 미치는 숲의 작용은 우리의 기후에서는 측정하기 어렵다. 그러나 더운 지역에서는 확연하게 드러나고 또 많은 사례를 통해 정립되었다. 부젱골은 쿠피카 만과 과야킬 만 사이의 울창한 숲으로 덮여 있는 지역에서는 비가

---

53) *Etudes sur l'économie forestière*, pp.45~46.

연일 끊임없이 내리며, 이 습한 지역의 평균기온이 26도까지 오르는 일
은 거의 없다고 말한다. 블랑키(M. Blanqui)는 말타의 경우 목화재배
를 위해 개간이 이루어진 이후로 비가 거의 내리지 않아, 1841년 10월
자신이 방문했을 때까지 3년 동안 한 방울도 볼 수 없었다고 일러준
다.[54] 카포베르데 제도를 초토화시킨 최악의 가뭄 역시 삼림파괴에 원
인이 있음이 틀림없다. 최근 몇 년 사이 임야면적이 상당히 확장된 세
인트헬레나 섬에서는 강우가 그에 비례해 늘어난 것으로 관찰되었다.
나폴레옹이 억류되었던 당시에 비해 그 양은 두 배로 늘어났다. 이때까
지 비소식이 거의 없었던 이집트에서는 최근의 조림사업 덕에 강우가
발생한 바 있다."

　샤트(Schacht)는 다음과 같이 진술한다.[55] "삼림지대의 대기는 대체
로 습하고 비와 이슬이 토양을 풍요롭게 해준다. 피뢰침이 폭풍우 속의
하늘에서 발생하는 전류를 흡수하는 것처럼, 삼림은 구름으로부터 비
를 끌어옴으로써 숲 자체에 활력을 불어넣을 뿐만 아니라 인접 경지로
까지 혜택을 나눠준다. ……상당한 규모의 증발면을 제공하는 숲은 내
부의 토양과 인접한 대지에 생동하는 풍부한 양의 이슬을 내려준다. 사
실 큰 나무들이 울창하게 자라는 숲은 주변을 에워싼 초지에 비해 맺히
는 이슬의 양이 적다. 왜냐하면 초지의 경우 낮 동안 일사로 데워졌다
가 복사에 의해 매우 빠르게 서늘해지기 때문이다. 그러나 주변 지역에
이슬이 더 많이 서리는 것은 부분적으로 숲이 있기 때문이라는 점을 덧
붙이고 싶다. 왜냐하면 숲 위를 덮고 있는 짙은 대기의 포화층이 서늘
하고 조용한 저녁에 마치 구름과도 같이 계곡으로 하강했다가 아침나
절에 풀잎과 꽃잎에 물방울 구슬로 맺히기 때문이다. 한마디로 숲은 바
다가 해안과 섬의 기후에 미치는 것과 유사한 영향력을 대륙 내부에서
발휘한다. 숲과 바다는 모두 토양에 수분을 공급해 기름지게 만든다."

---

54) Sandys, *Relation of a Journey*, p.178.
55) *Les Arbres*, p.412.

『대 카나리아 제도의 정복사』(*Historia de la Conquista de las siete islas de Gran Canaria*, 1632)에서 인용한 이 구절에 대한 설명에서 그는 다음과 같이 덧붙인다. "예전의 역사학자들은 그 유명한 페로의 월계수가 섬지방 주민에게 식수를 공급했다고 설명한다. 물은 잎에서 한 방울 한 방울씩 끊임없이 떨어져 수조에 모였다. 아침마다 해풍이 나무가 있는 쪽으로 구름을 몰고가면 구름은 넓게 펼쳐진 수관에 모여 수분으로 응결했다."

간행일자는 기억나지 않지만 보스턴에서 발행되는 『전도소식』(*Missionary Herald*) 한 호에서 능숙한 관찰자로도 알려진 반 레네프(Van Lennep) 목사는 소아시아의 토카트 동부지역을 외유할 때 목격한 비슷한 사실에 대해 다음과 같은 놀라운 해설을 더해준다.

"해발 약 3,000피트 지점에 자리한 이 지역에서는 주로 큰 키의 오크가 자란다. 나는 숲이 일반적으로 수분을 모아들인다는 설명에 주목했다. 일주일 동안 계속되는 안개에도 불구하고 대지는 어느 곳이 되었건 바싹 말라 있었다. 그러나 오크의 마른 잎은 수분을 모았고 줄기와 곁가지에는 조금 물기가 있었다. 물은 대부분 나무줄기를 따라 흘러내려가 뿌리 주변의 토양을 적셔주었다. 다른 모든 지역의 대지가 완전히 말라 있었지만 유독 두 지역에서는 여러 그루의 나무에서 흘러내린 물이 실개천을 이루고, 이들이 합쳐져 도로 위를 흘러 여행자들은 진흙탕을 통과하지 않을 수 없었을 정도였다. 게다가 모여든 수분은 잎에서 직접 떨어지기에는 충분하지 않아 예외 없이 가지와 나무줄기를 타고 땅으로 흘러내려 간다. 한참 가다가 우리는 숲 하나를 발견했는데, 각 나무의 하단 북쪽 면에는 물이 지면에 닿아 얼어붙어 형성된 얼음덩이가 있었다. 이상이 나무가 수분을 모은다는 널리 인정된 작용에 대한 가장 뚜렷한 예다. 따라서 시바스로부터 시작해 페르시아 만과 홍해 쪽으로 연장되어 있는 건조지역의 경우, 구릉지의 삼림이 파괴되기 전 그리고 레바논 비탈면에서 삼나무와 전나무의 뿌리가 뽑히기 전에는 사람들로 북적대던 비옥한 경작지대였다는 사실을 단 한 순간 어느 누구도 의심할 수 없었다."

"분수계 북쪽 비탈면을 타고 내려오면 옥타브 마을에 그늘을 드리우고 있는 호두나무, 오크, 뽕나무 등을 지나게 되는데, 그곳의 가옥과 소와 건장한 아이들은 마을이 번성하고 있다는 증거였다."

쿨타스(Coultas)는 다음과 같이 주장한다. "해양, 바람, 삼림은 거대한 증류장치의 일부로 간주될 수 있다. 바다는 태양열에 증기가 상승하는 보일러고, 바람은 수증기를 숲까지 운반하는 유도관이라 하겠는데, 숲은 온도가 낮게 유지되기 때문에 자연스럽게 수증기를 응축시킨다. 이렇게 해서 아래에 자리한 숲으로 인해 대기 중에 떠 있는 구름으로부터 비가 증류된다."[56]

허셜(John F.W. Herschel) 경은 비가 형성되기에 부적합한 조건의 하나로 "따뜻한 기후지역에서의 식생, 특히 수목의 부재"를 들면서 이렇게 설명한다. "에스파냐 내부 지역이 몹시 건조한 이유의 하나도 바로 여기에 있음이 틀림없다. 에스파냐 사람들이 나무에 대해 품고 있는 증오심은 주지의 사실이다. 프랑스 여러 지역도 삼림제거로 인해 물질적으로 피해를 보았으며, 이집트에서는 반대로 종려나무를 적극적으로 식재한 이후 비가 자주 내렸다."[57]

호헨슈타인(Hohenstein)은 다음과 같이 언급한다. "이미 이야기했듯이, 하루 또는 한 해 어느 시점의 숲의 온도는 개활지에 비해 낮다. 따라서 삼림은 주간, 여름철, 그리고 겨울철이 끝나갈 무렵에 강수량을 증대시키는 경향이 있다. 그러나 숲의 기온이 높아지는 여름철 야간이나 겨울이 시작될 즈음에는 그러한 효과를 불러오기에 적합하지 않아 반대현상이 초래된다. ……또한 삼림은 산과 마찬가지로 비구름이 이동할 때 기계적인 장벽이 되며, 이동 중인 구름을 저지할 때 수분을 아래로 뿌릴 기회를 제공한다. 이러한 점들을 감안하면 숲은 강우량을 늘린다

---

56) *What May Be Learned from a Tree*, pp.177~178.
57) *Physical Geography*, p.244.

고 볼 수 있다. 그러나 숲에서 대기의 온도와 습도가 낮아진다는 사실을 확인시켜줄 수치데이터가 없어 확고한 결론으로 보기는 어렵다."[58]

이 문제에 대해 바스(Barth)는 다음의 견해를 피력한다. "삼림지대가 아닌 곳에서 수분이 달아난 이후라 해도 숲 속의 땅과 상부의 대기층은 계속해서 습윤한 상태로 남아 있다. 그리고 그곳에서 얻어낸 습기를 가득 품은 대기는 응결된 상태에서 땅에 내리기 전까지 대개 바람에 실려 운반된다. 수목은 잎을 통해 상당히 많은 분량의 수분을 계속해서 발산한다. 그 가운데 일부가 동일 기관, 즉 잎을 통해 다시 흡수되며 나머지 대부분은 땅속 깊은 곳까지 여러 갈래로 뻗어난 뿌리를 거쳐 위로 뿜어진다. 그러한 과정으로 증발이 항상적으로 일어나기 때문에 숲 내부의 여타 모든 습기의 원천이 말라버리는 긴 가뭄에도 상층의 대기를 습하게 유지할 수 있다. ……삼림 상부의 대기층이 습기를 내보내 비, 안개, 이슬로서 숲으로 다시 돌아오도록 하는 데에는 아무것도 필요하지 않다. ……다른 지역에서 이동해온 따뜻하고 습한 기류는 숲으로 접근할 때 덜 데워진 대기에 의해 냉각되며, 포화되었을 때에는 습기를 떨어뜨리지 않을 수 없다. 숲은 기계적으로 안개와 비구름을 막음으로써 같은 효과를 내는데, 그들 입자가 집적된 후 응결되면 비로 내린다. 숲은 따라서 그 범위 안에 존재하는 습기를 저장하고 보존하는 능력이 개활지에 비해 훨씬 크며, 바람이 다른 곳에서 몰고 온 습기를 끌어 모아 비나 다른 유형의 강수로 떨어뜨린다. ……숲과 습도가 맺고 있는 이와 같은 관계의 결과, 입목지에는 나무가 없는 지역에 비해 보다 자주 그리고 보다 많은 양의 비가 내리며 전체적으로 습하다. 이 점에서 숲 자체에 대해 진실이라 이야기할 수 있는 것은 나무가 없는 인근 지역에서도 마찬가지로 적용될 수 있다. 대기가 언제라도 이동할 수 있고 계속해서 변화하기 때문에 서늘하고 습한 숲 속 대기의 특성 일부를 공유하는 것이다. ……나무가 자라지 않는 지역에 오랫동안 비와 이슬이

---

58) *Der Wald*, p.13.

내리지 않아 …… 들판의 풀과 작물이 시들려고 할 때, 삼림에 둘러싸인 지역에서는 신록이 드리워져 번성한다. 밤이 되면 습윤한 숲 속의 대기에 부족함이 없이 차 있는 이슬에 의해 활기를 얻고, 철마다 촉촉하게 내려주는 비나 천천히 자욱하게 드리우는 안개에 의해 수분이 공급된다."[59]

아스뵤른센(Asbjörnsen)은 그 점에서 귀에 익은 이론적 주장을 추론해 다음과 같이 덧붙인다. "페루와 북아프리카에서 비가 내리지 않는 지역과 그 밖의 여러 사례들은 숲이 비를 내리는 데 영향을 미치며 숲이 없는 곳에서는 비가 오지 않는다는 사실을 잘 보여준다. 왜냐하면 많은 지역들이 삼림파괴로 인해 식생의 성장에 필수적인 비, 습기, 샘, 하천 등을 잃고 말았기 때문이다. ……여행기에는 트리니다드 섬, 마르티니크, 산도밍고, 나아가 서인도 제도 거의 전 지역에서의 삼림파괴로 인한 개탄스러운 결과가 기록되어 있다. ……팔레스타인과 그 밖의 아시아 및 북아프리카 여러 지역같이 고대에는 유럽을 위한 곡창으로서 비옥하고 인구가 많았던 지역도 그와 유사한 결과를 경험했다. 이들 지역은 현재 사막이고 그렇게 황량하게 된 데에는 전적으로 삼림파괴에 그 원인이 있다. ……프랑스 남부 역시 같은 이유로 많은 지역이 자갈밭으로 변했고, 인근 산지가 민둥산으로 바뀐 다음부터 포도와 올리브 농사는 큰 타격을 입었다. 슈프레이 강과 오데르 강 사이의 대대적인 개간 이후, 주민들은 클로버 작물의 생산성이 전에 비해 크게 떨어졌다고 불평한다. 한편, 나무를 심고 가꿈으로서 초래된 긍정적인 영향도 없지 않다. 넓은 면적에 걸쳐 조림이 행해진 스코틀랜드에서는 뚜렷한 효력을 보았고, 프랑스 남부의 여러 지역에서도 비슷한 현상을 관찰할 수 있었다. 나일 강 하류에 자리한 카이로와 알렉산드리아 인근에서는 비가 많이 내리지 않는다. 예를 들어 1798년경 이집트를 프랑스가 점령

---

59) J.B. Barth, *Om skovene i deres forhold til nationaløconomien*, Christiania, Oslo, 1857, pp.131~133.

하고 있을 당시, 무려 16개월 동안 비가 오지 않았다. 그러나 (혼자서 2,000만 그루 이상의 올리브, 무화과, 양버들, 오렌지 나무, 아카시아, 플라타너스 등을 심었다고 하는) 알리(M. Aali)와 파샤(I. Pacha)가 넓은 지역에 걸쳐 조림에 나선 이후에는 특히 해안을 따라 11월, 12월, 1월에 많은 양의 비가 내렸다. 심지어 카이로에서의 강우량과 강우의 빈도 역시 전에 비해 개선되어, 소나기다운 소나기가 이제는 일상이 되고 있다."[60]

바비네(Babinet)는 나무를 심은 결과 이집트에서 강우가 늘었다는 추정된 사실을 인용하면서 다음과 같이 언급한다. "몇 년 전에는 이집트 저지대에 비가 내리지 않았다. 그 지역의 탁월풍인 북풍이 장애물에 부딪히지 않고 나지를 통과하며, 곡물은 덮을 필요도 대기로 인해 손상될 것을 걱정할 염려도 없이 알렉산드리아의 지붕 위에 보관된다. 그러나 삼림식재 후에 장벽이 형성됨으로써 북쪽에서 불어오는 기류가 막혀버렸고, 그렇게 저지된 공기는 축적되어 팽창하고 냉각되어 비를 내린다.[61] 보스게스와 아르덴의 삼림은 프랑스 북동부에 그와 동일한 영향을 미쳐, 우리에게 유역분지의 크기에 비해 많은 양의 물이 흐르는 것으로 유명한 대하천인 뫼즈 강을 선사한다. 대기의 지체 및 그로 인한 영향과 관련해, 글을 잘 쓰고 생각이 깊은 친구로서 널리 알려진 미뉴에(M. Mignet)는 숲이 비를 만들어내는 데에는 산만큼 효과적이며 그 이상도 이하도 아니라는 암시를 주었다."[62]

모네스티에 사비나(A. Monestier-Savignat)가 내린 결론은 이렇다. "숲은 한편에서는 증발을 감소시키고, 다른 한편에서는 대기에 대해 냉

60) *Om skovene og om et ordnet skovbrug i Norge*, p.106.
61) Foissac, *Meteorologie*, pp.634~639; Jean, Sire de Joinville, "Histoire de Saint Louis", Poitier, 1547, in J.F. Michaud and J.J. Poujoulat, eds., *Nouvelle collection des mémoires pour servir à l'histoire de France……*, Paris, 1866, I, pp.200~201.
62) Babinet, *Etudes et lectures*, IV(1857), p.114.

각제로 작용한다. 비중을 저울질해보면 후자가 전자를 압도한다고 볼 수 있는데, 왜냐하면 삼림지대에서는 비가 더 자주 내리고, 강수량이 동일하다면 더 습하다는 것이 입증되었기 때문이다."[63]

부젱골은 열대 아메리카에서 삼림의 파괴로 호수와 샘이 말라붙어 가는 것을 관찰하고 그로 인해 강수량이 감소한다는 결정적인 증거를 제시한 바 있다. 그는 그 문제를 조심스럽게 살펴본 다음에 "내 판단에 는 개간의 규모가 방대할 경우 한 지역의 연 강수량을 떨어뜨림이 틀림 없다"고 말하면서, "적도 주변 지역에서 수집한 기상학적 사실로 미루 어 개간이 연 강수량을 감소시킨다고 추정하는 것도 일리가 있다"는 결 론을 내린다.[64]

이 저명한 학자는 특히 유출구를 별도로 가지고 있지 않은 자연호수 의 수위에 관한 일련의 관측을, 유역 내 강수량의 증가 또는 감소를 결 정하고 개간의 시행으로 인한 영향을 측정하는 지표로 제시했다. 그러 나 출구를 가지지 않은 호수란 그리 쉽게 볼 수 있는 것은 아니다. 또한 물이 빠지는 통로가 없다고 해서 지하로 통하는 노선이 없으리라 확신 할 수도 없으며 확실하지도 않다. 사실 대부분의 땅과 심지어 큰 유압 에 눌려 있는 암반에서도 물이 자유롭게 유출될 수 있다는 점을 감안하 면, 호수면의 저하가 어느 정도의 비율로 침투, 여과, 또는 증발에 기인 하는지 알 수 없다는 것은 분명한 사실이다.[65] 우리는 또한 지표수가 유로를 따라 빠져나가고 증발에 의해 사라지는 것을 확인시켜줄 수 없 는 것처럼, 특정 호수의 물이 유역 내에 내린 빗물에 기인한 것인지 지 상에서 증발된 양을 제외하고 분지에 내린 모든 수분을 받아들인 것인 지 확신할 수 없다.

호수의 동서 양쪽 산지의 지층이 같은 방향으로 기울어져 있다고, 다

---

63) *Etude sur ⋯⋯ les eaux au point de vue des inondations*, Paris, 1858, p.91.
64) *Economie rurale*, II, pp.756~759.
65) Stefano Jacini, *La Proprietà fondiaria e le popolazioni agricole in Lombardia*, 3rd ed., Milan, 1857, p.144.

시 말해 동쪽 구릉지의 지층은 호수 쪽으로 그리고 서쪽 구릉지의 지층은 호수로부터 바깥으로 기울어졌다고 가정해보자. 이 경우 호수 동쪽의 비탈면에 내린 빗물 상당량은 지층 사이를 지나 호수로 흘러들 것이고, 서쪽 구릉의 동쪽 비탈에 떨어진 비슷한 양의 물은 동일한 유로를 통해 유역 바깥으로 빠져나갈 것이다. 하나나 두 개의 산지 안쪽 빗면의 숲이 온전하게 유지되는 동안 바깥쪽 빗면에서 개간사업이 펼쳐진다면 이는 호수로 유입되는 수량에 영향을 미칠 것이다. 하지만 어느 정도의 개간면적이라야 호수의 수위에 영향을 미칠지 알아낸다는 것은 언제나 불가능한 일이다.

부젱골은 고산호수 아래서 개간이 광범위하게 이루어지면 비록 상당한 거리를 두고 수행되었다 하더라도 호수의 수위에 영향을 미친다는 점을 인정한다. 그는 어떠한 방식으로 그 영향이 초래될지 우리에게 말해주지는 않는다. 그러나 지표수의 지하유출에 대해서 전혀 이야기하고 있지 않는 점으로 미루어, 삼림제거로 인해 예상되는 강우량의 감소를 언급한 것으로 추정된다. 그리고 그 결과는 개간이 진행된 지점보다 높은 곳에서 나타났을 것이다. 따라서 자연호수의 수위변동은 수분공급이 어느 정도 늘었는지, 또는 줄었는지에 대한 설득력 있는 추론적 증거는 부여할지언정, 삼림파괴로 인한 유역 내 강수량의 증가 또는 감소에 대한 척도로는 물론 사실적인 증거로도 신뢰할 수 없다.

대개 수분은 호수면에 직접 내리는 강수량보다는 호수 주위의 지면 위아래로 흐르는 물에서 많이 공급되는 편이다. 특히 지하에서 공급되는 물의 경우 지표상의 지리적 측면에서 보았을 때 동일 호수의 유역분지로 간주하기 어려운 지역으로부터 흘러온다.

전체적으로 삼림파괴를 전후해 어느 한 지점에서 측정한 유량의 비교가 선행되지 않고서는 이 문제에 대한 명확한 답을 내리기가 어려운 것이 사실이다. 안타깝게도 그러한 관측치는 거의 찾아볼 수 없다. 또 프랑스의 경우와 같이 최근에 조림사업이 대대적으로 진행 중인 지역에서 그 반대의 상황을 확인할 수 있는 경우를 제외하면, 그렇게 해볼 수 있는 기회는 하루가 다르게 없어지고 있다. 워싱턴에 본부를 두고 있는 스미소니언협회는 미국이라는 신생국에 있는 관찰자들의 시선을 이 문제로 돌릴 수 있는 좋은 입장에 있다. 기관소유의 각종 시설을 이 목적에 사용할 수 있기를 바라마지 않는다.

숲이 적어도 특정 위도대의 특정 계절에 강우를 촉발한다는 가정을 뒷받침하는 데에는 다른 전문가의 의견도 인용할 수 있다. 이 원칙을 지지하는 주장들이 믿을 만하다고 인정되는 것은 아니지만 설득력이 큰 것은 사실이다. 하지만 그들 의견은 직접 관찰에 기초해서 귀납적으로 끌어낸 것이라기보다는 일반적인 기상법칙에 의거한 **선험적** 결론이며, 문제와 관련된 직접적인 증거는 거의 없다는 점이 눈에 띈다.

한편, 포아삭(Foissac)은 숲이 인근에 이슬이 맺히는 것을 촉진하는 것 외에 강수에는 별다른 영향을 주지 않는다는 의견을 피력한다. 경험적인 사실로서 수목을 위시한 큰 식생을 심는 것은 연평균 강수량보다 더 많은 양의 수분을 땅으로부터 끌어내기 때문에 소택지를 배수하는 효과적인 수단이라고 진술한다.[66] 클뢰덴(Klöden) 역시 오데르 강과 엘베 강이 각각 1778년과 1828년 이래로 유량이 감소했다는 사실을 인정하면서도 그 원인이 삼림파괴에 의한 강수의 감소에 있다고 보지 않는다. 오히려 그는 다른 자연과학자들도 확신하듯 동일 기간 동안 유럽 여러 지역의 기상학적 기록들은 강우가 줄었다기보다는 오히려 늘었다는 점을 말해준다고 진술하고 있다.[67]

벨그랑(Belgrand)의 관측도 일반적인 의견과 달리 나지보다는 삼림지대에서 비가 적게 내린다는 사실을 보여주는 경향이 있다. 그는 1852년 부샤 유역의 베즈라이와 그레네티에르 유역의 아발롱에서 관측된 강수량을 비교했다. 전자의 경우 강우량은 881밀리미터, 후자는 581밀리미터였다. 두 도시는 8마일도 채 떨어져 있지 않고 동일 위도대에 위

---

66) *Meteorologie*, p.605.
67) Gustav Adolf von Klöden, *Handbuch der physischen Geographie*, p.658.

치한다. 지리적인 상황에서 유일한 차이점이 있다면 주변 지역의 삼림 지대와 경지의 비율이 다르다는 것이다. 부샤 유역은 거의 나지나 다름 없었지만 그레네티에르는 숲으로 덮여 있다.[68] 동일 분지에서 계절별로 관측한 강수량은 다음 표와 같다.

지표의 피복상황에 따른 하천유역별 강수량 비교

그레네티에르 유역		부샤 유역	
1852년 2월	42.2mm	1852년 2월	51.3mm
1852년 11월	28.8mm	1852년 11월	36.6mm
1853년 1월	35.4mm	1853년 1월	92.0mm
합계(한월)	106.4mm	합계(한월)	179.9mm
1851년 9월	27.1mm	1851년 9월	43.8mm
1852년 5월	20.9mm	1852년 5월	13.2mm
1852년 6월	56.3mm	1852년 6월	55.5mm
1852년 7월	22.8mm	1852년 7월	19.5mm
1852년 9월	22.8mm	1852년 9월	26.5mm
합계(난월)	149.9mm	합계(난월)	158.5mm

이상의 관측치는 어디까지나 삼림지대보다는 개간지에서 강우량이 많았다는 것을 보여주는 것 같다. 그러나 이 결과는 보편적으로 인정되는 이론적 결론과는 판이해 더 많은 실험이 요구된다.

내가 알기로 삼림파괴의 기후학적 영향을 다룬 논문에서 이 주제에 관한 가장 포괄적인 논의를 전개한 바 있는 베커렐의 경우 그 특별한 문제에 대해서는 검토하지 않는다. 그러나 자신이 관측한 결과를 요약하는 자리에서 강수에 대한 어떤 영향도 숲에 기인한다고 보지 않기 때문에, 추정컨대 아마도 그는 숲이 강우를 야기하는 동인으로서 중요하

---

68) Marie François Eugène Belgrand, "Influence des forêts sur l'écoulement des eaux pluviales", *Annales des Ponts et Chaussées*, 7(1854), pp.21~27 ; François de Vallès, *Etudes sur les inondations, leurs causes et leurs effets*, Paris, 1857, pp.441~477.

다는 이론을 거부하는 것 같다.

강수에 미치는 숲의 영향은 따라서 제기된 회의적인 의견으로부터 자유롭지 못하다. 비록 이론적으로나 여러 견해를 종합해보았을 때 무입목지보다는 입목지에서 강우량이 많다는 데 무게가 실리고 있기는 하지만, 숲이 파괴됨으로써 연 강수량이 늘어나거나 줄어든다고는 확신할수 없다. 숲의 기상학적 영향과 관련해 적어도 한 가지 중요한 결론은 분명하고 논란의 여지가 있을 수 없다. 그것은 개간지에 비해 숲 자체와 인접 지역에서는 대기의 습도가 일정하게 유지된다는 점이다. 숲이 강수의 빈도를 높인다거나, 그 양을 늘리지는 않는다 하더라도 계절별로 고른 분포를 갖도록 한다는 점에 대해서도 또한 의문의 여지가 없다.

숲이 토양의 습도에 미치는 영향

지금까지 나는 숲이 기상조건에 미치는 영향에 국한해서 알아보았는데, 살펴본 대로 어렵고 모호한 측면이 많은 주제다. 기후학적 균형 또는 교란의 요인으로서 숲이 가지는 가치에 비해, 토양과 그 아래 광물층의 온도, 습도, 조직, 구성, 형태, 분포, 그리고 대하천과 샘의 영속성 및 규칙성에 미치는 숲의 상대적 영향은 논란의 소지가 그다지 많지 않고 좀 더 쉽게 추정할 수 있으며 중요성도 더하다.

땅에 대한 숲의 작용은 주로 기계적인 성격의 것이다. 그러나 뿌리가 물을 흡수하는 유기적인 과정은 부식 및 지표 근처의 광물층에 함유된 유체의 양과 결과적으로 토양의 점성에 영향을 미친다. 수목이 대기의 수분에 미치는 영향을 다루면서 나는 숲이 하늘과 땅 사이에 울창한 수관을 드리우고 두터운 낙엽층을 표면에 깔아놓음으로써 태양의 일사와 대지의 복사 모두를 방해한다고 설명한 바 있다.

그러한 영향들은 상호균형을 맞추어간다. 그러나 일상적인 관찰에 비추어 여름의 삼림토는 복사에 노출된 나지의 온도로까지 높아지지 않는다는 것을 알 수 있다. 이와 함께 수분이 빠져나가는 것을 막아주는 낙엽층의 기계적인 저항 때문에 우리는 비가 온 직후를 제외하면 삼림지대의 표층토가 개간지에 비해 더 습할 것으로 예상할 수 있다. 이는 경험과도 일치한다. 숲 속의 토양은 극심한 가뭄인 때를 예외로 하면 항상 습하다. 그래서 원시림이 수분부족으로 고통받는다는 것은 거의 있을 수 없는 일이다. 집적된 수분이 측면침투를 통해 인접한 토양의 조건에 어느 정도 영향을 미치는지는 알 수 없다. 그러나 다음 장에서 물이 이 과정을 통해 멀리까지 운반된다는 것을 보게 될 것이며 따라서 우리는 지금 논의 중인 영향이 중요하다는 것을 알게 될 것이다.

숲이 샘물의 흐름에 미치는 영향

숲이 토양으로부터 습기가 빠져나가지 못하도록 보호하는 것은 숲 내부는 물론 그 외곽 어느 정도의 거리에 있는 천연 샘의 영구성과 규칙성을 보장하고, 그렇게 함으로써 동물과 식물에 필수적인 한 가지 요소, 즉 물의 공급에 도움을 주는 것과 같다. 숲이 파괴될 때, 그로부터 흘러나온 샘 그리고 그로부터 배양된 대하천의 수와 유량 모두가 축소된다.

이 사실은 아메리카 대륙 미국의 여러 주와 영국령에서 너무나 잘 알려져 있기 때문에, 내지에서 오래 살았던 주민들 가운데 개인적으로 목격한 것으로써 그것을 입증하지 못할 사람은 거의 없다. 내 자신의 기억으로도 그와 비슷한 몇 가지 사례를 확인한 바 있다. 나는 개간이 있고 난 뒤 사라져버린 한 작은 샘의 경우 0.5에이커도 되지 않는 암석 구릉지 위에 덤불과 어린 나무가 자랄 수 있도록 조치한 결과, 10년 내지 12년 전에 원래의 상태를 회복해 마르지 않고 흘러나오게 된 것을 기억한다. 대서양 연안 여러 주의 고지대에는 예전에 수원지와 작은 물길들이 많았다. 그러나 한 두 세대 동안 개간이 진행됨으로써 구릉상의 초지가 극심한 가뭄으로 고통을 받고 있으며 건기에는 더 이상 소에게 물이나 풀을 먹일 수 없는 상태다.

사실 포아삭은 전에는 나무가 토양으로부터 물을 흡수했기 때문에 존재할 수 없었던 샘이 벌목으로 인해 새로 생겨났다고 확신하는 플리니우스의 설명글을 인용한다. 숲이 대기의 습도에 미치는 영향을 다룰 때 언급했던 것처럼, 이 기상학자는 하늘에서 떨어지는 것보다 많은 양의 물을 뿌리가 흡수하기 때문에 조림은 습지를 건조하게 만든다고 주장한다. 그러나 플리니우스의 진술은 근거가 박약하고 포아삭 역시 그의 주장을 뒷받침할 만한 그 어떤 증거도 인용하지 않는다.[69]

미국에서는 삼림을 제거하고 나면 흐르던 샘이 사라질 뿐더러 저지대에 고여 있는 물웅덩이와 촉촉한 토양도 건조해진다. 이러한 주들에서 처음 생긴 도로들이 가능한 한 능선을 따라 나 있는 이유는, 유독 그 지점이 도로를 건설하기에 충분할 만큼 땅이 말라 있기 때문이다. 같은 이유로 초기 정착자들의 오두막 역시 언덕 위에 걸쳐지기 마련이었다. 삼림이 이따금 제거되면서 지표면이 대기와 태양에 노출되었고 그에 따라 습기는 증발했다. 황량한 언덕으로부터 안전한 계곡으로 도로와 주택을 옮긴 것은 뒷세대가 뉴잉글랜드를 포함한 그 밖의 북부지방 여러 주에서 확인한 바 있던 많은 개발 가운데에서 가장 적절했던 사업의 하나였다.

삼림경제를 다룬 거의 모든 논문들이 숲을 제거함으로써 샘의 유동과 토양의 습기가 감소된다는 원칙을 뒷받침할 수 있는 많은 사례를 덧붙여주어, 여기서 그와 관련된 증거를 추가로 제시하는 것은 불필요할 것 같다.[70] 그러나 이 주제는 실질적으로 매우 중요하고 철학적인 의미 또한 커서 간단히 넘길 수만은 없다.

적어도 한 가지 사례, 즉 발르(Vallès)가 주장한 것같이 수목이 제거되었을 때 느슨해진 토양은 대기 중으로부터 받은 수분을 빠르게 흡수해 하층으로 이동시킨다는 정도는 지적해야 할 것 같다. 숲이 제거되

---

69) *Meteorologie*, pp.599, 605; Caius Plinius Secundus, *Naturalis historiæ*……, book xxxi, ch. 30; ed., London, 1826, VIII, p.4171; L.A. Seneca, *Questiones naturales*, book iii, ch.11; in *Works*, Padua, 1702, II, p.596.

70) Clavé, *Etudes*, pp.53~54.

면 식생으로 덮여 있을 때보다 흡수성이 커지는 동시에 보수력이 떨어진 지면이 비와 융설수에 노출되어 그 아래에 있는 샘물의 유출이 증대된다. 숲이 조성되어 있을 때에는 호우시에 간혹 볼 수 있는 것처럼 빗물이 낙엽층을 뚫고 들어가는 일 없이 지면을 흘러나가거나 부엽토에 흡수되어 증발될 때까지 저장되어 있었다. 그러나 숲이 사라진 이제는 토양의 공기구멍을 통해 불투수층까지 내려가고 이어 그 층을 타고 흐르다가 지층의 노두에 이르러 산허리 부근의 샘으로 솟아난다는 것이다.

그러나 그런 경우는 드물어 일반 법칙에 대한 비근하고 중요한 예외는 될 수 없다. 왜냐하면 빗물이 아래로 빠져나가는 대신 숲의 표면 위로 흘러 나간다는 것은 극히 이례적인 상황에서나 가능하고, 방금 가정한 것처럼 토양이 두터운 부식층으로 덮여 그 위로 떨어지는 비를 아래층으로 보내지 않고 증발할 때까지 보유하고만 있다는 것도 극히 드문 일이기 때문이다.

논의 중인 사항을 단순한 주장이 아닌 확실한 증거에 의해 결정되는 사실적 문제로 간주한다면, 부젱골의 관측은 상세하게 묘사한 상황이라든가 증언에 붙여지는 권위의 비중으로 보아 지금까지 기록으로 남아 있는 것 가운데에서 가장 중요하다. 이 문제는 상당히 흥미로워 그 자신이 사실이라고 표현한 몇 가지 사항과 그에 대한 설명을 제시해볼 것이다.[71]

부젱골은 다음과 같이 진술한다. "많은 지역에서 몇 년 사이에 동력원으로 활용된 하천의 유량이 현저하게 줄어들었다고 생각된다. 다른 곳에서는 강바닥이 얕아졌다. 믿을 만한 이유가 있는데, 하천 양쪽 기슭을 따라 자갈지대의 폭이 넓혀져 왔다는 것은 수량 일부를 소실했다는 사실을 입증한다. 그리고 마지막으로 넘쳐나던 샘이 말라버렸다. 이상의 관찰은 주로 높은 산지에 접한 계곡에서 이루어졌다. 또한 유량감

---

71) *Economie rurale*, pp.730~739.

소는 지표를 덮고 있던 삼림을 주민들이 하나도 남기지 않고 파괴하기 시작한 직후에 찾아왔다고 생각된다."

"이상은 개간이 행해진 지역에서는 전에 비해 비가 적게 내린다는 사실을 의미하며 일반적으로도 인정되고 있다. ……그러나 내가 진술한 사실들이 확고하게 정립되었다 하더라도, 산지개간 이래로 수량 일부를 상실한 하천과 급류는 때로 갑작스럽게 상승하고 경우에 따라 큰 재해를 유발할 정도로 불어난다는 것이 동시에 관찰되었다. 게다가 폭풍 후에는 거의 고갈되었던 샘이 무섭게 솟구쳤다가 이내 다시 말라버린다. 이 후자의 관찰은 벌목이 강우량을 감소시킨다는 일반적인 생각을 쉽사리 인정해서는 안 된다는 경고를 던져준다. 강우량은 변하지 않을 수 있을 뿐만 아니라, 연중 특정 기간에 하천과 샘이 고갈됨에도 유수 평균수량에는 변동이 없을 가능성도 있기 때문이다. 단 한 가지 차이가 있다면 그것은 아마도 똑같은 양의 물이 개간으로 인해 보다 불규칙해질 수 있다는 것이다. 예를 들어, 만일 일 년의 어느 한 기간 동안 론 강 저수위가 여러 차례의 홍수에 의해 정확히 보상될 수 있다면, 이 강은 수원지 인근 지역에서 임야가 훼손되기 전이자 오늘날처럼 하천의 평균수심이 크게 변동하지 않던 고대와 동일한 양의 물을 지중해로 전해준다고 할 수 있다. 만일 이와 같다면, 숲은 빗물의 배수를 조절하고 어느 정도 효율적으로 이용할 수 있게 해주는 가치를 가질 것이다."

"만일 유수가 개간이 확대되는 데 비례해 감소한다면 빗물의 양이 줄어들거나, 태양광선과 바람에 맞서 수목이 부여하는 보호를 더 이상 받을 수 없게 되어 지표로부터의 증발량이 크게 늘어날 것이다. 동일한 방향으로 작용하는 이들 두 가지 원인에 따른 효과는 종종 누적적이다. 따라서 그들 각각의 수치를 결정하려고 하기 전에, 개간이 대대적으로 진행되고 있는 지역의 지표에서 유수가 감소하고 있다는 것이 확실한 사실인지, 다시 말해 겉보기에만 사실로 비춰진 것이 그간 진실로서 잘못 인식되어온 것은 아닌지 물어보는 것이 타당하다고 본다. 그리고 바로 여기에 문제의 실질적 측면이 걸려 있다. 왜냐하면 일단 개간에 의해 유량이 감소한다는 사실이 확실해지면, 그것이 어떤 특수한 원인에 기인하는지 알아내는 것은 그리 중요하지 않기 때문이다. ……인간의 노동이 내가 추정해보고자 제안했던 대기의 기상학적 상태에 영향을 미치므로, 나는 눈앞에서 벌어지는 사실 외에는 그 어떤 것에도 가치를 두지 않는다. 내가 지금 자세히 밝혀보고자 하는 것은 주로 미국에서 관찰된 내용이기는 하지만, 미국의 경우에 사실이라고 믿어지는 것이 다른 대륙에도 동일하게 적용된다는 점이다."

"베네수엘라에서 가장 흥미로운 지역 가운데 하나는 물론 아라과 계곡이다. 그곳은 해안으로부터 얼마 떨어지지 않은 곳에 있고, 그 고도에서 다양한 기후와 상당히 비옥한 토양의 혜택을 받아 농업에서는 열대지역과 유럽에 적합한 작물을 재배하고 있다. 밀은 빅토리아 고원에서 잘 자라고 있다. 북쪽은 해안산맥, 남쪽은 야노 평원으로 이어지는 일련의 산지를 경계로 하며, 동쪽과 서쪽 역시 나란한 구릉지로 거의 막혀 있다. 이런 독특한 지형 때문에, 내부에서 형성된 여러 하천은 바다로 나가는 출구를 찾지 못하고 서로 연결되어 발렌시아 호로도 불리는 아름다운 타카리과 호수를 형성한다. 훔볼트에 따르면 이 호수는 뇌샤텔 호보다 크고, 해발 439미터의 고도에 자리하며 가장 넓은 지점의 폭은 2.5리그를 넘지 않는다."

"훔볼트가 아라과 계곡을 찾았을 때 주민들은 지난 30년 동안 호수의 규모가 점차적으로 축소되어온 사실에 놀랐다. 실제 상황과 역사학자들이 남긴 묘사를 비교했을 때 짐짓 과장된 측면을 인정하더라도 호수의 수위가 상당히 내려갔다는 것은 쉽게 알아차릴 수 있었다. 진실은 진실을 말할 뿐이다. 16세기 말경 아라과 계곡을 자주 종단했던 오비에도(Oviedo)는 단호하게 뉴발렌시아가 1555년에 타카리과 호로부터 0.5리그 되는 지점에 형성되었다고 말했다. 훔볼트는 1800년에 이 도시를 호안으로부터 5,260미터 떨어진 지점에서 발견했다."

"토양은 새로운 증거를 제시해준다. 평원상의 작은 언덕은 '섬'이라는 이름을 아직도 보유하고 있는데, 물로 둘러싸여 있었을 때였다면 더욱 적합한 이름이었을 것이다. 호수의 축소로 대기 중에 노출된 지면은 멋진 목화, 바나나, 사탕수수 농장으로 바뀌었다. 호숫가에 건설된 건물은 해마다 물이 줄어들었음을 보여주었다. 1796년에 새로운 '섬'들이 생겨났다. 1740년에 카브레라 섬에 세워진 한 중요한 요새는 이제 반도가 되어버렸다. 쿠라와 카보브랑코라는 두 개의 큰 섬에서 훔볼트는 수면으로부터 수미터 지점에 자리한 관목림 사이에서 곡석(helictite)으로 채워진 가는 모래를 발견했다."

"이러한 명확하고 설득력 있는 사실들은 많은 설명을 대신해주며 한결같이 호수의 물을 바다로 배출하는 지하수로를 가정하고 있었다. 훔볼트는 이 가정을 거부하고 지역을 면밀히 조사한 연후에 호수의 물이 감소한 원인을 주저없이 50년 동안에 아라과 계곡에서 있었던 수많은 개간사업으로 돌렸다."

"1800년에 아라과 계곡은 많은 사람이 밀집해 있었던 프랑스 내 여러 지역에 비견될 만큼 인구밀도가 높았다. ……훔볼트가 쿠라 아시엔다에 정착했을 때 이 멋진 지역은 말 그대로 번성하고 있었다."

"22년 후에 나는 마라카이라는 작은 도시에 살 집을 마련해두고 아라과 계곡을 탐험했다. 앞서 몇 년 동안 주민들은 호수의 물이 더 이상 줄어들지 않고 반대로 확연하게 불어나는 것을 발견했다. 농장이 자리를 잡기 오래전에는 땅이 물에 잠겨 있었다. 1796년에 수면 위로 드러난 누에바스 아파레시다스 제도는 다시 항해에 위험스러운 여울이 되었다. 계곡 북사면의 카브레라 곶은 너무 좁아서 물이 조금만 상승해도 완전히 잠기었다. 장기간 지속되는 북풍은 마라카이와 뉴발렌시아 사이의 도로를 범람시키기에 충분했다. 호숫가 주민들이 오랫동안 품어왔던 두려움은 반대로 바뀌었다. ……지하수로를 가정해 호수의 축소를 설명했던 사람들이 자신들이 옳다는 것을 증명하기 위해 고의로 수로를 막았을 것으로 생각된다."

"지난 22년 동안 중요한 정치적 사건들이 발생했다. 베네수엘라는 더 이상 에스파냐 소유가 아니었다. 평화로운 아라과 계곡은 피비린내

나는 투쟁의 무대였으며, 파멸의 전쟁은 웃음 가득한 이 땅을 황폐화시켰고, 사람들을 거의 전멸시켰다. 독립의 함성과 함께 많은 노예들이 새로운 공화국의 기치 아래 자유를 찾았다. 대농장은 버려졌고 열대지역에서 급속하게 파고들어 온 숲은 무려 한 세기가 넘게 계속된 노역으로 인간이 앗아간 토양 대부분을 이내 회복했다."

"아라과 계곡이 한창 번영을 구가할 당시 호수의 주요 물길에는 관개용 보가 설립되어 하천이 6개월 이상 말라 있었다. 내가 찾았을 때에는 강물이 수리관개에 활용되지 않고 자유로이 흐르고 있었다."

부젱골은 계속해서 뉴그라나다의 우바테 인근 해발고도 2,562미터에 달하며 기온이 14도에서 16도로 항상적으로 유지되는 곳에 자리한 두 개의 호수는 그가 방문하기 100년 전에는 하나였다고 설명한다. 그 후 물은 점차 줄어들었고 농장들은 버려진 호수바닥으로 확장되었다. 나이 든 사냥꾼과의 면담과 교구의 기록을 조사해 그는 과거에 광범위한 개간이 있었으며 당시에도 계속되고 있었음을 알아냈다.

그는 또한 같은 계곡 내의 푸케네 호의 길이가 200년 사이에 10리그에서 1.5리그로, 폭이 3리그에서 1리그로 축소되었다는 사실을 알아냈다. 전에는 목재가 풍부했고 인근 산지는 어느 정도의 고도까지 아메리카 오크, 월계수, 기타 여러 자생종으로 덮여 있었다. 그러나 그가 찾았을 때에는 산지 거의 대부분의 나무가 염전에 연료를 공급하기 위해 베어졌다. 그는 이미 설명한 것과 유사한 또 다른 경우도 제시할 수 있다고 덧붙인다. 계속해서 몇 가지 사례를 통해 그는 같은 지역 내의 여타 호수는 계곡에서 이미 나무가 잘려 나간 곳이나 그렇지 않고 전혀 교란되지 않은 곳 모두 별다른 수위의 변동을 겪지 않았다는 사실을 밝혀주었다.

부젱골은 나아가 스위스의 호수는 만연된 삼림파괴 이후에 지속적인 수위변동을 겪었다고 주장하고, "대규모 개간이 이루어진 지역에서 지표면을 흐르는 유수의 감소가 있었음이 틀림없다"는 일반적인 결론에 도달한다. 그는 이상의 결론을 두 가지 사례를 통해 입증한다. 하나는 아센시온 섬의 숲으로서 우거진 산 아래의 양질의 샘이 산지개간과 함께 말라버렸다가 조림이 재개되면서 다시 나타났다는 것이다. 다른 하나는 기계를 가동하기 위해 사용된 포파얀 주 마르마토 지역의 수원지를 개간한 지 2년 사이에 유량이 줄었다는 것이다. 후자의 사례는 흥미롭다. 왜냐하면 수량의 감소로 경각심이 일면서 설치한 측우기의 관측이 이루어진 첫 해보다 두 번째 해에 더 많은 강수량을 보여주기는 했지만, 물방아용 개울에서는 뚜렷한 유량의 증가가 없었기 때문이다. 이들 예로부터 그 저명한 자연과학자는 제한적으로 이루어진 국지적인 개간이 총 강수량의 감소가 없이도 샘과 개울의 유량을 축소시키고 흐름을 막을 수 있다고 추론한다.[72]

나중에 든 두 경우를 제외하면 이상의 언질들은 개간으로 인한 샘의 축소문제와 직접적인 관련이 없으며 한때 샘이 채워놓았던 자연적인 저수지가 하강한다는 사실에서 논리적으로 추론한 내용임을 알 수 있다. 그러나 이 주제에 대한 분명한 증거가 없는 것도 아니다.

마샹은 다음의 경우를 인용한다. "지난 몇 년 사이 술스 계곡, 콩베모넹, 리틀 계곡 등지에서 벌목이 행해지기 전에 소른 강은 운터릴 제철소에서 필요로 하는 일정량의 물을 규칙적으로 충분히 공급해 가뭄이나 호우로 인한 영향을 거의 받지 않았다. 소른 강은 이제 급류가 되어 소나기가 내리면 매번 홍수를 초래하고, 며칠간 좋은 날씨가 계속된 다음에는 바닥이 드러날 정도로 수위가 낮아져 수차를 교체해야 했다. 예전에 만든 수차는 기계를 돌릴 수 없었기 때문에 수량부족으로 작업이 멈추는 것을 막기 위해 급기야 증기엔진을 도입하게 되었다."

"생우르산에 공장이 설립되었을 때 동력을 제공하던 강물은 수량이 풍부하고 오랫동안 사용되어 왔으며, 그보다 아주 오래전에 있었던 한 공장의 기계를 돌리기에도 충분했다. 그후 수원지 일대에서 나무가 베어져 나갔다. 그 결과 물 공급량은 떨어졌고 공장을 가동하려면 반 년

---

72) *Economie rurale*, II, pp.740~756.

동안 물이 필요했으므로 마침내 가동을 중단하지 않을 수 없었다."

"셀리트 코뮌에 있는 콩브풀라 샘은 이 지역에서는 가장 좋은 샘 가운데 하나로서 극심한 가뭄에도 마르지 않아 도시 내 모든 분수에 물을 공급했다. 그러나 콩브드프레마텡과 콩브풀라 계곡의 숲 상당 면적이 사라지면서 그 아래에 있던 샘은 실개울로 축소되었고 가뭄에는 완전히 말라버렸다."

"바리외 샘은 전에 프렁트러 성에 물을 공급해주었으나 바리외와 루지올레가 개간된 이후에 절반 이상을 잃고 말았다. 재차 조림이 시행되었고 어린 나무들은 잘 자라났으며, 이들로 인해 샘물은 불어나고 있었다." "프렁트러와 브레상쿠르 중간에 있는 도그 샘은 주변을 둘러싸고 있던 임야가 경지화되면서 완전히 모습을 감추었다."

"수베이 코뮌의 울프 샘은 삼림이 샘에 미친 영향을 확인할 수 있는 좋은 예가 된다. 몇 년 전에 샘은 존재하지 않았다. 샘이 솟는 지점에서 비가 오래 내린 후에 작은 실개울이 목격되었다. 그러나 비가 그친 후에 개울은 사라졌다. 그 지점은 남쪽으로 기울어진 급경사의 초지 중간에 있다. 80년 전에 땅의 소유주는 어린 전나무가 그 윗부분에서 자라고 있는 것을 알아차리고 그대로 놓아두기로 결정했는데, 그곳에는 곧 울창한 숲이 조성되었다. 나무들이 잘 자라면서 가끔 볼 수 있었던 실개천 대신에 양질의 샘이 생겨나 긴 가뭄에도 풍부한 양의 물을 공급해주었다. 40년 내지 50년 동안 이 샘은 클로뒤두에서는 가장 좋은 것으로 인정받았다. 몇 년이 지난 후 숲은 잘리어 나갔고 그 땅은 다시 초지로 변했다. 수목과 함께 샘도 사라져 이곳은 이제 90년 전과 마찬가지로 말라붙었다."[73]

홈멜(Hummel)은 다음과 같이 말한다. "숲이 샘에 미치는 영향은 하일브론의 예에서 확연히 드러난다. 도시 주변을 둘러싸고 있는 언덕 위의 나무들은 20년마다 주기적으로 베어졌다. 연례적인 벌목이 어느 시

---

73) *Ueber die Entwaldung der Gebirge*, pp.29~30.

점에 이르자 샘물은 말라갔고 어떤 곳에서는 전혀 얻을 수 없었다. 그러나 어린 나무가 다시 자라나면서 물은 거침없이 흐르게 되었고 마침내 당초와 마찬가지로 다시 풍부하게 솟아났다."[74]

파이퍼(Piper)는 다음과 같은 사례에 대해 진술한다. "내가 살고 있는 집에서 0.5마일가량 되는 지점에 연못이 하나 있다. 그 연변에는 내가 생각하기로 타운이 처음 생겼을 때부터 오랫동안 제분소가 있었다. 제분소는 지금으로부터 약 20년 내지 30년 전까지 계속해서 운영되었고 이후로 물공급이 끊어지기 시작했다. 연못은 남쪽으로 몇 마일정도 연속적으로 뻗어 있는 구릉지에서 발원하는 하천에 의해 함양되었다. 앞서 언급한 시기에 울창한 숲으로 덮여 있던 야산 거의 대부분이 파괴되면서, 제분소 주인으로서는 놀랍고도 한편으로 사업에 타격을 받을 정도로 우기를 제외한 나머지 기간에는 연못이 말라붙었다. 지난 10년 사이 과거에 숲으로 덮였던 대부분의 땅에서 나무가 새로 자라게 되자, 이제는 1856년부터 시작된 지난 몇 년 동안의 큰 가뭄에도 불구하고 연중 물이 흐르고 있다."

파이퍼 박사는 브라이언트(William C. Bryant)의 편지에서 다음의 언급을 인용한다. "여름이 건조해지고 하천의 규모가 축소되었다는 것은 누가 보아도 알 수 있다. 카이아호가의 예를 들어보자. 50년 전에 물품을 실은 바지선이 그 강을 오르내렸다. 이리 호 전투에서 승리를 거둔 용맹스러운 페리(Perry)가 동원한 선박 가운데 한 척은 앨비언에서 북쪽으로 6마일 되는 지점에 있는 올드포르테지에서 건설되어 호수를 떠다녔다. 이제는 평수위에 카누 또는 경정 정도만이 겨우 하천을 빠져나갈 수 있을 뿐이다. 50톤을 적재할 수 있는 많은 선박들이 뉴포르테지의 터스카라와스에서 축조되어 화물을 적재한 다음에 짐을 부리지 않고 뉴올리언스까지 항해했다. 강은 이제 운하이용에 필요한 물을 뉴포르테지에 공급할 여력이 거의 없다. 다른 하천들도 마찬가지로 말라

---

74) Karl Hummel, *Physische Geographie*, Vienna, 1855, p.32.

가고 있다. 그리고 삼림파괴라는 같은 이유로 여름은 계속해서 건조해지며 겨울은 추워지고 있다."[75)

어떤 관찰자도 이 뚜렷한 현상, 즉 숲이 물의 흐름에 대해 미치는 영향에 관해 캉테그릴(Cantégril)만큼 신중하게 연구하고 훌륭하게 추론하지는 못했다. 아래에 제시하는 내용은『과학동호인』(Ami des Sciences) 1859년 12월호에 그가 보낸 통신문으로서 가장 결정적인 사례라고 하겠다.

"라부르기에르 코뮌에서는 1,834헥타르 면적의 몽토 숲이 있는데 공유림이다. 숲은 블랙 산 북쪽 비탈면을 따라 뻗어 있다. 토양은 화강암질이고 최고점은 1,243미터, 경사는 100분의 15에서 100분의 60정도다."

"코난이라는 작은 하천이 숲에서 시작되며 지표수의 3분의 2가량을 받아들인다. 숲 하단부와 하천변에는 여러 개의 물레방아가 있고, 방아를 찧기 위해 수차를 가동하려면 각각 8마력의 힘이 필요하다. 라부르기에르 코뮌은 오랫동안 삼림법에 반대해온 것으로 유명했다. 방목권에 의한 침해와 악용으로 숲은 광활한 황무지로 돌변했고, 결과적으로 이 막대한 숲의 자산은 보호에 필요한 경비를 충당하거나 얼마되지 않는 연료조차 주민에게 조달할 수 없게 되었다. 숲이 그렇게 파괴되는 가운데 토양도 따라서 척박해졌고 비가 많이 내린 후에는 물이 계곡으로 쏟아져 자갈을 쓸어와 코난 천을 틀어막았다. 한동안 기계의 가동을 중단하지 않으면 안 될 정도로 홍수는 격렬했다. 여름철에는 또 다른 불편함이 있었다. 건조한 날씨가 평상시와 달리 조금 길어지면 물수송은 줄어든다. 물레방아 하나만 가동하고 작업 일체를 연기하는 것은 흔한 일이었다."

"1840년부터 시당국은 주민들에게 그들의 실제적인 이해를 알리는 데 성공했다. 보다 주의 깊은 감독으로 보호받고 잘 관리된 조림사업을

---

75) Richard Upton Piper, *The Trees of America*, Boston, 1855~58, pp.50~51.

통해 숲은 현재까지 꾸준히 개선되고 있다. 숲이 회복되는 데 비례해 제조업의 상황도 안정을 찾아갔고 물의 움직임도 완전히 바뀌었다. 예를 들자면, 더 이상 파괴적인 급류가 발생하지 않아 기계를 멈출 필요가 없어졌다. 비가 내리기 시작한 지 6~8시간이 되어도 운반량의 증가가 거의 없었다. 홍수는 최고조에 달할 때까지 정상적으로 불어났고 같은 식으로 줄어들었다. 마지막으로 물레방아는 더 이상 여름에 작업을 미루지 않아도 되었고, 물은 적어도 방아 2~3세트를 가동할 수 있을 정도로 풍부하게 공급되었다."

"이 사례는 다른 모든 조건이 동일하다면 하천작용의 변화가 숲의 복원에 전적으로 기인한다는 점에서 주목된다. 따라서 찾아온 변화라면 우기에는 홍수가 감소하고 그 밖의 계절에는 유량이 증가한다는 것으로 요약할 수 있을 것이다."

겨울철의 숲

지표에 내리는 물을 집적하고 그것을 지하로 운반하는 자연적 장치로서 숲이 가지는 중요성을 정확히 측정하기 위해서는 삼림토의 조건과 속성을 개간지 및 경작지 토양과 비교하고, 이들 토양의 계절별 작용을 조사해야 한다. 비록 땅이 일체 얼지 않는 기후에서도 숲이 위에서 이야기한 중요한 영향력을 행사하기는 하지만, 양자의 차이점은 북미와 북유럽처럼 개활지가 겨울 대부분의 기간 동안 얼어붙어 불투수층으로 존재할 때 가장 크다. 그 차이는 정상적으로 우기와 건기가 반복되어 우기에는 비가 자주 내리고 건기에는 거의 내리지 않는 나라에서 더 크게 나타난다. 이들 국가는 열대나 그 부근에 자리하고 고위도에도 존재하는데, 많은 아시아 국가와 심지어 유럽에 속한 터키 지역에서도 여름철 강우는 거의 없다. 유럽식 경작이 정착된 주요 지역으로서 이 책에서 논의되고 있는 문제가 실질적으로 중요하다고 간주되는 곳에서는 연중 비가 내리며, 이런저런 점과 관련해 내가 관심을 돌리려고

하는 곳도 바로 이들 지역이다.

지구상의 물에 대한 숲의 영향은 다른 어떤 문명세계보다도 프랑스에서 많이 연구되어왔다. 최근에 삼림파괴로 인해 심각한 피해를 겪었기 때문이다. 겨울의 추위가 혹독해 몇 인치 심지어는 피트 단위의 깊이까지 땅이 얼어붙는 북유럽에서는, 습한 대기와 여름철의 잦은 강우 때문에 숲이 파괴되었을 때에도 남위도 지방과 달리 샘이 고갈되지 않는다. 반면, 삼림파괴의 폐해를 가장 처절하게 느끼고 있는 프랑스 남부지방에서는 겨울의 결빙이 그리 잦지 않다. 따라서 한랭하고 건조한 대기를 가진 지역의 겨울철 습기의 저장고로서 숲이 지니는 독특한 특성은, 극단적인 기후 때문에 숲의 기능이 더욱 중요한 미국에서와 달리 프랑스와 북유럽에서는 그다지 관심을 끌지 못했다.

기후가 불규칙한 뉴잉글랜드에서 가을의 첫눈은 땅이 얼기 전이나 기껏 몇 인치 정도밖에 동토가 확장되지 않았을 때 내린다. 토양에 천연의 관개수를 공급하고 영구하천과 샘물을 배양해주는 숲, 특히 고지대 능선 위의 숲에서는 겨울의 대지가 눈으로 덮여 있다. 왜냐하면 나무들이 일반 비탈면에서 분지로 눈이 날리는 것을 막아주고, 가을 첫눈에 쌓인 층이 녹기 전에 새로운 적설층이 형성되기 때문이다. 눈은 복사에 불리한 색을 가지고 있으나 상당한 두께라 하더라도 태양광선이 전혀 투과할 수 없는 것은 아니다. 이 때문에 그리고 아래층이 따뜻하기 때문에 동결층은 일단 형성되면 이내 녹아버리고 겨우내 동결점 이하로 다시는 내려가지 않는다.

지면에 닿아 있는 눈은 땅과 대기의 상대온도에 따라 더 빨리 아니면 더 느리게 녹기 시작한다. 녹아서 생긴 물은 부엽토에 의해 흡수된 다음 침투되어 순식간에 사라지기 때문에, 눈 그리고 눈과 접촉해 있는 낙엽층은 언뜻 보기에 모두 상대적으로 말라 있는 것처럼 보이지만 실제로 눈 아래 부위는 항상 녹아 있다. 분명 일정량의 눈은 직접적으로 증발을 통해 대기로 돌아가지만, 숲에서는 태양의 작용으로부터 부분적으로 보호된다. 그리고 겨울에는 급작스런 융해가 있을 때를 제외하면 극히 적은 양의 물이 하천으로 유출되기 때문에, 숲에 쌓인 눈 대부분은 천천히 녹아 땅으로 흡수된다는 데에는 의문의 여지가 없다.

개활지는 고사하고 드넓은 숲에 내리는 눈의 양은 그런 환경에 기상관측소가 설치되는 일이 거의 없기 때문에 직접 계측해 확인할 수는 없다. 미국 북동부 경계지역 여러 주에서 숲 속 깊은 곳의 지면은 4~5개월 동안 눈으로 덮여 있고 강설량은 연간 총 강수량의 약 5분의 1정도다.[76] 개활지에서는 눈과 얼음이 수은주가 어는점 훨씬 아래로 떨어질 때조차 맑은 날씨에 빠르게 증발하지만, 삼림지대에 쌓인 눈의 표면은 그런 식의 큰 손실이 없다는 점을 일러준다. 개간지에 내린 눈이 며칠 지난 후 융해나 강력한 바람이 없이도 사라지는 데 반해, 삼림에서는 적은 양의 적설도 증발하지 않고 그대로 남아 있다. 잎이 모두 떨어졌다 해도 삼림지대의 수목은 상당 정도로 태양광선의 직접적인 작용과 아울러 눈을 녹이는 건조하고 따뜻한 바람의 이동을 방해한다.

파이퍼 박사는 다음과 같은 관찰내용을 기록한다. "5피트 높이의 꽉 짜인 널빤지 담장에 의해 바람으로부터 보호를 받고 있는 깊이 1피트 그리고 한 변의 길이가 16피트인 정사각형의 눈덩이와, 각 변의 길이는 같고 깊이가 6피트이며 바람에 노출되어 있지만 전자에 비해 태양광선으로부터 보다 안전한 상태에 있는 눈덩이가 있다. 2주간의 해빙에 큰 덩이는 일주일만에 모두 녹아버렸고, 작은 덩이는 마지막 순간까지도 전부가 없어지지는 않았다."

"동일 분량의 눈을 같은 종류, 같은 용량의 그릇에 담아 화씨 70도 상태로 두었다. 하나는 용기를 열어두어 기류가 그 위를 항상 통과할 수 있게 했고, 다른 하나는 덮개를 씌워 보호했다. 첫 번째 눈은 16분만에 녹았고, 두 번째 것은 85분이 다 되어서까지 얼마간의 녹지 않은 부분이 남아 있었다."[77]

---

76) Thompson, *History of Vermont* …… *Appendix*, p.8.

숲에 쌓인 눈은 담장과 덮개에 의한 것과는 정도에서는 다르지만 방식에서는 동일하게 보호된다. 따라서 증발에 의해 사라진 겨울강수는 거의 없으며, 바닥에서 천천히 융해될 때 땅속으로 흡수되고, 극히 적은 양의 물만 지표수로 유출된다. 수분의 저장고로서 숲이 가지는 이 엄청난 중요성은, 다량의 여름철 강우가 지면이 흡수하는 것보다 빨리 내리기 때문에 계곡이나 강으로 흘러들어 간다거나 그렇지 않고 따뜻한 표층에 흡수되었을 때 우물이나 샘에 도달할 만큼 깊게 밑으로 흘러들지 않고 증발한다는 사실을 생각하면 명확해진다. 물론 우물과 샘물은 겨울철의 강우와 강설에 크게 좌우된다. 이러한 관찰결과는 개간지와 경작지에서 특히 그러하지만, 유럽에서 종종 확인할 수 있듯이 하층식생과 썩은 낙엽이 제거되었을 때에는 숲에 대해서도 전적으로 적용되지 않는 것은 아니다.

한랭한 기후에서 숲이 가지는 일반적인 효과는 겨울철 대지의 상태를 보다 온난한 삼림지역의 대지에 비유하는 것과 같다. 자연은 양털처럼 따뜻하고 부드러운 눈이라는 겨울옷을 내려주지 못했던 남부 유럽의 언덕에 자신의 제국이 풍부하게 보유하고 있는 한 가지 보상, 즉 금송, 감탕나무, 코르크오크, 기타 상록수 등으로 구성된 나무의 옷을 입혀주었다. 이들 수종의 넓은 잎이 고위도 기후에서 눈이 수행하는 것과 유사하게 토양을 보호한다는 것은 주목할 만한 상황이다.

겨울에 토양이 흡수한 물은 어느 정도 불투수층이나 포화층에 당도한 다음, 보이지 않는 도관을 통해 천천히 샘물의 유로를 따라가거나 지면에서 방울방울 스며 나와 실개울을 이루고, 그보다 큰 하천으로 운반되다가 궁극에는 바다로 들어간다. 부엽토와 광물층으로 침투한 물은 이들 지층의 온기를 얻어 화학적으로 반응하지만, 기계적으로 부수어진 상태의 물질은 거의 운반하지 않는다.

내가 지금까지 설명한 과정은 느리게 진행된다. 눈에서 얼어냈거나

---

77) *Trees of America*, p.18.

뒤이어 찾아오는 계절에 내린 비로 보충된 수분은 평평하거나 다소 기울어진 삼림 내부의 지면을 연중 대부분 포화상태로 유지한다. 샘에 의해서 함양되며 수목이 드리우는 그늘 아래에 들게 되는 하천들은 유량, 온도, 화학적 성분에서 비교적 유사하다. 하천 양안은 침식을 거의 받지 않으며, 쓰러진 나무나 고지대에서 쓸려온 토사와 자갈로 수로가 막히는 일은 없다. 유로의 변화는 더디며, 호수와 바다로 모래나 실트를 운반해 유출로를 막아버린다거나 하상을 높여 하구 근처의 저지대를 범람시키지도 않는다.[78]

이러한 상황에서 모든 파괴적인 성향들은 저지되거나 보상을 받는다. 나무, 새, 짐승, 물고기 등은 모두가 규칙적이고 조화롭게 공존할 수 있는 항상적이고 균일한 조건을 찾아낸다.

숲의 파괴에 따른 일반적인 결과

삼림이 소실되면서 모든 것들이 변한다. 특정 계절에 대지는 복사를 통해 대기 중으로 온기를 발산하고 그 철이 지나면 거침없는 태양광선으로부터 따가운 열을 받는다. 이렇게 해서 기후는 극단을 향하고 토양은 여름열기에 말라붙으며, 혹독한 겨울에는 마비된다. 거친 바람이 아무런 저항을 받지 않고 지면을 휩쓸고 지나가면서 땅이 어는 것을 막아주던 눈을 날리고, 얼마 남지 않은 수분을 말려버린다. 강수량은 기온만큼 규칙성을 띤다. 물러져서 흡습성이 강해진 부엽토에 더 이상 흡수되지 않는 융설수와 봄비는 함수층을 채워 영구적인 샘을 배양해 줄 수원을 확보하는 대신, 얼어붙은 지면을 흘러 바다를 향해 계곡을 쓸고 내려간다. 토양은 낙엽층을 잃고 쟁기에 갈려 부서지고 느슨해지며, 그간 붙잡아두던 섬유질 뿌리를 빼앗긴다. 그리하여 태양과 바람

---

78) François Marcelin Aristide Dumont, *Des Travaux publics dans leur rapports avec l'agriculture*, Paris, 1847, p.361n.

에 의해 마르고 가루로 날리며, 결국에는 변화된 새로운 상황에서 고갈된다.

지구의 표면은 더 이상 스펀지가 아닌 먼지더미로 변한다. 하늘에서 퍼붓는 호우는 비탈을 빠르게 흘러 침식력과 기계적인 힘을 증대시키는 엄청난 양의 토양입자를 떠내려 보낸다. 제방에서 깎여 나온 모래와 자갈이 추가되어 하상을 메우고 하도변경을 초래하며 유출구를 막는다. 한때 규칙적이었던 물공급은 볼 수 없고 숲그늘이라는 보호물까지 빼앗긴 개울은 이제 데워지고 증발해 여름철 유량이 줄어들지만, 가을과 봄에는 수위가 상승해 급류로 변한다. 이로 인해 고지대는 꾸준히 침식되고, 하천이 운반한 광물질과 부식물이 퇴적됨으로써 하상과 호수바닥은 상승한다. 대하천 유로는 항해가 불가능해지고 포구는 메워져 한때 대규모 해군을 수용할 수 있었던 항구는 위험천만한 사주가 형성됨으로써 얕아진다.

부엽토를 상실한 대지는 점점 생산성이 떨어지고, 결과적으로 토양입자를 고착시켜줄 새로운 그물망의 뿌리, 즉 바람과 태양과 비를 막아줄 새로운 풀뿌리 융단으로 자신을 보호할 수 있는 능력 또한 감퇴된다. 점차적으로 땅은 척박해진다. 산지로부터 토양이 씻겨가면서 황량한 암석능선이 드러난다. 땅을 덮고 있던 비옥한 유기질 토양은 축축한 저지대로 쓸려 내려가 썩어서 열병과 치명적인 기타 잠행성 질병을 유발하는 수생식물의 성장을 조장한다. 결과적으로 그 땅에는 인간이 더 이상 거주할 수 없게 된다.[79]

극단적인 기후현상을 보이는 나라에서도 이 서글픈 장면이 전하는 보편적 진실에 대한 많은 예외가 존재한다. 그 가운데 일부는 양호한 지표, 지질구조, 강우분포 등의 조건에 기인한다. 또 다른 예외는 숲이 파괴된 후 그 영향이 가시화되기에는 시간이 충분하지 않아, 인간의 무분별한 행위로 인한 극악한 결과를 아직 경험하지 못했다는 것이 원인

---

79) Hohenstein, *Der Wald*; Caimi, *Cenni sulla importanza dei boschi*.

이라면 원인이다. 그러나 자연의 조화를 깨뜨린 데 대한 보복은 비록 느리기는 하지만 분명하다. 그들 예외적인 지역의 기후와 토양이 점차적으로 악화되는 것은 어떤 자연스러운 결과가 그 원인에 따라오는 것처럼 임야의 파괴로부터 초래된 것이 확실하다.

백과사전식 성취에 대한 야망과 모든 것을 가볍게 믿어버리는 성질때문에 플리니우스가 닥치는 대로 긁어모은 잡동사니 사실 중에서, 우리는 몇 가지 합리적인 진술을 만난다. 항상 그래왔던 것처럼 그의 철학이 틀렸다손 치더라도 우리는 수목을 배양하여 샘을 보호한다는 특별한 논평에 수반된 언급을 평가해야만 한다. "파괴적인 급류는 그간 빗물을 가두고 흡수해왔던 언덕의 나무가 없어짐으로써 형성된다." 여기서 말하는 흡수라는 것은 플리니우스가 생각하기에 토양이 아닌, 수목의 성장을 배양하는 데 필요한 물을 들이마시는 나무뿌리의 흡수를 의미한다.

너무 광범위한 개간으로 발생한 악영향은 일찍부터 알려졌지만, 그 교훈은 곧 잊혀져버리는 듯하다. 유럽 중세시대의 법률은 삼림에 대한 터무니없는 조항으로 점철되어 있다. 영주들은 때로 숲이 반역자와 도적에게 피난처를 제공하기 때문에 파괴했고, 사냥용 사슴이나 멧돼지를 기르는 데 필수적이기 때문에 보호했다. 때로는 뒷세대를 위해 목재와 연료를 안전하게 공급하겠다는 계몽적인 목적으로 남기기도 했다.[80] 숲의 지리적 중요성에 대한 평가작업은 후대의 과업으로 남겨졌고, 유럽의 일부 국가에서 지구의 자연적인 퇴락을 가져온 많은 원인 가운데 가장 파괴적인 것으로서 대대적인 벌목이 지목된 것은 극히 최근에 와서의 일이다.

---

80) Arthur Penrhyn Stanley, *Lectures on the History of the Jewish Church*, part i, 2nd ed., London, 1863, p.273.

각국의 삼림상황과 관련 문헌

영국이나 미국과 달리 독일, 이탈리아, 프랑스같이 특정 부류의 작가군이 독립적으로 존재할 정도로 발전상이 탁월한 국가에서는 삼림에 관한 문헌이 수천 권을 헤아린다. 토양의 정례적인 배수 그리고 특히 지표의 자연적인 형상의 영속성에 대해 삼림이 가지는 관계가 가장 철저하게 조사된 곳은 아마도 이들 국가가 아닐까 한다. 한편, 삼림관리의 순수한 경제적 측면은 독일에서 가장 만족스럽게 설명되었고, 관련 기술이 지극히 철학적으로 논의되었으며 가장 노련하게 그리고 성공적으로 실천되었다.

이탈리아 이론수리학의 명성과 수리공학자의 탁월한 능력은 잘 알려져 있다. 그러나 삼림이 가지는 특별한 지리적 중요성에 대해서는 그곳은 물론 북방과 서방에 인접한 국가에서도 확연하게 인정되지 못했다. 자연의 얼굴이 인간에 의해 완전히 바뀐 것은 사실이며, 급류의 작용으로 프랑스와 같은 나라에서는 넓은 지역에 걸쳐 절망적인 파괴가 초래된 바 있다. 그러나 프랑스 제국에서 삼림제거로 인해 황폐화가 발생한 것은 최근의 일로서[81] 갑작스럽게 초래되었다. 따라서 여론이 그 결과와 원인을 제대로 연결시키지 못했던 이탈리아에 비해 보다 생생한 사회 전반의 관심을 불러일으켰다.

이탈리아는 오랜 관습에 따라 건물을 축조하는 데 목재를 별로 사용하지 않았다. 또한 오랫동안 많은 양의 목재를 다 소진할 정도의 함대와 통상능력을 구비하고 있지도 않았고,[82] 기후가 온화해 연료에 대한 수요도 많지 않았다. 이런 상황 외에, 근대 유럽에서 자연과학이 진보적인 연구분야로 처음 인정된 프랑스의 경우 재앙을 서서히 감지하기 시작하고 있을 때, 이탈리아 알프스 지역은 이미 재해가 발생했다가 심

---

81) Bernard Palissy, *Œuvres complètes*, Paris, 1844, p.88.
82) Hummel, *Physische Geographie*, p.32.

지어 잊혀지기까지 했음에도 불구하고, 경험과학이 실제적인 응용의 지식으로 진전되지 못했다는 점도 기억해야 한다.

이 엄청난 공공재를 지혜롭게 활용한다는 것이 얼마나 중요한지 확실하게 이해는 되었지만, 이탈리아 반도의 정치적 상황은 삼림경제의 일관된 시스템을 채택할 수 없도록 방해했다. 수원의 흐름을 통제하고 조절했던 삼림이 어떤 한 관할권에 있었다면, 관개수로 공급되거나 큰 물에 범람되거나 아니면 급류에 황폐화되는 평야지대는 다른 관할권에 있었던 것이다. 그 문제와 관련해 지역이기심에 젖어 있는 수많은 주체의 행동을 조화롭게 조절한다는 것은 한마디로 말해 불가능했다. 그 아름다운 땅이 가진 부존자원을 충분히 개발하는 데 필요한 숲의 보존과 복구, 그리고 물흐름을 조절하고 나아가 현재의 자연지리적 상황을 영속적으로 유지하기 위한 제반 조치는, 이탈리아 모든 주가 중앙정부를 중심으로 연합하지 않고서는 수립할 수 없었다.

아펜니노 산맥 중부와 알프스 남부 및 서부의 이탈리아 쪽 사면에서의 삼림파괴는 아주 오래전부터 시작되었다. 그러나 로마의 해외정복과 통상의 확대로 선박을 건조하고 군용물자를 조달하는 데 필요한 목재의 수요가 크게 늘기 전까지는 위험스러울 정도로 장기간 행해진 것 같지는 않다. 알프스 동부, 아펜니노 서부, 알프스 해안부는 늦게까지 숲이 보존되었다. 그러나 심지어 이곳에서도 목재가 부족해지고 급류가 운반물질을 쌓아놓음으로써 평야가 피해를 입는 한편 항해에 지장이 초래되었다. 이로 인해 15세기에는 베네치아 공화국이 그리고 적어도 17세기에는 제노바 공화국이 숲의 보호를 위한 법안을 이끌어내기에 이른다. 마샹은 제노바 정부가 산간경지의 소유자들로 하여금 숲에 나무를 다시 심게 하는 법률을 통과시켰다고 진술한다.[83] 그러나 이 법은 효과적으로 집행된 것 같지는 않다.

이탈리아에서는 개인의 정치적 감정에 입각해 최근의 모든 개발과

---

83) *Ueber die Entwaldung der Gebirge.*

남용의 원인을 제1제국 통치하의 프랑스 점령에 돌리는 것이 일반적이다. 프랑스 사람들이 100년 동안에 사라져버린 모든 소나무를 쓰러뜨렸다고 인구에 회자되고 있다.[84] 그러나 사실이 그렇다 하더라도 제국이 몰락한 이후 이탈리아 어느 주에서도 강력한 억제책이나 회복책을 채택하지 않았다. 일부 주의 임야세가 너무 무거웠던 나머지, 농촌자치체는 때로 임야에 부과된 세금을 면제받는다는 조건으로 다른 어떤 보상도 없이 공유림을 중앙정부에 양도하겠다는 제안을 내놓기까지 했다.[85] 이러한 상황에서 임야는 이내 벌목의 현장으로 바뀌었다. 지중해 연안과 같이 교통이 편리하고 목재수요가 높은 지역에서는 벌목에 자극이 가해져 삼림파괴와 그에 수반된 모든 폐해가 심히 걱정스러울 정도로 진행되었다. 리구리아 주 면적의 40퍼센트가 삼림파괴로 쓸려 나갔거나 경작이 불가능하게 되었다고 추산된 바 있다.[86]

잉글랜드의 습하고 을씨년스러운 날씨 때문에 연중 대부분의 기간 동안 가정에서는 난방을 해야 했다. 연료절감을 위한 장치는 유럽 대륙 본토에 비해 잉글랜드에서는 뒤늦게 도입되었다. 대기와 마찬가지로 토양은 전반적으로 습도가 높았고, 자연조건은 일반 도로의 건설에 적합하지 않았다. 석탄과 같이 무거운 연료를 중세시대의 유일한 생산지이자 멀리 떨어진 지역으로부터 육상으로 운반한다는 것은 비용이 많이 소요될 뿐더러 힘들었다. 이런 모든 이유들 때문에 목재의 소비가 막대해 삼림고갈에 대한 불안은 일찍부터 촉발되었다. 다른 지역에서와 마찬가지로 그곳의 법률 또한 삼림을 보호하기에는 효율적이지 못했다. 16세기의 많은 논객들은 이 점과 관련해 소모적인 경제가 초래할 심각한 해악에 대한 두려움을 표현했다.

홀린세드(Holinshed)가 편집한 책에 실린 "숲과 습지에 관하여"란

---

84) Saluzzo, *Le Alpi che cingono l'Italia*, I, p.367.
85) G. Rosa, "Studj sui boschi", *Politecnico*, vol.13, no.71(May 1862), p.234.
86) "Relazione della camera di commercio di Genova……", *Annali di Agricoltura, Industria e Commercio*, 1(1862), p.77.

제목의 흥미로운 글에서 해리슨(Harrison)은 숲의 급격한 감소에 대해 불만을 토로하면서 다음과 같이 덧붙인다. "그렇게 단언했음에도 과거에는 물론 지금도 그러하듯이 향후 100년 동안 나무가 급작스럽게 없어진다면 …… 습지식생, 금작화, 잔디, 벌레혹, 히스, 덤불, 가시금작화, 염료식물, 갈대, 붓꽃, 짚, 사초, 골풀, 심지어 뉴캐슬 지방에서 바다로 운반된 석탄까지 연료로서 런던의 주요 상품이 될지도 모르겠다. 바로 지금 런던에서는 그 가운데 일부가 이미 대규모 상가에 진열되어 있다. ……나는 이 땅에서 네 가지 측면의 개혁이 있었으면 한다. 그것은 교회규율의 부재문제, 우리 상인들이 다른 나라의 상품을 우선해서 탐욕스럽게 팔고 사는 문제, 일요일에 장을 여는 대신 수요일로 옮기는 문제다. 그리고 마지막으로 지역에 관계없이 40에이커 이상의 땅을 소유한 사람이라면 누구나 자유차용권, 등본보유권, 상속권 어느 것에 의하든 1에이커의 나무를 심거나 동일 면적에 오크, 하셀, 너도밤나무 등의 씨를 뿌리고 숲이 소중히 관리될 수 있도록 조치가 강구되어야 한다는 것이다. 그러나 향후에도 오래도록 이 바람들이 실현되는 것을 보지 못한 나머지 세상에 염증을 느끼거나 반대로 세상이 나에게 염증을 내지는 않을까 두렵다."[87]

1664년에 초판이 간행되었던 에블린(Evelyn)의 『삼림』(*Silva*)은 숲의 명분을 살리는 데 큰 기여를 했다. 잉글랜드에서 풍치림 조성이 다른 나라에 훨씬 앞섰던 것은 어느 정도 에블린의 열정이 맺은 결실이라 하겠다. 잉글랜드에서는 최근까지 나무를 심고 가꾸는 수목재배법에 대한 이해도가 숲에 종자를 뿌리고 모양을 가꾸는 삼림학에 비해 높았다. 그러나 농촌개발의 일환인 삼림학은 비록 중앙정부 차원은 아니더라도 이제 상당한 규모로 추진되고 있다.

---

87) William Harrison, "An Historicall Description of the Iland of Britaine" (bk. i, ch. xxii), in Raphael Holinshed, *The Chronicles of England, Scotland and Ireland*, 1577 ed., London, 1807, I, pp.358~359: Rossmässler, *Der Wald*, pp.256, 289, 324.

삼림이 범람에 미치는 영향

지금까지 충분하게 논의해온 기후 관련 문제, 그리고 신탄, 연료, 건축, 조선, 촌락경제, 가정경제, 문명생활에 직결된 다양한 산업과정 등에 소요되는 목재가 부족해서 초래된 문제 외에도, 프랑스의 임학자와 대중 경제학자는 세 가지 사항에 특히 관심을 보여왔다. 즉, 숲이 인공 및 자연 샘의 항구적이고 정례적인 흐름에 미치는 영향, 하천의 범람, 그리고 토양의 침식과 급류에 의해 흙, 자갈, 바위가 높은 곳에서 낮은 곳으로 운반되는 것에 관한 사항 등이 그것이다. 그러나 이 전체적인 주제와 연관되는 여러 가지 사소하고 지엽적이며 다소 불명확한 소재들이 있어, 차후에 조금 더 자세히 이야기해보려 한다.

세 가지 주요 주제 가운데 첫 번째, 즉 숲이 샘과 기타 유수에 미치는 영향에 관해서는 이미 살펴보았다. 논의에서 밝혀진 사실이 잘 정립되어 있고 그로부터 내가 도출한 결론이 논리적으로 타당하다면, 숲의 작용은 홍수의 빈도와 파괴력을 줄여주고 샘물이 마르지 않고 규칙적으로 유지되도록 하는 데 중요하다는 추론이 가능하다. 왜냐하면 토양표층에서 강수를 흡수하고 집적했다가 침투와 투수에 의해 조금씩 내보낼 수 있도록 조장하는 요인들이 지표수가 자연수로로 빠르게 흘러들어 가는 것을 막아줌으로써, 강물이 급작스럽게 상승해 결과적으로 하천 양쪽 기슭으로 흘러넘치는 것을 제어하기 때문이다. 지표수의 흐름에 대한 나무줄기와 하층식생의 기계적인 저항 또한 경사를 따라 흘러내려 가는 속도를 뚜렷하게 늦추어주고, 이미 작은 실개울이 모여 이룬 하천의 물길을 여러 갈래로 나누는 경향이 있다.

범람은 유역 안으로 물이 유입됨과 동시에 하천의 자연유로가 유역 밖으로 물을 운반할 수 있는 능력이 충분치 않을 때 발생한다. 자체의 일상적인 섭리에 따라 자연은 전체적인 배열을 교란시키거나 자신이 만들어낸 것들을 이례적으로 파괴하는 일 없이, 지표상에 떨어진 물을 배출할 수 있는 수단을 모든 지역에 제공했다고 가정할 수 있다. 적어도 내가 조사한 국가에서는 그 점을 관찰해 확인했다.

역사시대 동안 인간에 의해 점유되어온 지역 본래의 상태에 관한 한 현재에 비해 하천범람의 빈도는 낮았고 그 파괴력은 크지 않았다. 적어도 지류가 발원하는 분지에서 물이 신속하게 빠져나가도록 하는 자연의 제어장치를 인간이 제거하기 전에는 하천이 급작스럽게 오르내리지도 않았다. 북미 식민지의 크고 작은 하천의 양 기슭은 흐르는 물에 그다지 침식을 받지 않았다. 지금도 미국의 대삼림에서는 나무들이 강변까지 내려와 있으며, 하천의 수위와 유수의 속도에서 큰 변동은 없는 듯하다. 삼림지대 하천의 정상적인 흐름을 결정적으로 보여주는 상황으로는, 호수나 대하천으로 유입하는 지점에 대규모 퇴적층이 형성되지 않는다는 사실을 들 수 있겠다. 그러한 집적은 계곡의 삼림이 제거된 뒤에 시작되거나 적어도 이전에 비해 빠르게 진전된다.

미국 북부지방에서는 한여름의 호우로 가끔 범람이 일어나기는 한다. 하지만 수위의 상승이 가장 빠르고 파괴력도 가장 큰 "홍수"(freshet)는 봄철에 개활지가 해동을 맞기 전에 찾아오는 급작스런 융설에 의해 초래된다. 장기간의 동결 뒤에 강력한 해빙이 시작됨으로써 여러 달 동안 쌓여 있던 눈이 녹아 몇 시간도 안 되어 사라지는 일이 종종 있다. 눈이 두터울 때에는 항간의 표현을 빌리면 삼림지대의 "땅으로부터 얼음을 채가고," 눈이 오랫동안 쌓여 있을 때에는 경지에서도 또한 그러하다.

그러나 폭설은 대체로 한겨울이 지난 다음에 내리며, 뒤이어 따뜻한 비와 태양이 찾아와 개간지의 눈을 녹이고 그 아래 꽁꽁 얼어붙은 땅에도 영향을 미친다. 이 경우, 숲 속에 내린 눈은 녹아내리자마자 그동안 얼지 않도록 보호해주던 토양에 의해 빠르게 흡수되기 때문에, 강물이 불어나는 데 어떤 기여도 하지 못한다. 일상적으로 큰 눈보라를 동반하는 온화한 날씨가 오랫동안 계속되지 못하고 정례적인 융해만을 가져오는 정도라면 편류성 바람이 찾아올 것이 틀림없다. 그로 인해 눈이 차별적으로 배분되어 능선에는 별로 쌓이지 않는데 반해, 계곡은 종종 수피트 깊이의 눈으로 메워질 것이다.

야산은 땅속 깊숙이 얼어붙는다. 이어지는 부분적인 융해로 지표의 눈이 녹으면 이 물은 경지의 고랑이나 기타 인위적, 자연적으로 생긴 웅덩이로 흘러들어 종종 두꺼운 얼음이 된다. 이 상황에서 개간지 거의 전체가 불투수층을 형성하며, 나무 한 그루 자라지 않고 표면이 반들반들하여 지표유출에 아무런 기계적 저항이 되지도 못한다. 여기에 비를 동반한 따뜻한 날씨가 찾아오면 비와 눈 녹은 물은 계곡 밑으로 빠르게 흘러내려 가 급류가 된다.

경지의 가볍고 느슨한 토양은 즉각적으로 많은 양의 물을 흡수할 수 있지만, 초지와 점성이 큰 무거운 흙은 삼림의 부엽토에 비해 훨씬 적은 양을 그것도 느리게 흡수한다는 점 또한 고려해야 한다. 농업지역에서 야초지, 목초지, 점토질 토양을 모두 합하면 사질의 경작지보다 훨씬 넓다. 따라서 우리가 가정한 경우에 개활지의 지면이 우연하게 그 위를 덮고 있는 눈이 녹기 전에 해동된다고 하더라도, 대지는 이미 수분으로 포화되어 있거나 곧 그렇게 될 것이다. 그러므로 더 많은 물을 흡수하는 방법으로 압력을 경감시킬 수는 없다. 결과적으로 해당 지역의 지표는 6~8인치 또는 그 이상의 빗물에 견줄 수 있는 다량의 융설수와 빗물에 의해 범람된다.

물은 종종 녹지 않은 두꺼운 얼음과 함께 강으로 거침없이 흘러내려 큰 파괴력을 동반한 범람이 초래된다. 밑으로부터의 유체역학적 압력에 의해 얼음은 파괴되거나 흐르는 물에 잘게 부숴진다. 그 다음, 저항할 수 없이 맹렬한 기세로 밀려드는 엄청난 양의 물살에 실려 인근에 세워진 제방, 다리, 댐, 제분소에 부딪히면서 휩쓸려간다. 강변을 따라서 있는 나무의 껍질은 평수위보다 수피트 높은 지점까지 유빙조각에 의해 마모되어 있다. 유빙은 마침내 초지와 경지를 덮친 홍수가 물러감에 따라 중간에 멈춰서며 그 여파로 가뜩이나 굼뜬 봄의 도래를 더욱 더디게 만든다.

자연상태에서 숲 속의 지표면은 경작지 토양에서 흘러내리는 것 같은 많은 양의 물을 쏟아낼 수는 없다. 부엽토는 자체 내의 수분보다 2배가량 되는 물을 흡수할 수 있다. 낙엽수림의 토양은 수인치, 때로는 피트 단위의 깊이까지 다소 혼합된 부엽토로 구성되며, 이 층은 어느 때라도 그 위를 덮게 될 눈에서 나오는 모든 물을 빨아들일 수 있다. 부엽토는 포화되었을지라도 물의 흡수를 멈추지 않는다. 왜냐하면 밑에 있는 광물질 토양에 일부를 배출하고 그렇게 함으로써 새로운 공급량을 받아들일 준비를 하기 때문이다. 그리고 이외에도 아직 부식되지 않은 낙엽층도 상당한 양의 빗물과 융설수를 저장한다.

내가 이미 밝혔듯이 남부 유럽의 따뜻한 기후에서 빗물의 처리에 관한 한 삼림의 기능은 어느 계절이나 크게 다를 바 없고, 미국 북부지방에서 여름에 수행하는 기능과 유사하다. 그러므로 남부 유럽 국가의 겨울철 홍수는 미국의 그것과는 성격이 다르고, 활동성이 떨어지는 겨울철에 삼림이 가지는 보존효과는 그 존재에 대해서는 왈가왈부할 수 없지만 그리 중요하지 않다.

만일 미국의 여름철 홍수가 루아르 강을 비롯한 프랑스의 여러 하천, 이탈리아의 포 강과 지류, 스위스의 여러 계곡을 초토화시킨 에메 강과 기타 급류에 비해 경제적으로 타격을 크게 입히지 않았다고 한다면, 이는 부분적으로 미국 하천변에 아직 타운이 들어서지 못했고, 강기슭과 그에 인접한 저지대에는 수백만 달러의 비용을 쏟아 부어야 할 개발사업이 아직 시행되지 않아, 결과적으로 극히 일부의 자산만이 범람으로 손실 되었기 때문이다. 그러나 구대륙에서 가장 아름답다는 지역 일부를 끔찍한 재난의 현장으로 만든 범람으로부터 미국인들은 비교적 자유로울 수 있었다. 그것은 상당 부분 우리 자신의 무분별한 방탕에도 불구하고 아직은 하천의 발원지 전부를 민둥산으로 만들지 않았고, 자연의 파괴적인 에너지를 억제하기 위해 자연 스스로 세워놓은 모든 장벽을 전복시키지 않았기 때문이다. 이제 현명해지자. 그리고 우리 조상들의 실수를 교훈으로 삼자!

숲이 범람을 방지하는 데에 미치는 영향은 이론적인 추론이나 사실적인 관찰을 통해서 대체적으로 인정되어왔다. 그러나 벨그랑과 그의 의견에 논평을 가한 발르는 다양한 경험적 사실과 과학적인 참작에서 반대의 결론을 이끌어낸 바 있다. 그들은 지표유출은 입목지보다는 무입목지에서 보다 규칙적으로 진행되고 있으며, 삼림제거는 범람의 강도를 증대시키기보다는 감소시킨다고 주장한다.

이상의 결론 어느 것도 데이터나 추론으로 입증된 것은 아니다. 그 결론들은 내막을 들여다보면 부분적으로는 문제에 관한 기존의 의견에 반하지 않는 사실에, 또 일부는 경험적으로 상반되는 가정에 근거하고 있다. 경험상으로 검증되지 않는 두 가지 가정을 들어보면 다음과 같다. 첫째, 삼림의 낙엽이 토양 상부의 불투수층을 형성해 아래로가 아닌 상층으로 빗물과 융설수가 흐른다. 둘째, 나무뿌리는 밑으로 뚫고 내려가 바위틈을 틀어막음으로써 자연이 부여한 통로를 타고 아래층으로 물이 내려가는 것을 방해한다.

그 첫 번째 경우와 관련해서는, 삼림의 작동에 대해 잘 알고 있는 일반인이 익히 접해온 사실에 호소할 수 있을 것이다. 내 앞에는 명민하고 경험이 많은 관찰자가 보내준 편지 한 통이 놓여 있는데, 다음 구절이 그 안에 담겨 있다. "나는 극히 일부의 양을 제외하면 여름이나 가을에 빗물이 숲의 낙엽 위로 흐른다고는 생각하지 않는다. 물은 낙엽이 눌려 반들반들하고 치밀해지는 봄에만 표층으로 흐른다. 낙엽이 마르면 쪼그라들고 여기에 바람의 영향이 더해져 표면이 거칠어지기 때문에 물은 흡수되고 그 흐름 일체가 효과적으로 저지된다."

나는 눈이 대체로 사라진 후 겨울 막바지에 급작스럽게 얼어붙을 때, 낙엽층 내부에 있거나 다른 층과의 사이에 있는 물이 단단하게 얼어 그 위로 물이 흐르게 해주는 것을 관찰한 적이 있다. 그러나 이는 함몰지에서 극히 소규모로 일어난다. 그리고 그렇게 형성된 얼음은 이내 녹아버려 전체 표면에서 물이 빠져나가는 데에는 뚜렷한 효과를 내지 못한다.

배수와 관련된 뿌리의 영향에 대해 나는 뿌리들이 흡수체로서 작용하는 것과는 별개로 기계적으로는 배수를 촉진한다고 믿는다. 토양의 물이 뿌리를 따라 아래로 내려갈 뿐만 아니라[88] 팽창하면서 성장하는 자신의 속성 때문에 뿌리는 파고들어 간 바위틈을 강력하게 확대시킨다. 암석의 균열이 단순한 둥근 구멍이 아니라 수직으로 형성된다면, 틈 사이에서 뿌리의 성장으로 확보된 추가적인 너비는 길이에 비례해 갈라진 틈의 면적을 증가시킨다. 결과적으로 균열이 1인치 넓어진다는 것은 1제곱피트의 배관에 상응하는 추가적인 배수가 이루어지는 것을 의미한다.

많은 사람들이 벨그랑과 발르가 내린 결론에 대해서는 유보적인 입장을 취하고 있지만, 그들의 관찰과 추론은 한 가지 측면에서 매우 중요하다. 두 사람은 강수와 증발의 관계를 추정할 때에 흡수와 침투를 통해 지표와 지표수에서 물이 빠져나간다는 점을 고려할 필요가 있다고 주장한다. 상당한 가치를 지닌 사실임이 틀림없지만, 지금까지 지표면이 불투수성을 띠거나 이미 수분으로 포화되어 있다고 추론해온 기상연구자들은 이를 간과했다. 그러나 사실 지표면은 증발에 의해서만이 아닌 침투와 침윤에 의해서 항상 습기를 들이고 내뱉는 스펀지와 같다.

생명을 위협하고 작물을 파괴하며 인간의 인공구조물을 쓰러뜨리는 기계적인 힘으로 단순하게 인식되어온 범람의 파괴적인 영향은 아주 끔찍하다. 그러나 아직까지 홍수는 일시적이고 회복 또한 불가능하지 않은 재해다. 왜냐하면 참화가 그 정도로 그친다면 자연의 다재다능한 능력과 인간의 근면함으로 잃어버린 것을 되찾을 수 있고, 지표에 엄습했던 홍수의 흔적도 자취를 감추게 되기 때문이다.

범람으로 인해 심지어 보상을 받기도 한다. 파괴시킨 구조물은 보다 뛰어나고 안전한 건축물로 대치된다. 낱알 하나라도 휩쓸고 간 것이 있다면, 물이 잠잠해졌을 때 여러 해 동안 척박해진 경지를 비옥하게 만들 수 있는 비료질 퇴적물을 뒤에 남기고 간다. 그렇다고 볼 때, 급류가 평균 10년에 한 차례 하천변 저지대의 작물을 파괴시키는 범람을 가져오는 것 이상의 어떠한 재앙도 초래하지 않는다면, 피해는 아무것도 아

---

88) d'Héricourt, "Les Inondations," *Annales Forestières* 16(1857), p.312.

니고 극히 일시적인 현상에 불과하다 할 것이다. 어느 정도인가 하면, 유럽 여러 지역의 내로라하는 유능한 판사들이 정부가 홍수를 피하기 위해 취해야만 한다고 생각하는 조치에 수반되는 약간의 불편과 비용 조차 정당화시키지 못할 만큼 미약하다는 것이다.

급류의 파괴적인 작용

그러나 이미 발생한 바 있거나 급류에 의해 이제부터는 훨씬 더 광범위한 규모로 계속해서 발생하리라 예상되고 회복 또한 어려운 섬뜩한 대재해는, 지리적인 속성을 내포하며 주로 자연이 지구의 뼈대에 입힌 피복이라 할 수 있는 지표, 식생, 광물 등의 침식, 변위, 이동의 측면으로 구성된다. 급류와 홍수의 파괴에 직면해 있는 지역의 황폐함에 대한 생각을 글로만 전달하기란 쉽지 않다. 그리고 여행의 시대인 오늘날, 증기선을 타고 재난의 현장 근처나 내부를 일주한 수천 명의 사람들도 활동 중인 파괴적인 원인을 관찰할 기회를 거의 갖지 못한다. 그들이 해당 지역의 과거와 현재의 상황을 비교할 수 있는 가능성은 더욱 희박하다.

샘과 땅을 기름지게 해주는 개울로부터 풍부한 물을 공급받아 울창한 삼림으로 덮였던 야산, 푸릇한 목초지, 풍성한 옥수수 밭과 포도원 등이 이제는 말라붙은 깊은 협곡으로 파이고, 급류에 의해 빠른 속도로 내려와 평원 위로 퍼져 나가는 걸쭉한 진흙과 자갈로 메워지며, 한때의 풍성했던 경지가 영원한 불모지로 낙인 찍히는 벌거벗은 산등성이, 암석비탈, 급경사의 강기슭으로 점차 변해가는 모습을 추적한다는 것도 마찬가지다.

현장을 지나치면서 자연이 이 장엄하지만 두렵기도 한 황무지에 영원토록 계속될 척박과 황폐의 저주를 내렸다는 인상을 지우기 힘들다. 또한 그 지역이 예전에는, 그리고 인간의 우매함이 없었더라면 앞으로도 계속해서 그러했겠지만, 신의 섭리로 선택된 곳에 내려진 모든 자연적인 혜택의 은총을 받은 바 있다고 믿기도 힘들다. 그러나 인간의 행위로 인해 알프스, 아펜니노, 피레네, 기타 중부 및 남부 유럽 여러 산맥의 비탈면에 남겨진 파괴적 변화에 관한 역사적 증거는 한마디로 결정적이다. 자연의 황폐화가 너무도 빨리 진행되어서 몇몇 지역에서는 한 세대밖에 안 되는 짧은 동안 그 우울한 혁명의 시작은 물론 끝을 목격할 정도였다.

한때 아름답고 비옥했던 유럽의 많은 지역을 강타했던 것과 유사한 황폐화는, 진행 중인 파괴적 원인의 작용을 억제하기 위한 즉각적인 수단이 강구되지 않는다면 미국 내 주요 지역과 유럽 문명이 현재 세력을 확장해가고 있는 다른 신생국가를 겨냥할 것이 확실하다. 드넓은 면적의 숲을 소유하고 있는 국가를 제외하면, 법에 의거해 어떻게 해서라도 이들 국가에서 재앙이 확대되는 것을 효과적으로 저지할 수 있을 것으로 기대하는 것은 무의미한 일이다. 개인소유로 넘어간 삼림은 법적인 제재에도 불구하고 여타의 소유물과 동일하게 경제적인 원칙에 입각해 관리될 것이다. 그리고 소유주는 삼림을 보호하는 것이 자신들에게 금전적으로 이득이 된다고 믿지 않는다면 나무를 벨 것이다.

지난 3세기 동안 유럽인의 지배에 놓이게 된 신생지역은 그들이 가장 신성하다고 믿는 시민권, 즉 모든 사람은 자신의 의사에 따라 자신이 하고 싶은 일을 할 수 있다는 권리에 대한 입법권력의 어떠한 간섭도 허락하지 않을 것이다. 구대륙에서는, 심지어 유럽 여러 국가 가운데 국민들이 통치받는 것을 가장 선호하고 관료적인 감시에 거의 개의치 않는 프랑스에서조차 숲의 파괴 또는 방탕한 활용을 방지하는 데 법은 아무런 힘이 못 되었다. 그리고 프랑스 산간지역에서 인간은 바로 이 순간에도 지표를 빠르게 황폐화시켜 인구감소뿐만 아니라 인접한 지역에 초래될 수 있는 엄청난 재앙에 대한 극심한 두려움을 야기하고 있다.[89]

---

89) Clavé, *Etudes sur l'économie forestiére*, p.32 ; Charles Dunoyer, *De la Liberté du travail*, Paris, 1845, II, pp.452~453.

기대해볼 만한 유일한 법적 조항이 있다면 그것은 지주가 자신의 사유지에 심긴 나무를 베지 않고 어린 나무의 성장을 관리하는 것이 개인적인 이익이 될 수 있도록 해주는 것이다. 남아 있는 삼림에 세금을 면제해주거나, 목재나 연료용으로 나무를 베었을 때 세금을 부과하고, 아니면 삼림을 사려 깊게 관리한 데 대한 포상과 명예를 수여함으로써 무언가 이룰지도 모른다. 중앙정부나 지방정부로 하여금 그러한 목적의 지출을 유도하는 것은 어렵지만 종국에는 그것이야말로 건실한 경제가 될 것임은 의심할 나위가 없다.

현명한 공공정신으로 충만한 자치정부를 가진 나라에서 그들 자치체가 삼림을 구입하고 통제하는 것은 종종 도움이 된다. 롬바르디아 북부 일부 주는 그와 같은 조치가 삼림의 적절한 관리에 관심을 보인 모든 이해당사자에게 큰 이득이 될 수 있다는 것을 경험적으로 보여준 바 있다. 한편, 스위스에서는 산사태에 대한 방비책으로 보존되고 있는 일부 지역을 제외하면, 자치지역의 숲이 공공의 이해에 그리 큰 이익을 가져다주지 못하고 대부분 시들해졌다. 모든 지역에서 수목에 파괴적이었던 방목권은 침입에 대한 관용과 결부되어 삼림의 가치를 엄청나게 떨어뜨려 놓음으로써 보호할 만한 나무를 거의 남기지 않았다. 티치노 주의 농민들은 타운 소유의 삼림을 팔기로 결정했고 법인회원들끼리 수익을 나누었다. 때때로 그렇게 받은 막대한 금액은 흥청망청 탕진되었고, 숲의 희생은 소유주에게 단 한순간의 이익도 가져다주지 못했다.[90]

임야를 무차별적으로 훼손한다는 것이 다음 세대는 물론 토양 자체를 위험에 노출시킬 수 있다는 위기감을 일반인 특히 토지소유자에게 환기시키는 것은 다른 무엇보다 중요하다. 다행스럽게도, 미국의 일부 주와 유럽의 많은 식민정부가 원시림의 상당 면적에 대한 소유권을 가

---

90) Hermann Alexander von Berlepsch, *Die Alpen in Natur- und Lebensbildern*, 2nd ed., Leipzig, 1862.

지고 있다. 예를 들어 뉴욕 주 북동부의 여러 군들은 광활한 면적의 땅을 차지하고 있는데, 그곳에는 벌목꾼의 캠프가 띄엄띄엄 있을 뿐이다. 비록 영구취락이 산재해 있고 양질의 소나무 숲이 파괴되었으며 화재로 소진되기도 했지만, 여전히 넓은 면적의 지표면을 숲이 차지하고 있다. 토양은 일반적으로 척박하고 새로 개간된 지역에서조차 다른 지역과 구별될 만한 풍성한 작물이 거의 없다. 그 결과 농경지의 가치는 매우 낮고 따라서 벌목 이외에는 특별히 다른 용도로 매매가 이루어지고 있지 않다.

주 정부가 남아 있는 숲을 공공의 복리를 위해 양도할 수 없는 자산으로 선포해야 한다는 권고가 있었지만, 나는 제안의 동기가 문제에 대한 경제적인 관점보다는 감상적인 측면에서 나왔다고 믿는다. 이 두 가지 사항을 고려하는 것은 실질적으로도 의미가 있다. 광대하고 접근이 용이한 미국 내 일부 삼림지역은 가능한 한 원상태로 남겨놓는 것이 바람직하다.

그 몇 가지 용도로 학생들의 교육을 위한 박물관과 자연을 좋아하는 사람들의 휴양용 정원 등을 생각해볼 수 있다. 자생종 수목, 그늘을 선호하는 수수한 식물, 그리고 물고기, 새, 길짐승 모두가 구속을 싫어하는 인간이 부여할 수 있는 법률 같은 불완전한 보호를 누리면서 머물고 종족을 이어갈 수 있는 피난처도 또 다른 용도의 하나가 될 것이다. 이 정책을 채택했을 때 공공재에 초래될 수 있는 직접적 손실은 미미할 것이다. 경제적으로 관리만 잘 된다면 숲 하나만으로도 손해 보는 것 없이 영속성과 성장이라는 이득을 남기면서 현재의 토지가치보다 더 큰 정상수입을 산출할 수 있을 것이다.

숲을 보존하는 데 따르는 부수적인 이득은 훨씬 클 것이다. 자연은 산을 만들어냈고 키 큰 나무들로 옷을 입혔다. 산은 애디론댁 산맥의 눈과 빗물에 의해 함양된 수천 개의 강과 개울에 연중 마르지 않는 물을 제공해주는 저수지 역할을 할 것이다. 또한 북극에서 아무런 걸림돌 없이 몰아치는 북풍의 한파로부터 중앙의 기름진 평야를 보호해주는 차단막으로서의 기능을 수행할 것이다. 지금까지도 뉴욕 북부의 기후는 프랑스 남부에 비해 기온의 극단성이 훨씬 크다. 겨울의 길고 계속되는 추위는 훨씬 강력하고, 여름의 짧은 더위는 프로방스만큼 강렬하기 때문에, 기온과 습도의 균형을 유지할 수 있는 모든 영향을 보존하는 것은 무엇보다 중요하다. 애디론댁 산맥에서의 벌목은 결국에는 프랑스 알프스의 남부 및 서부 비탈면 그리고 전방의 산기슭, 능선, 고립산봉 등을 민둥산으로 만들었을 때 파생되는 것과 동일한 결과를 뉴욕 주 중부와 북부에 가져올 것이다.

뉴욕 소재 산지를 개간함으로써 염려되는 재앙은 같은 이유로 프랑스 남부지방에서 발생했던 것에 비하면 정도에서는 덜할 것으로 보이는 것이 사실이다. 프랑스의 경우 산비탈의 경사와 독특한 지질구성 때문에 재앙의 강도가 증대되어왔다. 미국 대서양 연안의 어떤 주에서도 프랑스와 여러 가지 상황이 유사해 토양침식이 동일하게 진행된다고는 볼 수 없다. 그러나 계속되는 삼림파괴를 저지하지 못한다면 넓은 지역을 황폐화시킬 수도 있는 급한 경사와 푸석푸석한 토양을 가지고 있다.

내가 지금 이야기하고 있는 상대적으로 침해가 덜한 지역에서도 개간으로 인한 영향은 이미 감지되고 있다. 지역 내에서 발원한 하천은 건기에는 느리게 흘러가다가 호우 직후에는 수량이 급격히 늘어난다. 하천은 많은 양의 물질을 실어 내려오며, 경지가 숲을 잠식하는 데 비례해 허드슨 강의 항해에 큰 지장을 주는 침전물이 수로 아래로 확장되고 있다. 이 사실은 이미 현명한 경제의 수준을 넘어서 진행되고 있는 "개발"의 확대를 막기 위한 조치가 취해지지 않는다면, 상류에 자리한 여러 중심타운의 교역에 심대한 타격을 줄 수 있다고 염려할 만한 충분한 이유가 된다.

나는 문제가 되고 있는 재앙의 본질과 그것이 초래되는 과정에 대해서 전반적으로 언급했다. 이제 실제로 일어난 사실과 관련된 몇 가지 상세한 설명과 통계를 제시해 그 정확한 특성과 규모에 대한 이해를 돕고자 한다. 이를 위해 나는 프랑스 남동부 지역을 선정했는데, 그 이유는 다른 곳에 비해 피해가 심각했다기보다는 지역상황의 악화가 비교적 최근의 일이고, 여러 유능하고 신뢰할 만한 관찰자들에 의해 관측, 기술되었기 때문이다. 그들의 보고서는 다른 지역에서 출간된 것에 비해 손쉽게 접근할 수 있었다.[91]

도피네, 아비뇽, 프로방스 지방은 14만~15만 제곱마일 크기의 영토로 이루어져 있다. 이들 지방은 북서쪽으로 이제르 강, 북동쪽과 동쪽으로는 알프스 산맥, 남쪽으로 지중해, 서쪽으로 론 강과 접해 있으며, 북위 42도에서 45도 근처까지 뻗어 있다. 지표면은 구릉성이고 산도 많으며 도피네 지방의 일부 산꼭대기는 설선 위로 솟아 있다. 같은 위도대의 미국과 비교해 기후는 무척 온화하다. 높은 산맥에 내리는 것을 제외하면 눈은 거의 오지 않고, 얼음은 얇게 얼며, 식생을 통해서 유추할 수 있듯이 여름은 길다. 이런 이유로 경작지대에서 포도와 무화과나무는 어디에서나 잘 자라고, 올리브의 북한계는 북위 43.5도까지 올라가며, 해안에는 오렌지, 레몬, 대추야자 등이 자란다. 삼림 또한 남부형으로서 금송, 여러 종의 오크, 기타 다양한 종류의 활엽수림과 관목이 특유의 경관을 연출하고 있다.

급경사의 산비탈은 자연스럽게 이들 지방을 급류의 피해에 노출시켰다. 로마인들은 골짜기 밑에 성기게 쌓아올린 암석의 방벽으로 피해를 감소시켰는데, 그렇게 조치함으로써 물은 천천히 빠져나가는 대신 댐 윗부분에는 운반된 흙과 자갈이 퇴적될 수 있었다.[92] 나중에 십자군은 더 지혜로운 무슬림에게서 배운 많은 지식과 더불어, 언덕발치를 확보해 계단식으로 조성하고 관개해 비옥한 경지로 만드는 기술을 팔레스타인에서 고국으로 들여왔다. 산지를 덮고 있는 숲은 수량이 풍부한 샘을 가지고 있었다. 토지의 개간은 매우 느리게 진행되어, 수세기 동안에도 목재와 연료가 부족하다거나 그 밖의 글로 소개할 만한 재앙이

---

91) V. Streffleur, *Ueber die Natur und die Wirkungen der Wildbäche*, Vienna, 1852, p.3.
92) Palissy, *Œuvres complètes*, p.173.

심각하게 느껴지지 않았다. 실제로 중세기에 이들 지역에는 나무가 울창했으며 저지대와 구릉지를 불문하고 비옥하고 풍성했던 것으로 유명했다.

15세기 말의 상황은 그러했다. 17세기에는 통계상으로 내가 앞서 언급한 다른 두 지방의 저지대를 포함해 저지 프로방스의 경제는 더욱 번창했고 인구도 늘어났지만, 고지 프로방스와 도피네는 산지를 제거해 많은 면적의 경지와 초지가 추가되어 작물재배에 할애될 수 있었음에도, 부와 인구의 측면에서 염려스러울 정도의 감소가 있었다. 격렬해진 급류가 개간하여 확보한 것 이상의 땅을 침식하거나 모래와 자갈로 매몰시켰다는 것이 밝혀졌다. 굶주린 주민들이 경지를 점차 포기한 결과 화롯불과 민가의 수로 산정하는 세금은 여러 차례 계속해서 줄어들었다.

론 강과 해안 인근의 대규모 타운의 성장, 상공업의 발전, 그로 인한 농산물 수요의 증가는 결과적으로 농촌인구의 증가와 농지가격의 상승을 가져왔다. 그러나 고지 프로방스에서의 자연의 파괴는 그처럼 참담해서 넓은 면적이 완전히 버려지고 말았다. 그곳에서는 1471년에 897개를 헤아리던 화롯불이 1699년에는 747개, 1733년에는 728개, 1776년에는 635개로 각각 줄어들었다.

이러한 사실은 최고의 권위자 가운데 한 명인 드리브(Charles de Ribbe)에게서 인용한 것이다. 같은 책에서 몇 가지 더 추가해본다.[93]

"발르 코뮌에서는 1707년에 두 개의 언덕이 산사태로 연결되었고, 견줄 데 없이 비옥한 땅을 삼켜버린 호수가 형성되었다. 1746년에는 또 다른 사태로 인해 한 마을의 20채의 집이 흔적도 없이 묻혀버렸고 토지의 3분의 1이상이 사라졌다.""1724년에 모난은 주민들이 내쳐서 더 이상 경작되지 못했다.""1760년 당시 게이던은 1756년 이래로 최상의 대지가 사라지고 계곡이 그 자리를 대신했다는 기록이 있다.""블레온 강은 1762년에 디뉴에서 가장 비옥했던 지역을 파괴했다.""1768년 무

---

93) *La Provence au point de vue des bois*, pp.86~90, 106~107, 118, 129~130.

렵 말메종에서는 주민들이 다른 곳으로 이주해버려 모든 경지가 사라지고 말았다."

생로랑뒤발 코뮌의 경우 알프스 산맥에 이어 타운 공유림에 대한 개간이 있은 뒤에 발 강 급류의 범람은 기세가 더해졌고 일찍이 1708년에 많은 토지를 앗아갔다. "개간은 계속되어 1761년에는 더 많은 땅이 휩쓸려 나갔다. 또 한 차례의 파괴적인 범람이 있은 후 1762년에 많은 주민들이 다른 곳으로 빠져나갔고 1765년에는 지역 절반이 황무지로 변했다."

감정사인 세레어(Serraire)는 1766년에 의회에서 이렇게 말했다. "개울과 급류에 의해 초래된 피해는 무시할 수 없을 정도다. 고지 프로방스는 완전히 파괴될 위험에 처해 있고 그 지방을 초토화시킨 물은 아래에 자리한 귀중한 평야를 파괴시킬 태세다. 마을은 전에는 이름조차 알 수 없었던 급류로 침수되었고 큰 타운들 역시 같은 원인으로 파괴 직전에 있다."

1766년에 퓌제(Viscount Puget)는 다음과 같이 보고했다. "고지 프로방스의 대수롭지 않은 상황에 애국심 가득한 시장은 경악했다. 사람들이 보는 것이라고는 오직 높은 산, 급경사의 비탈을 가진 깊은 계곡, 넓은 하상에 물은 거의 없는 하천, 그리고 홍수시 하천변의 경지를 황폐화시키고 유로를 따라 큰 돌덩이들을 굴리는 격렬한 급류, 무차별적인 개간의 우울한 결과로 남겨진 급경사의 바싹 마른 산허리, 자급수단을 찾지 못한 주민들이 하루가 다르게 빠져나가는 마을, 파손되어 허름한 오두막으로 변해버린 가옥과 찾아보기 힘든 사람들뿐이다."

"1771년의 자료에서 급류로 인한 파손은 지진이 발생했을 때의 피해에 비유되었다. 여러 곳의 코뮌에서 토지의 절반가량을 삼켜버린 듯했다."

1792년에 저지 알프스의 지방 행정관들은 다음과 같이 말했다. "산지는 석회질 암석의 황량한 표면만을 보여줄 뿐이다. 개간은 지금도 계속되고 있고 작은 개울은 급류로 돌변해가고 있다. 많은 코뮌이 홍수에 작물, 가축, 집을 잃어버렸다. 산지의 침식은 개간과 화입에 원인이 있다." 앞으로 밝혀질 터이지만 이들 불만사항은 모두 프랑스 혁명 이전의 일로서, 그들이 설명하고 있는 황폐한 상태는 이후로 더욱 빠르게 진행되었다.

급류로 인한 파괴에 대해 가장 섬뜩하게 묘사했고 이 대재앙의 역사와 기본특성을 가장 세밀하게 연구한 책의 저자인 서렐(Surell)은 데볼뤼 계곡에 관해 이렇게 말한다. "모든 정황이 이곳이 고대로부터 삼림지였다는 것을 말해주고 있다. 토탄습지에는 이전 식생의 상황을 말해주는 잔적으로서 나무줄기가 묻혀 있다. 오래된 집의 뼈대에서는 이 지역에서 더 이상 자라지 않는 많은 나무를 보게 된다. 현재 벌거벗은 여러 곳의 지명에는 '숲'이라는 이름이 아직 남아 있다. 한 오래된 차용증서에는 흑림 또는 협곡을 의미하는 '콩바 니그라'(Comba nigra)라는 말이 적혀 있어 과거에 삼림이 울창했음을 말해준다. 이를 비롯해 여타 증거들도 바로 그 사실을 공인하는 지역의 전통을 확인해준다."

"고지 알프스의 모든 지역에서와 같이 그곳에서도 산비탈의 개간활동이 계곡으로 확대되었고 점차적으로 산 정상부의 접근 가능한 지점으로 퍼져 나갔다. 그런 다음에 프랑스 혁명이 발발해 그때까지 벌목꾼의 도끼날을 피해 남아 있던 숲의 파괴가 이루어졌다."

이 문구에 대한 주석에서 저자는 이렇게 말한다. "몇 사람이 나에게 오루 산의 라클뤼즈로부터 아그니르까지 연속되는 비탈을 덮고 있던 숲 속에서 길을 놓쳐 양떼를 잃어버렸다고 이야기했다. 이 비탈면은 현재 손바닥처럼 맨바닥을 드러내고 있다."

급경사의 산지에서 나무가 베어지고 방목한 뿔소, 양, 염소에 의해 하층식생이 죽어버리자 모든 저지대는 수로로 바뀌었다. "폭풍우가 있을 때마다 급류가 형성된다. 비록 3년이 채 되지 않았지만 계곡 내에서는 가장 비옥했던 경지가 황폐해지고, 겨우 몇 시간만에 생겨난 계곡으로 마을 전체가 휩쓸려 들어가는 것을 가까스로 피했던 비슷한 사례를 볼 수 있다. 홍수는 때로 하곡이나 심지어 하상이 없이도 지표면을 엷게 덮고 흘러 넓은 지역을 파괴시킴으로써 기약 없이 버려지게 만든다."[94]

　나는 급류에 대한 서렐의 설명과 분류를 잘 이해하지 못하겠다. 독자들은 본 주제와 관련된 이론을 총괄적으로 해설해주기 위해 내놓은 그의 지침서를 참조했으면 한다. 하지만 산비탈에 옷을 입히고 그를 지탱해주는 삼림을 파괴함으로써 발생하는 위력적인 에너지의 집중이 어느 정도인가를 보여주기 위해 이조아르 고개를 따라 내려오는 계곡에 대한 그의 설명을 인용해보겠다. 서렐은 그곳을 "완전한 형태의 분지", 다시 말해 여러 개의 곁가지 급류의 물이 모여들고 방출되는 집산지의 기능을 수행하는 계곡으로 이야기한다. 그는 다음과 같이 말한다. "엄청난 유로의 상황은 놀랄 만하다. 3킬로미터도 안 되는 거리에 60개 이상의 급류가 양쪽 비탈에서 뜯겨져 나온 파편을 계곡 깊은 곳으로 쓸어넣는다. 이들 2차 급류 가운데 가장 작은 것이라 해도 비옥한 계곡 안으로 위치를 옮겨놓으면 모든 것을 파괴하고도 남을 것이다."

　저명한 정치경제학자인 블랑키는 다음과 같이 진술한다. "이미 설명한 쇠망의 원인들이 중요하기는 하다. 그러나 프랑스의 알프스 산맥 연변의 지방에 보이는 두 가지 고질적인 해악으로서 개간의 확대와 급류의 파괴로부터 초래된 결과와는 비교할 수 없다. ……파괴의 가장 중요한 결과는 이렇다. 물에 의해 매일같이 점점 더 급속도로 휩쓸려 나가는 농업자본, 다시 말해 대지 자체는 완전히 소실된다. 견줄 데 없는 최악의 빈곤의 징후를 모든 산간지대에서 확인할 수 있으며, 이들 지역의 고독함은 말로 다 표현할 수 없는 척박함과 황량함을 지니고 있기도 하다. 삼림이 점진적으로 파괴되면서 수많은 지역에서 샘과 연료가 고갈되었다. 로망쉬 계곡의 그레노블과 브리안송 사이의 여러 촌락은 나무가 너무 부족해 햇볕에 말린 쇠똥으로 빵을 구울 수밖에 없는 상황이며, 이것조차도 일 년에 한 차례밖에 할 수 없다. 빵은 너무 딱딱해서

94) Alexandre Charles Surell, *Etude sur les torrents des Hautes-Alpes*, Paris, 1841, pp.152~153.

도끼로 잘라야 하는데, 지난 1월 반죽할 때 보았던 빵 한 덩이를 9월에 다시 본 적도 있다."

"바스로네트, 앙브렁, 베르덩 등의 계곡과 고지 알프스 데볼뤼 현의 아라비아 페트라를 방문해본 사람이라면 누구나 이제 시간이 많이 남지 않았다는 것, 지금부터 50년 안에 이집트가 사막에 의해 시리아로부터 분리되었던 것처럼 프랑스가 사보이로부터 분리될 것을 알고 있다."[95]

여기서 언급된 지역은 비록 지금은 프랑스에서 가장 절망적인 황무지라고는 하지만 프랑스 혁명이 시작될 무렵까지도 생산성이 매우 높았다는 사실에 특히 주목할 만하다. 1789년에 자신의 글 속에서 영은 다음과 같이 말한다. "바스로네트 방면의 우량초지를 가진 모든 고지대는 엄청난 수의 소떼 외에도 수백만 마리의 양떼를 먹여 살린다. 그러한 기후 아래서 그와 같은 토양을 구비한 지역이라면, 단지 산지라는 이유만으로 생산성이 떨어진다고 생각해서는 안 된다. 내가 보았던 계곡은 전체적으로 훌륭했다."[96]

그는 그와 같은 특성이 도피네, 프로방스, 오베르뉴 주에도 나타난다고 본다. 또한 주의 깊게 그리고 노련한 관찰자의 시선을 가지고 블랑키가 설명했던 야만적인 폐허의 현장을 직접 방문하기까지 했지만, 뒤랑스 강과 루아르 강 일부 구간만이 홍수로 심각한 피해를 입었다고 언급한다. 우리가 보았던 것처럼, 급류의 파괴활동은 실제로는 다른 몇몇 지역에서 더 일찍 시작되었다. 그렇지만 영이 활동했을 당시 급류가 미친 영향은 제한된 범위에 그쳤고 상대적으로 그리 중요하지도 않았다. 그래서 지금처럼 넓은 범위에 걸쳐 파괴된 지역을 전체적으로 조망하

---

95) Jérôme Adolphe Blanqui, "Rapport sur la situation économique des départements de la frontière des Alpes: Isère, Hautes-Alpes, Basses-Alpes, et Var", *Académie des Sciences Morales et Politiques, Séances et Travaux*, 4(1843), pp.354~356, 363~364; Jean Charles François Ladoucette, *Histoire, topographie, antiquités, usages, dialectes des Hautes-Alpes*, 2nd ed., Paris, 1843, pp.219~220, 243.

96) Becquerel, *Des Climats*, p.314.

도록 요구할 수 있는 상황은 아니었다.

계속해서 다른 인용문을 살펴보자.

블랑키는 "과장이 아니다"라고 말한다. "내가 외유를 마치고 방문했던 지역을 거명할 때, 즉석에서 그 비참한 상태가 거짓 없는 진실이라는 것을 증명해줄 적어도 한 사람의 의견은 개진될 수 있을 것으로 확신한다. 나는 콩스탕틴 주의 카빌리아 마을에서조차 그에 필적할 만한 상황을 접하지 못했다. 그곳에서는 말을 타고 여행하면서 봄철에 피어난 풀을 볼 수 있으나 알프스 산맥의 50개가 넘는 코뮌에서는 아무것도 볼 수 없었다."

"수개월 동안 구름 한 점 없는 앙브렁, 가프, 바스로네트, 디뉴 등지의 맑고 밝은 알프스의 하늘은 열대에서 볼 수 있는 것 같은 폭우로 간간이 끊길 뿐인 가뭄을 가져온다. 방목권의 남용과 삼림파괴로 토양에서 모든 풀과 나무가 벗겨졌고, 타오르는 태양은 흙을 반암 같은 단단한 암석으로 구워낸다. 비로 축축해졌을 때에는 아무런 지지나 응집도 없어 토양이 계곡으로 굴러 내려간다. 때로는 검고 노랗거나 붉은 빛을 띤 용암과 유사한 홍수로, 때로는 자갈과 커다란 바위덩어리의 유체를 이루어 엄청난 소리를 내면서 쏟아지고, 빠른 구간에서는 가장 격동적인 이동을 보인다. 확 트인 위치에서 그토록 많은 계곡이 파여 있는 경관을 내려다보고 있노라면, 황폐와 죽음의 이미지만이 떠오를 뿐이다. 굴러 내려와 평원 위로 퍼진 수피트 두께의 광대한 자갈층이 큰 나무를 둘러싸 꼭대기까지 매몰시키고 그것도 모자라 그 위로 쌓아 올라가 농민에게는 한 줄기 희망도 남기지 않는다. 금방이라도 터져 그 잔해로 평야를 뒤덮을 것 같은 산비탈의 깊은 균열보다 더 슬픈 광경은 상상할 수도 없다. 바로 그 암석에 틈을 내 파편으로 조각내는 태양과 파편을 쓸어 내려가는 비의 영향 아래서 협곡은 산중심으로 깊이 파내려간다. 협곡에서 빠져나오는 급류의 하상은 암설에 의해 한 해에 수피트씩 상승해 교각의 높이까지 올라오고, 당연히 다리는 모습을 감추게 된다. 급류의 바닥은 먼 곳에서 확인이 가능하며, 산에서 나와 저지대에 부채꼴의 돌로 만든 외투와 같이 퍼져 나간다. 넓이는 때로 1만 피트나 되고, 중앙부는 높이 솟아올랐으며, 능선이 평지에 접할 때까지 주변으로 굴곡을 이루며 내려간다."

"건조한 날씨에서의 상황은 그렇다. 그러나 거의 모든 현상에서 일반적인 하천수의 작용과는 거리가 먼 급류의 파괴에 대해서는 그 어떤 말로도 충분히 표현할 수 없다. 급류는 더 이상 흘러넘치는 개울이 아니다. 실제 바다와 같이 폭포수가 되어 떨어지고 전면으로 암괴를 굴리는데, 그 암괴들은 마치 화약이 폭발하여 발사된 포탄과 같이 파도의 충격에 의해 앞으로 쓸려 나간다. 자갈능선은 운반하는 급류가 자신을 드러내 보일 정도로 높게 솟아날 때 솟구친 다음 끌려 내려가 천둥보다 더 큰 소리를 내며 부서진다. 성난 바람은 돌진하는 물에 앞서 다가와 급류의 접근을 알려준다. 다음으로 격렬한 폭발이 있고 그 뒤를 진흙탕의 파도가 따라오며, 몇 시간이 지나면 두려울 만큼 고요한 정적으로 모든 것이 돌아간다. 정적은 휴식기에 이 폐허의 현장을 드러내준다."

"이것은 알프스 산맥이 내린 재앙에 대한 지극히 단편적인 스케치일 뿐이다. 파괴력은 개간이 진전되면서 증대되고 있으며, 하루하루 우리 변경지대 일부 지역을 불모지로 변화시키고 있다." "개간을 향한 불행의 열정은 프랑스 혁명 초기에 가시화되었으며, 현실적인 필요의 압박에 의해서 강화되었다. 지금은 정점에 와 있고 따라서 속히 제어되어야만 한다. 그렇게 하지 않는다면 마지막 남은 나무가 쓰러질 때 최후까지 남아 있던 거주자 또한 쫓겨 나오지 않으면 안 될 것이다."

"파괴의 요인들은 폭력성을 증대시켜왔다. 하상이 연간 10피트씩 상승하는 하천에 대한 언급이 있어야 할 것 같다. 고지대 비탈면의 나무가 없어지면서 파괴력은 기하급수적으로 커졌다. 한 농부의 표현대로, '상류에서의 파괴는 하류의 황폐화를 촉진하는 데 동조했다.'"

"프로방스의 알프스는 끔찍한 일면을 던져준다. 프랑스 북부지방의 평온한 기후에서는 연상하려야 할 수 없는 모습들, 즉 새들에게 안식처를 제공할 수 있는 덤불 하나 없고 기껏해야 여름에 이곳저곳에서 시들어 있는 라벤더나 볼 수 있을 뿐이다. 샘은 모두 말라붙었고 윙윙거리는 곤충소리에 의해서도 깨지지 않을 죽음의 적막이 압도하는 바싹 마른 산골짜기들뿐이다. 그러나 폭풍우가 불어 닥치면 다량의 물이 산정부에서 갑자기 쏟아져 나와 파인 골짜기로 퍼붓는다. 이렇게 물이 급속하게 쏟아져 내려옴으로써 관개는 고사하고 침수된 토양을 척박하게 하며, 생기를 불어넣어 주기는커녕 범람시켜 수분부족으로 발생할 수 있는 것보다 더 심하게 시들게 한다. 인간은 마침내 두려운 사막으로부터 도망쳐 나오게 된다. 30년 전 이맘때쯤 환대를 받았던 곳에서 나는 아무런 생명체도 발견할 수 없었다."[97]

블랑키의 회고록이 나온 지 10년이 되는 1853년에, 고지 알프스의 지사였던 드봉빌(M. de Bonville)은 정부에 보고서를 제출했는데, 그 안에는 다음과 같은 내용이 있었다. "산에서 내린 저주라 할 수 있는 급류의 파괴력이 더해지면서 휩쓸려 나가는 알프스의 옥토가 두려울 정도의 속도로 나날이 늘어가고 있는 것은 확실하다. 우리의 알프스 전체가 그렇다고 한다면 과장이겠지만 상당 부분에서 수목이 벗겨져 나갔다. 프로방스의 태양에 그을린 토양은 생존에 필요한 풀을 구하지 못한 나머지 굶주림을 달래기 위해 뿌리를 찾아 땅을 파헤치는 양의 발굽에 마구 패이고, 주기적으로 융설수와 여름철 폭우에 쓸려 나간다."

"급류의 영향에 대해 자세히 설명하지는 않겠다. 지난 60년 동안 너무나도 자주 이야기되었기 때문에 더 이상의 논의는 불필요하다. 그렇지만 파괴의 범위가 나날이 넓혀져 왔다는 것을 보여주는 것은 중요하다. 현재 지점에 따라 넓이가 2,000미터를 초과하는 곳이 있지만 평수위에는 폭이 10미터 미만인 유수를 가지는 뒤랑스 강의 하상은 피해의 범위에 관해 시사하는 바가 있다.[98] 10년 전만 해도 숲과 경지를 볼 수 있었던 곳에 이제는 거대한 급류만이 남아 있다. 적어도 급류 하나 없는 우리나라의 산은 없으며, 하루가 다르게 새로운 급류가 생겨

---

97) Blanqui, "Rapport", pp.360~364, 372.

나고 있다."

"토양이 줄어들고 있다는 간접적인 증거는 지역 내 인구감소에서 찾아볼 수 있다. 1852년에 나는 그해의 인구조사에 의거하여 저지 알프스의 인구가 1846년에서 1851년에 이르는 5년 동안에 무려 5,000명이 줄어들었다고 의회에 보고했다."

"즉각적이고 강력한 조치가 취해지지 않는 한 프랑스 알프스가 사막으로 될 날을 꼽는 것은 어렵지 않다. 1851년과 1856년 사이에는 인구가 더욱 축소되었다는 것을 보여줄 것이다. 1862년 해당 부서에서는 농경지 면적의 지속적이고 점진적인 축소를 발표할 것이다. 해마다 재앙은 악화될 것이고 50년이 지난 뒤에 프랑스는 더 많은 폐허를 헤아릴 것이며 인구감소로 현의 수 또한 줄어들 것이다."

시간이 드봉빌의 예상을 입증해주었다. 이후의 인구조사 결과는 저지 알프스, 이제르, 드롬, 아리에쥐, 저지 피레네와 고지 피레네, 로제르, 아르덴, 두, 보스게스 등 간단히 말해 이전에는 울창한 숲으로 유명했던 지방 소속의 현 인구가 점차적으로 감소했다는 사실을 말해준다. 인구감소는 아일랜드와 독일 및 이탈리아 일부 지역에서처럼 해외이민에 대한 열기 때문이 아니다. 그것은 단순히 인간의 어리석음으로 인해 자연이 부여한 각종 편익과 안전을 무자비하게 박탈함으로써 살 수 없게 된 곳으로부터, 자연에 의해 그러한 안전장치가 필요 없도록 지표가 형성되고 결과적으로 인간의 소모적인 낭비에도 불구하고 원래의 윤곽을 그대로 유지하고 있는 지역으로의 이동, 즉 제국 내 지역 간 인구이동에 기인한다.[99]

이러한 모습들이 고도로 윤색된 것처럼 보이고, 프랑스 남부와 이탈리아 북부를 대충 돌아본 여행가가 간선도로를 타고 다니면서 사실을 입증할 수 있는 무언가를 거의 발견하지 못하여 과장되었다 생각할지

---

98) Ladoucette, *Histoire des Hautes-Alpes*, p.354 ; Young, *Travels in France*, II, p.17.
99) Clavé, *Etudes*, pp.65~67.

모르지만, 결코 과장은 아니다. 증기기관차나 역마차가 다니는 길은 일반적으로 더 안전한 곳으로 나 있다. 그래서 알프스 산간도로를 오르고 산맥을 횡단했을 때에라야 비로소 방금 설명한 것과 유사한 장면들이 일반 여행자의 눈앞에 펼쳐진다. 그러나 산지의 침식과 그로부터 파생된 암설의 운반에 따라 폐허의 범위가 확장됨으로써 알프스 산맥 저지대의 능선과 그에 인접한 평야에도 유사한 결과가 초래되었다. 심지어 지금도 간선도로에서 단 한 시간 정도만 나가면 블랑키가 묘사했던, 극도로 무서운 심연과 같이 파괴의 악령이 난폭하게 유흥을 즐기고 있는 곳에 닿을 수 있다.[100]

유럽을 여행하는 사람이라면 누구라도 급류의 작용으로 인한 결과 한 가지를 목격하게 된다. 그것은 바로 운반해온 암설이 퇴적됨으로써 산지 하천의 하상이 상승한다는 것이다. 들판으로 모래와 자갈이 퍼져 나가거나 격류가 범람하지 못하도록 하천은 방벽과 제방에 의해 제한된다. 급류의 하상이 상승함에 따라 구조물도 점점 높아져 하천에 도달하기 위해서는 배후의 들판에서 그곳으로 기어올라야만 한다. 종종 하천의 평균고도는 도로면, 심지어 통과하는 타운의 건물지붕보다도 높다.[101]

알프스 계곡 오지를 방문해 골짜기의 길이와 넓이, 인접한 절벽의 깎아지른 높이와 견고함을 관찰하고 그 공간을 메우는 데 필요한 암석을 계산해본 여행가라면, 그의 발 아래 졸졸 흘러가는 평범한 개울이 이 엄청난 침식을 이루어낸 주요 동인이었다는 사실을 믿을 리 없다. 조금 더 면밀히 관찰하면, 계곡 위에 걸쳐 있는 단일하게 보이는 암석도 실제로는 균열과 절리투성이고, 서릿발의 작용으로 다량의 암설이 밑으로 쏟아져 내릴 것 같은 붕괴 직전의 상태에 있다는 것을 알 수 있다.

그 여행가가 유출물이 공급되는 분지의 면적을 어림해본다면, 겨울 동안에 쌓였던 눈이 갑작스럽게 녹는다거나 알프스에서 흔히 볼 수 있

---

100) Berlepsch, *Die Alpen*, pp.169~171; *Delle inondazioni del Mella e de' suoi confluenti nella notte del 14 al 15 Agosto*, 1850, Brescia, 1851.

101) Streffleur, *Ueber die Wildbäche*, p.7.

는 끔찍한 폭우가 내릴 때, 커다란 자갈과 바위덩어리를 쓸어가기에 충분한 홍수가 발생한다는 사실을 알게 될 것이다.[102] 그가 협곡으로 들어서기에 앞서 올라섰고 급류의 작용으로 암설이 쓸려 나갔음이 틀림없음을 결정적으로 보여주는 구조와 조성을 가진 반원형 구릉의 체적을 단순히 계산해보면, 한때 계곡을 채우고 있던 대부분의 물질이 어떻게 처리되었는지 명쾌하게 설명될 것이다.

암석이 인치씩 격렬하게 움직일 때마다 커다란 충격이나 적어도 큰 마찰이 수반되며, 물질을 운반하는 하천의 유로를 따라가보면 돌이 점차적으로 형태가 둥글어지고 크기는 자갈, 모래, 진흙으로 순차적으로 작아진다는 것 또한 기억해야만 한다.

나는 알프스의 모든 암석계곡이 숲의 파괴로 인해 발생한 급류의 작용으로 만들어졌다고 주장하려는 것이 아니다. 그 산맥을 흘러내리는 모든 대하천과 많은 작은 하천들의 기원은 그보다 높은 곳에 자리한 원인에 있다. 그 원인이란, 융기 또는 그 밖의 지질적 격동에 이은 파열로 생겨나 빙하기에 빙하의 작용에 의해 넓혀지고 경사를 이루며 갈라졌지만 이후에는 유수에 의해 형태상의 거의 아무런 변화도 받지 않은 시원적인 균열이다.

오래전에 형성되어 산맥의 중심까지 뻗어 있는 이들 계곡에서 하천은 아직도 빠르게 흐르지만 한때의 급류다운 특성을 잃어버렸다. 하상은 거의 변함이 없고, 측벽은 더 이상 밑바닥을 쓸어 내려가는 물속으로 붕괴되거나 떨어지지 않는다. 지금까지 내가 급류에 침식되었다고 이야기한 계곡은 최근의 것으로서, 보다 정확하게는 중앙능선의 급경사 면에 흩뿌려져 있고 단단한 버팀벽 사이에 두텁게 쌓여 있는 느슨해진 암석, 자갈, 흙으로 구성된 알프스의 지각에 속한다. 그렇지만 산간주민이 거주하는 곳은 바로 그 위다. 이곳에 그들의 숲이 있고 초지가 있다. 급류의 파괴활동은 그들의 세계를 파손하고 이를 아래에 자리한

---

102) *Entwaldung der Gebirge*, p.17.

평야지대를 초토화시키는 원천으로 전환시킨다.

하천의 운반력

1857년에 내가 직접 관찰한 사례 한 가지는 알프스의 급류와는 비교할 수 없을 정도로 약하기는 하지만 하천의 침식과 운반능력에 관한 몇 가지를 말해줄 것이다. 버몬트 주 우드스탁을 관류하는 작은 하천인 오타케치의 범람으로 강변의 물레방아 보가 터져버렸다. 자세히 측정한 결과 1만 3,000세제곱야드로 추정되는 퇴적물이 하천에 의해 운반되어 물방아용 저수지에 퇴적된 것이다. 이 댐과 4마일 아래에 위치한 또 다른 저수지 사이의 하천바닥에는 주로 자갈로 구성된 큰 돌이 군데군데 흩어져 있다. 하천의 폭은 약 65피트였고 저수위에는 훨씬 좁아진다.

중간의 두 곳 내지 세 곳의 급류를 제외하면 모래와 작은 자갈이 2마일 거리에 55~60피트 넓이로 하상에 부드럽고 평탄하게 펴져 있다. 이들 물질은 돌틈을 모두 막고 9~10인치 두께로 덮음으로써 균형 잡힌 오목한 모래면을 이루어 하천의 깊이를 줄이는데, 일부 지점에서는 5~6피트에서 15~18인치로 축소되었다. 나는 하천이 안정을 되찾아 바닥이 보일 정도로 투명해졌을 때 퇴적물을 살펴보았다. 그 과정에서 하상이 높아지기 전에는 많은 양의 물이 흘러가던 돌과 돌 사이의 공간이 메워짐으로써 다음 번 홍수에는 양쪽 강기슭에 이례적인 침식이 발생하여 영구적인 유로변동이 초래될지도 모른다고 생각했다.

그러나 그러한 상황은 일어나지 않았다. 다음해 봄에 일어난 홍수는 앞서 퇴적된 모래를 완전히 쓸어가 저수지와 그 아래쪽 정체구간으로 운반해 하상을 예전과 거의 같은 상태로 만들어놓았다. 물론 그와 같은 하천의 유로에서 모든 홍수가 그러한 것처럼 자갈의 위치를 약간 바꾸기는 했다. 비록 댐이 파괴되어 종종 물이 빠져나가기는 했지만, 저수지는 이후로 약 25년 동안 일체의 교란을 받지 않았다. 저수지의 내용물은 거의 전부 모래로 구성되었는데, 홍수시에는 댐과 같은 장애물 상류처럼 잔잔한 곳에서도 그보다 가벼운 물질이 쌓이지 못할 정도로 유속이 빨랐다.

내가 언급한 분량은 그 기간 동안의 하천의 총 침식량에 비하면 극히 보잘것없다. 왜냐하면 하천 양쪽의 침식물질은 주로 모래보다 가는 흙으로 구성되며, 저수지가 이미 매립되었거나 거의 그렇게 되었다면 이 물질은 더 이상 그 안에 퇴적될 수 없기 때문이다. 내가 지금 설명한 두 개 댐 사이에 퇴적된 물질이 단 한 번의 홍수에 완전히 제거된다는 사실은, 거친 하상으로 상당한 제약을 받음에도 많은 양의 모래가 경사가 완만한 하천에 의해서도 이동될 수 있다는 것을 보여준다. 두 개 댐 사이의 하상의 총 경사는 전체 길이 5마일에 대해 60피트, 다시 말해 1마일당 15피트에 불과하다.

포 강과 퇴적물

포 강은 연중 계속해서 항해에 활용될 수 있을 만큼 상당한 거리에 걸쳐 수량이 풍부하다. 하지만 피아첸차 인근까지는 그런 식으로 이용하기에는 흐름이 너무 빠르고, 이후로는 유속이 지나치게 줄어 미립의 상태로가 아니면 많은 양의 광물질은 운반할 수 없는 상태다. 남쪽 지류는 아펜니노 산맥으로부터 다양한 지층에서 많은 양의 미립질 흙을 운반하는 반면, 티치노 서쪽의 알프스 지류는 주로 모래 또는 자갈로 분쇄된 암석을 실어온다.[103] 하상은 여러 차례 설명한 것처럼 인근 평야의 수준보다 높지는 않으나 하천퇴적물에 의해 조금 상승했다. 고수 위에 물의 흐름을 막는 제방은 동시에 유속을 증대시켜 침전물 대부분을 아드리아 해로 운반한다. 따라서 포 강은 제방이 없었을 때와는 달

---

103) Baumgarten, "Notice sur les rivières de la Lombardie, et principalement sur le Pô", *Annales des Ponts et Chaussées*, 13(1847), p.131.

리 자체의 유로는 물론 범람원의 고도를 높이지 못한다. 그러나 포 강의 홍수위는 강변에 비해 6~15피트 정도 높기 때문에 홍수 기간에는 롬바르디아 평야에서 쓸려온 흙을 거의 받지 못한다. 그래서 하구에 퇴적시키는 물질 대부분은 알프스의 암석에서 떨어져 나와 바다로 가는 도중에 물에 갈려 세사나 실트의 크기로 줄어들었다는 데에는 의심의 여지가 없다.[104]

우리는 지금보다 2,000년 이상을 거슬러 올라가는 기원전 시점에서의 포 강의 역사라든가 아드리아 해로 유입하는 하구 인근의 해안지형에 대해 아는 바가 거의 없다. 인간이 수원지대의 삼림을 파괴해 침식작용을 증대시키기 전에, 롬바르디아 평원 어느 정도가 포 강의 작용 및 그 밖의 원인에 의해 형성되었는지도 마찬가지로 알 수 없다. 그러나 붕괴된 암편을 다시 바위로 고결시키고, 자갈, 흙, 부엽토로 재조합하고, 폭발이나 융기에 의해 애초에 놓였거나 식생이 퇴적시켰던 원래의 위치로 되돌려보자. 그랬을 때 우리는 로마가 이탈리아 북부지방을 점령한 이후의 포 강의 퇴적물이 알프스와 아펜니노 산맥의 많은 깊은 계곡을 메울 수 있고, 산맥의 평면과 단면을 바꿀 수 있으며, 남부 및 북부 비탈면 각각에 대해 현재와는 매우 다른 지리적 양상을 부여할 수 있을 정도의 많은 양에 달할 것임을 알고 있다.

포 강 본류의 하구로부터 남쪽으로 40마일 떨어진 지점의 라벤나는 베네치아와 마찬가지로 석호변에 건설되었으며, 기원후가 시작될 무렵 아드리아 해는 여전히 그 호안을 때리고 있었다. 포 강은 진흙으로 석호를 메웠고 라벤나는 이제 바다에서 4마일밖에 떨어져 있지 않다. 포 강과 아디제이 강 사이, 각 하천으로부터 4~5마일의 거리를 두고 자리한 아드리아 시는 한때 그 이름을 따 아드리아 해라는 이름을 붙일 정도로 유명한 항구였으며, 아우구스투스 당대에도 여전히 그러했다. 두 강의 작용이 복합적으로 작용한 끝에 해안선은 바다 쪽으로 전진해 아

---

104) Baumgarten, "Rivières de la Lombardie", pp.141~147.

드리아는 이제 내륙으로 14마일 안쪽에 갇히게 되었다. 다른 지역에서는 이들 하천과 그 밖의 인접한 다른 하천에 의해 같은 기간 동안 폭이 20마일 되는 퇴적층이 형성되었다.

지난 2,000년 동안 그 강들이 운반해온 흙의 어느 정도가 깊은 물속에 쌓였는지 알 수 없다. 그러나 아드리아 해 북부가 급속하게 메워지고 있고 대부분 충적물질로 구성된 사주가 하구 반대편에 형성되고 있는 점으로 미루어 지금도 엄청난 양이 운반되고 있다고 한다면, 그것은 아마도 상당했음이 틀림없다. 포 강은 1년에 한두 차례 범람한다.[105] 그 밖의 기간에는 상대적으로 물이 맑아 기계적으로 부서진 운반물질에서 진흙이나 세사는 별로 찾아볼 수 없다.

그러나 고수위에는 상당히 많은 양의 물질을 포함한다. 롬바르디니(Lombardini)에 따르면 포 강은 해마다 적어도 4,276만 세제곱미터, 바꾸어 말해 거의 5,500만 세제곱야드를 아드리아 해변으로 운반해, 1년에 200피트 이상의 비율로 해안선을 바다 쪽으로 전진시킨다.[106] 연간 퇴적층의 깊이는 18센티미터, 즉 7인치 이상으로서 그 정도 두께의 층으로 적어도 90제곱마일의 면적을 덮을 수 있는 양이다.

아디제이 강 역시 해마다 수백만 세제곱야드의 물질을 알프스로부터 아드리아 해로 운반하며, 브렌타 강이 동일 지역에서 가져오는 양은 훨씬 많다. 그러나 알프스의 이탈리아 쪽 사면과 아펜니노 산맥 북사면으로부터 급류에 쓸려온 흙과 돌은 아드리아 해로 극히 적은 양만이 유입한다. 몬테로사와 아다 강 수원 사이의[107] 적어도 150마일 연장에 달하는 분수계인 알프스 남사면에서 유출되는 파편 거의 대부분은, 마그지오레 호, 코모 호, 그 밖의 소규모 호소에 정체해 있는 물에 막혀 바다

---

105) Castellani, *Dell' immediata influenza delle selve sul corso delle acque*, Turin, 1818~19, I, 58n.

106) Baumgarten, "Rivières de la Lombardie", p.174.

107) J.F.W. Herschel, *Physical Geography*, p.120; John Palsgrave, *L'éclairissement de la langue francaise*, Paris, 1852, p.717.

까지는 거의 나가지 못한다. 하류구간을 제외하면 포 강을 따라 제방이 연속적으로 나타나는 것은 아니다. 따라서 피아첸차 위쪽에서는 넓게 퍼져 퇴적이 진행되고, 저지대에서 관개수로 사용하기 위해 그로부터 끌어온 물과 이따금씩 둑이 터졌을 때 쏟아져 나오는 물은 인접 지역으로 많은 양의 진흙을 운반한다.

포 강이 연간 하구에 쌓아놓을 것으로 추정되는 양에 추가해, 아디제이, 브렌타, 기타 소하천에 의해 운반된 흙과 모래를 감안해보자. 여기에 토사, 마그지아, 티치노 등의 강에 의해서 마그지오레 호수로 유입되고 이어 마이라와 아다 강에 의해 코모 호로 들어오며 다시 그 지류에 의해 가르다 호에 퇴적되는 엄청난 양의 물질, 그리고 급류가 산간협곡에서 빠져나오는 지점에 쌓아놓거나 저지 넓은 평원에 흩뿌려놓은 광대한 면적의 자갈, 각력, 흙 등 일체를 고려해보자. 그렇다면 전체적으로 포 강이 아드리아 해로 운반하는 양의 적어도 4배 정도인 2억 2,000만 세제곱야드의 물질이 이탈리아 알프스와 아펜니노 산맥에서 절취되어, 흐르는 물의 힘으로 그 지역에서 제거된다고 추측할 수 있다.[108]

포 강 하구에서의 현재와 같은 퇴적률은 1600년 이래로 지속되어왔으며, 서기 1200년 이후에 있었던 해안선의 전진은 그것의 약 3분의 1 정도의 속도에 불과했다. 롬바르디니는 침식과 운반이 이렇듯 급격하게 증대된 것은 포 강 유역과 지류계곡에서 17세기 초반 이래 진행되어온 삼림파괴에 주요 원인이 있다고 설명했다.[109] 우리는 1200년 이전 각 시기의 퇴적률을 말해줄 만한 데이터는 얻을 수 없지만, 인구증가와 그에 따른 개간 및 경작의 확대에 따라 달라진다고 보면 틀림없다.

급류의 운반력은 급류가 형성된 직후에 가장 크다. 왜냐하면 그 시점에서는 다년간에 걸친 상류부의 침식과 하류부의 퇴적으로 산간계곡의 기저가 낮아지고 하류 쪽 유로가 상승하게 될 때에 비해, 도착지점은

---

108) Castellani, *Dell' immediata influenza delle selve*, I, pp.41~43.
109) Baumgarten, "Rivières de la Lombardie", p.175.

더 낮고 전체 비탈면과 유속은 더 급하고 빠르기 때문이다. 침식작용 또한 급류의 기계적인 힘이 가장 강력하고 개간 직후의 물러진 토사가 가장 수월하게 제거될 수 있다는 이유로 같은 기간에 최고조에 달했다. 도라발테아와 같은 티치노 강 서쪽의 많은 알프스 계곡은 로마 제국기에 그리고 여타 지역은 중세기에 숲 대부분이 파괴되었다. 물론 서기 1200년 이전에도 알프스와 아펜니노 산맥에서 침식, 운반된 물질이 1600년 이후와 마찬가지로 많은 양에 이르렀던 시기가 있었다.

전체적으로 2,000년 동안에 포 강 유역의 측벽들, 즉 알프스 산맥의 이탈리아 쪽 비탈면과 아펜니노 산맥의 북부 및 북동부 비탈면에서 아드리아 해, 호수, 평원 등으로 해마다 적어도 1억 5,000만 세제곱야드의 흙과 암설이 유출되었다고 하면 틀림이 없을 것이다. 그렇다고 보고 이들 산비탈의 면적을 500억 제곱야드로 인정했을 때, 우리는 전 지역을 6야드 두께로 덮을 수 있는 총 3,000억 세제곱야드의 물질을 얻게 된다.[110] 도로와 다리 같은 고대의 유물, 직접적인 증언, 지질학적 고려 등을 통해 지난 2,000년 동안 침식이 거의 발생하지 않았던 넓은 지역이 있음을 알 수 있다. 그 점을 감안한다면 파괴적인 요인의 활동이 가장 활발했던 지역에 돌려야 할 분량은 늘어나게 된다.

만일 이 엄청난 양의 암설과 흙을 기원지로 되돌려놓는다면, 대규모 지질적 요인에 의해 패인 계곡과 협곡을 없애지는 못한다 하더라도 후대에 생긴 계곡의 길이와 깊이는 줄어들 것이다. 또한 측벽의 경사가 달라질 것이며, 많은 노암의 산비탈에 흙을 입히고, 산지와 평야의 접합선을 변형시킬 것이다. 그리하여 긴 아드리아 해의 해안선을 서쪽으로 수마일 정도 후퇴시킬 수 있을 것이다.[111]

실제로 산지의 침식이 전적으로 삼림파괴에 기인하며 설선 아래에 자리한 중부 유럽 내 모든 알프스 계곡의 비탈면이 흙과 삼림으로 덮여

---

110) Dumont, *Traxaux publics*, p.272.

111) Edmond About, *Rome contemporaine*, 3rd ed., Paris, 1861, p.68; Thomas Fuller, *The History of the Worthies of England*, London, 1662, I, p.59.

있었다고 가정할 수는 없다. 하지만 그 반대의 경우를 확신시켜주거나 가능성을 강력하게 입증할 수 있는 예외는 그리 많지 않다.

우리는 인간의 행위가 어느 정도로 산지의 침식을 강화시켰는지 측정할 수 없다. 그러나 삼림제거가 어떤 경우에는 2~3세대 동안에 지질학적 격동이 일반적으로 야기하는 것과 비슷한 치명적인 결과를 가져오고, 용암과 화산재에 매몰되는 것보다 더 절망적으로 지표를 황폐화시킨다는 것을 알고 있다. 알프스에서는 해마다 새로운 급류가 만들어지고 있다. 전통, 문서, 유추 모두가 현재 이 산지의 계곡을 파괴한 것은 급류라는 믿음을 확인시켜주고 있다. 또한 저항할 수 없는 급류의 막강한 힘에 대한 사실적 설명에 근거할 때, 새롭게 융기가 일어나 고도가 유지되지 않는 한, 급류는 동결과 융해의 도움을 받아 몽블랑 산과 몽로사 산을 평평하게 만들어버릴 만큼 강력하다는 것을 보여준다.

산에서 발원하는 모든 하천은 급류에서 생겨난다고 주장되었다. 이들 하천은 점진적으로 산정부를 침식해 낮추어갔고, 그렇게 해서 생긴 물질을 가지고 한때 절벽에 부딪치던 바다에 여울을 형성했다. 이어 계속되는 퇴적으로 침전물은 점차 해수면 위로 드러났고 궁극에는 완만하게 흘러가는 하천이 통과하는 드넓은 평야로 확대되었다고 한다. 만일 우리가 지질시대 초기로 거슬러 올라갈 수만 있다면, 이 이론이 가끔은 입증된다는 것을 알게 될 것이다. 급류는 지금도 계속되어, 알프스와 아펜니노 산맥의 능선을 깎아 내리고, 롬바르디아와 프로방스 평야를 높이며, 아드리아 해와 지중해로 해안선을 확장시키고, 자체의 하상경사와 유속을 낮추어 일반 하천으로 변해가는 것을 볼 수 있다.

급류가 발원한 유역 내의 상황변화나 저지대의 평야와 바다는 예전과 다를 바 없지만 고지대 산비탈의 변동으로 파괴행위가 중단되는 경우가 더러 있다. 만일 급류가 흙과 깨진 암석이 별로 많지 않은 곳에서 발생하면, 어느 정도 시간이 지나 운반 가능한 모든 물질을 쓸어가 버릴 것이다. 그렇게 되면 계곡에는 오직 단단한 암벽만이 남게 되고, 그 결과 홍수에 실려 하류로 수송될 물질을 더 이상 공급할 수 없게 된다.

이러한 상황에서 만일 계곡 끝머리에 새로운 유로가 형성된다면, 계곡 안쪽으로 유입될 빗물이나 융설수 전부 또는 일부를 다른 곳으로 채갈 것이다. 그리하여 한때 격렬했던 급류는 얌전하고 무해한 개울로 약화되고 만다.

서렐은 다음과 같이 말한다. "이 지역을 돌아보면 계곡 유출로 지점에서 부채꼴의 윤곽과 직선사면을 가진 납작한 언덕을 볼 수 있는데, 이는 곧 예전 급류의 유출물로 구성된 면이다. 숲, 경지, 주거에 의해 감춰진 그 본래의 모습을 확인하기 위해서는 장기간의 세심한 연구가 필요하다. 그러나 면밀히 다각도로 조사해보면, 특징적인 형태와 실제로 거쳐온 역사가 드러난다. 언덕을 따라 계곡을 빠져나온 개울이 흘러와 조용하게 경지에 물을 공급한다. 이는 원래 급류였으며, 배후에는 산간분지를 발견할 수 있다. 이러한 **사라진** 급류는 많이 있다."[112]

인간과 가축의 개입이 없었더라면 바로 앞에서 이야기한 긍정적인 변동은 더 자주 그리고 더 빠르게 진행되었을 것이다. 새롭게 형성된 급경사의 산지, 암설더미, 모래와 자갈이 쌓여 높아진 평원, 충적물질에 의해 이제 막 생겨난 해안 등에는 관목과 교목이 자라게 될 것이다. 그리하여 침식의 동인은 그 강도를 약화시킬 것이며, 자연은 결국 예전의 평형상태를 되찾을 것이다. 그러나 이러한 과정은 일반적인 상황에서는 몇 년 또는 몇 세대가 아닌 세기 단위의 시간을 요한다.[113] 지금도 망망한 지구에서 숨쉴 곳을 찾지 못하고 있는 인간이 구대륙에서 미발견의 대륙으로 물러나, 그러한 동인들이 새로운 창조를 통해 자신들이 훼손했던 에덴을 대치할 때까지 앉아서 기다려주지 않을 것이다.

---

112) *Les Torrents des Hautes-Alpes*, p.117.
113) Becquerel, *Des Climats*, p.315.

산사태

나는 미국 대서양 연안 여러 주의 산간지역이 비슷한 파괴에 직면해 있다고 말한 바 있다. 그리고 내가 설명한 것보다 더 무서운 재앙이 같은 원인에 의해 초래될지 모른다고 걱정할 만한 이유가 있음을 추가로 지적하고 싶다. 삼림파괴 때문에 흙과 암석의 붕괴가 유발되었다고 단정지을 수는 없지만, 윌리(Willey) 가의 목숨을 앗아갔던 화이트 산맥 노치 협곡의 산사태가 바로 그러한 예에 해당한다. 산사태는 삼림파괴로 일어났거나 노치를 통과하는 도로건설을 위해 상부의 활주층을 지탱하고 있던 버팀벽이 관통되면서 발생했을 가능성도 있다.

단단히 묶어주던 뿌리가 사라지고 서릿발에 의한 분쇄와 호우에 따른 침수 및 용해로부터 보호역할을 하던 낙엽과 부식층이 없어졌을 때 흙이 붕괴한다는 것은 말할 것도 없고 혹독한 겨울날씨에 숲과 그 숲으로 인해 형성될 수 있었던 토양이 제거됨으로써 거대 암체의 변위와 하강이 촉발되었으리라는 것은 쉽게 짐작할 수 있다. 수목, 부엽토, 심부 토양은 열과 추위의 직접적인 작용과 그에 수반된 팽창과 수축으로부터 그들이 덮고 있는 바위를 보호해준다.

대부분의 암석은 흙으로 덮여 있을 때 상당량의 수분을 머금는다. 수분으로 포화된 암편은 용광로에 던져지면 부서지거나 갈라지며 때로 엄청난 폭발음을 내기도 한다. 그리고 새로운 개간지에 불을 놓으면 돌이 깨지고 때로는 거의 가루로 변하는 것을 그리 드물지 않게 지켜볼 수 있다. 이는 부분적으로 돌의 불균등한 팽창, 그리고 또 다른 일면에서는 틈새에 포함된 물에 가해지는 열의 작용에 기인한다. 수세기 동안 습한 흙에 덮여 있었던 암석에 태양이 내리쬐면 같은 식으로 약간의 붕괴가 초래되며, 그동안 피할 수 있었던 화학적인 영향에도 노출된다.

알프스뿐만 아니라 미국의 기후에서도 서릿발은 산지의 암체를 붕괴시키는 더욱 강력한 요인이다. 태양의 영향으로부터 석회암, 사암, 점판암, 화강암 등을 보호해주는 토양은 또한 틈과 지층 사이에 스며든 물이 혹한기에 얼어붙지 않게 한다. 따라서 수분은 액체의 형태로 땅속으로 내려가 샘으로 빠져나가거나 깊은 지하유로를 통해 흘러간다. 그러나 산등성이가 벌거벗겨지면 가을철에 내린 비가 암석의 미세한 공극, 수관, 균열, 절리를 채우고 급작스럽게 얼어붙어 겉보기에도 단단한 커다란 사암을 파쇄시킨다.[114]

층서가 상당한 각도로 기울어진 곳에서는, 층과 층 사이를 따라 얇고 긴 수막을 이룬 물이 얼어붙어 수마일에 걸쳐 파괴를 유발하는 암석 슬라이드를 가져오기도 한다. 그리고 이와 유사한 현상은 토양피복이 제거됨으로써 저층의 통로를 따라 빠져나가는 것보다 빠르게 수직으로 난 틈 사이로 스며들어 간 물기둥의 수압에 의해서도 초래될 수 있다.

뉴햄프셔 주에서 월리 가를 덮쳤던 재앙에 비하면 한 줌의 먼지에 불과한 정도의 토양의 유출, 즉 일반적으로 이야기되는 산사태는 스위스, 이탈리아, 프랑스 알프스 일대에서 자주 발생하곤 한다. 1618년 9월 4일 밤, 마이라 계곡의 플루스 타운을 70피트 깊이로 매몰시켜 2,430명의 주민 모두의 목숨을 앗아간 산사태는 가장 기억에 남을 만한 재앙의 하나였다. 1806년 9월 2일 스위스의 작은 타운인 골도를 강타해 450명을 숨지게 한 로스베르크의 붕괴도 그에 비견될 만하다. 웨슬리(Wessely)에 따르면, 1771년 벨루노 주 알레기 인근의 피츠 산 정상부가 파이베 강의 지류인 코르드볼 강의 하상으로 미끄러져 3개의 작은 마을을 파괴시키고 60명의 사망자를 냈다. 쓰레기는 계곡 내 2마일 가까운 거리를 메웠으며, 코르드볼 강물을 막아 길이 3마일, 150피트 깊이의 호수를 만들어냈다. 배수구의 풍화로 길이가 반으로 줄기는 했지만 그 호수는 현재까지 잔존해 있다.[115]

1855년 2월 14일 토스카나 주 산스테파노 교구 약간 아래에 있는 벨몬테 언덕이 테베레 강 하곡으로 미끄러졌다. 강물은 마을을 50피트 깊

114) Palissy, Œuvres, p.238.
115) Joseph Wessely, *Die Oesterreichischen Alpenländer und ihre Forste*, Vienna, 1853, pp.125~126.

이로 범람시키고 종국에는 터널을 통해 배수되었다. 암설은 연장 3,500 피트, 폭 1,000피트, 높이 600피트 정도의 규모로 쌓였다고 한다.[116]

그와 같은 흙과 암석층의 변위는 지질적 격동의 수준이다. 그러나 원시림으로 덮여 있는 곳에서는 거의 발생하지 않고, 자연식생이 제거된 산간지역에서는 일상적일 정도로 자주 발생한다. 식생이 있었다면 사정은 달라졌겠지만, 많은 경우 느슨해진 흙이 억수같이 쏟아지는 비에 흠뻑 젖거나 암층 사이의 절리에 물이 무제한적으로 유입되어 변위가 생겼다는 설명을 붙일 수 있다. 이 때문에 산지급류의 파괴적인 영향을 초래한 것과 같은 원인, 즉 삼림파괴의 탓으로 돌려도 무방하다.

상황이 밝혀진 이와 유사한 거의 모든 경우에 사태의 직접적인 원인은 지진, 나지의 토양에 의한 다량의 수분흡수, 또는 단단한 층서 사이나 하층으로의 물의 유입에 있다. 물이 절리 사이로 스며들면 미끄럼면을 조성하거나 동결시에 팽창하여 이전까지 거의 연속적이었던 암층을 넓게 분리시킨다. 이로써 상층부 암석의 중력이 각 층의 차이와 마찰로 인한 저항을 압도하게 된다. 만일 물이 셰일이나 그와 유사한 층 위에 놓여 있는 단단한 토양과 암석 밑으로 파고들면, 지탱해주던 하위층을 반유동체의 진흙으로 만들어 상부층의 활강을 어떻게든 저지할 수 없게 된다.

골도를 매몰시켰던 산지상단부는 단단하지만 깨지기 쉬운 역암으로 구성되어 있었는데, 미끄러운 진흙 위에 얹힌 상태에서 마을을 향해 빠르게 기울어졌다. 많은 양의 흙이 암석 위에 다양한 규모로 놓여 있었지만 삼림이 베어져 나가자 물이 암석면, 태양과 서릿발에 의해 이미 암체에 형성된 틈, 그리고 그 아래 미끈한 층 사이로 거침없이 유입되었다.

1806년은 여름 내내 매우 습했으며 재앙이 있었던 그날은 물론 하루

116) Celestino Bianchi, "Compendio de geografia fisica, speciale d'Italia", appendix to Mary Somerville, *Geografia fisica*, Florence, 1861, II, p.xxxvi.

전까지도 호우가 끊임없이 내렸다. 따라서 모든 조건이 암석이 흘러내릴 수밖에 없도록 만들었다. 아래층이 미끄러운 풀과 같이 변해 이전까지 유지되어온 암석과 흙 사이의 응집력이 깨졌을 때, 암석은 중력의 법칙에 부응해 계곡으로 곤두박질쳤다. 그때 떨어진 덩어리는 길이가 2.5~3마일, 폭이 1,000피트였고, 평균두께는 100피트 정도였을 것으로 생각된다. 산 정상부는 마을보다 3,000피트 이상 높았고, 바위와 흙이 하강할 때 받은 추진력은 큰 돌덩이를 리기 강 반대쪽 비탈의 상당한 높이까지 올려놓을 만큼 컸다.

코르드볼 강으로 떨어진 피츠 산은 오랫동안 서릿발과 물의 침투로 원래의 견고함을 상실해 응집력 있는 끈끈한 층 대신에 느슨하고 미끄러운 덩어리로 변해버린 얇은 석회질 연니층을 사이에 두고 급경사의 석회암층 위에 얹혀 있었다.

암석낙하와 사태로부터 보호해주는 삼림

숲은 종종 기계적인 저항 하나만으로도 암석의 낙하를 방지하는 중요한 목적에 힘을 보탠다. 초본식물은 물론 수목도 깎아지른 알프스 비탈면에서 자란다. 여행하는 사람들은 울창한 풀과 나무가 저지대의 건조한 대기 때문에 토양입자의 무게에 의해 무너져 내릴 수 있는 비탈에서 자라고 있는 것을 발견한다. 이들 비탈면 여기저기에 흩어져 있는 느슨한 바위들은 나무줄기에 의해 그 자리에 붙어 있다. 드물지 않게 저지대로 미끄러져 내리려 하는 찰나에 수백 파운드, 심지어 수톤이나 되는 바위가 나무에 진로가 막혀 기대어 있는 것을 볼 수 있다. 그러한 상태에서 숲이 베어져 나가면, 이들 암체는 지지물을 잃어버리고 한 철의 우기에도 암석 상당량이 벗겨져 나가 아래에 자리한 넓은 면적의 비옥한 토지에 토사를 부어버린다.[117]

---

117) J.G. Kohl, *Alpenreisen*, Dresden, 1849, I, p.120.

스위스와 같이 눈이 많은 산간지역에서는 숲이 사태의 형성과 진행을 방지하는 가장 중요한 역할을 수행한다. 이러한 재앙에 직면해 있는 알프스 여러 지역에서는 삼림의 효력이 그다지 크지 않더라도 법으로 보호를 받는다. 사실 어떤 숲도 거대한 사태가 일단 발발하면 막을 길이 없다. 그러나 수목에 의한 기계적인 저항은 눈보라 사태에 첫 충격을 가하는 바람을 막아주고, 수분 가득한 눈이 모여 눈사태로 발전하려는 성향을 제어하는 방식으로 대규모 사태의 형성을 억제한다. 마샹은 과거에는 눈사태를 전혀 볼 수 없었던 샤넨과 그슈타이그 사이의 고지대 비탈면에서 나무를 베어낸 뒤 맞은 첫 겨울에 사태가 형성되어 굉음을 내며 산에서 쏟아졌고, 이전까지 훼손된 일이 없었던 숲 100만 세제곱피트의 목재를 쓰러뜨렸다고 진술한다.[118]

산 측면을 따라 열린 산길의 경우 재앙은 되돌릴 수 없다. 눈은 때때로 암석면으로부터 흙을 빼앗아가고, 토양이 남는다 하더라도 겨울마다 찾아오는 새로운 사태에 어린 식생이 파괴되기 때문에 숲을 온전히 회복한다는 것은 이제 불가능해진다. 길은 매번 새로운 사태가 발생할 때마다 넓어진다. 민가와 주민들은 눈에 파묻히거나 들이닥치는 물체 또는 대기가 불안정할 때 발생하는 돌풍에 휩쓸려간다. 도로와 교량은 파손된다. 강은 막혀 계곡 상류를 범람시킬 때까지 불어난 다음, 가로막은 눈의 장벽을 터뜨리며 겨울철 범람에 있을 수 있는 온갖 두려움을 동반하면서 하류의 경지를 침수시킨다.

삼림파괴의 주요 원인

신생국가에서는 영농에 대한 요구가 삼림파괴의 주된 이유다. 계속해서 불어나는 인구는 인간과 가축을 먹여 살릴 작물을 재배하기 위해 필요한 경지를 추가로 요구할 뿐만 아니라, 변경지대 정착민의 방만한

---

118) *Entwaldung der Gebirge*, p.41.

운영으로 첫 해 경작의 풍성함은 곧 소진되어 신주단지를 새 땅으로 옮기지 않을 수 없게 된다.

인구증가는 또한 목재를 재료로 하는 많은 생활용품을 필요로 한다. 이들 제품에 대한 근거리 및 원거리 시장의 수요는 무도한 벌목꾼의 탐욕을 자극한다. 그리하여 스프링어(Springer)가 위험성과 공적에 대해 생생하게 설명한[119] 그 야만적인 경제활동이 단지 몇 년간 계속되는 것만으로도, 가장 접근이 곤란하다는 계곡에서조차 최상의 장식물인 숲을 없애버리기에 충분하다. 목재의 가치는 거의 기하급수적으로 상승하며 가장 크고 힘차고 균형 잡힌 나무가 첫 희생양이 된다. 이는 나머지 가치가 떨어지는 수목에게는 행운이라고 말할 수 있다. 왜냐하면 자제력을 잃은 벌목꾼은 최상의 나무만을 쓰러뜨린 다음 처녀림으로 서둘러 나아가 자신의 몫을 갈취해가기 때문이다.

과거와 현재의 북아메리카 영국 식민지에 소재한 많은 하천이 제공하는 내륙수로는 유례없이 편리했지만 대륙 내 삼림에게는 매우 치명적이었음이 밝혀졌다. 퀘벡은 목재교역의 중심지로 부상했고, 거래량과 수송에 필요한 선박의 톤 수에서 유럽 대도시의 상업에 필적할 수 있게 되었다. 오대호, 오타와 강, 그 밖의 많은 지류하천을 타고 거대한 뗏목들이 퀘벡으로 몰려들었다. 호수와 하천의 물은 세인트로렌스 강으로 흘러들어 강력한 조수를 헤치고 나갈 수 있도록 유량을 불려준다. 유럽 시장으로 목재를 수송하기 위해 예전에는 생각할 수 없었던 대용량 거대 선박이 축조되었고, 여름철 세인트로렌스 강은 템스 강만큼 많은 배들로 북적거렸다. 최근에는 일리노이 주의 시카고가 미국 최대의 목재와 곡물 집산지가 되어 미시간 호를 중심으로 가깝고 먼 지역의 숲에서 나오는 목재를 처리하고 있다.

소나무를 쓰러뜨려 소실시키는 것 외에도 벌목꾼의 활동은 숲에 가

---

119) John S. Springer, *Forest Life and Forest Trees; Comprising Winter Camp-Life among the Loggers, and Wild-Wood Adventure* ······ [*in*] *Maine and New Brunswick*, New York, 1851.

해지는 그 밖의 위험요소를 안고 있다. 오두막집 주변에 조성한 좁은 개간지는 통로를 조성해 바람을 통하게 해서 수천 그루의 나무를 쓰러뜨리고, 쓰러진 나무에 소하천이 막혀 호수가 형성된다. 또한 썩어가는 줄기는 죽은 나무에 번식하고 일부 살아 있는 나무에게도 유해한 곤충의 증식을 도왔다. 산업적 용도에 적합한 수목은 원시림 전체에서 극히 일부에 불과하다. 단지 이들만이 벌목꾼의 도끼에 쓰러지지만, 그와 달리 화재는 수령과 수종에 관계없이 수목을 무차별적으로 파괴한다.

따라서 어린 나무에 아무런 해악이 끼쳐지지 않는다면, 예전에는 상품성이 없었으나 목재가격의 상승으로 활용가치가 충분해진 목재를 4년 내지 5년마다 사용할 수 있기 때문에 자연림에서는 한 세대에 걸쳐 여러 차례의 벌목이 용인된다. 하지만 화재는 단 한 번만으로도 산비탈을 100년 동안 불모지로 만들어놓을 수 있다.

미국의 삼림수

미국 북부와 캐나다에 남아 있는 숲은 캘리포니아의 거대한 삼나무에 필적했던 장대한 소나무를 더 이상 뽐낼 수 없다. 수목의 성장은 어느 정도의 크기에 도달한 이후에는 더디게 진행되기 때문에, 모든 소나무와 오크를 향후 200년 동안 보존한다고 하더라도 그 가운데 현재 가장 큰 나무조차 지난 2~3세대 사이에 베어진 것으로 기록된 수백 피트의 길이에는 이르지 못할 것이다.[120] 60년 전에 윌리엄스(Williams) 박사는 그가 측정한 대상은 "자연이 특정 수종에 부여할 수 있는 가장 큰 키의 것이 아니라 단지 여러 타운들 주변에서 볼 수 있는 것 가운데 제일 큰 것"이라는 단서를 달면서, 버몬트 지역의 비교적 장대하다고 평가되는 나무의 규모를 다음과 같이 기술한다.

---

120) George B. Emerson, *A Report on the Trees and Shrubs Growing Naturally in the Forests of Massachusetts*, Boston, 1850, pp.65~66.

버몬트 지역의 수종별 규모

수종	지름	높이	수종	지름	높이
소나무	6피트	247피트	오크	4피트	100~200피트
단풍나무	5피트 9인치	100~200피트	참피나무	4피트	100~200피트
플라타너스	5피트 6인치	100~200피트	물푸레나무	4피트	100~200피트
느릅나무	5피트	100~200피트	자작나무	4피트	100~200피트
솔송나무	4피트 9인치	100~200피트			

그는 뉴햄프셔 주 던스테이블에서 1736년에 베어낸 백송의 직경이 7피트 8인치에 달했다고 주석에 덧붙인다. 드윗 박사는 코네티컷에서 벌목된 나무 한 그루의 크기가 247피트였다고 말하고, 몇 년 전에는 코네티컷 강 북안을 따라서 그와 같은 나무가 굉장히 많았다고 말한다. 또 다른 편지에서 그는 직경 6피트, 높이가 보통 250피트인 백송과 뉴햄프셔 랭카스터에서 베어낸 264피트짜리 소나무에 대해서 진술한다. 1846년에 에머슨(Emerson)은 "50년 전에 매사추세츠 주 브랜퍼드의 다소 건조한 토지에서 자라는 몇 그루의 나무는 벌목 후 재보았을 때 223피트였다"고 기록했다. 크기에서 이상의 모든 나무를 능가하는 것은 약 100년 전에 뉴햄프셔 주 하노버에서 베어낸 270피트짜리 소나무였다.[121]

앞으로 살펴보겠지만 이러한 기록들은 60년에서 100년 전에 베어진 나무에 적용된다. 현재 미국 내 삼림을 관찰하고 그 특성을 잘 이해하고 있는 사람들은, 윌리엄스 박사와 드윗 박사가 특출한 크기를 가졌다고 했던 나무의 직경이 너무 작다는 사실에 놀랄 것이다. 윌리엄스가 작성한 표에서 언급된 몇몇 수종의 개체는 같은 기후에서는 더 이상 찾아볼 수 없으며 크기도 그가 상정했던 것에서 2분의 1 또는 기껏 해봐

---

121) Williams, *History of Vermont*, I, p.87; Dwight, *Travels*, I, p.36 and IV, p.21; Emerson, *Trees of Massachusetts*, p.61; David McClure and Elijah Parish, *Memoirs of the Rev. Eleazar Wheelock, D.D.*, Newburyport, Mass., 1811, p.56n.

야 3분의 2를 조금 넘어설 뿐이다.

그러나 오크와 소나무를 제외하면, 그가 언급했던 직경은 현재 자라고 있는 크기가 훨씬 작은 나무에서도 흔히 찾아볼 수 있다고 생각한다. 내가 예외로 했던 오크와 소나무 또한 윌리엄스 박사가 지적한 크기의 절반밖에 되지 않아도 직경은 그에 가까울 것이다. 직경이 6인치였을 때 이식한 많은 느릅나무는 아직 생존해 있는 사람들의 기억 속에서는 6피트 내지 때로는 7피트의 직경은 되었다.

수목의 성장에 보이는 이러한 변화에는 두 가지 이유가 관련되어 있다. 첫째, 소나무와 오크의 경우 상업적으로 가치가 가장 컸기 때문에 크고 똑바로 자란 나무의 파괴를 불러왔다. 둘째, 벌목꾼의 도끼질에 숲이 솎아짐으로써 값어치가 떨어지고 키가 작은 나무들이 빛, 열, 공기에 접근할 수 있는 기회가 열림으로써 키 큰 동종의 수목들보다 더 오래 살 수 있었다는 것이다. 웅장한 오크와 소나무에 의해 그늘이 드리워져 질식할 듯한 상황에서는 그렇지 못했지만, 앞에서 이야기한 상황변화의 결과 수관을 확장시키고 나무줄기를 부풀릴 수 있게 된 것이다. 따라서 뉴잉글랜드 임업자들이 해군제독 함정의 돛대로 사용하기에 적합한 소나무를 찾기 위해서는 오랫동안 헤매야 했지만, 그 모체처럼 억세고 튼튼한 너도밤나무, 느릅나무, 자작나무를 발견하기란 그리 어렵지 않았다.[122]

벌목업자의 활동에 따라다니는 또 다른 치명적인 폐해는 목재를 강물에 띄워 보내는 행위 때문에 강기슭에 초래되는 손상이다. 여기서 지칭하는 것은 항해하는 사람의 통솔 아래 연안에 피해를 주지 않게 하면서 나아가는 뗏목이 아니라, 전적으로 물의 흐름에 맡겨져 제재소의 저치장이나 기타 뗏목으로 엮기에 편리한 장소로 운반되는 장대용 기둥, 통나무, 기타 여러 유형의 목재다. 벌목꾼은 겨울에 강기슭으로 목재를

---

122) Antonio and Giovanni Battista Villa, *Necessità dei boschi, nella Lombardia*, Milan, 1856, pp.17~18.

끌어와 봄철 해빙기에 수위가 상승하고 얼음이 깨지면 물속으로 통나무를 굴려놓고 목적지까지 떠내려가게 내버려둔다. 만일 수송하는 하천이 너무 작아서 그 어설픈 운항에 충분한 유로를 확보해주지 못하면 목재로 막혀 댐을 이루고 댐 위에 형성된 소택지에 목재가 계속 쌓이게 된다. 못이 가득 채워지면 방수로가 열리거나 댐이 해체되거나 아니면 갑작스럽게 터지면서 그 위에 쌓여 있던 목재가 세차게 흐르는 급류와 함께 쏟아져 내려간다. 이 두 가지 진행방식은 목재의 부양로로 사용된 하천연안을 마모시킨다.[123] 그래서 미국 일부 주의 경우 특별법을 제정해 내가 지금 설명한 그러한 관행이 종종 초래하는 심각한 피해로부터 목재가 흘러가는 지역을 보호할 필요가 있었다.

유럽의 삼림파괴의 특별한 원인

지금까지 거론했던 삼림황폐화의 원인은 두 대륙 간에 다소간 공통점이 있다. 그러나 유럽에서는 넓은 면적의 숲이 적, 약탈자, 범법자에게 도피처를 제공했기 때문에 불 그리고 도끼에 의해 의도적으로 파괴되었고, 이러한 관행은 최근 나폴레옹 1세 때까지 지중해 연안의 프랑스 여러 주에서 고수되어 왔다.[124] 중세와 그 이전에 정부가 삼림보호를 위해 의존해왔던 엄격하고 잔인하기까지 한 법률은 사냥에 대한 탐닉이나 연료 및 목재가 부족해지지는 않을까 하는 두려움에서 강요되었다. 모든 유럽 국가의 법은 대체로 숲의 영속성을 지켜냈으며, 내가 알기로 에스파냐는 숲의 보호와 복구를 위한 공론조항을 제정하지 않은, 은유적으로 표현하자면 신의 정원에 대해 계획적으로 전쟁을 벌여온 유일한 국가다.[125]

---

123) Caimi, *Cenni sulla importanza e coltura dei boschi*, p.65.
124) Becquerel, *Des Climats*, pp.301~303; Vaupell, *Bögens Indvandring*, pp.35, 55.

왕유림과 수렵법

내가 이미 인용했거나 아직 언급하지 않은 많은 프랑스 작가들은 프랑스 혁명이 가뜩이나 삼림의 소멸을 위협하는 파괴요인에 새로운 충동을 부여했다고 지적한다.[126] 그 중요한 사건에 수반된 숲을 향한 전면적인 공격은 상당 부분 정치적 분개에 기인한다. 중세 국왕의 삼림법이나 봉건주의 지방의 "관습"은 혹독하고 비인간적이기까지 한 많은 조항을 담고 있었다. 그 조항들은 삼림의 보다 중요한 기능을 염두에 둔 계몽적인 시각에서 그랬다기보다는 오히려 사냥감을 보전하기 위해서 채택되었던 것이다.

비탈리스(Ordericus Vitalis)는 정복왕 윌리엄(William)이 60개 교구를 파괴하고, 그 땅을 자신은 물론 후손들의 사냥터로 남게 될 땅을 숲으로 전용하려고 주민들을 몰아냈으며, 사슴, 멧돼지, 심지어 토끼를 죽인 자에게 사형선고를 내렸다는 사실을 일러준다. 왕위를 계승한 루퍼스(William Rufus)가 "하루는 18개 교구를 파괴하고 새로이 조성한 숲에서 사냥하고 있었다. 그런데 운수 사납게도 드포아(Tyreus de Pois)가 짐승을 잡으려고 쏜 화살이 목표물을 빗나가 마침 그 위에 있던 왕에게 적중해 죽고 말았다. 그리고 바로 그 숲에서 동생인 리처드(Richard) 역시 나무에 정면으로 충돌하여 죽었다. 사람들은 두 왕이 그렇게 될 수밖에 없었던 것은 앞서 말한 교구를 탈취해 황폐화시켰기 때문이라고 말했다."[127]

본느미어(Bonnemère)가 밝히듯이 이러한 야만적인 법령은 프랑스의 왕, 가신, 나아가 하층귀족의 관습이 프랑스에 정복된 영국에 단순히 이식된 것이었다. "토끼를 죽이는 것은 교수형 감이었고, 물떼새를

---

125) Antonio Ponz, *Viage de España*, 2nd ed., Madrid, 1786, IX, prologue, p.xliii.

126) Becquerel, *Des Climats*, p.303.

127) *Histoire des ducs de Normandie et des rois d'Angleterre*, Paris, 1840, p.67.

잡는 행위 역시 죽어 마땅한 중대범죄였다. 비둘기를 포획하기 위해 그 물을 내건 사람들에게는 사형이 선고되었고, 사슴에게 활시위를 당긴 가난한 사람은 산 동물에 찢기는 형벌에 처해졌으며, 장원의 영주가 농노를 쏘아 죽일 때 늘 들이댄 죄목이 바로 금지된 지역에서 사냥했다는 것이었다."[128]

봉건영주는 이들 범령을 매우 엄격하게 적용했으며, 종종 자신들의 손으로 법을 집행했다. 낭저 지방의 일리엄(William)에 따르면 루이 9세 치하에 "플랑드르에서 태어난 세 명의 귀족가문 아이들이 프랑스어를 배우려고 우드 소재 생니콜 사원에 머물고 있었다. 이들은 토끼사냥을 위해 활과 화살을 가지고 수도원 소유의 숲에서부터 사냥감을 쫓기 시작해 쿠시의 영주인 앙거랑(Enguerrand) 소유의 숲으로 들어갔다가 산지기에게 붙들렸다. 인정사정없는 잔인한 성격의 앙거랑 경은 이 사실을 알고 일체의 심리도 없이 아이들을 즉각 교수형에 처했다."

이 일은 선정을 펼치던 루이 국왕의 귀에 곧 들어갔고 앙거랑 경은 소환되었으며, 영주의 여러 가지 책략과 판결을 지연시키기 위한 항소 끝에 루이 국왕과 특별공회로 구성된 재판에 회부되었다. 말할 필요도 없이 죄과에서 자신들보다 더 무거울 리 없는 동료를 구하기 위해 모든 노력을 경주했던 다른 영주의 반대에도 불구하고, 왕은 그 자존심 센 영주에게 사형선고를 내리는 쪽으로 마음이 기울었다. 일리엄은 "신이 교수형에 처하든 용서를 하든 어떤 선택에도 만족하실 것으로 국왕이 믿었다면 많은 영주의 반대에도 불구하고 앙거랑 경의 목을 매달았을 것"이라고 말했다.

그러나 안타깝게도 귀족과 성직자의 이해가 우세했다. 그들은 조금 더 가벼운 형벌을 내려주도록 국왕을 설득했다. 결국 살인자에게는 1만 리브르의 동전을 지불하고 "세 아이들의 영혼을 위해 두 개의 예배당을

---

128) Eugène Bonnemère, *Histoire des paysans depuis la fin du moyen age jusqu'à nos jours, 1200~1850*, Paris, 1856, II, pp.190~192.

짓고 매일 미사를 드리라"는 판결이 내려졌다.[129] 그 예배당에서 치러지는 종교적인 의식을 통해 아이들에 대한 정죄기간을 단축시킬 수 있을 것이라는 바람이 국왕의 마음속에 강렬하게 작용했음이 틀림없다. 그리하여 유럽은 다수를 위한 위대한 선례를 잃고 말았다.

숲이 확대되고 수렵법이 시행된 결과 경지가 황량해지고 인구가 감소하자 몇몇 프랑스 국왕은 강경한 수렵법을 일부 완화했다. 그러나 프랑수아 1세는 야만적인 조항을 되살렸다. 본느미어에 따르면, 앙리 4세와 같은 현명한 군주조차 그 법을 다시 제정해 "야생동물의 피해로부터 경지를 방어하는 과정에서 죄를 범한 농민에게 사형을 언도했다." 본느미어는 계속해서 다음과 같이 말한다. "당시 파종을 마친 경지에 수천 마리씩 날아와 뿌린 씨앗을 먹어 치우는 비둘기를 향해 활을 쏜 사람들에게 20리브르의 벌금이 부과되었지만, 비둘기를 죽이는 것이 이전에는 중범죄였다는 사실을 감안하면 이것도 조금은 나아진 것으로 볼 수 있다."[130]

소몰이용 막대기를 베어내는 것과 같은 아주 경미한 삼림 내 침범행위조차 엄하게 처벌되었을 뿐만 아니라, 야생동물들이 자연서식지에서 벗어나 농민의 경지를 파괴하더라도 어쩔 도리 없이 여전히 신성시되었다. 사슴이나 멧돼지 떼는 한 가족이 한 해를 나기 위한 유일한 희망이라 할 수 있는 작물을 먹어 치우거나 뭉개버렸다. 이 비싼 방목지에서 동물을 단순히 몰아내 탐욕으로부터 자식들에게 먹일 양식을 지키려고 노력했던 마을의 지도자에게는 무서운 보복이 가해졌다. 샹보르의 농민들을 변호하면서 쿠리에(Paul L. Courier)는 다음과 같이 말한다. "짐승들은 항시 우리에게 싸움을 걸어왔다. 파리는 800년 동안 사슴에게 봉쇄당했고, 그 풍족하고 비옥한 주변 지역에서는 사냥터 관리인을 먹여 살릴 빵조차 생산하지 못했다."[131]

---

129) "Gestes de Louis IX", in Michaud and Poujoulat, ed., *Nouvelle collection de mémoires*, I, pp.334~335.
130) *Histoire des paysans*, II, p.200.
131) "Simple discours", in *Œuvres complètes*, Brussels, 1833, I, p.52; *Histoire*

일반인의 생각 속에서 숲은 봉건주의의 모든 학대와 연관되었으며, 숲 그리고 그 내부에 피신해 있는 짐승들을 보호하는 법률로부터 농민들이 당해야 했던 불행은 숲의 파괴로 인해 그들에게 초래될 더 큰 자연의 재앙에 대해서는 판단력을 잃게 만들었다. 더 이상 법으로 보호를 받을 수 없게 된 왕실림과 영주의 숲은, 가혹한 분노의 공격을 받아 무분별하게 약탈되었고 무자비하게 황폐해졌으며, 작은 사유림에서조차 재산권은 존중되지 못했다. 삼림을 초지와 경지로 용도를 전환하는 데 따르는 경제적인 이득 그리고 숲이 기후, 건강, 내지와의 소통에 미치는 피해 등의 문제에 관한 여러 가지 근거 없는 이론이 난무했고, 그 가운데 일부는 아직도 불식되지 않고 있다.

숲과 관련된 학대의 아픈 기억, 대중의 무지, 이러한 상황을 자신을 위한 수익으로 돌려보려는 교활한 투기꾼의 탐욕과 같은 모든 것이 복합되어 남아 있는 삼림의 희생이 재촉되었다. 그리하여 수백 년의 세월과 수백 만금의 재화를 들여도 결코 치유할 수 없는 훼손이 초래되었다.

키 작은 숲의 식생과 씨앗의 생명력

내가 거의 언급하지 않았던 삼림의 또 다른 기능도 전적으로 경제적인 측면을 다룬 한 편의 논문에 쏟아진 것 이상의 주의를 두고 살펴볼 만한 점이 있다. 숲은 무수히 많은 작은 식물들의 자연적인 서식지로서 그들의 성장과 번식에 필수 불가결한 그늘, 습도, 부엽토를 제공한다.[132] 우

des paysans, II, p.202; Clavé, "La Forêt de Fontainebleau", p.160.
132) J.G. Büttner, "Zur physikalischen Geographie überhaupt, und zu der von Kurland im Besondern; nebst ein ethnographischen Excursen", in Heinrich Berghaus, *Geographisches Jahrbuch*, 4(1852), pp.14~15; Charles Martins, "Le Mont-Ventoux en Provence, étude d'histoire naturelle", *Revue des Deux Mondes*, 44(1863), pp.609~633; Louis Figuier, "Sur les champignons vénéneux", *L'Année Scientifique et Industrielle*, 6(1862), pp.353~384.

리는 특정 식물지역에서 수목이 베어지면 그 안에 서식하던 작은 식물들은 멸종할 것이라고 자신 있게 말할 수 없다. 이들 중 일부 식물은 비록 나지에서는 스스로 번식할 수 없을지라도, 인위적인 자극과 보호 아래 싹을 틔우고 성장하며, 최종적으로 현재 살아가는 데 필수적인 상황과는 판이한 환경에서도 독립적인 생존을 영위할 만큼 강건해질 수 있다.

이외에도 영겁의 시간동안 이집트 지하묘지의 잿더미와 같은 건조한 상태에서 성장을 계속해온 씨앗에 대한 설명은 신중을 기해 받아들여야 하거나 아니면 보다 현실적으로 완전히 무시해야 하겠지만, 자연이 정해준 상황에 남아 있는 한 이들 씨앗의 생명력은 거의 영구적인 것 같다. 드루이드교의 신비를 목격했을 만큼 오래된 숲이 파괴되면 다른 종류의 나무들이 그 자리에서 자라난다. 그리고 이번에는 이들 수목이 지면에 그늘을 덮을 정도로 성장하여 도끼에 잘려 나가면, 과거에 존재했던 나무들이 여러 해 아니 수세기 전에 뿌려놓았던 씨앗의 싹이 튼다. 그리고 어느 정도의 시간이 지나면 천이 후기 단계에 속하는 다른 나무에 의해 질식되지 않는 한 원래의 삼림을 회복한다. 이 경우에 새로운 씨앗은 바람, 새, 길짐승, 또는 그 밖의 요인에 의해 운반되었을지 모른다. 그러나 많은 경우에 이러한 식의 설명은 있음직해 보이지 않는다.

미국에서 새로 개간한 토지에 불을 지르면 재가 채 식기도 전에 다른 환경에서는 거의 찾아볼 수 없는 키 큰 초본형 잡초[*Epilobium angustifolium*]가 땅을 덮는데, 개간지에서 수마일 떨어진 지점에서는 이들이 발견되지 않는다. 오래된 식생의 씨앗이나 바람과 새들에 의해 운반된 새로운 씨앗 모두가 묻혀 있는 층의 온도를 어느 정도 높여 발아를 촉진시키는 열이나 숲 속의 지면을 덮고 있는 식물잔해를 태울 때 나오는 특수한 양분을 필요로 한다. 우물이나 그 밖의 굴착지에서 나온 흙은 이내 현지 식생과는 상이한 식물을 생산한다.

와그너(Moritz Wagner)[133]는 아라라트 산에 대한 설명에서 다음과 같이 지적한다. "안내인이 나의 주의를 끌어냈던 한 가지 현상은, 마지막으로 찾아온 재앙이었던 지진이 지나간 후 남겨진 흙더미 위에 몇 가지 종류의 식물이 출현한 것이다. 그 식물들은 그 산 어디에도 자라지 않고 지역 전체적으로 전에는 전혀 발견되지 않았던 것들이다. 식물의 씨앗은 아마도 새들이 물어다준 것 같고, 진흙에 가까운 상태로 흐르던 이류에 기초한 무른 점토에 남아 있었다. 이는 산지의 다른 토양들이 이들 식물을 거부했던 성장조건이었다." 충분히 가능한 이야기다. 그러나 흘러내리는 진흙이 이전의 지각변동에 의해 오래전에 깊이 묻혀버린 씨앗을 대기와 태양의 영향을 받을 수 있도록 지표상으로 가져왔다는 이야기는 그렇지 않다. 나무를 베어낸 다음 경작할 때 겹겹이 쌓인 낙엽과 부식 때문에 쟁기에 닿을 수 없을 만큼 깊은 곳에 묻힌 키 작은 수목의 씨앗은, 여러 세대 동안 빈사상태로 누워 있다가 깨어나 발아하여 성장할 수 있을지도 모르겠다. 단, 어느 현명한 후손이 그 나무의 어미나무가 자라나던 삼림을 재차 조성해준다면 말이다.

다윈은 이렇게 이야기한다. "마음 놓고 조사를 수행할 수 있는 스태퍼드셔 소재 한 친척의 농장에는 인간의 손길이 전혀 닿지 않은 광활한 히스 황야가 있었다. 그 친척은 25년 전에 수백 에이커의 황야를 위지화해서 유럽 소나무를 심었다. 조림이 이루어진 지역의 자연식생의 변화는 너무나 뚜렷해 토양이 달라질 때 일반적으로 볼 수 있는 것 이상이었다. 면적에 상응하는 히스가 완전히 달라졌으며, 풀 종류를 제외하고도 예전에 히스 황야에서는 볼 수 없었던 12개 종의 식물이 조림지에서 무성하게 자라났다."[134]

만일 다윈이 그 12개 식물은 어린 나무가 자라나자마자 출현한 새가 양분으로 먹었던 씨앗과 같은 종이라고 밝혔더라면 우리는 토양에 묻힌 씨앗에 대해 쉽게 설명할 수 있었을 것이다. 그러나 그는 단호하게

---

133) *Reise nach Persien*, Leipzig, 1852: Wittwer, *Physikalische Geographie*, p.486.

134) Charles Darwin, *On the Origin of Species by Means of Natural Selection*, New York, 1860, p.69.

새들은 곤충을 먹고사는 종이라고 말하고 있다. 따라서 그보다는 오히려 오래전에 존재했던 삼림이 씨앗을 가진 식물을 보호해주고 있었을 때 퇴적되었다가 성장에 유리한 환경이 재개되자 수세기에 걸친 깊은 잠으로부터 깨어나서 새로운 생을 시작하게 되었다고 보는 것이 더 신빙성 있는 것 같다. 실제로 다윈은 히스 황야에 "인간의 손길이 전혀 닿지 않았다"고 말하고 있다. 아마도 히스로 변한 이후에는 그러했을지 모른다. 그러면 히스 이전에 숲이 존재해 문제가 된 씨앗을 떨어뜨린 식물이 자랄 수 있도록 그늘을 드리워주었다는 전체적인 가정을 입증할 만한 증거에는 무엇이 있을까?[135]

비록 삼림의 파괴와 농업적 목적을 위한 토양의 개간이 작은 종속적인 식물의 소멸을 전제하지만, 그러한 변혁도 그들의 부활 가능성을 배제하지는 않는다. 그러나 실제적인 관점에서 이 문제를 조명해보면, 나무꾼이 나무 한 그루를 베어낼 때 그는 나무의 비호 아래 살아가는 작은 식생군을 희생시킨다는 사실을 인정해야만 한다.

일부 수목은 의학적 효험을 가지고 있는 것으로 전해지며, 실험을 통해서 우리가 지금 생각하는 것 이상으로 이들 약용수목의 수가 많다는 것을 알 수 있을 것이다. 그러나 거의 대부분은 숲 속에 어슬렁거리도록 허락된 소들에게 좁다란 초지를 제공하는 것 이상의 경제적인 가치는 없다. 비록 얼마되지 않는 이익이지만 초식동물이 어린 나무에 해를 가하는 것보다는 훨씬 큰 보상이라고 하겠다. 전체적으로 의약품이나 가축의 식량으로서 이 부류의 식생이 가지는 중요성은, 숲을 보호해야 한다는 호소력 있는 주장을 편다거나 식생의 영속성을 보장하기 위해 필요한 수단을 제공하는 데 있지 않다.

효험 있는 치료제는 의약품으로서의 입지를 다질 수 있고, 1에이커의 초지는 100에이커의 숲에 비해 소에게 보다 많은 양의 영양분을 공급할 수 있다. 그러나 자연과의 사이에 형성된 교감 때문에 신의 모든 창

---

135) Dwight, *Travels*, II, pp.439~441.

조물 사이에는 동료의식이 있다는 것을 느끼도록 교육을 받은 사람을 가정해보자. 그리고 칙칙한 주괴, 옥화은, 결정질 적동, 그리고 동전제조가의 솜씨로 그것들을 녹여 만든 실링과 페니보다는 휘황찬란한 원석을, 심재를 잘라 얻어낸 널빤지로 만든 브랜디 술통보다는 고풍스러운 오크를, 부추와 양파가 자라는 토양을 비옥하게 해주고 공기를 향기롭게 해준 한 판의 아네모네, 설앵초, 목질제비꽃을 사랑하도록 가르침을 받은 사람을 생각해보자. 그는 자신의 미각을 즐겁게 해주지 못하고 자신의 주머니를 두둑하게 채워주지 못한다는 이유만으로 아무런 해가 되지 않는 식물종을 근절할 수 있는 자신의 권리를 성급하게 주장하지는 않을 것이다. 마찬가지로 "인간은 멀리 있고 신은 가까이 있다"는 불가침의 성소에서나 얻을 수 있는 마음과 정신의 특별한 훈련을 경험해본 사람도 같은 입장일 것이다. 그리고 숲 속 한적한 지역이 줄어드는 것을 유감스럽게 생각하는 그의 마음은, 숲이 소중히 길러온 모든 것들이 그동안 그들을 안전하게 지켜주던 소나무, 오크, 너도밤나무와 함께 사라져가고 있다는 것을 성찰하는 가운데 더 무거워진다.[136]

앞에서 이야기한 것처럼 조류는 숲 깊은 곳은 자주 찾지 않으나, 대다수는 나무에 둥지를 틀고 나뭇잎과 가지에서 계절의 악천후와 천적인 파충류 및 포유류의 추적을 피할 수 있는 안전한 피난처를 발견한다. 숲 가장자리에는 노랫소리가 가득하고, 어슴푸레한 아침은 땅속에 기어다니는 벌레들을 야밤의 밀실로부터 불러낼 때 인근 숲에 있는 수많은 날개 달린 천적을 또한 불러온다. 새들은 경지로 날아와 해충을 잡아먹고 낮 시간 동안 숨어 지낼 수 있는 어두운 엄폐물을 찾아 굼뜨게 도망가는 딱정벌레를 놀래켜 인간의 작물을 지켜준다.

농업에 가장 치명적인 곤충은 숲이나 그 인근에서 번식하지 않는다. 탐욕스런 무리들로서 동양사회를 초토화시키는 메뚜기는 알의 부화를

---

136) Johann Weikhard von Valvasor, *Die Ehre des Herzogthums Crain*, trans. Erasmus Francisci, Laibach, 1689, I, p.136.

촉진시키는 태양열을 흠뻑 받을 수 있고, 알에 치명적일 수 있는 습기를 모으지 않으며, 유충을 먹고사는 새들이 서식하지 않는 광활한 평지에서 자란다.[137] 메뚜기떼가 소아시아와 키레네에서 두려우리만큼 파괴성을 드러낸 것은 삼림이 손상된 이후의 일이었다. 북아메리카 일부 지역에서 농업에 큰 해를 끼칠 우려가 있는 메뚜기 무리는 숲이 없는 드넓은 대지에서만 가히 치명적일 정도로 번식한다.

숲의 효용

유럽 거의 전역에서 삼림이 전부 소멸되어버렸기 때문에, 지금 남아 있는 것을 단순히 보호만 하는 것은 삼림의 부재로 인해 발생한 피해를 치유할 수 있는 충분한 조치가 결코 될 수 없다. 게다가 이미 지적한 대로, 많은 경험으로부터 그 어떤 법으로도 개인의 손에서 숲의 항구적인 안전을 도모할 수 없다는 것이 분명해졌다. 대부분 유럽 국가의 선각자 또는 정부차원에서 대대적인 조림사업이 이루어졌다. 프랑스는 지금 남부지방에서 숲을 되찾기 위한 작업을 적극적으로 준비하고 있으며, 그렇게 함으로써 한때 비옥했던 토양과 온화한 날씨를 위협하고 있는 극심한 인구감소와 척박화를 막아보려 한다.

숲을 회복시키고자 하는 목적은 파괴를 야기한 동기와 파괴로 인한 피해만큼이나 다양하다. 산지의 조림사업에서 기대하는 바는 먼저, 범람의 빈도와 파괴력을 감소시키고 급류의 형성을 방지하며, 극단적인 기온, 습도, 강수를 완화하고 고갈된 샘, 개울, 관개수원을 원래의 상태로 돌려놓는 데 있다. 또한 한파와 극도로 무더운 바람으로부터 경지를 보호하고 독기의 확산을 방지하는 것이다. 마지막으로 가정의 안락을 위해 필요한 여러 가지를, 그리고 평화시에는 기술을, 전쟁시에는 파괴

---

137) Hermann Rentzsch, *Der Wald im Haushalt der Natur und der Volkswirthschaft*, Leipzig, 1862, pp.45~46.

력 있는 힘을 성공적으로 행사하는 데 없어서는 안 될 원료를 무한정 제공하는 데 있다.

그러나 나무의 활용에 대한 이상의 목록이 모든 것을 망라하는 것은 아니다. 골짜기에서 사태가 발생하고 계곡 안에 물이 집적되는 것을 막아주는 수단으로서 산지의 숲이 보유한 영향 외에도, 하류부에서는 홍수 및 그와 함께 운반되는 물질이 퍼져 나가는 것을 막아주는 방벽으로서 숲은 중요한 기능을 수행한다. 그렇지만 이와 관련된 내용은 물을 조명한 다음 장에서 다루는 것이 적절할 것 같다. 또 다른 중요한 효용, 즉 이동하는 사구를 고정시켜주고 그것을 개간해 경작에 유익하게 활용할 수 있도록 해주는 기능은 모래를 주제로 한 그 다음 장에서 설명될 것이다.

철도, 제조업, 기계제품, 무기, 기독교권의 상선과 전함 등 금세기 여러 분야에서 나타난 무한한 발전상은 삼림의 수요를 크게 증대시켰다.[138] 목재를 대신할 철을 생산해낸 금속업의 발달이 없었더라면, 지난 25년 사이에 그러한 목적에 적합한 얼마되지 않는 유럽의 모든 나무는 없어졌을 것이다.[139] 뒤늦게 지난 2년 동안 미국 군대에 총 개머리판용으로 공급하기 위해 벌목이 이루어진 호두나무만이 유럽의 유일한 대규모 삼림이 되었을지도 모른다.

유럽의 삼림

미라보(Mirabeau)는 1750년 프랑스의 삼림이 1,700만 헥타르였다고 추정했다. 그것이 1860년에는 800만 헥타르로 감소되었는데, 이는 연간 8만 2,000헥타르의 비율로 감소했다는 것을 의미한다. 이 통계는

---

138) Clavé, *Etudes forestière*, p.248 ; Bigelow, *Les Etats Unis en 1863*, p.439 ; Rentzsch, *Der Wald*, pp.63, 68 ; Giuseppe Cerini, *Dei Vantaggi ······ per l'impianto e conservatione dei boschi*, Milan, 1844, pp.17~18.

139) Clavé, *Etudes forestière*, pp.241~249.

트로이(Troy)의 귀중한 소책자에서 인용한 것으로서, 그는 미라보의 추정이 과장되었을 것으로 생각한다. 그러나 삼림파괴가 광범위하게 이루어졌다는 사실은 여전히 유효하다. 왜냐하면 아리에쥐를 비롯한 일부 현에서는 지난 반세기 동안 한 해 3,000에이커의 비율로 개간이 진행되었으며,[140] 제국 거의 전역에서 나무가 자라는 것보다 더 빠르게 벌목이 진행되었다고 전해지기 때문이다. 사보이를 제외한 프랑스의 면적은 약 1억 3,100만 에이커에 이른다. 미라보가 산정한 삼림면적은 그 가운데 약 32퍼센트를 차지한다고 한다.[141]

프랑스와 같이 삼림이 가진 보전의 영향력이 절실한 국가와 그런 기후상황에서 자연이 부여한 다양한 기능을 최대한 발휘하기 위해서는, 삼림이 광대한 지역에 걸쳐 대규모 군락을 이루어야 한다. 프랑스 제국에서 목재의 소비는 빠르게 증가했으며 영토의 대부분은 황량한 산간지역이다. 그러한 특성과 상황이라면 반대로 그 어떤 농업적인 용도보다도 숲을 가꾸는 것이 더 유리할 것이다.

따라서 미라보의 과장된 수치를 취한다 하더라도 1750년 당시의 삼림의 비율은, 비록 그 분포가 한결같이 않아 일부 지방에서는 나무를 베어내 개간하고 또 다른 지역에서는 삼림을 대규모로 조성하는 것이 합당한 정책이었음에는 틀림없지만, 항구적으로 유지할 정도의 규모는 아니었다.[142] 문제가 된 기간 동안 프랑스는 가공된 목재나 원목을 수출하지도 않았고 숲을 파괴한 데 대한 아무런 부수적인 이득도 얻지 못했다. 결과적으로 프랑스는 실제 소유하고 있는 삼림과 과거의 그것과의 차이만큼 궁핍해지고 무력해졌다.

이탈리아와 에스파냐에서는 프랑스 이상으로 나무가 벗겨져 나갔으

---

140) Paul Troy, *Inondations, reboisements et pasturages: étude sur la loi du 28 juillet 1860 sur le reboisement des montagnes*, Paris, 1861, pp.5~6; Arthur Young, *Voyages en France*, II, p.225; George Sand, *Histoire de ma vie*, Paris, 1855, pp.x, 44.

141) Palissy, *Œuvres*, pp.88~89.

142) Rentzsch, *Der Wald*, pp.104~124.

며, 우리가 일상적으로 숲의 나라로 생각하는 러시아조차 삼림의 결핍으로 심각한 고통을 겪기 시작했다. 주르디에(Jourdier)는 다음과 같이 밝히고 있다. "우리가 만나게 될 것으로 기대했던 끝없이 펼쳐진 광활한 숲 대신, 바람과 러시아 농민의 도끼에 의해 뼈대만 앙상하게 남아 흩어져 있는 숲과, 나무를 베어내 비교적 최근에 개간이 이루어진 토지만을 볼 뿐이다. 러시아에서 삼림배양의 두 가지 강력한 적이라 할 수 있는 인간과 불이 초래한 파괴를 개탄하지 않는 지역은 아마도 없을 것이다. 이는 너무나 엄연한 사실이어서, 선견지명을 가진 사람들은 우리가 석탄과 같은 새로운 인화물질이 매장된 광맥을 발견해 그 해악을 감소시키지 않는다면 끔찍해질 위기상황을 이미 예견하고 있다."[143]

지표와 기후의 특성이나 그간 삼림육성에 쏟아온 전국적 관심으로 미루어 볼 때 독일은 전체적으로 이 문제에서는 남방의 인접 국가에 비해 훨씬 나은 상태에 있다. 그러나 스위스, 이탈리아, 프랑스 알프스 지방의 농촌경제를 특징짓던 무분별한 행동으로 인해 바바리아와 오스트리아의 알프스 지방에도 그와 유사한 비극적 결과가 초래되고 있다. 얼마 전까지만 해도 삼림이 풍부했던 바바리아 일부 지역의 연료 부족과 관련된 사례에 대해 나는 소금을 만들기 위해 철 파이프를 이용해 심지어 60마일 떨어진 먼 곳의 연료산지까지 염수를 수송했던 사실을 지적하고 싶다.[144]

---

143) Auguste Jourdier, *Des Forces productives, destructives & improductives de la Russie*, Paris, 1860; Clavé, *Etudes forestière*, p.261; *Der Wald*, pp.223~224; Karl Ernst von Baer, *Kaspische Studien*, St. Petersburg, 1855, I, pp.25~27.

144) Rentzsch, *Der Wald*, pp.123~124; John Henry Alexander, *Universal Dictionary of Weights and Measures, Ancient and Modern*, Baltimore, 1850.

미국과 캐나다의 삼림

미국과 캐나다의 방대한 숲은 변경지대 개척민의 안일한 관행과 늘어나는 목재수요에 오랫동안 저항할 수 없었다. 조립을 위시한 기타 여러 가지 공작에 쓰이는 목재는 전부 빠지고 "제재목과 널빤지"에 관한 통계만을 담고 있는 미국의 1860년 국세조사에 따르면, 국내 시장에서 판매된 제재목의 가치는 1850년 당시 5,852만 1,976달러, 1860년에는 9,591만 2,286달러였다. 원목은 가공되지 않은 상태로는 거의 수출이 되지 않았고, 건축에서는 석공이 목수를 빠르게 대체하고 있었으며, 목재 대신에 돌, 벽돌, 철재 등이 10년 전에 비해 많이 활용되었기 때문에, 그와 같은 비율로 증가하지는 않은 것 같다. 그런데도 1860년에는 1850년에 비해 훨씬 많은 양의 원목이 판매되었음이 틀림없다. 또한 그 사이에 목재가격이 크게 상승했으며, 따라서 물량의 증가를 금전상의 증액으로 측정할 수 없다는 점도 지적하지 않을 수 없다.

그 10년 동안의 뉴잉글랜드 6개 주의 "제재목과 널빤지" 생산액(21퍼센트)과 중부 6개 주의 생산액(15퍼센트)의 차이는 아마도 목재가격의 상승으로 전부 설명이 가능할 것 같다. 하지만 서부와 남부 소속 여러 주의 생산액은 2배, 태평양 연안의 주와 영국령의 생산액은 같은 기간에 3배로 증가했으므로, 이들 지역에서는 분명 판매용 목재의 실질적인 증량이 있었다.

모든 주에서 삼림의 분포가 상이하다는 사실에는 상당히 유리한 측면이 있지만, 오레곤 주를 제외하면 바로 이 순간 영구히 보존해야만 하는 그 이상의 숲을 보유한 주는 아마 없을 것이다. 주 정부가 공유지를 일반 시민에게 널리 처분한 것은 미국으로서는 큰 불행이었다. 미국의 공유지가 충분하게 존중되지 못하고 있는 것은 사실이다. 그리고 모든 장년층의 기억 속에서 목재란 너무나 하찮게 인식되어 사유림 소유주가 다른 지역에서 보면 삼림에 대한 심각한 침해로 비춰질 수 있는 행동을 아무런 비난도 받지 않고 거리낌 없이 행했다는 것 또한 부인할 수 없는 사실이다. 이러한 상황에서 주 소유의 공유림이나 사유림을 불문하고 숲을 보호한다는 것은 어려운 일이었다. 이들 자산은 화재로 자주 훼손될 뿐만 아니라 약탈을 다반사로 겪는다.

이상의 원인에 따른 파괴는 실제로 삼림의 기후 및 지리적 영향 전부를 없애지 못하지만 상당 정도 감소시키거나, 연료와 목재의 공급원으로서의 가치를 거의 파멸수준으로 격하시킨다. 내가 오랫동안 진지하게 고민해왔던 해악을 방지하기 위해서는 이 문제에 대한 미국인의 전반적 인식을 확산시켜야 하고, 지방의회 및 국회의 활동이 아닌 자신들 스스로가 민감해하는 계발된 자기 이해에 눈을 돌려야 한다.

프랑스에서조차 정부의 대처가 너무 느리고 매사에 결단력이 부족하며, 각종 보호조치는 파괴적인 원인을 여전히 상쇄하지 못하고 있다. 이 문제에 관한 트로이의 사려 깊은 언급은 프랑스보다는 그 밖의 국가에게 삼림의 보호보다는 다른 공공정책의 상황을 말해주고 있다. 그는 다음과 같이 말한다. "우유부단하게 움직이는 것은 가장 위험하고 용서할 수 없는 방종을 범하는 것이다. 또한 권위를 실추시키고, 냉소적이고 회의적인 사람의 손을 들어주며, 반대를 강화하고 저항을 고무하는 셈이다. 그리고 그것은 여론으로 정부를 파멸시키고 그 권력을 약화시키며 그 용기를 억누르는 것이다."[145]

삼림경제

삼림의 관리와 그것을 실행에 옮기는 기술에 관한 유럽 국가의 법안은 크게 기존의 삼림을 보전하는 것과 새로운 숲을 조성하는 것, 이 두 가지로 나뉜다. 앞에서 설명한 원인들이 오랜 기간 작용한 결과, 미국 및 다른 신생국가에서 이해하고 있는 "원시림"은 일반인의 시선이 닿지 않고 접근이 거의 불가능한 계곡에 소규모로 남아 있는 것을 제외하

---

145) *Reboisement des montagnes*, p.5.

면 고대 문명과 제국의 중심지역에서는 더 이상 찾아볼 수 없다. 사실 가장 오래된 유럽의 숲은 자생림으로서, 스스로 퍼뜨린 씨앗이나 인간의 목적을 위해 베어진 나무의 뿌리에서 자라난 것이다. 그러나 삼림의 성장은 온갖 방법으로 인간과 가축에게서 통제를 받기 때문에 정도의 차이는 있지만 모두 인위적인 특성과 배열을 지니고 있다. 그러므로 유럽의 자생림과 최근에 조성된 많은 인공림을 보호하고 성장을 촉진하기 위해서는 처녀림의 특성과 필요에 적합한 것과는 어떤 면에서 다르게 취급할 필요가 있다.

후자의 삼림육성과 관련해, 삼림재배학의 체계를 완성하는 데 필요한 사실들이 아직은 경험이나 관찰을 통해 충분하게 수집되어 있지 않다. 그러나 프랑스에서 운영되고 있는 유형의 삼림관리는 그곳의 기후와 지역조건이 다양한 까닭에 미국과 일부 영국 식민지에도 시사점을 던져주어 그간 주의 깊게 연구되어 왔으며, 임학자를 위한 실질적인 교재도 프랑스 내에는 얼마간 준비되어 있다. 내가 생각하기에 가장 좋은 책은 로렌츠(Bernard Lorentz)의 『낭시 임업학교의 삼림배양 기초강좌』(*Cours élémentaire de culture des bois, créé à l'école forestière de Nancy*)로서 낭케트(Henry Nanquette)의 증보판도 나와 있다.[146]

내가 자주 인용한 클라베의 『삼림경제 연구』(*Etudes sur l'économie forestière*)는 이 문제에 관한 여러 가지 흥미로운 견해를 제시해주므로 영국과 미국의 독자를 위해 번역할 만한 충분한 가치가 있다. 그러나 실질적인 지침서로 기획된 것은 아니어서 구체적인 사항에 대해 자세하게 전해주지는 못한다. 자생림과 인공림의 상이한 조건에도 불구하고, 자생림의 보전에 관심을 둔 분별 있는 관찰자는 내가 인용한 논문에서 많은 교훈을 얻을 것이다. 또한 나는 그가 자연림이 하루라도 빨리 인위적으로 관리될 수만 있다면, 이 분야에서의 공공경제의 합리적 집행에 의존하고 있는 각계각층의 이익에는 더 낫다는 것을 확신하게

---

146) *Cours d'aménagement des forêts*, Paris, 1860.

될 것으로 생각한다.

이 주제와 관련해서 한 가지 고려할 사항이 있는데, 문제에 흥미를 가진 대부분의 사람들이 비교해볼 기회가 없었기 때문에 그간 관심을 끌지 못했다. 그것은 다름 아닌 인위적으로 배양된 목재가 순수하게 자생한 것보다 일반적으로 우월하다는 주장이다. 지금 일반적이라는 단서를 붙인 것은 몇 가지 예외가 있기 때문이다. 예를 들어 백송(*Pinus strobus*)이나 그와 특징 및 쓰임새가 유사한 나무들은 완전한 성장을 위해 주변에 빽빽한 삼림을 필요로 하는데, 바람에 과도하게 요동친다거나 옹이로 가득하게 만들 수 있는 곁가지가 계속 자라나는 것을 숲이 막아준다는 이유에서다.

이러한 조건에서 자라난 소나무의 줄기는 크고 곧아 선박의 돛대나 원재로 쓰기에 이상적이다. 동시에 옹이가 거의 없기 때문에 둥근 형태가 고르게 유지되며 조직 또한 부드럽고 균일해 목공재로 쓰기에는 다른 어떤 것보다 좋다. 만일 거대한 소나무는 남겨두고 주변의 활엽수라든가 그 밖의 키 작은 나무들을 베어내면, 바람의 작용으로 나무가 흔들려 자동적으로 연간 성장의 층위가 고르지 않아 목재의 가치는 현저하게 떨어진다.

처녀림의 여타 수목에 비해 키가 월등하게 자라난 소나무에게서 성장 도중의 어떤 사고로 인한 그와 유사한 결함이 종종 발견된다. 경지나 숲 속 빈터에 자라고 있는 백송은 숲에서 성장한 것과 비교해 그 전체적인 외형과 목재의 질에서 완전히 다르다. 나무줄기는 훨씬 짧고 위로 올라갈수록 꼭대기가 가늘어지지 않으며, 잎은 무성하고 기울어져 뭉치를 이루며, 가지는 수가 많고 굵다. 나무의 나이테는 확연하게 구분될 정도로 고르지 않고 입자는 조잡하며, 강도도 더 세서 이음새 작업을 하기에 훨씬 곤란하다.

미국의 숲에는 내가 방금 지적한 특성을 가진 많은 나무들이 최상의 가치를 지닌 소나무와 섞여 있다. 벌목꾼들은 그것들을 "묘목"으로 부르며 일반적으로 백송과 별개의 종으로 간주하지만, 식물학자들은 양자의 차이를 구별하지 못한다. 이 나무들이 개활지에서 자란 백송과 거의 모든 측면에서 일치하고 있기 때문에 나는 그들의 독특한 특성이 성장 초기의 좋지 못한 환경에 기인한 것으로 이해하고 있다. 따라서 소나무는 넓은 곳에서 자라난 나무에 비해 숲 속의 수목이 열등하다는 일반적인 법칙에 대한 예외라고 하겠다. 반면 초지의 오크와 너도밤나무는 숲에서 자란 것에 비해 훨씬 좋은 목재를 생산하는 것으로 알려지고 있으며, 이러한 설명에 부합하지 않는 나무는 거의 없다.[147]

인위적으로 관리되는 숲이 지니는 또 다른 이점은 대지가 물을 머금고 배출하는 정도에 차등을 둘 수 있다는 것이다. 숲을 구성하는 수목의 종류, 비율, 간격을 적정하게 조절할 수 있는 편리함은 너무 확연해서 넌지시 암시하는 것만으로도 충분한 설명이 된다. 이상의 조작을 실행하는 데 우리는 자연이 요구하는 바를 면밀히 살펴야만 한다. 그리고 숲은 그 주인이 마음 내키는 대로 선택하고 처분할 수 있는 임의적인 나무의 무리가 아니라는 것을 기억해야만 한다.

클라베는 다음과 같이 언급한다. "숲은 우리가 종종 생각하는 것처럼 장기적으로 볼 때 아무런 유대가 없이 상호독립적으로 서로를 계승해 가는 나무의 집합체가 아니며, 그와 반대로 각기 다른 부분이 상호의존적인 하나의 전체가 되는, 한마디로 말해 진정한 개체라고 하겠다. 모든 숲은 자라난 지표면의 형태, 구성하는 나무의 종류, 군집을 이루는 양식에 의해 규정되는 독특한 특성을 지닌다."[148]

유럽과 미국의 삼림비교

북미의 삼림은 굉장히 다양한 종으로 구성되어 있다는 점에서 유럽의 수목과 큰 차이가 있다. 클라베에 따르면 "프랑스와 유럽 대부분의

---

147) Robert Southey, *Letters from England: by Don Manuel Alvarez Espriella*, London, 2nd ed., 1808.
148) *Etudes forestière*, p.7

지역"에서 약 20개의 수종이 확인되며 그 가운데 5~6종은 침엽수로서 수액이 있고 나머지는 활엽수라고 한다. 그러나 그는 종(espèces)이라는 단어를 사용했지만 실제로는 속(genera)을 의미했다. 로스매슬러 (Rossmässler)는 독일의 삼림에서는 57개 종이 발견된다고 하는데, 일부는 단순한 관목이고 일부는 유실수로서 정원수라고 하겠으며 또 다른 종은 동일계의 변종이다. 퍼레이드(Parade)의 귀중본에도[149] 아메리카 기원의 아카시아(*Robinia pseudoacacia*)와 백송 그리고 아시아산으로서 알제리의 자생종이기도 한 레바논 삼목(*Cedrus libani*)을 포함해 그와 비슷한 수가 적혀 있다. 그렇다고 볼 때, 미국의 경우 오크 하나만 해도 30종 이상을 헤아리며[150] 북미산 식물속이 그와 비슷할 만큼 다양하지만, 유럽에서는 임학자의 특별한 관리를 받을 만한 경제적 가치를 지닌 수목의 종류가 40 내지 50종을 넘지 않는다.[151]

유실수를 제외하면 유럽의 수목으로서 미국으로 이식된 것은 그리 많지 않으나 미국의 식물상은 유럽에 큰 기여를 했다. 아주 형편없는 취향 때문에 미국 내 일부 공공지역에서는 우아하고 웅장한 아메리카산 느릅나무가 그다지 좋아 보이지 않는 유럽종으로 대체된 바 있다. 그러나 풍치와 강건함에서 우리의 것을 앞서는 유럽의 마기목을 비롯해 마로니에, 백양, 은포플러 등은 북미의 관상용에는 더없이 귀중한 수종이었다. 향기가 좋은 식용씨앗을 생산하고 목각용으로 훌륭한 원목을 제공해주는 스위스아브(Swiss arve)(*Pinus cembra*), 마찬가지로 맛좋은 씨앗을 맺고 잎의 색깔과 돔 형태의 아름다운 수관을 갖추어

---

149) Lorentz, *Cours élémentaire*.
150) J.G. Cooper, "On the Distribution of the Forests and Trees of North America, with Notes on Its Physical Geography", in *Smithsonian Institution Annual Report, 1858(Agriculture)*, 36 Cong., 2 Sess., "The Forests and Trees of North America, as Connected with Climate and Agriculture", in *U.S. Patent Office Rept. 1860(Agriculture)*, 36 Cong., 2 Sess., H.R. Ex. Doc. 48, Washington, D.C., 1861, pp.416~445.
151) Spenser, "Faëry Queene."

우아하기 이를 데 없는 나무의 하나로 꼽히는 금송, 길이, 유연함, 가을철의 우아함에서 수양버들에 견줄 만한 늘어진 가지를 가진 중부 유럽의 자작나무, 그리고 무엇보다 "공동묘지 사이프러스" 등을 들여온다면 미국의 경관은 한층 돋보일 것이다.

유럽의 너도밤나무와 밤나무는 아메리카 유사종보다 뛰어난 양질의 목재를 제공한다. 유럽 밤나무 열매는 맛에서는 미국산에 뒤지나 크기가 월등해 프랑스와 이탈리아 농민에게는 중요한 식량의 하나로 애용된다. 유럽의 호두나무는 미국 일부 종에 비해 미관이 떨어지고 다른 종에 비하면 섬유질의 강도와 탄력에서 뒤지지만 목재와 그로부터 얻어지는 기름은 가치가 있다.[152]

프랑스에서 이동성 모래를 고착시키는 데 광범하게 쓰이는 것으로 밝혀진 바 있는 해송[Pinus pinaster]은 신대륙의 어떤 소나무보다도 동일 목적에 잘 부응할 수 있을 것으로 보이며, 부산물인 테레빈 유, 송진, 타르 등도 매우 긴요하다. 프랑스 및 인접 국가의 산지에 풍부하게 서식하는 독일가문비나무 또는 전나무(Abies picea, Abies excelsa, Picea excelsa[abies])는 부산물인 부르고뉴 피치로 유명하며, 거의 모든 침엽수에 비해 굉장히 다양한 토양과 기후에서 잘 자라기 때문에 충분히 이식할 만한 가치가 있다. 코르크 오크[Quercus suber]는 내가 생각하기에 외부로부터 미국에 도입되었고 남부지방에서 크게 번성할 것이다.[153]

호두나무, 밤나무, 코르크오크, 뽕나무, 올리브, 오렌지나무, 레몬, 무화과나무 등과 같이 열매를 포함해 많은 부산물을 생산함으로써 연간 소득창출에 기여하는 유실수를 통해 자연은 남부 유럽에 식생의 손실에 따른 손해 일부를 보상해주었다. 이러한 나무들은 대부분 중간에 경지를 두거나 풀이 자랄 수 있을 정도의 간격을 두고 심겨 있기에 울창

---

152) Cosimo Ridolfi, *Lezioni orali di agraria*, Florence, 1862, II, p.424 ; Louis de Lavergne, *Economie rurale de la France*, 2nd ed., Paris, 1861, p.253.
153) Clavé, *Etudes forestière*, pp.251~252 ; George Sand, *Histoire de ma vie*.

하게 그늘을 드리우는 숲에 대한 만족스러운 대안은 아니다. 그러나 흡수 및 증산과 어느 정도 비슷한 기능을 수행하고, 지면에 그늘을 드리우며, 바람의 세력을 약화시킨다. 그리고 밤나무 뿌리 같은 경우 풀 한포기 자라지 않는 황량한 급경사의 비탈에서 토양을 고정시킴으로써, 엄청난 양의 토사가 경지와 정원으로 밀려드는 것을 막아준다.

알프스 산맥 북쪽에서도 분명 유실수가 자란다. 사과, 배, 자두는 인간과 자연의 생활에 모두 중요하다. 그러나 이러한 유실수는 내가 지적한 바 있는 남부 유럽의 나무에 비하면 스위스와 프랑스 북부에서는 그리 많지 않다. 왜냐하면 그리 큰 이익이 되지 않는 데다가 고위도 기후 때문에 영농을 위해 점유한 토지로 그늘을 드리우는 나무를 도입한다는 것이 여의치 않기 때문이다.

서로 섞여 자생하는 여러 종의 수목은 유럽의 숲에서는 볼 수 없는 다양한 요소를 미국의 삼림경관에 부여한다. 자연은 죽어가는 돌고래가 흘리는 빨간 빛을 재현해 단풍나무, 오크, 물푸레나무 등의 낙엽에 물을 들인 그 아름다운 색조로 산비탈에 옷을 입히고, 물길을 따라서는 열대 식물상의 화려한 조합으로도 도저히 따라올 수 없는 아름다운 무지갯빛 광채의 잎으로 수를 놓는다. 그러나 알프스의 남쪽과 북쪽 비탈면 모두, 유럽을 찾은 미국인 여행가들이 인정하는 것 이상으로 이 가을철 식생의 풍부하고 다채로운 광채를 거의 그대로 재현한다는 사실은 인정해야만 한다. 게다가 종종 이들 산지의 숲 속 공터를 덮고 있는 키 작은 낙엽관목이 붉고 노란 빛깔로 물들어 원경에서는 대서양 저편의 숲이 머금은 분홍, 심홍, 금빛, 황갈색에 결코 뒤지지 않는다.

내가 알고 있는 그 어떤 미국의 상록수도 금송(Sciadopitys verticillata)에 비할 바 못 된다. 허드슨 강 고지대에 흔하게 서식하고 있는 삼나무는 사이프러스와 너무 흡사하게도 곧고 가늘며, 똑바로 뻗은 편평한 나뭇가지를 땅으로 드리우고 있다. 그러나 잎은 그렇게 짙지 않고 조밀하지도 않아 사이프러스의 장엄한 품위를 갖추지 못할 뿐만 아니라, 그 나긋나긋한 유연성도 없다. 형태상으로 롬바르디아 포플러, 즉

양버들이 사이프러스와 닮았지만, 특히 바람에 날렸을 때 그 둘을 비교하는 것은 거의 신성모독에 가깝다. 하나는 장엄하기 이를 데 없지만 다른 하나는 보기 흉하기 짝이 없어서, 율동에 관한 인간의 감정에 비유한다면 나무 가운데 가장 어색하다고 표현할 수 있겠다.

포플러는 돌풍에 떨고 푸드득거리며, 거칠게 발버둥치고 잎을 헝클어뜨리고 유약한 가지로 주변을 더듬거리며, 무기력한 열정으로 쉭쉭 소리를 낸다. 반면 사이프러스는 나무줄기에 가지를 바짝 붙이고 돌풍에 구차하게 복종하기보다는 우아하게 인사를 보내며, 신속하게 그 당당한 자태로 되돌아올 것을 확신시키는 탄력으로 바람에 굽어지고, 두꺼운 작은 잎에서는 먼바다의 우렁찬 소리가 흘러나온다.

사이프러스와 금송은 단순히 이탈리아 경관의 전통적 유형에 불과한 것이 아니다. 그들은 지중해 연안에서만 완벽하게 볼 수 있는 아름다운 농촌들녘에 빠질 수 없는 요소며, 대추야자가 동양의 사막에서 그러한 것과 같이 이러한 부류의 경치에서는 특징적이라 하겠다. 그러나 다음의 차이가 있다. 사이프러스나 소나무 한 그루는 종종 넓은 지역에 그 아름다움을 발산하지만, 야자수는 사회적인 나무로서 그것의 미는 단독으로 뿜어 나오는 것이 아닌 군집을 이루었을 때의 아름다움이다. 오렌지, 레몬, 코르크오크, 감탕나무, 도금양, 월계수 등 북쪽에서 온 이방인들로부터 가장 큰 환심을 사는 남부 유럽의 나무들이 상록수라는 사실과 함께, 사이프러스와 소나무를 자주 볼 수 있다는 것은 이탈리아 겨울경관이 아름다운 이유를 말해준다.

사실 겨울이라야 열차를 타고가는 여행자가 지세에 대한 어떤 개념이라도 포착할 수 있고 그 나라에 대한 적절한 지리적인 이미지를 그려볼 수 있다. 여타 계절에는 높은 나무들이 이루는 벽뿐만 아니라, 뚫을 수 없는 울타리 그리고 불행하게도 철로를 따라 빽빽하게 심긴 아카시아 등이 시야를 완전히 가린다. 그래서 터널의 아치나 여행자가 잠을 청할 때 쓰는 눈가리개에 비할 수 없을 정도로 그의 호기심을 채우는 데 강력한 장애물이 된다.

삼림관리

유럽의 임학자들이 부르는 삼림관리의 기술 또는 학문은 영국이나 미국에서 거의 연구되지 않아 그것을 지칭하는 용어가 영어사전에 소개되지 못했다. 따라서 프랑스와 독일의 삼림 관련 문헌에 쓰이는 단어를 빌려오지 않고 전문적인 어휘만으로 그 과정을 설명할 수는 없을 것이다. 삼림관리의 방법을 전체적으로 논의한다는 것은 사실 이 책에서는 합당하지 않을지 모른다. 그러나 영어권의 경우 이 주제에 대한 정보를 얻어내고 쉽게 접근할 수 있는 매체가 거의 없기 때문에 필요 이상으로 조금은 자세하게 설명해도 이해해줄 것으로 믿는다.

가장 잘 알려진 방법은 타이(taillis)라 불리는 덤불처리에 관한 것과 퓌테(futaie)라고 하는 두 가지인데, 후자의 경우 적절한 영어표현을 아직 찾지 못했지만 아마도 **성숙시스템**으로 부를 수 있을 것 같다. 덤불은 나무뿌리에서 올라온 햇가지로 구성된 잡목으로서 이전에는 연료와 재목감으로 베어 사용했다. 햇가지는 시간이 경과함에 따라 솎아주고, 일정 기간이 지났거나 어린 나무가 어느 정도의 크기에 도달한 다음에는 베어내는데, 뿌리는 이전과 마찬가지로 새로운 가지를 뻗는다. 이것은 가장 경제적인 관리방법이어서 인건비와 자본이 토지와 목재의 가격에 비해 큰 비중을 차지했을 때 취할 수 있는 최선책이다.

그러나 이것은 본질적으로 소모적인 경제다. 우선, 가장 손쉽게 실행할 수 있는 방법으로서 삼림을 전부 베어버리면, 어린 가지들은 숲이 조성되는 데 중요한 그늘을 가지지 못하고 바람으로부터의 보호도 받을 수 없게 된다. 따라서 성장은 상대적으로 느리며 동시에 두꺼운 덤불은 인근에 싹을 틔웠을지 모를 어린 나무를 질식시킨다. 만일 종류에 관계없이 가축을 숲으로 들인다면, 어린 나무의 끝눈과 부드러운 곁가지를 먹어 치워 나무를 죽이기까지는 않는다 하더라도 그 성장을 더디게 만드는 한편, 자라나는 아름다움과 활력을 앗아가버릴 것이다. 상록수는 일단 베어지면 다시는 가지가 돋지 않아[54] 성장의 필수 불

가결한 조건은 아닐지라도 여러 측면에서 유리한 혼합림의 특성을 잃게 된다.[155]

그 밖에 큰 나무도 이러한 방법으로는 자랄 수 없다. 왜냐하면 죽어가는 그루터기나 그 뿌리에서 가지를 내는 나무는 속이 텅 비든지 그렇지 않으면 완전히 성장할 때까지는 강건하지 못하기 때문이다. 이 방식에 대한 보다 치명적인 이견이 있다면 나무뿌리가 2~3차례 이상, 최대라고 해도 4차례의 벌채를 견딜 수 없다는 것으로서, 그 다음에는 나무가 죽고 말아 오직 새로 심어야만 회복이 가능하다는 점이다. 유럽에서 덤불을 베어내는 기간은 15년에서 40년까지 다양하며 토양, 수종, 성장 속도 등에 따라 달라진다.

퓌테, 즉 성숙시스템에서는 나무가 건강하고 활력 있게 성장을 계속할 수 있는 한 살 수 있도록 내버려둔다. 적절한 상황 아래 많은 삼림수가 온난한 기후에서 도달할 수 있는 수령과 크기를 감안했을 때 언뜻 연상되는 것보다는 짧은 기간이다. 그러나 자연숲에 친숙한 모든 관찰자들이 잘 알고 있듯이, 우리 인간들 사이에서 장수한 사람이나 거인의 경우가 그러하듯 이는 예외에 해당한다. 유능한 식물 생리학자들은 나무가 모든 파충류와 같이 생명 또는 성장의 자연적 한계를 갖지 않으며, 오크와 소나무가 2,000년의 수령과 100패덤 크기에 이르지 못하는 이유는 수많은 사고에 노출되기 때문이라고 한다. 그리고 그만한 수령과 높이에 이를 수 있는 가능성은 100만분의 1이라고 주장한 바 있다.

그러나 이 사실에 대한 또 다른 설명도 가능하다. 확인 가능한 외적 사망원인으로부터 아무런 영향도 받지 않은 나무에서 조락은 가장 꼭대기에 붙어 있는 가지에서부터 시작되며 양분부족으로 시들어 죽는 것처럼 보인다. 수액이 뿌리에서 가지꼭대기까지 전달되는 불가해한 힘이 무한하다고 생각할 수는 없으며 종에 따라 그것이 다를 가능성이

154) Edmond About, *Le Roi des montagnes*, Paris, 1856.
155) Clavé, "Forêt de Fontainebleau", pp.153~154; Vaupell, *Bögens Indvand-ring*, pp.19~20.

있다. 세코이아는 500피트까지 수액을 끌어올릴 수 있는 데 반해 오크의 경우에는 150피트 이상 수액을 운단하는 것이 불가능할 수 있다. 그 한계는 또한 동일 종 내에서도 나무의 종류에 따라 달라질 수 있으며, 잘 자라지 못하는 나무의 기관에 결함이 있어서라기보다는 토양, 영양, 일사와 같은 환경상의 문제에 기인한다. 한 그루의 나무는 순환하는 수액이 오를 수 있는 한계에 도달했을 때 조락이 시작되고 죽음이 이어진다고 생각할 수 있다. 한정된 크기의 동물에 죽음을 초래하는 것과 동일한 원인들, 예를 들어 성장단계에서는 동화되지만 성장이 정지되었을 때에는 동화되지 않는 물질이 혈관을 막아버려 생명의 유지에 중요한 기능이 중단되는 식이다.

자연림에서 우리는, 1제곱마일의 면적에 자라는 수많은 수목 가운데에는 일부 거대한 나무들도 있지만 대다수는 최대로 성장하기 한참 전에 조락을 시작한다는 것을 보게 된다. 인공림도 틀림없이 그러할 것 같다. 클라베의 설명을 빌리면, "프랑스의 오크는 적합한 토양에서는 그 어떤 조락의 신호를 보내지 않고 200~300년 동안 살며, 소나무는 120년을 넘지 않고, 습한 토양에서 연목 또는 백색 목재는 50년도 채 넘기지 못하고 시들어 죽는다"고 한다.[156] 이상의 수령은 미국 삼림수의 평균치에 비하면 적고, 충분히 입증된 유럽의 수많은 고립된 수목의 수령에는 더욱 미치지 못한다.

정원시스템이라 불리며 퓌테의 처리와 관련된 전자의 방식은 나무가 성장기에 도달했을 때 나무를 개별적으로 베어내는 것이다. 그러나 관리가 가장 잘된 삼림에서는 독일식 방식으로 대치되는데, 최대의 직접적인 수익을 보장할 뿐만 아니라, 숲에 재차 조림하고 어린 나무를 보호할 수 있는 방법이라 하겠다.

이는 자연림이나 인공림을 불문하고 규칙적으로 관리할 수 있는 숲에 대해 실시되며, 세 가지 작업을 포함한다. 먼저, 어린 나무들이 자랄

---

156) *Etudes forestière*, p.89.

수 있는 넉넉한 공간을 확보할 목적으로 숲 전체의 3분의 1가량을 베어낸다. 나머지 3분의 2에는 자연적으로 씨앗을 퍼뜨려 빈 공간에 수목이 들어찰 수 있도록 활용하며 실패는 거의 없다. 묘목은 면밀히 보살피고 밀도가 너무 높을 경우 솎아주며, 형태가 이상하고 병약한 것과 가치가 떨어지는 것, 그리고 어린 나무를 질식시키거나 너무 가까이서 그늘을 드리우는 관목과 가시나무는 뽑아버린다. 묘목이 충분한 힘을 갖게 되고 잎이 커져 더 많은 빛과 공기를 필요로 할 때, 1차 벌목 당시 남겨놓은 오래된 나무를 적정하게 다시 베어내는 작업으로 이루어지는 두 번째 단계가 이어진다.

마지막으로 나무가 서로 주고받는 것 외에 어떤 보호도 없이 서리와 태양을 견디기에 충분하리만큼 강해진 다음, 남아 있는 원래의 숲을 베어내고 나면 이제 숲은 어리고 강한 나무들로 채워진다. 이와 같은 결과는 약 20년이 지난 다음에 얻어질 수 있다. 그후 적절한 시기에 튼튼하지 않고 바람이나 그 밖의 사고로 상처를 입은 나무는 제거되며 경우에 따라서는 숲의 성장을 돕기 위해 관개수를 공급하거나 비료를 주입한다.[157] 숲이 성숙기로 향해갈 때 이미 지적한 원래의 과정이 반복된다. 광활한 숲에 있는 각기 다른 지역의 서로 다른 부분에서 이 작업이 이루어지므로 연간 필요한 땔나무와 목재를 무한정 공급할 수 있게 된다.

임학자의 임무는 여기서 끝나지 않는다. 수령이 오랜 나무를 베어내고 남은 빈자리에 충분한 양의 종자가 떨어지지 못하거나 새로운 수종이 적정 비율로 분포하지 않는 일도 종종 발생한다. 이러한 경우 씨앗을 인위적으로 뿌려주거나 빈 터에 어린 나무를 심어주어야만 한다.

삼림을 관리하는 데 가장 중요한 규칙 가운데 하나는 개간예정이 없는 숲에서 가축을 완전히 배제해야 한다는 것이다. 소는 나무에 잎이 달릴 때 극도의 파괴성을 띠기는 하지만, 연중 언제가 되었든 소를 방

---

157) Dumont, *Des Travaux publics*, p.94; Chevandier, "Recherches sur l'influ-ence de l'eau sur la végétation des forêts", *Comptes Rendus des Séances de l'Académie des Sciences*, 19(1844), pp.168~170.

목한 곳에서는 어린 나무가 자랄 수 없다.[158]

토끼, 두더지, 그 밖의 설치류로부터 어린 나무를 보호하고, 나무의 표면과 껍질조직 그리고 심지어 나무 안쪽에서 부화하는 곤충의 유충에 의해 초래되는 피해로부터 늙은 나무를 보호하기 위한 조치를 취할 필요가 더러 생긴다. 자연림보다는 인공림이 이러한 원인에 따른 피해를 더 크게 볼 수 있다는 점이 전자에 대한 후자의 우월성이 인정되지 않는 유일한 경우가 된다. 그러나 가꾸고 관리한 숲의 목재가 질적으로 더 우수하고 성장도 빠르다는 것은 그와 같은 원인으로 초래된 손실에 대한 충분한 보상이 된다. 그리고 곤충학의 발전으로 곤충의 파괴활동을 방지할 수 있는 새로운 방법이 곧 나올 것이다. 그러나 지금으로서는 알을 긁어모아 죽이는, 단순하지만 비용이 많이 드는 방법만이 효과를 낼 수 있는 유일한 대책이다.[159]

유럽에서는 일상적으로 삼림의 토양을 덮고 있는 낙엽, 나무껍질, 나뭇가지를 제거하고 상록수의 낮은 가지를 잘라낸다. 나뭇잎과 가지는 주로 소 외양간의 깔개로, 그리고 최종적으로는 거름으로 사용되며 나무껍질과 바람에 떨어진 가지는 연료로 활용된다. 오랫동안 사용함으로써 그리고 때로는 특별한 증여에 의해, 부산물을 활용할 수 있는 특권은 많은 공유림과 심지어 대규모 사유림 주변에 사는 사람들의 기득권이 되었다. 그러나 그것은 전반적으로 심각한 폐습으로 간주된다. 낙엽과 떨어진 가지를 치우는 것은 나무에게 양분을 공급해주는 많은 양의 영양소를 제거하는 것과 같다. 작은 가지와 나뭇잎은 태웠을 때 가장 많은 양의 재를 생산하는 부위로서 어린 나무에게 다량의 양분을 공급한다.

보펠(Vaupell)은 다음과 같이 말한다. "1세제곱피트의 가지는 나무 줄기에 비해 4배나 많은 양의 재를 생산한다. ……너도밤나무 숲에서

158) Frédéric Lullin de Chateauvieux, *Lettres sur l'Italie*, 2nd ed., Paris, 1834, p.113.
159) Wessely, *Die Oesterreichischen Alpenländer und ihre Forste*, p.312.

100이라는 단위 무게의 마른 잎을 가져간다면 이는 160세제곱피트의 나무를 희생시키는 것과 같다. 나뭇잎과 이끼는 거름대용일 뿐만 아니라 쟁기질하는 것과 같은 효력을 지닌다. 썩어가는 잎에서 발산되는 탄산은 물과 반응해 토양 내 미네랄 성분을 용해하며 특히 분해과정에서 생산된 장석과 진흙을 활발하게 붕괴시킨다. ……잎은 흙으로 돌아간다. 나뭇잎이 없으면 비옥도를 보전할 수 없고 너도밤나무에 양분을 공급할 수 없다. 나무는 비쩍 마르고 발아가 불가능한 종자를 생산하며, 최상의 삼림관리 체계에는 필수 불가결한 요소라 할 수 있는 자발적인 파종이 나지의 척박한 토양에서는 완전한 실패로 끝난다."[160]

이러한 피해 외에도, 낙엽을 제거하는 것은 습기를 저장하고 샘물의 흐름을 조절하는 데 엄청나게 중요한 스펀지의 특성을 토양에게서 앗아간다. 또한 바짝 마르게 하는 태양과 바람, 동물과 인간이 밟아 우연하게 입히는 손상, 추운 날씨에 찾아오는 서릿발의 파괴적인 영향 등에 지표면의 뿌리를 노출시키는 셈이 된다.

연료를 얻기 위해 연례적으로 시행하는 가지치기는 유럽에서 흔하게 이루어지며 숲을 고차원적으로 이용하는 데에는 치명적이다. 그러나 다른 목적 없이 단지 연료를 공급한다거나 포도나무를 위해서 작은 숲이 조성되고 조림이 행해진 지역에서는 그와 같은 작업이 유리한 경우가 종종 있다. 버드나무와 기타 여러 나무들은 가지의 성장이 확연하게 줄어드는 일 없이 다년간 가지치기를 겪는다. 그리고 가지치기를 당한 나무, 옛말에 노쇠하다고 표현된 나무는 전반적으로 울적한 마음이 들게 하는 대상이기는 하지만, 북미 아카시아와 같은 일부 수종은 이 과정을 통해 어린 시기에 외형을 개선할 수 있다는 점도 인정해야만 한다.

나는 지금까지 농업이 숲을 파괴로 이끄는 주범이고, 소는 어린 나무의 성장에 특히 해롭다고 말했다. 그러나 가축은 간접적이지만 훨씬 더 심대하게 숲에 영향을 미친다. 농업에 필요한 개간지의 규모가 기르고

---

160) Vaupell, *Bögens Indvandring i de danske Skove*, pp.29~46.

있는 소의 종류와 수에 좌우되기 때문이다. 앞 장에서 미국의 가축이 1억 마리가 넘는다고, 바꾸어 말해 전체 인구의 3배 정도의 규모라고 밝혔다. 서부 여러 주의 돼지는 도토리, 호두, 밤 같은 삼림의 부산물을 먹고 살며, 미시시피 강 유역의 목초지와 야초지 역시 인간과 가축을 위해 다량의 먹을거리를 생산한다. 이러한 예외적인 경우를 제외하면 엄청난 무리의 가축들은 전적으로 유럽 개척민이 숲을 개간해서 일군 땅에 자라는 풀, 곡물, 콩과식물, 뿌리 등을 먹고산다.

가축의 살코기는 미국인의 음식으로 다량 공급되며 식물성 영양분의 양은 크게 감소했다. 만일 가축이 존재하지 않았다면, 인간의 직접적인 식량으로 필요한 농산물은 현재에 비해 소량으로, 그리고 그 생산물을 재배하는 데 필요한 개간지는 현재보다 더 좁은 면적으로도 충분했을 것이다. 그러나 말, 당나귀, 노새의 고기는 사람이 먹지 않고 양은 식량으로보다는 양모를 얻기 위해 기른다. 게다가 가축을 기르고 살찌우는데 소비되는 풀과 곡물의 생산에 필요한 토지를, 살코기 생산이 아닌 빵을 만들 수 있는 곡물재배에 할애했다면 훨씬 많은 양의 영양분을 생산할 수 있었을 것이다.

종합해볼 때, 소를 기름으로써 어떤 형태로든 이득을 얻을 수 있다고 해도, 가축을 기르기 위해 임야를 개간하여 획득한 토지의 면적은, 쇠고기에 상응하는 영양분을 생산하기에 충분한 초지의 면적을 빼고 난 다음에도 여전히 지역주민들이 직접 소비하는 작물을 재배하는 데 요구되는 면적을 크게 넘어서는 것이 분명하다. 달리 말해, 목초지와 야초지를 합하면 경작지를 훨씬 초과한다는 뜻이다.

미국같이 비옥한 국가에서 동식물성 영양분, 면화, 담배 등에 대한 국외의 수요는 영농의 범위를 확대시키는 것은 물론 숲으로의 침입을 더욱 조장한다. 따라서 이들 물품의 교역은 미국에서는 삼림파괴의 특별한 명분이 되고 있다. 이는 제조업을 위해 원료를 먼 곳에서 끌어와야 하고 내부의 기후조건에서는 결단코 경제적으로 생산할 수 없는 많은 식물성 식품과 사치품을 수입해야 하는 구대륙 여러 나라의 상황과는 거리가 있다.

수목의 성장은 너무 느리기 때문에 도토리를 땅에 묻는 사람은 자신보다는 먼 후손에게 그늘을 드리워줄 수 있는 장엄한 나무와 조금이라도 닮은 가지가 뻗어 나오기를 희망하지만, 가장 오래 산 사람도 숲의 파종기와 수확기를 함께 맞을 수는 없다. 나무를 심는 사람은 자신 또는 후손에게 직접적인 금전상의 이득을 가져다주는 투자 이상의 고차원적인 동기에 유발되어야 하는데, 혹시라도 인공림이 2~3세대 만에 초기비용 이상을 보상해준다고 하더라도 목재의 가격은 여전히 사용된 자본과 따라 붙는 이자를 되돌려주지는 않기 때문이다.[161]

그러나 우리가 숲이 존재함으로써 따라오는 막대한 부수적인 이익과 그것이 파괴됨으로써 필연적으로 초래되는 끔찍한 피해상을 고려할 때, 기존의 숲을 보존하고 그동안 과도하게 훼손되어온 숲을 많은 비용을 들여서 확장시키는 일은 이 시대가 앞으로 펼쳐질 시대에 대해 져야 할 가장 명백한 의무의 하나다. 특히 이 의무는 미국인에게 달려 있다. 미국인만큼 조상들의 땀과 희생으로부터 그토록 많은 이익을 본 문명인은 없으며, 앵글로아메리카 사회에서 개척자들만큼 그렇게 많이 뿌리고 자신들의 손으로 거의 아무것도 거두지 못한 세대는 없기 때문이다. 우리가 숭고한 선조에게 진 빚은 그들이 보여준 관대함과 이타심을 가지고 우리 후손의 정신적, 물질적 이해를 돌볼 수 있을 때 다 갚을 수 있다.

미국 생활의 불안정성

인간의 모든 제도, 관계, 생활양식은 본질적으로 불완전성을 내포한다. 우리의 자연스럽고 아마도 필연적인 결함은 형체는 물론 정신에서조차 고정되지 못하는 불안정성에 있을 것이다. 미국의 자연의 모습도

---

161) Clavé, *Etudes*, pp.159, 334~335.

이 끊임없는 유동성을 공유하며 경관은 인간의 습성만큼 가변적이다. 이제 우리를 특징지우고 우리를 정착민보다는 유목민으로 만드는 변화에 대한 끊임없는 사랑을 조금이라도 누그러뜨려야 할 때가 된 것 같다.

우리는 많은 지역에서 너무하다 싶을 정도로 삼림을 파괴해왔다. 이제 물질생활에 중요한 이 요소를 정상적인 상태로 되돌려야 한다. 그리고 숲이 경지와 초지, 하늘에서 내리는 비와 이슬, 땅을 적셔주는 샘과 개울 등에 가지는 관계의 영속성을 확보할 수 있는 장치를 개발해야 한다. 가장 폭넓게 이야기되는 농촌지역의 두 가지 특징, 즉 삼림과 경지 사이에 일정한 비율을 유지하는 것은 다름 아니다. 그것은 곧 인간의 지식으로는 예측도 막을 수도 없는 외부 상황의 덧없는 변화에 적응할 수 있는 융통성에 따라, 상호의존적으로 직접 연계되어 있는 모든 산업 부문, 직업, 관습 등의 특성을 어느 정도 지속시켜 나가는 것을 내포할 것이다. 그것은 또한 우리를 질서정연하고 안정적인 공동체를 이루며 전진하는 민족으로 확실하게 만드는 데에도 도움을 줄 것이다.

제4장 물

물에서 인위적으로 얻어낸 땅

지금까지 살펴본 대로 인간은 지구의 딱딱한 표면을 가히 혁명적으로 바꾸어놓았으며, 육지와 물에 서식하는 유기물의 기본적인 특징은 아니라 하더라도 그 분포와 비율을 변화시켰다. 바다에 살고 있는 생명체에 가해진 영향력 외에, 인간이 대지에 미친 작용은 해양의 영역주권에 대한 어느 정도의 간접적인 침해를 포함한다.

삼림파괴를 통해 유수의 침식력을 증대시킴으로써 인간은 운반물질이 바다에 퇴적되도록 조장했고, 그렇게 함으로써 해저의 깊이를 낮추며 해안선을 바다 쪽으로 전진시키고 수역을 감소시켰다. 이를 넘어 인간은 해륙의 경계부에 부두, 계류장, 등대, 방파제, 요새, 기타 통상 및 군사 활동에 필요한 시설들을 세움으로써 해양의 영역을 침범해왔다. 그리고 일부 국가에서 인간은 조수가 왕래하는 곳, 심지어는 깊은 해저에서 자신의 영농구역에 귀중한 보탬이 될 수 있는 넓은 필지의 땅을 영구적으로 구원했다.

이렇듯 다양한 방법으로 바다에서 확보한 토양의 분량은 너무도 미미해서 육지와 물이라는 두 가지 거대한 지표구성체 사이의 일반적인 비율을 비교하는 평가요소는 되지 못한다. 그러나 물리적, 도덕적 의미에서 고려해보았을 때, 그러한 작업의 결과는 인간과 자연의 관계에 대한 종합적인 관점에서 각별히 주목해볼 가치가 있다.

발트 해 서부 해안과 같이 오랜 세월에 걸쳐 해안이 상승한 결과 바다가 후퇴한 것처럼 보이는 경우가 있으며, 그와 달리 지면이 천천히 침강해 바다가 전진해온 듯한 경우도 있다. 이러한 움직임은 우리가 어찌할 수 없는 순수한 지질학적인 요인에 기인한 것으로서 인간이 그를 전진시키거나 후퇴시킬 수는 없다. 또한 그와 유사한 결과가 현지의 해류, 하천의 침식 또는 퇴적, 조류의 작용, 해변의 파랑과 모래에 미치는 바람의 작용 등에 의해 초래되는 경우도 있다.

정상적인 해류는 해안을 따라 부유물질과 해초를 운반하다가 소용돌이에 갇혀 더 이상의 교란이 없는 곳에 퇴적시키고, 해저를 도려내거나 바다로 돌출한 곳과 헤드랜드를 침식한다. 바람이 하천유출구의 방향을 바꾸었을 때 그 하천은 해안과 사주의 물질을 한 곳에서 쓸어가 다른 지점에 쌓아놓을 것이다. 바람에 의해 이례적으로 깊은 곳까지 요동하게 된 조수나 파랑은 점차적으로 해안선을 침식하거나 해저 바닥에서 굴러온 모래를 쌓아 사주 또는 사구를 형성할 것이다. 이와 같은 작용방식이 지리 전반에 확연히 드러난다거나 일반 지도상에서 해안선을 표현할 때 가시화될 정도로 중요한 결과를 낳기까지는 상당한 시일을 요한다. 그러나 어찌되었건 현지 지형상에 현저한 특징을 이루고 인간의 물질적, 정신적 이해에 매우 중요한 결과를 수반한다.

이러한 결과를 가져오는 힘은 상당 부분 인간에 의해 통제되거나 지시되고 저항을 받는다. 인간이 이룩한 자연의 정복 가운데 가장 기억될 만하고 명예로운 일부는 그러한 힘을 유도하고 또한 그에 대항하는 과정에서 성취되었다. 논의 중인 인간의 승리, 다시 말해 항구와 해안의 개발은 그에 투자된 자금과 노동의 가치로 평가하든 아니면 상업적 이해와 문명의 기술에 대해 가지는 의미로 평가하든, 인간의 위대한 업적 가운데에서도 상위에 놓임이 틀림없다. 또한 과거의 상대적 중요성을 훨씬 능가할 만한 입지를 빠르게 구축해가고 있다. 상업과 해군 활동의 확대 그리고 특히 적재량이 많고 흘수가 깊은 선박의 도입은 기술자들에게 1세기 전이었다면 천명은 되었겠지만 실제로는 현실로 옮길 수 없었을 직무를 부과했다. 그러나 필요는 그러한 사업을 실천할 수 있는 수단을 강구하고 다가오는 미래에 더 큰 성과를 기약해줄 수 있는 창의력을 자극했다.

인간은 위대한 피라미드를 쌓아올린 권력을 숭배한다거나 거대한 무덤을 가진 군주의 자부심에 아부하기를 그만두었다. 왜 그런가 하면 문명세계의 수많은 거대 항구와 내지로 통하는 중요한 통신선은 소요된 자재의 부피나 중량에서 고대 건축기술의 가장 광대한 유산인 피라미드를 뛰어넘는 사업임을 보여주며, 그를 훨씬 능가하는 위대한 건축술의 적용을 요구하고, 오늘날 쿠프(Cheops) 왕의 무덤을 건설한다고 가정했을 때 드는 것 이상의 막대한 금전적 지출을 포함하기 때문이다. 완성된 입체적 내용물이 약 300만 세제곱야드에 달하는 위대한 피라미드는 100만 파운드 정도면 지을 수 있을 것으로 계산된다.

60피트 깊이의 거친 물살 위에 해안으로부터 평균 2마일 이상 되는 거리에 세워진 셰르부르의 방파제에는 피라미드에 들어간 것보다 2배나 많은 물량이 투여되었다. 그리고 상대적으로 중요하지 않은 철도를 여럿 건설하는 데에도 그 엄청난 기념물을 지금 축조한다고 할 때 소요될 것으로 예상되는 비용의 2배가 필요하다.

사실, 인간은 단단한 대지에서 격리되었을 때에는 바다와 대적할 아무런 힘도 갖지 못한다. 하지만 그의 발이 해안이나 심지어 요동치는 해저 바닥면에 붙어 있는 이상 바다의 위협에 굴하지 않을 정도로 빠르게 강인해지고 있다. 그리고 육지와 물 사이의 일부 전선에서 인간은 그가 소유한 땅을 천천히 포기하지 않으면 안 되지만, 그런데도 여전히 적을 노려보면서 후퇴하고, 마침내 언젠가는 바다에게 이렇게 말할 수 있을 것이다. "여기까지는 네가 오는 것을 허락했지만 더 이상은 곤란하다. 네가 자랑스럽게 여기는 파도는 이쯤에서 머물러야 할 것이다!"

진정한 지리적 중요성이 아닌 경제적 가치만을 가지고 항구와 해안 개발의 업적을 설명하는 것은 이 책에서 의도하는 바가 아니다. 나는 이 주제를 물이 항상 또는 일시적으로 차 있는 지역에서 그를 막아 새로운 땅을 확보한다거나 바다가 육지로 침범하는 데 저항한다는 종류의 문제로 국한시켜 다루고자 한다.

방조제 축조에 의한 바다의 격리

약 40만 에이커의 습지, 물웅덩이, 간석지를 경지와 초지로 전환시킨 영국 링컨셔 습지의 배수작업은 일련의 대규모 사업으로서 많은 경제적, 지리적 중요성을 내포한다. 그 계획과 방법의 적어도 일부는 네덜란드에서의 유사한 사업에서 빌려왔고, 난해함과 규모에서도 동일한 목적으로 북해 반대편 해안에서 네덜란드, 프리슬란트, 저지 독일의 기술자들이 시행했던 사업에 미치지 못한다. 내가 지금 쓸 수 있는 지면에 그러한 사업보다는 후자에 관한 설명을 할애하는 편이 더 좋을 것 같다. 방조제를 막고 저습지 위의 하천에 제방을 쌓아 링컨셔의 쓸모없고 해로운 넓은 땅이 생산적이고 무해한 곳으로 바뀌었다는 앞서 밝힌 한 마디만 지적해두고 싶다.

독일해 양쪽 해안의 탁월풍인 서풍은 동쪽으로 흐르는 해류를 만들어낸다. 이와 더불어 영국 쪽에서 불어오는 폭풍의 파괴력이 훨씬 크기 때문에, 네덜란드와 그에 인접한 북부지방에 비해 영국의 해안은 파도의 침입에 덜 노출되어 있다. 네덜란드의 연대기에는 해안에 방조제를 축조하기 오래전에 서풍 또는 이례적인 고조로 바닷물이 침입해 들어옴으로써 초래된 피해에 관한 놀랄 만한 기록으로 가득하다. 수백 건에 달하는 처참한 범람기록이 있고, 많은 경우 인명피해는 수십만에 이를 정도로 컸다.

이 수치는 터무니없이 과장된 것이 확실하다. 왜냐하면 자연이 자신들의 고향에 내린 위험과 궁핍에 용감히 맞선 인간의 무모할 정도의 대담성을 인정하더라도, 많은 인명피해가 발생했다는 사실에서 짐작할 수 있는 조밀한 인구가 한 세기에 여러 차례 가공할 파괴에 직면해 있는 지역에서 생계수단을 찾을 수 있었다거나 자진해서 머물렀다고는 상상할 수 없기 때문이다. 그렇지만 독일해 저지대 해안이 해침으로 자주 막대한 피해를 입었다는 것은 의심할 수 없는 사실이다. 따라서 바다의 침입에 저항하고 결과적으로 바다의 영역에 대한 적극적인 공략에 나서서 완전히 정복할 수 있는 다양한 기술이, 바닷물이 침입해오거나 후퇴한다고 해서 잃을 것도 얻을 것도 없는 영국에 비해 이들 나라에서 일찍부터 연구되고 완성도 높게 실행되었다는 것은 이상한 일이 아니다.

사실 인공제방을 쌓아 불어나는 강물을 봉쇄하는 일은 아주 오래전부터 있어왔다. 하지만 방조제를 조성해 바다로부터 육지를 보호하거나 토지를 확보하는 사업이 기원후 몇 세기가 지나 네덜란드에 의해 체계적으로 추진되기 전까지 대규모로 시행된 적이 있었는지는 잘 모르겠다. 로마의 역사가들이 이 문제에 대해 침묵으로 일관하고 있다는 것은 로마 침공 당시 네덜란드인에게는 그 기술이 알려지지 않았을 것이라는 가정을 입증해준다. 그리고 대 플리니우스가 묘사했던 지금은 긴 방조제가 축조되어 있는 해안변의 생활양식은, 정확하게는 일련의 방조제 바깥쪽에 위치해 어떠한 제방에 의해서도 보호받지 못하고 있던 저지대 섬과 본토의 간석지에 거주했던 사람들의 관습이었다.

가능성이 충분한 설이 되겠는데, 로마인들이 독일 부족을 공격하기 위해 북해 연안 저지대의 습지를 가로질러 축조한 제방이, 원주민에게 그와 같은 구조물을 다른 목적에 적용했을 때 끌어낼 수 있는 효용가치에 대한 첫 번째 암시를 던져주었을 것으로 추정된다.[1] 사실이 그러하다면, 이는 전쟁의 기술과 병기가 평화의 은총을 각별하게 베풀도록 변형되어, 그간 인간에게 안겨주었던 잘못과 고통을 어느 정도 보상해준 많은 사례 가운데 가장 흥미로운 하나가 된다.

저지대 사람들은 8~9세기에 방조제를 둘러쳐 일부 해안과 만 내부의 여러 섬을 확보하고 하천에는 제방을 쌓았을 것으로 생각된다. 그러나 역사기록에 오를 수 있을 만큼 중요했던 방조제는 본토에서는 13세

---

1) Pliny, *Naturalis historiæ*, xxxvi, p.24; ed., London, 1826, IX, p.4744.

기 전에는 축조되었던 것 같지 않다. 민물이 되었든 아니면 바닷물이 되었든 경지를 확보하기 위해 내지에 고인 물을 배수한 것은 후대의 일로서 15세기 중반 이후에나 채택되었을 것으로 이야기된다.[2]

방조제를 축조하고 얕은 만과 호수를 배수해 네덜란드 농업에 추가시킨 대지의 총 면적은 35만 5,000헥타르, 즉 왕국 전체 면적의 10분의 1에 해당하는 87만 7,240에이커로 스타링(Staring)은 추정하고 있다. 방조제는 거의 대부분 난폭해진 바다에 의해 부분적으로 그리고 특별히 바다 쪽으로 노출된 지역에서는 완전히 파괴되었고, 배수된 지역은 다시 침수되었다. 일부 사례에서는 그토록 고통스러운 과정을 거쳐 바다로부터 얻어낸 땅을 모두 잃고 말았으며, 어떤 경우에는 방조제를 수리하거나 다시 축조하고 물을 퍼내는 작업을 통해 원래의 상태를 되찾았다.

게다가 방조제는 자체의 무게로 인해 아래의 연약한 토양으로 점점 가라앉기 때문에 낮아진 만큼 높여주어야 했고, 또 그러한 식으로 무게가 계속 추가되자 더욱 침하되는 경향이 있었다. 콜은 말하기를, "테텐스(Tetens)는 일부 지역에서 방조제가 60피트 내지 심지어 100피트까지 가라앉았다고 외쳤다." 이러한 이유 때문에 방조제 축조과정은 거의 모든 곳에서 여러 차례 반복되었다. 따라서 작업에 쏟아 부은 돈과 노동은 일정 규모의 해안지대에 방조제를 설치하고 일정 면적의 수면을 배수하는 데 드는 실제 비용을 추산한 것 보다 훨씬 많다.[3]

한편, 인간의 무분별한 행동으로 초래되거나 적어도 악화되는 해안선의 침식, 사구의 내지로의 이동, 바닷물의 침입에 따른 저습지의 포락 등으로 네덜란드는 서력이 시작된 이후 방조제 및 배수 사업을 통해

---

2) Wijnand C.H. Staring, *Voormals en Thans ; Opstellen over Neêrlands Grondgesteldheid*, Haarlem, 1858, p.150.

3) J.G. Kohl, *Die Marschen und Inseln der Herzogthümer Schleswig und Holstein*, 3 vols., Dresden, 1846, III, p.351, II, p.394 ; Albert Wild, *Die Niederlande ; ihre Vergangenheit und Gegenwart* Leipzig, 1862, I, p.62.

확보한 것보다 더 넓은 면적의 땅을 잃었다. 스타링은 먼저 언급된 두 가지 파괴원인에 따른 손실을 계산하진 않았다. 그러나 적어도 64만 헥타르의 저습지가 쓸려 나가거나 염생식물을 빼앗기고 물에 잠겼으며, 회복한 3만 7,000헥타르의 토지를 보호해주던 방조제가 파괴되면서 다시 잃고 말았다.[4] 바다로부터 얻어낸 토지의 평균가격은 에이커당 약 19파운드, 환산하면 90달러였고 소멸된 습지는 동일 가격의 25분의 1도 채 못 되었다. 사구의 이동으로 매몰된 토지는 거의 모두 이와 같은 성격의 것으로서, 전체적으로 역사시대 동안 인간의 노력에 의해 네덜란드 영토에 추가된 땅은 같은 기간 파도에 희생된 땅에 비해 화폐가치로 계산했을 때 월등하다.

네덜란드에서와 같이 낮고 완만한 해안의 해류는 풍향이 변화무쌍하며 해류 자체가 만들었다가 지워버리는 사주의 이동에 따라 항상 변화한다. 바다가 어떤 때에는 육지 쪽으로 전진해 방조제가 공격을 받아 침식되는 것을 방지하기 위해서는 상당한 노력이 필요한 반면, 다른 때에는 물질을 퇴적시켜 사주를 형성하고 물이 빠졌을 때 점차 확대되어 가는 모래와 연니의 지대를 드러낸다. 간척대상지로 선정된 해안지역은 바다가 항시 생산성 있는 토양을 쌓아놓는 지점에 해당한다. 엘베 강, 라인 강, 아이더 강, 베이저 강, 엠스 강, 마스 강, 스켈데 강 등은 많은 양의 고운 흙을 유출한다. 편서풍은 강물이 물질을 먼 바다로 운반하지 못하게 막아주며 종국에는 다양한 해류의 이동에 맞추어 하구를 중심으로 북쪽이나 남쪽에 쌓아놓는다.

해안의 간척을 준비하는 자연의 퇴적과정을 스타링은 다음과 같이 설명한다. "바다에 퇴적된 토양은 모두 구성물질이 동일하다. 먼저 패각이나 반염수에 사는 연체류의 껍질을 함유한 모래층이 형성된다. 만일 밀물과 썰물이 교차하는 지역이라면 저수위보다 높게 모래가 쌓인 이후에 그 위로 진흙이 퇴적될 수 있으니, 밀물에서 썰물로 바뀔 때 진

---

4) Staring, *Voormaals en Thans*, p.163.

흙처럼 가벼운 물질이 가라앉을 만큼 물이 충분하게 머물러주기 때문이다. 이지 대부분 지역과 같이 진흙층이 두텁게 쌓이는 곳은 조수나 기타 해류의 영향이 미치지 않는다는 증거가 된다. ……하루에 두 번 왕복하는 강력한 조수는 모래를 운반한다. 한 지점에서 밑바닥을 굴착해 다른 곳에 쌓아가므로 해류의 영향권 내에 있는 사주는 항상 이동한다. 사주가 저수위 이상으로 높아짐과 동시에 붓꽃류와 갈대가 그 위에 정착한다. 이들 식생의 기계적인 저항으로 고수위 면이 육지 쪽으로 후퇴하는 것을 막고 그 위에 떠 있는 흙을 퇴적시키도록 도와 토지의 형성은 놀라운 속도로 진행된다. 그리하여 고수위 수준으로 높아지자마자 바로 풀로 덮이어 젤란트의 쇼르(schor) 또는 프리슬란트에서는 퀠더(kwelder)가 된다. 이러한 토지면은 간척과정의 기초 또는 출발점이 된다. 대조위 수준으로 고도가 높아지면 이례적인 규모의 밀물이 아니고서는 진흙이 더 이상 쌓이지 못한다. 그 이상으로의 상승은 매우 느리며 따라서 방조제 건설을 오랫동안 늦추는 것은 도움이 되지 않는다."

바다에 의해 새로운 사주가 형성되는 과정은 토사의 퇴적에 유리한 지점에서는 항시 계속되며, 결과적으로 방조제 전면에 새롭게 형성된 땅을 개척할 수 있는 기회는 끊임없이 제공된다. 그렇게 해서 해안선은 바다 쪽으로 빠르게 전진하고 새로운 제방이 축조될수록 이전 간척지의 안전은 강화된다. 젤란트 지방은 바닷물이 쓸고 지나가는 서부 해안의 도서로 구성되며 셀루드 강을 비롯한 여러 하천이 바다로 빠져나가는 다수의 유로에 의해 분리되어 있다. 12세기에 이들 섬은 현재보다는 훨씬 작았고 수도 훨씬 많았다. 시간이 지나면서 섬들은 점차적으로 성장했고 몇몇 경우에는 방조제를 계속 확대하는 과정에서 하나로 이어졌다. 발커렌은 14세기 말경 10개의 작은 섬이 하나로 이어져 성립되었다. 15세기 중엽 고어리와 오베르플라케는 전부 합해 1만 에이커 면적의 개별 섬들로 구성되어 있었는데, 60차례 이상 방조제가 연속적으로 전진한 끝에 하나의 섬이 되었으며 면적은 적어도 6만 에이커는 된다.[5]

나폴레옹 1세가 라인 강의 퇴적으로 형성되었다고 밝혔고 그렇기 때문에 자연의 법칙에 따라 하천의 기원지를 관할하고 있는 그의 합법적인 소유라고 이야기했던 네덜란드를 비롯해, 인접한 프리슬란트, 저지 독일, 덴마크 등의 해안과 섬에서는 방조제와 하천제방이 다른 국가와 달리 크고 웅장한 규모로 축조되었다. 그곳에서는 간척기술에 대한 철저한 연구가 이루어졌으며 그와 관련된 저술도 방대하다. 그 과정보다도 결과에 관심을 두고 있는 이 책의 목적상 전문적인 논문을 언급하고 싶지는 않다. 단지 일반인들을 상대로 한 저작에서 얻을 수 있는 정보를 제시하고자 한다.[6]

이미 살펴본 대로 해안과 인근 저지대의 최상층은 앞서 언급한 대하천의 운반물질로 주로 구성된다. 이 물질은 모래바닥 위에 직접 퇴적되거나, 일단 강물에 실려 바다로 운반되었다가 바닷물과 해류의 화학적, 기계적 작용을 어느 정도 받은 다음에 조수에 의해 육지 쪽으로 다시 돌아와 침전된다. 먼 과거에 해안간석지 여러 지점은 하천이나 조수의 운반물질이 겹겹이 쌓여 일반 고수위를 넘어설 정도로 높아졌다. 그러나 강력하고 장기간 지속되는 서풍이 바닷물을 육지로 몰아세우거나 강물이 불어났을 때에는 지금도 간간이 침수되기도 했다. 유별나게 비옥한 토양 그리고 적대적인 폭력을 피할 수 있다는 안전성은 많은 사람들을 이곳으로 끌어들였다. 그러나 한편으로는 침수로부터 자유롭지 못해 중세의 연대기 작가들이 그토록 생생하게 그려냈던 파멸을 자초하기도 했다.

해안간석지 위의 첫 영구주거는 인위적으로 조성한 구릉지 위에 세워졌으며, 그와 유사한 위태로운 많은 민가들이 섬과 방조제 바깥의 해안에 여전히 존재한다. 강변의 제방은 방조제에 대해서는 모르고 있던 지역에서도 아주 이른 시기부터 사용되었으며, 아마도 북해연안 저지

---

5) Staring, *Voormaals en Thans*, p.152 ; *Marschen und Inseln*, III, p.262.
6) Staring, *Voormaals en Thans* ; *De Bodem van Nederland*, Haarlem, 1856.

대에 설치된 방조제와 유사한 첫 구조물이었을 것이다.

인접한 두 개 하천에 제방이 축조되고 나면, 공정상 다음 단계는 이들 제방을 가로질러 방조제나 둑길을 연결하는 작업으로 자연스럽게 이어진다. 이렇게 해서 강물이 범람할 때 발생하는 역류와 바닷물의 침입으로부터 안전한 중간지대가 확보된다. 그러나 역사기록에 등장하는 명실공히 가장 오래된 방조제는 대하천 만입부를 둘러치고 있는 섬에 설치된 것으로서, 포락에 대한 방비수단과 군사적인 목적의 방벽으로 사용할 수 있다는 이중적인 특성 때문에 본토에 유사한 구조물이 설립되기에 앞서 섬지방에서 먼저 채택되었을 가능성은 배제할 수 없다.

해안 일부 지점에서는 방파제, 말뚝, 그 밖에 빠져나가는 바닷물을 차단하기 위한 다양한 장치들이 사용되고 있는데, 정상적인 방조제 사업이 시작되기에 앞서 진흙의 퇴적을 돕는 목적을 지닌다. 그러나 일반적인 첫 번째 조치는 오래된 방조제나 고지대에서 시작하여 확보하려는 간석지의 필지 주변에 비용이 적게 드는 낮은 둑을 쌓는 것으로서 통상 여름방조제로 불린다. 방조제는 들인 비용을 충분히 회수할 수 있을 만큼 충분한 면적의 땅이 올라와 초지에 적합한 잡종식생들이 서식할 수 있을 때 세워진다. 또한 방조제는 조용한 날씨에 일상적으로 밀려오는 조수로부터 토지를 보호하고 고조시에 들어왔다가 썰물에 그냥 빠져나갈 수 있는 개흙을 붙잡아두는 두 가지 기능을 수행한다. 이후에도 토양은 계속 쌓여 천천히 수직적으로 상승하지만, 충분히 함양되고 높이도 건설비용을 감당하기에 충분할 정도가 되면 연중 바닷물이 침입할 수 없는 영구방조제가 축조된다.

제방은 사구나 사주에서 얻은 모래 그리고 뭍과 방조제 바깥의 간석지 흙으로 구성되며, 섶나무단으로 고정, 강화되고, 저수시 배수를 위해 일반적으로 말뚝을 박아 기초로 삼은 다음 그 위에 많은 자본을 투자해 설치하는 수문을 갖춘다. 해안방조제의 바깥쪽 비탈은 급하지 않다. 경험에 비추어 이렇게 조치하는 것은 파도와 유빙의 침해를 덜 받기 때문이다. 최근에 설치되는 방조제의 외부 경사는 과거에 비해 훨씬 완만하다.[7] 그러나 정상에서 3~4피트 아래 지점까지의 방조제 상단부는 상당히 급하게 만드는데, 파도 자체보다는 이후의 흩날리는 바닷물을 방비하기 위한 목적을 가진다. 내부 비탈면은 상대적으로 급하다.

방조제의 높이와 두께는 둘러친 대지의 고도, 조수의 상승폭, 탁월풍의 방향, 그 밖의 특별한 노출요인에 따라 달라지지만, 일반적으로는 평균고수위보다 15~30피트 정도 높게 만든다고 한다. 강둑에서 물이 닿는 부분의 경사면에는 버드나무나 생존력이 강한 반수생관목과 풀을 심어 보호한다. 하지만 바닷물의 영향을 받는 곳에서는 이들이 자라지 않기 때문에 해안방조제는 돌, 말뚝, 기타 호안설비로 조치해야 한다.[8]

주민의 자본수준이 열악한 슐레스비히와 홀슈타인 해안에서는 짚과 갈대를 엮은 덮개를 사용해 얼음과 파도로부터 방조제를 보호하며, 해마다 한두 차례 갈아주어야 한다. 해안지역의 주민들은 일련의 방조제를 "황금경계"라 부르는데, 축조할 때 투여된 엄청난 비용이나 경지와 가정을 보호하는 매우 중요한 가치 어느 것을 염두에 둔다고 하더라도 그렇게 부를 만한 이유가 충분하다.

구방조제 바깥의 간석지 위에 또 다른 방조제가 설치되면, 안쪽의 것은 제거하는 데 비용이 들기 때문에 추가적인 방호벽으로서 그대로 남겨둔다. 내부의 예전 방조제는 또한 둑길, 즉 도로의 기능을 제공한다. 반면, 바다에 직면한 신방조제의 경우 바퀴와 말발굽에 뗏장이 파손되어 구조물 전체가 위험에 처해질 우려가 있기 때문에 그러한 용도에는 적합하지 않다. 이처럼 연속적인 여러 개의 방조제가 설치된 지역에서는 구방조제에 갇힌 지면이 더 낮다는 것을 관찰할 수 있다. 이렇게 낮아진 이유는 지질적 요인에 의해 해안이 전체적으로 침하된 것으로 설명된 바 있다. 그러나 대개의 경우 안쪽의 경지는 새로 조성된 것에 비해 잘 말라 있으며, 방조제 자체의 무게에 눌리고 사람들과 소가 밟고

---

7) Kohl, *Marschen und Inseln*, III, p.210.
8) Wild, *Die Niederlande*, I, pp.60~62.

지나가는 한편, 작물을 실어 나르는 무거운 우마차가 왕래한다는 데 원인이 있다는 해석이 설득력 있게 들린다.[9]

이렇게 천천히 가라앉고 있음에도 방조제 안쪽의 땅은 여전히 저수위 면보다는 높다. 따라서 간조시에 수문을 열어놓으면 빗물이나 고지대에서 침투해 내려오는 내수에 의한 침수에는 전체적으로, 상황에 따라서는 부분적으로 안전할 수 있다. 이를 위해 간척지에 세심하게 도랑을 파놓고 수문을 통해 물을 배수하기 위한 모든 유리한 상황을 활용한다. 그러나 간조위보다 적어도 4~5피트 정도 높지 않는 이상 이러한 방법으로는 토지를 효과적으로 배수할 수 없다. 왜냐하면 도랑이 만조와 간조 사이의 짧은 기간에 물을 방출할 수 있을 만큼 충분한 경사를 확보하지 못하고, 포화된 토양하층의 수분이 모세관 인력에 의해 올라오기 때문이다. 그러므로 토양이 지적한 수준 밑으로 내려간다거나 지표면이 그 이상으로 올라가지 않는 경우에는 풍력이나 그 밖의 기계적인 힘으로 돌아가는 펌프를 가동해 초지와 경작지로 사용이 가능할 만큼 토지를 충분히 건조시켜야만 한다.[10]

호수와 습지의 배수

펌프를 가동하는 데 힘이 약하고 불안정했던 풍차가 증기엔진으로 교체되어 간척지인 폴더에서 물을 빼내고 호수, 습지, 만 등을 배수하는 작업이 쉬워짐으로써, 사업이 탄력을 받아 1815년에서 1858년 동안 적어도 11만 에이커의 땅이 확보되어 네덜란드의 농지에 추가되었다. 이 사업 가운데 가장 중요한 것은 하를렘 호의 배수로서 이를 위해 당시까지 제조된 것 가운데 가장 강력한 수압엔진이 설계, 가동되었다.[11]

---

9) *De Bodem van Nederland*, I, pp.75~76; G.A. Venema, *Over het Dalen van de noordelijke Kuststreken van ons Land*, Groningen, 1854; Auguste Francois Lamoral de Laveleye, *Affaissement du sol et envasement des fleuves survenus dans les temps historiques*, Paris, 1859.
10) Staring, *Voormaals en Thans*, p.152.

이 호수의 기원에 대해서는 알려진 것이 없다. 몇몇 지리학자들은 라인 강의 옛 하상으로 추정하는데, 그렇게 믿는 근거는 로마가 네덜란드를 침공한 이래 유로가 크게 바뀌었다는 사실에 있다. 다른 사람들은 그것이 한때는 내륙으로 잠입한 갯골이라고 본다. 저지대에 위치한 여러 섬에 의해 바다와 분리되어 있다가 나중에 조수가 운반한 모래로 본토와 이어져 연속된 해안선을 이루게 되었다는 것이다. 그러나 최고의 권위자들은 호수면이 원래는 저습지로서 단단한 지면은 거의 없이 여러 개의 연못, 만, 그리고 유동적이거나 고정된 습지가 포함되어 있었다는 지질적인 증거를 들이댄다.

땔감으로 사용하기 위해 풀을 베어내고 느슨해진 토양을 뿌리를 이용해 붙잡아주던 얼마되지 않는 나무와 관목을 파괴한 결과, 못은 점차 확대되었을 것이고 넓어진 수면을 불어가는 바람의 작용으로 파도가 인접한 못 사이에 남겨진 약한 장벽을 허물어 결국에는 하나의 호수로 결합되었다는 것이다.

항간에 전해지기로는 사실 먼 옛날에 바다가 단 한 차례 침범함으로써 하를렘 호가 형성되었다고 하며, 이를 네덜란드 연대기에서 여러 차례 지칭한 파괴적인 범람과 연결 짓고 있다. 그러나 1531년의 지도상에는 네 개의 작은 못이 나중에 하를렘 호로 덮이게 될 지역을 차지하고 있는 것으로 나타나 있다. 이 점으로 미루어, 비록 16세기의 길고 긴 전쟁의 와중에서 홍수, 방조제의 부실한 관리, 의도적인 파괴 등의 원인이 결정을 지었겠지만, 앞서 지적한 무분별한 행동에 의해 점진적으로 침해되어 하나로 이어졌을 가능성이 더 크다.

하를렘 호는 길이 15마일, 최장 폭 7마일 정도로서 암스테르담과 레이덴 사이에 위치하고, 바다와는 5마일의 거리를 두고 네덜란드의 해안과 평행하게 달리며, 약 4만 5,000에이커의 면적을 덮고 있다. 이지를 통해 네덜란드의 지중해라고 일컫는 조이데르 해와 소통되며, 수면은

---

11) Wild, *Die Niederlande*, I, p.87.

해수면보다 조금 높다. 그러므로 조이데르 해의 물이 강력한 북서풍에 움직이면 하를렘 호의 물도 그에 따라 높아져 남쪽으로 밀려 나가고, 남풍은 반대 방향으로의 유동을 야기한다. 호안은 전체적으로 낮고 1767년부터 1848년까지 80년 동안에 35만 파운드, 즉 170만 달러 이상의 비용을 들여 침수를 막아보고자 했지만, 방벽이 자주 무너지고 파괴적인 범람이 초래되었다.

1836년 11월 29일에는 남풍이 암스테르담 입구까지 물을 몰고 왔으며, 같은 해 12월 26일에는 북서쪽에서 불어온 돌풍이 호수 남단 2만 에이커의 땅과 레이덴 시 일부를 침수시켰다. 전반적으로 호수의 깊이는 14피트를 넘지 않았지만 바닥이 반유동체의 진흙이어서 파도의 교란에 가세해 파괴력을 상당 정도로 강화시켰다. 호수가 내지의 레그미르와 메이드레흐트의 물과 합쳐져 광활한 면적의 귀중한 토양을 삼켜버리고, 종국에는 네덜란드의 근면성을 발휘해 수세기에 걸쳐 바다로부터 얻어낸 많은 토지의 안전을 위협하지는 않을까 하는 두려움이 엄습했다.

이러한 이유와 함께 호수 바닥으로부터 국가적으로 막대한 경지를 취할 수 있다는 차원에서 배수가 결정되었고, 그를 위한 예비공사가 1840년에 착수되었다. 그 첫 번째 작업은 이지와의 연결을 끊고 육지로부터 호수에 방류되는 하천과 습지의 물을 차단하기 위해 호수 전체를 원형의 인공수로와 제방으로 둘러치는 일이었다. 지점마다 공급원이 달라 제방은 해안사구의 모래, 원형 인공수로를 굴착할 때 얻은 흙과 뗏장, 수면에 떠다니는 풀 등과 같이 각기 다른 자재로 쌓였으며,[12] 나무다발은 이들을 묶고 다지기 위해 모든 지점에서 사용되었다.

이 작업은 1848년에 완수되었으며 배수를 위해 3대의 증기펌프가 동원되어 5년 동안 가동되었다. 국가가 사업 전반에 투여된 비용을 부담

12) Kohl, *Marschen und Inseln*, III, p.309; Staring, *De Bodem van Nederland*, I, pp.36~43; James M. Gilliss, *United States Naval Astronomical Expedition to the Southern Hemisphere*, Washington, D.C., 1855, I, pp.16~17.

했고 1853년에 얻어진 토지는 수익을 염두에 두고 판매에 붙여졌다. 1858년까지 1에이커당 16파운드, 환산하면 77달러 가까운 가격으로 총 66만 1,000파운드 또는 3만 달러에 이르는 4만 2,000에이커의 토지가 처분되었고, 미처분된 토지는 6,000파운드를 넘는다. 들어간 총 비용은 76만 4,500파운드로서 투여된 자본에 대한 이자를 제외하면 국가가 부담해야 할 직접적인 손실은 10만 파운드 정도였다.

미국과 같이 인구밀도가 희박하고 광활한 영토를 가진 국가에서 그와 같은 목적에 그렇게 많은 비용을 지출한다면 정상적인 경제가 아니라 할 것이다. 그러나 네덜란드는 국토가 비좁지만 재정적으로 넉넉하고 인구밀도가 과도하리만큼 높기 때문에 그와 같은 사업에 대한 여지와 기회가 결과적으로 많아질 수밖에 없다. 엄청난 위험에 직면해 있는 특별한 상황에서 그러한 조치가 과연 현명한지에 대한 물음은 무의미하다.

그를 통해 벌써 5,000명 이상의 국민에게 집과 직장을 공급했고, 적어도 40만 파운드, 즉 200만 달러의 수익성 있는 자본투자의 기회를 제공했는데, 투자된 자본은 토지를 매수하고 개발하는 데 사용되었다. 배수에 투여된 비용에서도 그렇지만 이 가운데 상당 몫은 인건비로 지불되었다. 정부의 수익에 대한 초과비용을 전함을 건설하고 진지를 구축하는 데 사용했더라면 왕국의 군사력에 조금의 보탬도 되지 못했을 것이다. 그러나 국토의 확장, 사람들이 지켜내고자 하는 이해관계를 낳은 집과 가정의 확충, 농업자원의 증대 등은 전장의 전함이나 수백 개의 대포로 무장된 요새보다 외침에 대한 더 강력한 보루가 되었다.

지금까지 내가 지적한 사업 그리고 유사한 성격의 또 다른 프로젝트가 네덜란드인의 순수한 경제적 측면뿐만 아니라, 사회적, 정신적 측면에 지니는 의미가 크기 때문에, 이 책의 전체적인 목적에 부응하는 것 이상으로 자세하게 설명했다. 그러나 우리가 그 사업들을 단순히 지리적인 관점에서 고려한다면, 지표의 자연적인 상태의 변형에 적지 않은 중요성을 가진다는 사실을 알게 될 것이다. 현재 네덜란드, 프리슬란트, 저지 독일이 차지하고 있는 곳으로서 반문명화된 민족이 정착하기 전까지 범람의 위험이 없던 토지는 울창한 숲으로 덮여 있었다. 이 숲과 해안 사이의 저지대는 수목에 섞여 이탄늪 식생과 관목이 두터운 층을 이루어 부분적으로 굳어진 저습지였으며, 해안사구조차도 식생의 보호를 받아 날리거나 위치가 바뀌는 일이 없었다고 믿을 만한 충분한 근거가 있다.

오늘날 하천과 해안의 침식을 야기하는 원인은 지금 설명하고 있는 시기에도 분명히 존재했겠지만 그 가운데 일부의 강도는 현재보다 크지 않았을 것이다. 그리고 해류와 강물의 영향에 대한 강력한 자연의 안전장치가 있어서, 그 상반되는 경향들이 대략적인 평형상태에 이르렀기 때문에 자연의 모습은 단지 느리고 점진적으로 변화되었다.

인간이 수원지와 하곡 주변의 숲을 훼손하자 정상적인 하천은 급류로 탈바꿈했다. 벌목과 소에 의한 저습지 관목의 파괴로 지표면은 응집성과 견고함을 상실했다. 그리고 연료로 사용할 토탄을 캐내는 과정에서 구멍이 생겨 일단 물로 채워졌다가 경계부의 침식으로 확대되었다. 이 구멍은 마침내 하를렘 호와 조이데르 해 같은 물웅덩이, 호수, 만 등이 되었다. 벌목과 방목으로 사구는 바다의 침입에 대한 강력한 요새의 지위로부터 푸석푸석한 먼지더미로 바뀌어, 해마다 해풍이 불 때마다 육지로 날아가 옥토를 덮어버렸고 유로를 막는 한편으로 해안을 바다의 침식에 노출시켰다.

간척의 지리적 영향

네덜란드와 인근 지역에서 지난 2,000년 동안 인간의 행위로 인해 초래된 변화는 영토의 증감이라는 직접적인 문제로 생각한다 해도 그 지리적 중요성이 결코 작지 않다. 의심할 나위 없이 기후에 영향을 미쳤고, 이 지역의 자연동식물의 삶에 커다란 파장을 일으켰으며, 조수와 기타 해류에도 개입하는 등 범위는 이루 말할 수 없이 넓다. 조수의 힘, 파고, 방향, 그리고 그것을 특징 짓는 모든 현상과 초래된 결과는, 쓸고 지나가는 해안의 형태, 수심, 해안 근처 해저면의 형태, 그리고 마찰력에 의해 상당 부분 좌우된다. 조수와 해류의 특성에 영향을 미치는 모든 지상의 조건들은 내가 지금까지 설명한 해안에서의 여러 사업에 의해 현저하게 변형되었으며, 인간은 최소한 육지는 물론 바다의 자연지리에 강력한 영향을 미쳤다.

호수의 저하

네덜란드와 인접 국가의 수리사업은 규모가 커서, 하천과 바다의 침입으로부터 토지를 방어하고 농지를 개간하며 오랫동안 물에 잠겨 있던 흙을 문명화시키기 위한 어떤 인위적인 조치들도 그 앞에서는 위축될 수밖에 없다. 그러나 바닷물의 침입에 따른 포락을 겪는 토지를 구출하고 보호하는 것은 전적으로 네덜란드 기원의 기술인 듯 보이지만, 여러 증거에 비추어 상대적으로 최근에는 물론 고대에도 그와 비슷한 성격의 대사업이 유럽 내지와 동양의 낯선 국가에서도 성공적으로 추진되었던 것 같다.

그 가운데 가장 대표적인 하나는 로마로부터 14마일 떨어진 곳에 자리한 알바노 호의 넘치는 물을 배수하는 데 사용된 터널이다. 이 호수는 둘레가 6마일로서 사화산의 화구 하나를 차지하고 있으며, 수면은 해발 900피트 높이에 해당한다. 호수는 방금 언급한 화산체의 최고봉으로서 약 3,000피트 높이의 알반 산, 달리 일컬어 몬테카보에서 발원하는 하천과 지하수에 의해 함양된다. 현재 호수에는 자연적인 유출로가 보이지 않는다. 그러나 호수의 물이 화구의 턱을 규칙적으로 흘러넘칠 수 있는 일정 선을 유지해왔다고 전하지도 않는다. 믿을 만한 기록이 남아 있는 가장 이른 시기에는 수위가 통상 증발이나 아니면 호수가 속한 유역 외곽보다 한참 아래로 나 있는 지하유로에 의해 유지되었던 것 같다.

그러나 기원전 397년에 유로가 막혀서인지 아니면 알 수 없는 원인으로부터 공급이 늘어난 때문인지 몰라도, 화구를 흘러넘칠 정도로 수위가 올라가 벽을 붕괴시켜 그 아래 지역에 범람의 위험을 가했다. 위험을 경감시키기 위해 물을 운반할 수 있는 새로운 터널을 상승한 수면 훨씬 아래에 뚫었다. 이 수평갱도는 오직 정만을 사용해 바위 틈 6,000피트를 뚫어놓은 것으로서, 원래의 기능을 아직도 수행할 만큼 상태가 양호하다. 이 작업이 비아이의 봉쇄와 동시대에 시행되었다는 사실에 근거해 고대 연대기학자들은 두 사건을 연관지어 설명하지만, 현대의 비평가들은 리비우스(Livius)의 그와 같은 설명을 역사를 왜곡하는 허구라 하며 받아들이지 않는다. 그러나 그 주장은 키케로(Cicero)와 할리카르나수스(Halicarnassus)의 디오니시우스(Dionysius)가 재차 천명했다. 성직자와 예언가들이 자연의 마법적 기술과 자연과학을 독점하던 시대에, 로마 정부가 그들의 도움과 아울러 미신과 시민들의 군사적인 열정을 등에 업고 제정신을 가진 사람이라면 결코 승인할 수 없는 사업에 대한 동의를 얻어내는 것도 결코 불가능한 일은 아니었다.

더 놀라운 것은 지금의 라르고디셀라노에 해당하며 로마 동쪽으로 50마일 떨어진 나폴리령의 푸치누스 호의 배수를 위해 클라우디우스(Claudius) 황제가 뚫은 터널이다. 역사에서 알려지기로 이 호수는 시기마다 계절의 상황에 따라 규모의 변화가 심했다고 한다. 외부로 드러난 배출구는 없지만 원래는 천연의 지하통로를 통해서 배수되든가 증발에 의해 일정 수준을 유지해왔던 것 같다. 이례적으로 습한 해에는 물이 인근 대지로 흘러넘쳐 작물을 손상시켰고, 건조한 해에는 물이 바짝 말라버려 호수바닥에 쌓여 있는 동식물의 유해가 부패하면서 발생한 유독성 악취 때문에 전염병이 돌았다.

카이사르가 호수의 물을 빼내기 위한 터널의 건설을 제안했지만 실행되지 못하다가 클라우디우스가 집권하면서 마침내 일부 공사를 끝마쳤다. 비록 당대 사람들이 생각했던 것처럼 기술자들이 평탄화 작업을 잘못해서, 아니면 지금의 판단으로 더 확실할 것으로 생각되는 건설업자들의 사기행각으로 일시적인 실패는 있었지만 말이다. 공사가 불완

전해 이내 고장나고 말았으나 하드리아누스(Hadrianus)에 의해 복구
되어 몇 세기 동안 애초에 의도한 기능을 충실히 수행했다. 제국의 몰
락 후에 찾아온 야만적인 파괴행위로 터널은 다시 퇴락했고, 중세기에
여러 차례 수리해보려고 했지만 현 세대에 이르기까지는 이렇다 할 성
과를 거두지 못했던 것 같다.

이 오래된 터널을 복구하거나 확장시키고 재건하기 위한 작업이 막
대한 규모로 수년간 계속되고 있다. 기획자들의 진취성과 공익우선의
정신에 무한한 영예를 안겨다줄 수 있고, 사업을 계획하고 감독한 기술
자들의 전문적 능력에 최고의 명성을 부여할 수 있는 독창적인 계획과
건설기술이 동원되고 있는 것이다. 터널의 길이는 1만 8,634피트로서
환산하면 3.5마일이 넘는다. 물론 유럽에서 시행된 가장 긴 지하터널의
하나이며, 여기서 이루 다 설명할 수 없는 독창적인 구도에는 흥미로운
사항들이 가득하다.

지금까지 알려진 호수의 최고 및 최저 수위의 차이는 적어도 40피트
에 달하며, 각 수위에서의 면적의 차이는 8,000에이커에 근접할 정도였
다. 터널은 수면을 크게 낮출 것이다. 그리고 간헐적으로 침수되는 토
지를 포함해 적어도 4만 에이커 상당으로 계산되는 이탈리아 여느 지방
의 것과 동등한 비옥도를 가진 토양을 호수로부터 되찾을 수 있을 것이
고, 범람의 위협으로부터 영원토록 안전을 보장받을 수 있을 것이다.

작금에 들어서도 물에 잠긴 토지를 개간한다거나 위생상의 이유로
그와 유사한 많은 사업들이 구상되고 실행되었다.[13] 그 과정에서 버몬
트의 바턴 호라든가 앞에서 지적한 스웨덴의 스토르쇠 호의 예가 말해
주듯 때로는 전혀 예측하지 못한 문제들이 발생했다. 물을 배출하는 데
따르는 그 밖의 여러 가지 모호한 결과들이 이들 사업에서 종종 발견되
었다.

비중에 의해서 물이 가로막고 있는 제방에 가하는 압력은 침투해 들

---

13) *U.S. Naval Astronomical Expedition to the Southern Hemisphere*, I, p.16.

어간 물에 느슨해지거나 분해될 정도의 구성과 조직을 제방이 보이지 않는 한 그것을 지탱하는 경향이 있다. 그런데 만일 둑의 경사가 급하다거나 둑을 구성하고 있는 흙이 호수바닥으로 기울어진 부드럽고 미끈한 층 위에 놓여 있다면, 물의 자연적인 지지력이 소멸될 때 앞으로 떨어지거나 미끄러지기 쉽고, 때로는 이러한 과정이 엄청난 규모로 발생한다. 몇 년 전 스위스 운터발덴 주 룽게른 호의 수면이, 유역 북단의 경계가 되는 카이저슈툴이라 불리는 좁은 산줄기를 관통하는 0.25마일의 터널을 뚫는 과정에서 낮아진 일이 있다. 물이 빠져나가면서 가파른 경사의 둑에 균열이 발생해 파열되었고, 수면이 낮아지는 것만큼 수에 이커의 땅이 미끄러져 룽게른 마을 전체가 적지 않은 위험에 처했다고 생각되었다.

자연적인 풍화나 그보다 빈번하게는 산간호수를 둘러친 방벽의 무분별한 파괴로 인해 또 다른 매우 심각한 불편이 초래된다. 자연상태에서 분지는 내부로 유입하는 급류가 실어오는 암석과 쇄설물을 받아들이고 보유하는 기능을 수행하며, 급류를 일시적으로 정지시킴으로써 그 힘을 제어한다. 그러나 유출구가 저수지의 물을 배수할 수 있을 정도로 낮아지면 급류는 분지의 구하상을 따라 계속 빠르게 유동하며, 예전과 같이 운반물질을 정체된 호수에 퇴적시키는 대신 자갈과 모래를 싣고 아래로 내려간다.

산지호수

하안습지, 강변충적지, 또는 강가의 저지대를 일컫는 인터베일(inter-vale)은 일반적으로 방벽을 붕괴하고 나와 호수 대신에 유수를 남겨놓은 과거의 호수바닥이라는 것이 미국에서는 통설로 되어 있다. 드윗 박사는 몇 년 전에 이것이 사실과는 거리가 멀다고 밝혔다. 그러나 산간호수가 현재의 지리적 상황에서보다는 과거에 훨씬 많았다는 데에는 의심의 여지가 없으며, 인간이 원래의 지형을 거의 교란하지 않은 지역에서는 여전히 일련의 호수들이 남아 있다. 뉴욕 북부 애디론댁 산맥의 긴 골짜기와 메인 주 산간지역에서는 크고 작은 호수가 8개, 10개, 때로는 그 이상이 연속적으로 나타나는데, 상부에 자리한 호수의 물이 아래쪽 호수로 유출되는 방식으로 궁극에는 모두 하천으로 모여든다. 분지를 형성하는 산비탈의 나무가 베어져 나간다면 호수의 물이 불어나 호안을 붕괴시키고 물을 흘려보낼 것이다. 그리하여 계곡은 자연적인 유로로 이어진 연속된 호수 대신, 일련의 평탄면과 그곳을 통과하는 하천을 보여줄 것이다.

프랑스의 고대 지리에서도 유사한 상황이 존재했던 것 같다. 라베르녜(Lavergne)는 다음과 같이 말한다. "자연은 알프스 비탈면에 롬바르디아에서 볼 수 있는 것과 같은 웅장한 저수지를 파지는 않았다. 대신 자연은 수많은 작은 호수를 만들었으나 인간의 무관심으로 사라지고야 말았다. 대표적인 농업학자의 동생인 드가스파렝(Auguste de Gasparin)은 30년 전에 한 독창적인 논문에서 산간계곡에는 과거에 자연적으로 형성된 둑이 많이 있었지만 물에 쓸려 나간 것을 입증했다. 그는 그것을 다시 만들고 나아가 수도 늘려야 한다고 주장했다. 이 흥미로운 제안은 그후에도 여러 차례 등장했으나 전문기술자의 강력한 반대에 직면했다. 그런데도 눈 녹은 물과 호우를 모아 채웠다가 가뭄에 끌어다 쓸 수 있는 인공호수를 조성해 실험을 해보는 것은 나쁘지 않을 것이다. 이 안에 대해 설득력 있는 반대 의견이 있는 것과 마찬가지로 열렬한 지지를 보내는 이도 있다. 경험만이 문제에 대한 답을 던져줄 수 있을 것이다."[14]

호수와 습지의 배수에 따른 기후상의 영향

호수, 습지, 여타 고여 있는 물을 배수하는 것은 한 지역의 수역은 물

---

14) Louis de Lavergne, *Economie rurale de la France*, Paris, 1861, pp.289~290.

론 증발을 동시에 감소시킨다. 고지대에 있는 호수 또한 침출에 의해 일정량의 물을 잃고 그렇게 함으로써 저지대의 호수, 샘, 개울에 공급한다. 따라서 만일 대규모로 배수가 이루어지면 대기의 습도와 온도, 그리고 광범위한 지역의 영구적인 물공급에 영향을 미친다.

수로, 저수지, 운하가 지리와 기후에 미치는 영향

대도시에 물을 공급하기 위한 수로를 비롯해 철도의 굴착과 제방의 축조 등 많은 내지 개발사업은 자연유로의 물을 다른 곳으로 돌려 그 분포와 최종적인 유출량에 영향을 미친다. 드넓은 지역에서 물을 저수지로 모으고, 콘스탄티노플 인근의 베오그라드 숲에서와 같이 용수로를 통해 물을 다른 곳으로 운반한다는 것은 원래 샘과 개울에 의해 물을 공급받던 대지에게서 필요한 수분을 빼앗아 황무지로 만드는 것과 같다. 고대 로마에서 풍부한 양의 물을 공급해주던 많은 수로를 건설할 때에도 그와 유사한 결과가 초래되었음이 틀림없다. 한편, 저지대를 가로질러 평지보다 높은 위치에 설치된 수로의 측벽에서 새어 나오는 물은 인접한 땅에 피해를 주며 주변 지역주민의 건강에도 해가 된다. 스위스에서는 철도노선을 건설하기 위해 흙을 채취한 굴착지에 물이 고여 열병이 발생했던 정황이 포착되었다.

문명생활의 외형적 개선의 영향만을 생각한다면 아마도 운하의 경우 중요성이 더 클 것이다. 또한 운하는 적어도 대지의 물을 통제하고 분포에 영향을 미치기 위해 계획된 인간의 어떤 활동보다도 다방면에 걸치고 있는 것으로 평할 수 있다. 운하는 그 존재 자체에 의해 촉진되는 상업이라는 매개를 통해 멀리 떨어진 지역을 사회적으로 연계한다. 군사적인 물품과 병기 그리고 정부의 기능을 수행하는 데 필요한 무거운 비품의 수송을 돕고, 높은 수송비 때문에 쓸모없이 남아 있었을 원료와 제조업 제품을 시장에 출하할 수 있을 정도의 가격으로 낮추어줌으로써 산업을 장려한다.

운하는 또한 남는 물은 관개와 동력원으로 제공하는 한편, 그 밖의 다양한 방식으로 여러 민족의 번영과 문명의 발전에 큰 기여를 한다. 지리적인 측면의 중요성이 없는 것도 아니다. 운하는 지표에 고이게 될 물을 다른 곳으로 운반함으로써 대지를 배수하는 것은 물론, 용수로와 마찬가지로 제방 틈 사이로 스며 나온 물을 통해 인접한 토양을 차고 습하게 유지한다.[15] 또한 자연하천의 유로를 막아 제어하고 물길을 다른 곳으로 돌려 수원지 반대편의 먼 곳으로까지 운반한다.

운하는 종종 물을 공급하기 위해 넓은 저수지를 필요로 하며, 그렇지 않았다면 건기에 흘러가 버리거나 증발했을 물을 연중 집적시켜 저장함으로써 그 지역의 증발면을 확대시킨다. 그리고 이미 살펴본 대로 자연적으로 멀리 떨어진 지방의 동물과 식물이 서로 접촉할 수 있게 해준다. 이러한 제반 작용은 비록 결과를 평가하고 측정할 만큼 관찰수단이 완벽하게 구비되지는 않았지만 기후와 지표의 특성에 영향을 미친다는 것은 분명하다.

지표 및 지하 배수가 기후와 지리에 미치는 영향

나는 이 장을 네덜란드 기술자들이 조성한 방조제와 그 밖의 여러 수리사업에 대한 설명으로 시작했다. 그 이유는 문명국 내부에서 일찍부터 시행되어 역사가 오래고 보다 널리 전파된 물에 대한 저항 및 통제방식에 비해 중요성은 떨어지기는 하지만, 사업이 미친 지리적인 결과가 뚜렷하고 측정도 쉽기 때문이다. 관개와 배수는 관습적으로 지리와는 관계가 거의 없는 단순한 농업적인 과정으로 간주된다. 그러나 실제로는 토양, 기후, 동물, 식물 등에 강력한 영향을 미쳤고, 따라서 지리적인 요인에 포함시켜 살펴보아야 한다는 것을 곧 깨닫게 될 것이다.

---

15) J.C.L. Sismondi, *Tableau de l'agriculture Toscane*, Geneva, 1861, pp.11~12.

지표 및 지하 배수와 그 영향

지표배수는 숲을 새로 개간한 모든 땅에서는 반드시 필요하다. 삼림의 지표면은 물이 자유롭게 흘러갈 수 있을 정도로 경사가 일정하게 구비되어 있지 않다. 산허리에서조차 일부는 원래 분포하던 땅으로 구성되고 일부는 식생의 성장과 퇴적으로 불규칙하게 형성된 많은 등성이와 움푹 파인 지대가 나타난다. 자연의 운영에서 이들은 땅이 흡수할 수 있는 것보다 더 많은 양의 수분을 모으는 댐과 저수지의 역할을 수행한다. 게다가 부엽토는 최적의 상황에서도 숲의 보호 아래 집적했던 수분을 떨쳐내는 것이 늦고, 인근의 숲에서 침투한 물은 소규모 개간지의 토양을 작물재배에 부적합할 정도로 습하게 만든다. 그렇기 때문에 지표배수는 농업과 거의 동시에 시행되었음이 분명하다. 자연적인 상태에서라면 땅속으로 흡수되었을 지표의 잉여수분이 빠져나가기 쉽도록 인위적인 조치가 가해지지 않은 경지는 거의 없을 것이다.

지표배수의 장점, 인구증가에 따른 경지확대의 필요성, 개량경지였다면 볼 수 없었을 습지의 존재로 인한 불편은, 인간역사의 초창기에 습지와 소택지의 물을 빼내 건조한 대지로 전환했을 때의 편의에 대해 시사점을 던져주었음이 분명하다. 그리고 이 방법이 도입된 직후에 작은 연못과 호수를 배수해 물에 잠겨 있던 땅을 농민들의 생활근거지로 추가함으로써 농토를 확보하게 되었을 것이다.

이 모든 과정은 선사시대의 초기 문명에 해당되는 사항이다. 그러나 지하로 침투한 물을 제거하기 위한 지하통로의 구축은 농업에서의 이론과 실제의 대약진, 막대한 자본의 축적, 농산물에 대한 실질수요와 높은 가격을 창출하는 고밀도의 인구 등으로 특징 되는 시대와 국가에 이르렀음을 말해준다. 지하배수 또한 증발이 느린 한랭습윤한 기후와 지표의 자연경사 때문에 지표수의 유출이 촉진되지 않는 토양에서 가장 큰 효과를 낼 수 있을 것이다. 이러한 농업개발을 절대적으로 필요한 것은 아니라 하더라도 적어도 유익한 사업으로 만들 수 있는 모든 조건은 영국에 구비되어 있다. 따라서 영국의 부유하고 유식한 농민들이 그러한 관행을 이어나가 다른 나라보다 더 많은 경제적 이득을 올렸던 것은 아주 당연하다.

지표 및 지하 배수와 함께 지표의 잉여수분을 처리하는 또 다른 방법이 있지만, 도입에 필요한 조건들이 갖추어지는 경우가 드물기 때문에 거의 시행될 수 없다. 점성이 큰 함수층이 듬성듬성한 자갈층 위에 놓여 있어 하위층의 노두를 통하거나 먼 곳의 방류점까지 연결되도록 깊은 곳에 묻은 관을 통해 물이 자유롭게 방류될 수 있는 상황이 갖추어졌을 때, 불투수층을 관통해 투수층으로 바로 이어지는 통로를 열어주면 지표수는 빠져나갈 수 있을 것이다.

비쇼프(Bischof)에 따르면 일찍이 르네(Rene) 왕 재임기인 15세기 전반에 마르세유 인근의 팔농 평야에서 그와 같은 굴착사업에 의해 배수가 행해졌다고 한다. 비트버(Wittwer)는 뮌헨에서도 지표수가 커다란 동굴로 유도되고 그곳에서 이자르 강보다 조금 높은 위치에 자리한 자갈층으로 빠져나가 배수가 이루어졌다는 사실을 확인해주었다.[16] 포토맥 강과 락 천에 비해 높은 지점에 자리한 워싱턴 시 서부지역의 많은 가옥에는 기초부와 지하실의 배수를 위한 이른바 건정(dry well)이 갖추어져 있다. 이 암거는 단단하고 점성이 큰 토양층을 관통해 30~40피트가량 내려가다가 자갈층에 이르는데, 이곳을 따라 물이 자유롭게 빠져나간다.

이러한 관행은 파리에서 광범위하게 실시되었으며, 단순히 표층수를 배수하는 것뿐만 아니라 중화학 공업체로부터 배출되는 자극적이고 유해한 물질을 걷어내기 위한 의도도 깔려 있었다. 암거를 이용해 1832~33년 동안 전분공장에서 하루 2만 갤런의 폐수를 걸러낼 수 있었고 다른 공장에서도 같은 공정이 널리 채택되었다. 일반 우물, 피압수 우물, 샘 등에 피해가 생길 수 있다는 우려 때문에 시당국의 의도에

---

16) Gustav Bischof, *Lehrbuch der Chemischen und Physikalische Geographie*, Bonn, 1847~55, p.288.

따라 이 문제에 대한 연구가 실시되었다. 작성된 보고서는 파리 인근 지하수의 위치와 분포에 관한 흥미롭고 지침이 될 만한 사실들로 가득하다. 그렇지만 보고서는 물이 절대적으로 유동성이 없고 그곳으로는 상대적으로 극히 적은 양의 독성유체가 흘러들기 때문에 만일 방출된다고 하더라도 폐수가 확산될 위험은 없다는 결론에 도달했다는 정도만 말해두고자 한다.[17]

이상의 결과는, 또 다른 연구에서 파랑 뒤샤틀레(Parent-Duchatelet)가 파리 시의 하수가 센 강으로 유입되었을 때의 영향에 대해 비슷한 의견을 피력했다는 사실을 이미 접한 사람들에게는 하등의 놀라운 일이 아닐 것이다. 그는 하수에 의해 유입된 유해물질은 센 강의 유량에 비하면 극히 적어 그리 큰 영향을 미칠 수 없다고 주장한다. 그러나 나는 파리에 살면서 물을 반드시 마셔야만 하겠다는 사람들에게는 그가 밝힌 사실과 주장한 내용은 자세히 보지 말고 결론만을 수용할 것을 권고하고 싶다. 왜냐하면 유심히 살펴볼 경우 그의 신념과는 정반대의 방향으로 전향되어 마침내 그 물을 "역겨운 음료"라고 말한 시인과 생각이 같아질 것이기 때문이다.

지표배수가 기후와 지리에 미치는 영향

우리가 지표면에서 물을 제거하면 증발이 감소하고 당연히 증발에 수반되는 냉각효과도 부분적으로 줄어든다. 따라서 지표배수는 기온의 상승을 가져오고 한랭한 지역에서는 서리의 빈도를 경감시킨다. 그러므로 다른 조건이 동일하다면, 증발이 가장 빠르게 진행되는 식생의 활동기에는 건조한 땅과 그에 인접한 대기가 습한 대지와 그 상부의 대기층에 비해 훨씬 따뜻하다는 사실을 경험적으로 알 수 있다. 이 점에 관해 측량도구를 이용한 광범위한 관찰은 실시된 바 없지만, 총괄적인 결

---

17) Girard and Parent-Duchatelet, "Extrait d'un rapport sur les puits forés dits artésiens, employés à l'évacuation des eaux sales et infectes", *Annales des Ponts et Chaussées*, 6(1833), pp.313~344.

론을 입증할 만한 기온데이터는 충분히 확보된 상태다. 또한 배수가 서리의 빈도를 감소시키는 데 미치는 영향은 기온의 직접적인 상승 이상으로 확실하게 정립되어 있는 것으로 보인다.

뉴잉글랜드 그린 산맥의 가파르고 건조한 고지대의 경우, 500피트 내지 심지어 1,000피트 정도 낮은 곳에 자리한 습한 땅에서 재배한 옥수수가 서리로 피해를 입게 될 때에도 그곳에서는 서리가 발생하지 않는다. 습지 인근 지역은 예외 없이 늦봄과 초가을 서리의 피해를 입지만 배수 이후에는 걱정할 필요가 없으며, 이는 라플란드와 같이 매우 추운 기후에서 특히 잘 관측된다.[18]

영국에서 암거배수는 일반적으로 기온의 일교차가 미치는 범위 또는 모세관 인력에 의해 수분이 표면으로 유도되어 태양열에 증발되는 지점 밑으로는 실시되지 않는다. 따라서 암거배수는 지표배수와 마찬가지로 국지적인 태양의 작용으로 증발해버릴 수 있는 많은 양의 수분을 빼앗고, 동시에 그 상부의 토양을 건조하게 만듦으로써 유효흡수량을 증대시킨다. 결과적으로 지하에서 배수가 잘 되지 않아 하층토양이 수분으로 포화될 정도는 아니더라도 항상 습한 상태로 있을 때보다는 훨씬 많은 양의 물을 대기로부터 흡수한다. 그러므로 암거배수는 대기를 건조하게 그리고 따뜻하게 만들어주고, 마른 땅이 젖은 땅에 비해 태양열에 데워지기 쉽기 때문에 결국 토양의 평균온도, 특히 여름온도를 상승시키는 경향이 있다.

토양과 기후의 직접적인 개선 및 수확량 증대의 측면에 관한 한 영국의 지표 및 지하 배수는 지지자들의 찬사에 완벽하게 부응한다. 하지만 이를 광범위하게 적용했을 때에는 삼림파괴로 인해 초래될 수 있다고 설명했던 것과 매우 유사한, 전혀 예견할 수 없고 바람직하지도 않은 결과가 나오는 것 같다. 암거배수는 강수시 토양으로 흡수되거나 인근의 샘

---

18) Lars Levi Læstadius, *Om allmänna uppodlingar i Lappmarken*, Stockholm, 1824, pp.69~74.

과 기타 수원으로부터 침출된 물을 삽시간에 배출한다. 결과적으로, 우기나 호우 직후에 인공적으로 배수된 지역을 흐르는 하천은 단 몇 시간 만에 명거와 암거배수관에서 연속적으로 흘러내리는 물을 받게된다.

반면, 자연상태의 대지에서는 물이 눈에 드러나지 않는 통로를 따라 여러 주 심지어는 몇 달 동안 침출되었다가, 한 번에 많은 양으로 쏟아지는 대신 연간 조금씩 일정량을 하천에 내보낸다. 따라서 자연이 하천 유역에서 지표 및 지하층의 물을 천천히 배수하던 방식이 인간의 조급 증으로 말미암아 빠르게 작동하는 인공장치로 대치되면 원래의 평형은 깨진다. 그리하여 빗물은 더 이상 땅속에 저장되었다가 느긋하게 방출되지 못하고, 낭비된다 싶을 정도로 세차게 인간의 영토로 흘러나온다. 강이 범람했을 때에는 걷잡을 수 없이 급작스럽고 비극적이지만 물이 말랐을 때에는 실개울로 변해버려, 기계를 가동할 수 있는 에너지를 제공해줄 만큼 충분한 양이 공급된 과거에 비해 이제는 개울가에서 풀을 뜯고 있는 가축의 목을 적셔주기에도 부족하다.

관개와 그에 따른 기후 및 지리적 영향

우리는 고전시대의 문화에 선행하는 사라진 문명의 역사에 대해 거의 아는 바가 없으며, 현대의 어느 민족도 야만으로부터 자연발생적으로 출현해 혼자의 힘으로 사회생활에 필요한 모든 기술을 창조하지는 않았다. 지나온 내력을 확실하게 추적할 수 있는 미개민족의 개발은 다른 곳에서 빌려왔고 모방한 것이며, 공업기술의 기원과 발전에 대한 우리의 이론은 추정에 가깝다. 물론 산업활동 가운데 각 분야의 상대적 역사는 각국의 토양, 기후, 식생, 동물 등의 자연적 특성에 좌우된다. 주어진 상황에서 인간의 지리적 영향은 특정 방향으로 발휘되지만 조건이 달라지면 반대 또는 다른 방향으로 작용할 것이다.

나는 우리가 관심을 두어온 기후지역에서 인간이 물의 자연적인 배열과 처분에 처음으로 간섭했던 분야는 지표의 배수방식에 관한 것이었다고 생각해야 할 몇 가지 이유를 제시했다. 그러나 남아 있는 유적 하나만으로 판단했을 때 관개가 배수보다 더 오래되었다고 결론을 내려야할지 모른다. 왜냐하면 전통적으로 인류문명의 요람으로 인식된 지역에서 역사시대 이전에 관개용으로 건설된 것이 분명한 수로의 흔적이 발견되기 때문이다. 고대 아르메니아에서는 역사시대 초기에 이미 광범한 지역이 버려져 황폐화되었다. 그러나 그보다 훨씬 오래전에는 복잡한 고도의 인공수로 체계에 의해 관개가 이루어졌는데, 아직까지 그 흔적이 남아 있다. 유프라테스 강이 발원하는 고원지대, 페르시아, 이집트, 인도, 중국에서는 인간이 연대기를 기록하기 전에 그와 유사한 시설물이 존재했음이 틀림없다.

앞서 지적한 국가와 같이 더운 지역에서는 일반적으로 삼림제거로 인해 초래된다고 설명했던 결과가 곧 따라온다. 그러한 기후상황에서 강수는 주기적으로 발생하며 극렬하게 내리고, 토양은 따라서 여름에는 타들어가지만 겨울에는 씻겨 나갈 우려가 있다. 그러므로 그들 국가에서는 관개의 필요성이 이내 절실해졌으며 아르메니아와 같은 산간지역으로 관개가 도입된 직후에는 계단식 체계나 적어도 산허리의 경사 작업이 뒤따라왔음이 분명하다.

스위스와 알프스의 완만한 경사면에서 충분히 확인할 수 있듯이, 야초지와 목초지에서는 지표가 가파르고 불규칙해도 관개를 진행할 수 있다. 그렇지만 건조기후에서 고지대의 경지와 채소밭은 토양을 보호하고 관개수를 주입하기 위해서 계단식으로 토지를 조성할 필요가 있다. 계단식 경지는 본질적으로 용수의 배분을 통제하기 위한 특별한 조치 없이도 빗물의 흐름을 방지하거나 적어도 제어하며, 지표면으로 흘러가 버리는 대신에 땅으로 흘러들어 갈 수 있는 시간을 부여한다는 사실을 기억해야만 한다.

유럽 대륙의 영농에서 관개만큼 영국과 미국의 관찰자들을 놀라게 하는 것은 거의 없다. 그들의 경험에 의한다면 식생에 도움을 주기는커녕 오히려 유해하다고 생각되는 토양과 온도에서조차 관개가 시행된다는 점이 한층 놀랍다. 이탈리아 북부지방의 여름은 뉴잉글랜드에 비하면 더 길지만 덥지는 않고, 평년의 여름강수는 발생빈도와 양에서 거의 동등하다. 그러나 피에몬테와 롬바르디아에는 거의 모든 작물에 관개가 시행되는 반면, 뉴잉글랜드에서는 채마밭과 드물지만 그와 같이 소규모로 영위되는 일부 농업분야를 제외한 어떤 목적의 영농에서도 결코 행해지지 않는다.

이집트, 시리아, 소아시아, 심지어 루멜리아에서는 여름에 비가 거의 내리지 않는다. 그러한 기후에서 관개의 필요성은 여실하며, 물을 공급해주던 고대의 비책을 상실했다는 사실을 가지고 문제시된 대부분 국가에서의 생산력 감소를 설명할 수 있다. 예를 들어 팔레스타인의 지표면은 대부분 원추형 석회암 구릉으로 구성되며 한때는 숲으로 피복되어 있었던 것이 확실하다. 숲은 유대인의 점령을 앞두고 부분적으로 파괴되었다. 토양이 가뭄에 허덕이고 있을 때 겨울강수를 보관하던 저수지가 언덕정상부 근처의 바위에 조성되었고 경사면은 계단식으로 바뀌었다.

수조의 상태가 양호하게 보존되고 계단식 경지가 제대로 관리되는 동안 팔레스타인의 생산성은 다른 어느 지역에 뒤지지 않았다. 그러나 실정과 대내외의 전쟁으로 인해, 여행자들이 지금도 여기저기서 그 흔적을 확인할 수 있듯이 여러 설비가 방치되거나 파괴되자, 다시 말해 저수지가 훼손되고 계단식 경지가 붕괴되자 여름에 관개용으로 쓸 수 있는 물은 더 이상 없었다. 그리고 겨울철 빗물은 바위 위에 엷게 덮여 있던 흙을 쓸어가 버려 팔레스타인은 거의 사막의 상태가 되고 말았다.

사건의 추이는 이두미아에서도 거의 동일했다. 주의 깊은 여행가들은 페트라 인근 어디에서나, 특히 크세이버 와디를 통해 도시로 들어가는 경로를 취한다면 광범하게 남아 있는 고대 문명의 자취를 발견할 수 있다. 인접한 산지의 능선에는 관개용수를 공급하기 위해 축조되었을 것이 확실한 수많은 수조의 흔적이 남아 있다. 원시시대에 이들 구릉성 지역에 내리던 겨울강수는 일차적으로 숲 속의 부엽토, 그 다음에는 내가 설명한 인공구조물에 의해 대부분 토양표층에 남아 있었다.

흙에 흡수된 물 일부는 직접적인 증발로 없어지고, 일부는 식생에 의해 흡수되며, 또 다른 일부는 침출되어 하층으로 내려가 저지대의 샘에서 용출한다. 따라서 비옥한 토양과 대기의 양호한 조건으로 지금은 건조한 황무지에 불과한 땅에서 많은 인구가 살아가기에 충분한 여건이 조성되었다. 현재 빗물은 지표면에서 직접 흘러내리며 바다로 운반되거나 와디의 모래 속으로 사라지고 있다. 한때 많은 식물들이 자라던 산비탈에서는 나무를 찾아볼 수 없으며 사막의 뜨거운 바람에 그을리고 있다.

남부 유럽, 투르크 제국, 기타 많은 국가에서는 지표의 상당 부분이 물에 흠뻑 잠기는 것은 아니더라도 해마다 여러 차례 관개를 거쳐 촉촉이 젖는다. 특히 건조하여 태양과 대기의 수분흡수량이 최고조에 달했을 때에도 그러하다. 그러므로 이들 국가에서는 대지로부터의 증발량 그리고 토양과 그에 인접한 대기의 습도 및 온도가 관개에 의해 영향을 받음이 틀림없다. 이집트의 경작면적 또는 사막과 사막 사이의 경작이 가능한 공간은 7,000제곱법정마일이다. 지표 대부분은 관개가 불가능한 것은 아니지만 지대가 너무 높아 경제적으로 행하기 어려우며, 따라서 관개와 경작면적은 5,000~6,000제곱마일에 국한된다. 이 가운데 거의 대부분에서 수확기와 하천수위가 상승하는 중간의 짧은 기간 및 범람시를 제외하면, 규칙적으로 그리고 항상적으로 관개가 실시된다.

그렇다고 볼 때 거의 반년 동안 이루어지는 관개를 통해 나일 강 유역에 5,000~6,000제곱마일, 즉 1제곱적도각만큼의 증발면이 추가되는 셈이다. 다시 말하면 관개를 하지 않았을 경우에 일정량의 수분이 증발하게 될 면적의 10배 이상에 해당한다는 뜻인데, 나일 강이 제방 안쪽으로 축소되면 강물은 방금 지적한 공간의 10분의 1도 덮지 못한다.[19] 수에즈 운하 사업의 연장선상에서 건설 중인 담수운하는 나일 강

---

19) Joseph Thomas and T. Baldwin, *A Complete Pronouncing Gazetteer, or Geographical Dictionary, of the World*, Philadelphia, 1855; R. Stuart Poole,

동쪽의 오랫동안 방치되었던 경지를 회복할 뿐만 아니라 기존 이집트의 경지에 수백 제곱마일의 새로운 사막개간지를 추가해줄 것이며, 따라서 관개의 기후학적 영향을 더욱 증대시킬 것이다.

나일 강은 이집트를 통과하는 중에 단 하나의 지류도 받아들이지 않는다. 전 지역에 샘도 없고, 연평균 강수량이 6인치에 달한다고 하는 해안가 좁은 지역을 제외하면 파라오의 영토에 내리는 비는 연간 2인치도 안 된다. 유역의 하층토는 나일 강에서 침출된 수분으로 가득하며 물은 몇 피트 깊이만 되어도 어디에서든 찾을 수 있다. 만일 관개가 중단되어 이집트가 자연의 작용에 맡겨진다고 하면, 뿌리를 땅속 깊이 내리뻗는 나무가 어느 정도의 시간이 지나면 사막토에 자리를 잡고 계곡 전체를 푸르게 덮을 것이다. 그리하여 결국에는 극단적인 기후를 완화시켜주고 하늘로부터 풍부한 양의 비를 뿌려줄 것이다.

그러나 관개를 중지함으로써 나타나는 직접적인 결과로서, 먼저 건기에는 유역 내 증발량이 현저하게 감소할 것이고, 다음으로 대기가 많이 건조해지고 온도가 높이 올라갈 것이다. 거의 변함이 없는 북풍은 이러한 변화로 인해 세력이 크게 확장되겠지만, 그조차도 나일 강 유로 가장자리에 연해 있는 뜨거운 산지 사이의 좁다란 계곡의 온도를 낮추지는 못할 것이다. 또한 1년 안에 최상의 비옥도를 가진 토양을 황량한 사막으로 만들고, 관개를 통해 세계에서 가장 조밀한 인구를 부양할 수 있었던 바로 그 영토를 더 이상 사람이 살 수 없는 곳으로 만들어버릴 것이다.[20] 사람들이 나일 강 유역에서 숲을 발견했는지 아니면 내가 지

"Egypt", in William Smith, ed., *A Dictionary of the Bible*, Boston, 1860, I, p.495; William Bodham Donne, "Aegyptus", in William Smith, ed., *Dictionary of Greek and Roman Geography*, London, 1854, I, p.36; Alfred von Kremer, *Aegypten; Forschungen über Land und Volk*, Leipzig, 1863, I, pp.6~7; W.B. Donne, "Nilus", in Smith *Dictionary of Geography*, II, p.434.

20) J.G. Wilkinson, *The Almanach de Gotha; Annuaire diplomatique et statistique pour l'année 1862*, p.896; *Handbook for Travellers in Egypt*, London, 1847, p.11.

금 기술한 황무지를 발견했는지 역사적으로 확인할 길이 없다. 사실이 어떻든 인간은 황무지를 낙원으로 바꾸어놓았을 뿐만 아니라 의심의 여지없이 광범위한 기후변화를 가져왔다.[21]

이집트의 경지는 이탈리아의 논과 롬바르디아의 겨울초지를 제외하면 지중해 연안의 어느 국가보다도 정기적으로 관개되었다. 그러나 관개는 지중해 유역 내 거의 전역에서 다소간 시행되었고, 이집트에서 초래된 결과에 비해 그 도는 낮지만 성격에서 유사한 효과를 낳았다. 전체적으로, 너무 건조해서 수분의 증발이 거의 없을 때에는 어느 곳이 되었건 인위적인 관개가 이루어졌다. 따라서 단위면적의 몽리구역은 그만한 면적의 증발면을 추가하는 셈이었다.

물이 무한정 공급될 때 경지에 관개수를 제공한 나머지는 배수로, 운하, 하천 등으로 흘러든다. 그러나 관개가 정기적으로 시행되는 대부분의 지역에서는 물을 경제적으로 활용하는 것이 필요하다. 따라서 물은 한 필지의 땅을 적신 뒤에는 다른 필지로 다시 유입된다. 어느 한 순간이라도 관개하려는 땅이 흡수하거나 그로부터 증발되는 양 이상의 물을 용수로에서 끌어오지 않으므로, 결과적으로 관개수는 침투나 비가 올 때를 제외하면 물순환 체계로 되돌아가지 않는다. 그렇다면 인공적으로 관개된 땅에서 증발하는 수분은 살포된 전체의 상당한 분량만큼 증가한다고 해도 과언은 아닐 것이다. 왜냐하면 토양에 흡수된 양 대부분이 식생이나 증발에 의해 즉각적으로 다시 방출되기 때문이다.

어느 나라에서든 그렇게 관개된 지표면의 범위나 공급된 물의 양을 정확히 확인하는 것은 쉽지 않다. 계절의 특성에 따라 수량이 달라지기 때문이다. 그러나 남부 유럽 여러 지역에서는 관개설비의 관리가 농업 노동의 가장 중요한 일부를 차지한다. 저명한 공학자인 롬바르디니는 롬바르디아의 관개체계에 대해서 이렇게 서술한다. "여름철 매일같이

---

21) Karl Ritter, *Einleitung zur allgemeinen vergleichenden Geographie*, Berlin, 1852, pp.165~166.

55만 헥타르의 땅에 4,500만 세제곱미터의 물을 살포하는데, 이 양은 일반적인 증수시의 센 강물 전체와 같으며 파리의 라투르넬 다리 수위표를 3미터 상승시킬 수 있는 양이다."[22]

니엘(Niel)은 사보이를 포함한 옛 사르디니아 왕국의 관개면적은 1856년 당시 24만 헥타르로서 거의 69만 에이커에 달한다고 진술한다. 이는 왕국 전체 경지면적의 13분의 4에 필적하는 면적이다. 니엘에 따르면, 프랑스의 관개면적은 45만 헥타르, 즉 110만 에이커가 넘는 롬바르디아와 달리 10만 헥타르 또는 24만 7,000에이커에 지나지 않는다고 한다.[23]

이상의 세 가지 진술만으로도 3,000제곱마일의 관개면적이 확인된다. 여기에 이탈리아 나머지 지역과 지중해의 섬들, 에스파냐 반도, 유럽 방면의 터키와 소아시아, 시리아, 이집트, 북아프리카 나머지 지역을 더한다면, 관개를 통해 지중해 연안의 증발면이 자연적으로 물에 잠겨 있는 지역 전체의 상당 비율을 차지할 만큼 증대된다는 것을 알 수 있다. 관개용수의 양은 식생성장기 동안 내리는 총 강수량보다는 적지 않다는 것이 거의 확실하며, 전체적으로는 그를 훨씬 뛰어넘는다. 초지와 들판의 경작에서 관개수의 양은 27~60인치이며, 인력으로 기경하는 작은 작물에서는 때로 300인치에 달한다.[24] 논과 롬바르디아의 겨울초지는 적용된 관개수의 양을 산정하는 데 포함되지 않는다.

프랑스와 이탈리아에서 몽리면적의 비약적인 신장을 위해 설비들이 갖추어지고 새로운 계획이 제안되었다. 금세기가 끝나기 전에 이탈리아의 경우 인위적으로 관개되는 토양이 두 배, 프랑스에서는 네 배로 증가할 것으로 믿어 의심치 않는다. 이러한 조작을 통해 인간은 토양, 식생,

22) Elia Lombardini, *Sui progretti intesi ad estendere l'irrigazione della pianura nella valle del Po*, Milan, 1863, p.4.

23) Désiré Niel, *L'Agriculture des Etats Sardes*, Turin, 1856, p.232.

24) Niel, *Agriculture des Etats Sardes*, p.237 : J.B. Boussingault, *Economie rurale considerée dans ses rapports avec la chimie, la physique et la météorologie*, 2nd ed., Paris, 1851, II, p.246.

동물, 기후 등에 강력한 영향을 행사하고 있으며, 따라서 이를 포함해 다른 많은 활동분야에서 그는 진정한 지리적 동인임이 틀림없다.[25]

관개를 위해 하천으로부터 인공적으로 끌어온 물은 유량에 큰 영향을 미칠 만한 수준으로서 하천지리학에서는 중요한 요인이다. 수로에 물을 공급하기 위해 종종 작지 않은 개울이 물길을 완전히 바꾼다. 그리고 침투에 의해 운반되는 것을 제외하면 개울물은 모두 흡수되어 자연적으로 함양하던 강까지 이르지 못한다. 따라서 관개는 온대지역에서 수원을 차단하거나 원래의 유로에서 물을 직접 흡수함으로써 대하천의 규모를 축소시킨다. 우리는 방금 롬바르디아의 관개체계가 포 강으로부터 일반 홍수시 센 강이 유출하는 총량, 즉 상당한 분량의 짐을 실은 배가 수백 마일을 항해할 수 있는 한 개 지류에 상응하는 양의 물을 빼앗아간다는 것을 살펴보았다. 운영되기 시작한 새로운 수로와 계획 중인 수로는 앞으로 손실량을 크게 늘릴 것이다.

이집트에서 관개에 필요한 물은 건조기후의 급격한 증발속도에서 예상되는 양보다는 적다. 범람시에는 토양이 수분으로 완전히 포화되고 나일 강으로부터의 침투가 계속되어 가장 건조한 계절이라도 상당량의 습기를 공급해주기 때문이다. 베이(Linant Bey)는 하루에 29세제곱미터의 물이라면 나일 강 삼각주 1헥타르를 관개하는 데 충분하다고 계산했다. 이는 하루 2.9밀리미터의 강수에 해당하거나, 또는 건기에 150일 동안 주입되는 물을 생각한다면 총 435밀리미터, 즉 17.3인치의 강수에 해당한다. 이집트의 실제 경작지를 낮게 잡아 360만 에이커, 저지 이집트와 고지 이집트에 흘러드는 일일 평균수량이 0.12인치 깊이에 해당한다고 보면 6,100만 세제곱야드의 추정치를 얻을 수 있다. 이는 나일 강이 하루 평균 지중해에 배출하는 대략 3억 2,000만 세제곱야드의 5분의 1에 가까운 분량이다.

유럽과 미국에서 특별한 목적을 위해 가동되는 관개는 기후에 매우

---

25) Justus von Liebig, *Letters on Modern Agriculture*, London, 1859.

해로운 영향을 초래한다. 나는 특히 미국의 슬라브 민족이 거주하는 주와 이탈리아에서 시행되고 있는 벼농사에 주목하고자 한다. 미국 남부의 기후가 백인에게 반드시 해로운 것은 아니지만, 논 인근에서 단 하룻밤을 지새우는 것만으로도 위험스러운 열병의 공격을 받는다. 같은 논 근처라 해도 사우스캐롤라이나 주와 조지아 주보다는 롬바르디아와 피에몬테가 덜 해로운 것이 사실이나, 이들 지방 역시 여전히 인간과 동물의 건강에는 큰 해를 입힌다.

에스쿠루 밀리아고(A. Escourrou-Milliago)는 다음과 같이 말한다. "벼가 자라는 곳에서는 인구가 감소할 뿐만 아니라 가축들도 티푸스의 공격을 받는다. 논은 관개수로의 높이에 맞추어 계단식으로 올라가도록 계획된 여러 개의 배미로 구분된다. 위쪽의 논배미를 관개하고 난 물이 아래로 흘러내려 오는 방식으로서 한 차례 공급한 용수가 여러 배미를 관개할 수 있다. 가장 낮은 곳의 논배미라고 해도 위에서 내려온 자체의 물과 인근 경지의 물을 배수하는 도랑보다는 여전히 높다. 이러한 배열은 벼를 관개하는 물에 어느 정도의 수압을 가하며, 경지에서 침투해 들어온 물은 인근 대지 위를 때로는 적어도 1미리아미터(영국 단위로 6마일에 해당)까지 퍼져 나가 물이 닿는 작물과 나무에 해를 끼치기도 한다. 그렇게 영향을 받은 땅은 벼재배 이외에는 사용되지 못하며, 벼농사를 위한 준비가 되었을 때에는 그 땅이 겪었던 해악을 주변으로 더욱 확대시킨다." 물론 폐해는 계속해서 늘어난다.[26]

이집트와 누비아를 유심히 지켜본 여행가들은 토양의 구성물질에 염분이 과도하게 함유되어 불모지로 변한 많은 소지역을 발견하게 된다. 이들 불모지 대부분, 아니 거의 전체가 나일 강의 범람수위보다 높은 지점에 위치하며 과거에 경작이 이루어진 흔적이 있다. 최근 인도에서 관찰한 내용은 이러한 사실에 대한 가능성 있는 설명을 시사해준다.

---

26) *De l'Italie agricole, industrielle et artistique à propos de l'Exposition universelle de Paris*, Paris, 1856, p.92.

"'레'와 '쿨러'라 불리는 염해가 인도 북부 및 서부의 비옥한 많은 지대를 천천히 공격하고 있다. 그것은 소금이 다양한 비율로 섞여 있는 글라우버 염(Glauber's salt), 즉 황산소다로 구성되어 있다. 메들리코트(Medlicott) 씨는 적은 양이라면 토양의 비옥도를 증진시켜줄 수 있는 이들 염분이 수로와 하천의 물에 섞여 경지에 관개수로 주입되거나 범람해 들어오고, 이어 물이 증발함으로써 점차적으로 집적된 결과라고 설명한다."

더운 지역에서 하천의 범람은 1년에 단 한 차례 발생한다. 강 양쪽 기슭이 비와 눈에서 생성된 물로 수일 내지 여러 주 동안 침수되어 있지만, 저수위에 비하면 광물성분이 적고 나아가 항상 유동상태에 있다. 한편, 관개수는 여러 달 동안 연속해서 주입된다. 관개수는 염분함량이 가장 높은 철에 강에서 끌어오며 그 안에 용해된 상태로 존재하는 염분과 함께 표토에 가라앉거나 지표면에 염류를 집적해놓고 증발한다. 따라서 관개는 자연적인 범람에 비해 더 많은 염분을 토양에 남긴다.

이미 말했듯이 범람수위보다 높은 위치에 자리한 이집트와 누비아의 불모지는 나일 강 하곡에 선주민이 살고 있던 먼 과거에 처음으로 경작되었다고 추정할 수 있다. 그 땅은 애초부터 인위적으로 관개되었음이 틀림없고 하위면의 토양이 인간에 의해 침입을 받기 수세기 전에 경작되었을 것이다. 따라서 염분을 집적하기보다는 용해하는 거의 순수한 유수의 작용을 해마다 몇 주 동안 받는 경지에 비해 염분이 많이 쌓이는 것은 당연하다.

범람과 급류

앞의 장에서 나는 광범위한 삼림파괴로 인해 발생하는 폐해를 지적하면서 무절제하게 숲을 훼손해온 국가에서는 하천범람의 파괴력이 가중되고 급류의 피해가 특히 크다고 자못 상세하게 설명했다. 그리고 빈발하는 비극적인 홍수를 방지할 수 있는 유일한 효과적인 방법으로서 조림에 대해 이야기했다. 표토의 손실, 재정적인 이유, 기타 여러 가지 원인 때문에 현 상황에서 숲의 재건을 기대하기 힘든 많은 지역이 있다. 심지어 조림이 가능한 곳에서도 실행단계에서는 문제 되고 있는 파괴적 원인의 작용이 저지되거나 뚜렷하게 경감되기까지 여러 해가 소요된다. 그리고 누구라도 숲이 산간에서 급류가 형성되는 것을 막고 파괴력을 억제하는 데 중요하다는 것을 인정하고 있기 때문에 하천의 범람과 관련해 숲이 미치는 긍정적인 영향에 대한 통념에 벨그랑과 그의 추종자들이 가한 반대를 무시하더라도, 홍수는 지표 위에 삼림이 있고 없음에 관계없이 강수가 지나치게 많은 해에는 항시 발생할 것이다.

그렇게 본다면 측면의 자연적 개선은 예방책에 한정될 수 없다. 그러나 범람의 피해를 입을 수 있는 나라는 위험요인에 직접 맞서 재발빈도를 줄이기 위한 온갖 노력을 경주하고 있음에도, 인간과 인간의 모든 활동에 가끔씩 엄습해오는 위험을 미연에 방지하고 손상을 경감시킬 수 있는 조치를 강구해야만 한다. 모든 문명국가가 어느 정도는 하천의 범람에 직면해 있기 때문에 그 폐해는 낯설지 않으며 일반적인 설명도 필요치 않다. 따라서 이 문제에 대한 논의에서, 나는 그대로 놓아두면 인간의 물질적 이해에 엄청난 피해를 입힐 뿐만 아니라 적잖은 지리적 격변을 야기하는 홍수의 세력을 약화시키고, 홍수로 인한 파괴를 제한하기 위해 사용되어왔으며 앞으로도 원용할 수 있는 방책에 국한해서 살펴볼 것이다.

하천변 제방건설

강물이 자연유로를 벗어나 경지와 타운을 범람시키는 것을 방지하기 위한 최초의 가장 분명한 방법은 하천변에 제방을 쌓는 것이다. 일반적으로 증수시에 운반해온 흙과 자갈이 퇴적된 결과 하상이 점차 높아지게 됨으로써 제방을 설치할 필요가 생기고, 우리가 본 것처럼 하상의 상승은 하천의 발원지인 고지대에서 숲이 제거되었을 때 가속화된다. 하천 어느 지점에 제방이 건설되어 지표 위로 넓게 퍼져 나갔을 홍수가 좁은 둑에 막히게 되었을 때 유속과 운반력은 배가되며, 자갈과 모래는 하상경사의 감소, 하폭의 증가, 또는 물이 유입될 수 있는 호수나 해안 분지의 존재로 인해 유속이 줄어드는 하류부에 퇴적된다.

운반하던 물질이 침전되는 곳에서는 결과적으로 유로가 상승하고, 제방 시작지점에서 유수가 정체하는 지점까지의 하상경사는 감소한다. 따라서 유수는 처음에는 둑에 막혀 가속화되었다가 후에는 퇴적된 물질과 유로경사의 감소에 따른 기계적인 저항으로 제약을 받는다. 또 부유상태의 물질을 침전시키기 시작하여 제방이 설치되기 전의 범람수위 지점까지 하상이 높아진다. 이제 제방을 그만큼 높여주어야 한다. 자연이 홍수라는 치유책으로 최근에 쌓인 퇴적물을 휩쓸어가고 제방을 터뜨리며 완전히 초토화시키는 방법으로 인근 지역을 제압하거나, 인간과 물의 투쟁의 현장이 될 유로변동을 가져오지 않는다면, 이상의 과정은 무한정 반복될 것이다.

나일 강과 마찬가지로 어떤 하천도 토양을 비옥하게 해주는 물과 운반물질로써 범람시 초래한 피해를 보상해주는 것 이상은 해주지 않는다. 결과적으로 홍수는 두려움의 대상이 될 수밖에 없고, 제방이 붕괴되면서 밀려드는 물은 하천이 통과하는 토지의 소유자들에게는 끊임없이 염려와 손실의 원인이 된다. 고수위에 유수가 퍼져 나가는 것을 막아주는 제방은 동양에서는 아주 오래전부터 건설되었다. 포 강과 지류의 제방도 강변에 자리한 지방에 대한 믿을 만한 자연적, 정치적 연대기가 작성되기 전에 시작되었다. 일찍부터 이탈리아의 수리기술자들은 이 부문에서 두각을 나타냈고, 그와 같은 물리적 개발을 다루고 있는 이탈리아의 문헌은 상당히 많다.

그러나 내가 지금 살펴보고 있는 나라들에는 포 강과 같은 하천이라든가 롬바르디아 같은 평야가 없다. 또한 영국과 미국의 하천제방에 의지해 살고 있는 주민들이 처한 위험은, 롬바르디아에서 발생하는 위험과 손실보다는 프랑스 하곡과 평야의 토양 및 그곳에 거주하는 사람들을 위협하는 위험요소에 가깝다. 이탈리아 수로학자들의 문헌은 전문적인 지침으로 가득하지만 프랑스 기술자들의 것보다는 외국인이 접근하기가 쉽지 않고 대중적으로 널리 채택되지도 않는다.[27] 이러한 이유로 나는 간혹 테베레 강, 아르노 강, 기타 영국과 미국의 하천에 상당히 유사한 이탈리아 하천의 홍수에 관해 쓴 저자에 대해 언급하지만, 주로 프랑스 전문가들의 의견을 인용할 것이다.

아르데슈 강의 범람

산지하천의 홍수는 격렬하고 급작스럽게 상승하며 예측을 불허하기 때문에, 흐름이 빠르지 않은 하천의 홍수에 비해 생명과 재산에 더 큰 직접적인 위험을 몰고온다. 동시에 대하천과 비교해 산지하천의 파괴적인 활동은 좁은 범위에 한정되고 물이 원래 유로로 빨리 물러나며, 위험이 빠르게 종료된다. 아르데슈 강은 프랑스 소재 한 현의 이름을 빌려 명명된 것으로 60만 238에이커의 유역분지, 즉 938제곱마일의 면적을 배수한다. 가장 먼 수원은 론 강과의 합류점으로부터 직선거리로 75마일 그리고 4,000피트가 넘는 고도에 있는 샘이다. 최하류부에 있는 가장 길고 큰 지류인 샤스작의 하상은 여러 곳에서 표면이 완전히 말라 단지 지하 침출수로에 공급할 수 있는 물만이 있을 뿐이다. 아르데슈 강은 거의 모든 지점 심지어 샤스작 강의 하구 아래서도 걸어서 건널 수 있을 정도다.

그러나 홍수시에 강물은 200피트의 현을 그리는 자연적인 홍예교로서 거의 모든 중요한 지류의 합류점 아래에 걸쳐 있는 퐁다르크에서 60 피트 이상 상승하기도 한다. 1827년 범람 최성기에 이 지점을 통과한 물의 양은, 함께 흘러가는 물질과 불규칙한 흐름으로 인한 30퍼센트 정

27) Elia Lombardini, *Cenni idrografi sulla Lombardia, intorno al sistema idraulico del Po*, Milan, 1840 ; Baumgarten, "Notice sur les rivières de la Lombardie", *Annales des Ponts et Chaussées*, 13(1847), pp.129~199 ; Aristide Dumont, *Des Travaux publics dans leurs rapports avec l'agriculture*, Paris, 1847, note viii, pp.269~335.

도를 공제하고 나면 초당 8,845세제곱야드로 추정된다. 그해 9월 10일 12시에서 다음날 10시까지 그곳을 통해 방출된 물은 4억 5,000만 세제곱야드 이상이었다. 이를 하천유역 전체에 골고루 배분한다면 전 지역이 5인치 이상의 깊이로 잠길 수 있는 양이다.

아르데슈 강은 너무 급격하게 상승해 1846년의 범람에는 하천에서 몸을 씻고 있던 여성들이 홍수가 임박했다는 것을 알려주는 굉음을 듣고 즉각 대피했지만 속옷을 챙길 여유도 없이 겨우 목숨을 보존할 수 있었을 정도였다. 본류와 지류의 물은 거의 동일한 속도로 빠르게 내려가는데, 발원지인 세벤에서 비가 그친 후 24시간이 채 안 되어 론 강과의 합류점부터 아르데슈 강이 평상시 유로를 회복한다는 사실에서 그 점을 확인할 수 있다. 1772년의 범람시 아르데슈의 지류인 봄 강변의 라봄드뤼옴에서 물은 저수위보다 35피트이상 상승했으나, 당일 저녁에는 다시 걸어서 건널 수 있을 만큼 줄어들었다. 1827년의 홍수는 이 점에서는 이례적인데, 3일간 계속되는 동안 아르데슈 강이 론 강으로 13억 500만 세제곱야드의 물을 쏟아 부었던 것이다.

평년에 나일 강은 바다로 초당 10만 1,000세제곱피트의 물을 방출한다.[28] 이는 하루 3억 2,322만 2,400세제곱야드에 해당한다. 따라서 프랑스의 국지적인 지형으로서의 의미 이외에는 크게 주목받을 일이 없는 아르데슈 강은 단 하루의 홍수에, 유역면적 50만 제곱마일로서 자신의 500배에 달하는 나일 강이 같은 기간 평균적으로 유출하는 양의 1.5배, 3일 연속해서 비교한다면 그의 1.3배를 론 강으로 흘려보내는 셈이다.

아르데슈 강 유역의 연평균 강수량은 유럽 여러 지역보다 많지 않으나, 가을에는 종종 계곡 안으로 너무 많은 양의 비가 내린다. 1827년

---

28) Paulin François Talabot, *Société d'études de l'isthmus de Suez*, Paris, 1847; J.F.W. Herschel, *Physical Geography*, Edinburgh, 1861, p.27; E. Goodrich Smith, "Irrigation", in *Report of the Commissioner of Patents for the Year 1860(Agriculture)*, 36 Cong., 2 Sess., H. Ex. Doc. 48, Washington, D.C., 1861, p.169; Hurst, *The Nile*, p.242.

10월 9일에는 봄 강변의 주와이외즈에 오전 3시에서 밤 12시까지 31인치가량의 비가 왔다. 이는 아르데슈 홍수의 갑작스러움과 격렬함을 설명해주며, 론 강 여타 지류의 유역도 유사한 놀랄 만한 기상현상을 보인다.[29]

1857년 9월 10일의 범람은 아르데슈를 비롯한 몇몇 론 강의 서쪽 지류가 발원하는 고지대 동쪽 비탈을 통과한 강력한 허리케인을 몰고 왔다. 허리케인이 지나는 길에 있던 모든 나무는 송두리째 쓰러졌다. 급류가 이를 큰 하천으로 몰고 내려갔고, 다시 론 강으로 운반되어 나무를 딛고 강을 건널 수 있을 정도의 천연의 뗏목을 형성했다. 따라서 론 강은 급작스러운 대홍수의 영향을 받는다. 프랑스 주요 하천의 상황도 마찬가지였다고 하겠는데, 지리적 특성이 거의 동일하기 때문이다.

대부분의 대하천에서 발생하는 범람의 규모와 강도는 서로 다른 지류의 홍수가 시간적으로 일치되는 정도에 따라 결정된다. 론 강의 모든 지류가 연간 최고치의 홍수량을 일시에 본류로 방출하거나 나일 강 12개 분량의 물을 동시에 나일 강 하상에 부어본다면, 지중해 연안에 거주하는 모든 사람과 바다에 인접한 평야지대의 모든 건축물을 휩쓸 만한 규모로 상승해 맹렬한 기세로 흘러갈 것이다. 그러나 가상한 그와 같은 동시다발적인 상황은 결코 일어날 수 없다. 이 강의 지류는 각기 다른 방향으로 흐르며, 일부는 발원지의 융설수에 의해, 또 다른 일부는 전적으로 호우에 의해 상승한다. 습한 남동풍이 아르데슈 하곡으로 불어 올라올 때, 습기는 응축되고 하천의 원류를 둘러싸고 있는 산맥에서 폭우로 쏟아져 홍수를 유발한다. 반면, 아르데슈 강과 횡적으로 또는 사각으로 축이 놓인 인접 유역은 전혀 영향을 받지 않는다.[30]

29) Montluisant, "Note sur les dessèchements, sur les indiguements, et sur les irrigations", *Annales des Ponts et Chaussées*, 6(1833), pp.288~289; M.F. Eugène Belgrand, "Influence des forêts sur l'écoulement des eaux pluviales", *Annales des Ponts et Chaussées*, 7(1854), pp.15~16n.

30) Mardigny, *Mémoire sur les inondations des rivières de l'Ardèche*, Paris, 1860, p.26.

내가 설명한 것과 같은 홍수의 피해는 거의 산정할 수 없으며, 그 피해는 결코 범람수와 지표유출의 기계적인 힘에 의한 결과에 국한되지 않는다. 앞 장에서 급류의 파괴력을 다루면서 나는 지표의 침식과 광물질의 저지대로의 운반을 주로 살펴보았다. 그곳에서 밝힌 대로 급류의 일반적인 작용은 운반된 흙, 자갈, 돌을 퇴적시킴으로써 하상을 절대적으로 상승시키는 경향이 있다. 그러나 급류가 그런 식으로 하상을 상승시켜 그 경사를 확연하게 감소시킬 때까지는, 그리고 때로 전례 없는 거대한 홍수가 자신이 쌓아놓은 물질을 휩쓸어가기에 충분한 추진력을 급류에 부여할 때에는, 굴러가는 바위와 자갈의 마식의 도움을 받으며 급류는 강바닥을 계속해서 깊게 파 들어간다. 결과적으로 하천 양쪽 기슭을 침식할 뿐만 아니라, 가끔은 교량과 수리시설을 지탱하기 위해 인간의 기술을 가지고 축조할 수 있는 가장 견고한 토대까지 무기력하게 만든다.

1857년의 홍수에 아르데슈 강은 라봄 인근에 있는 약 80년의 역사를 지닌 돌다리를 파괴했다. 말뚝 위에 세워진 교각이 너무 견고했고, 하천은 당시 자갈로 들어차 있었기 때문에 소용돌이가 일어 다리 상류 쪽 하상과 기초를 쓸어가 버렸다. 이렇게 측면을 지탱할 수 있는 힘을 상실한 끝에 돌다리는 하중에 눌렸고 말뚝과 교각이 상류 방향으로 쓰러지고 말았던 것이다.

기묘한 보상의 법칙에 따라, 홍수시 하상에 구멍을 낸 하천의 유속이 감소하면서 운반하던 모래와 자갈이 가라앉아 공극을 다시 메워줌으로써 평상시의 유로가 회복될 때, 하상은 그 어떤 교란의 흔적도 보이지 않는다. 론 강의 지류인 에스콘타이 강이 1846년 범람했을 당시, 교각의 토대로서 자갈의 하상 16피트 아래로 박은 말뚝이 뜯기어 떠내려갔다. 강이 저수위로 내려갔을 때, 절반 정도 완성된 교각의 석재가 강물이 처음 파낸 굴착지 깊은 곳에 묻힌 채 발견되었다. 하지만 하상은 홍수 이전에 비해 모래와 자갈이 새로 쌓여 더 높아진 것처럼 보였다.

강물이 하상의 수준을 원래대로 돌리는 데에 큰 힘이 된 자갈은 산간

급류에 의해 운반되는 과정 중에 붕괴된 암석에서 나온 것이다. 범람의 파괴적인 영향은 큰 돌이 작은 조각으로 부서짐으로써 상당히 완화되었다. 만일 절벽에서 떨어진 암괴가 부서지지 않고 큰 강으로 운반되었다면 이동에 수반된 기계적인 힘은 가히 불가항력이었을 것이다. 암괴는 가장 강력한 방벽도 전복시켰을 것이고, 물의 흐름만큼 넓은 표면을 덮어 활짝 웃는 아름다운 계곡을 황무지로 만들어버렸을 것이다.

급류의 파괴력

급류의 유로를 따라 이동하는 바위의 분쇄만큼 결과가 원인과 균형을 이루지 못하는 자연의 작용은 거의 없다. 화성암은 일반적으로 너무 견고해서 작업하기에 매우 어렵고, 위에 아무리 무거운 물체가 놓이더라도 압력에 굴하지 않고 견뎌낸다. 그러나 급류 앞에서는 화성암도 방앗간의 밀과 같다. 제노바 근처의 리비에라디포넨테를 따라난 지중해 알프스의 남쪽 벼랑에서 흘러나오는 하천은 유로가 짧아서 한두 시간, 빠르게 걸으면 그보다 조금 못 되어서 해변으로부터 하천의 발원지에 도달한다. 대홍수에는 둥글둥글한 사문석 덩어리가 바다까지 운반되지만, 일상적인 고수위에 하류부는 잘게 부서진 암석의 입자로 가득하다. 따라서 발원지 근처의 하천에는 자갈과 각진 돌이 작은 조약돌과 섞여 있으나 하구에서는 비율이 반대로 바뀐다.

해변에 굴러다니는 몽돌로 일부가 막혀 있는 유출구 바로 위의 하상에는 자갈은 거의 없고 모래와 조약돌만 보인다. 아르데슈 유역의 가장 깊은 곳은 연장이 75마일이지만, 지류 대부분의 유로는 훨씬 짧다. 말디니(Mardigny)는 이렇게 말한다. "이들 지류는 아르데슈 하상으로 엄청난 양의 암괴를 가져오며, 본류는 고수위에 이 물질을 계속해서 운반하고 마모시켜 론 강과의 합류점에서는 단지 둥근 돌만 끌고 다닌다."[31]

---

31) *Mémoire sur les inondations des rivières de l'Ardèche*, p.16; Joseph Wessely, *Die Oesterreichischen Alpenländer und ihre Forste*, Vienna, 1853, I, p.113.

구글리엘미니(Guglielmini)는 하상에 놓인 자갈과 모래는 유수의 작용에 의해 바위가 분쇄되어 만들어졌다고 주장했다. 그리고 그 작용은 발원지에서 하구까지 가는 동안에 단단한 암석을 모래로 만들기에 충분하다고 유추했다. 프리시(Frisi)는 이를 반박하면서 강모래의 기원은 훨씬 오래라고 주장했다. 나아가 인공적으로 돌을 마모시키는 실험을 통해 유로상에서의 바위의 충돌, 마찰, 마모가 규산질 모래의 경우 흐르는 물에 의해 바다로까지 운반될 수 있는 고운 입자로 만들 수 있다는 점을 인정하면서도 바위를 분쇄시키기에는 불충분하다고 추론했다.[32]

프리시의 실험은 둥글고 윤 나는 강돌에 시도되었기 때문에, 각지고 다소 풍화되었으며 금이 가 있고 깨어진 산간계곡 머리의 바위에 미치는 급류의 작용에 관해서는 아무것도 입증해주지 못한다. 프랑스 알프스의 홍수에 수반되는 격랑과 강한 바람은 커다란 암괴를 하상으로부터 12~13피트 높이까지 들어올려 내던질 정도다. 그러한 힘으로 밀려오는 돌덩이의 충격으로 가장 견고하다는 석축도 전복되고 충돌로 인해 바위는 분쇄된다.[33]

프랑스의 1856년 홍수

1856년 5월은 세차게 끊임없이 비가 내린 것으로 유명했고 프랑스 대부분의 하천유역이 유례없는 깊이로 물에 잠겼다. 루아르 강과 지류의 하곡에서 다수의 촌락과 타운을 포함한 약 100만 에이커의 면적이 물에 잠겼으며, 재산피해는 이루 헤아릴 수 없을 정도로 컸다. 론 강 유역의 홍수도 그에 뒤지지 않아, 적군이 침입해 평야에 거주하는 주민에게 비극을 안겨주었다 하더라도 이 치 떨리는 홍수에는 미치지 못할 정

---

32) Paolo Frisi, *Del modo di regolare i fiumi e i torrenti, principalmente del Bolognese e della Romagna*, Lucca, 1762, pp.4~19.
33) Alexandre Surell, *Etude sur les torrents des Hautes-Alpes*, Paris, 1841, pp.31~36.

도였다. 론 강에서는 1840년에도 홍수가 있었으며, 그 규모와 유량이 1856년에 비견될 정도였다. 그러나 작물의 수확이 끝난 11월에 발생했기 때문에 농민에게 끼친 피해는 1856년에는 미치지 못했고 피부에 와 닿는 느낌도 그보다는 덜했다.[34]

이 두 차례의 대홍수 사이의 15년 동안 하천유역 내 인구성장과 농촌개발은 한층 개선되었고 공공도로, 교량, 철로 등은 확충되었으며 전신선도 부설되었는데, 이 모든 시설은 총체적인 파괴를 나눠 가져야 했다. 그러므로 그 전의 어떤 재앙보다도 1856년의 파국에 영향을 받은 이해당사자의 범위와 규모는 컸다. 1840년의 대홍수는 프랑스인의 이목을 집중시켜 동정을 유발했으며, 그 문제는 1856년의 한층 더 파괴적인 범람에 의해 다시 한 번 새로운 관심을 불러일으켰다.

이들 재앙이 단순한 일부 지역만의 문제가 아니라는 것이 느껴지기 시작했다. 비록 불어난 물에 직접 맞닿아 있는 지역의 집과 경지에 가장 큰 피해가 가해지기는 하지만, 국가적인 이해가 걸려 있는 농작물을 파괴하고, 중요한 정치중심지 주민들의 개인적인 안전을 위협하기 때문이다. 또한 간선 교통로상의 소통을 여러 날 심지어는 수주 동안 완전히 단절시켜 프랑스 남부지방을 다른 지방으로부터 고립되게 만들고, 결과적으로 영영 돌이킬 수 없는 지리적인 대변화를 초래할 수도 있기 때문이다.

제국 전체의 행복은 그러한 파괴의 재발을 방지하고 피해의 범위를 줄이는 데 있는 듯 보였다. 정부는 홍수현상과 그에 관련된 법칙에 대한 과학적인 연구를 장려했다. 홍수의 원인, 역사, 직·간접적 결과, 그를 대비해 수립할 수 있는 안전대책 등등이 프랑스 최고의 자연과학자, 이론가, 실무기술자들에 의해 면밀히 연구되었다. 지금까지 발견되지 않았던 많은 사실들이 수집되었고 새로운 가설들이 제안되었으며 다소

---

34) Champion, *Les Inondations en France*, IV(1862), p.124; Dumont, *Des Travaux publics*, p.99.

독창적인 많은 계획들이 재앙에 맞서기 위해 고안되었다. 그러나 현재까지 치유책을 적용하는 방식이라든가 심지어 그 가능성에 대한 가장 적절한 판단에 관해서는 합의에 이르지 못하고 있는 상태다.

범람에 대한 치유책

아마도 강수의 흐름을 균형 있고 규칙적으로 만드는 데 미치는 숲의 영향보다 논의에서 더 중요한 점은 없을 것이다. 이미 살펴보았듯이 이 문제에 대해서는 의견이 여전히 갈려 있지만, 삼림이 가지는 보존적 측면의 작용은 프랑스 국민들 사이에서는 일반적으로 인정되고 있다. 또한 제국정부는 이 원칙을 현존하는 숲을 보호하고 새로운 숲을 조성하기 위한 중요한 법률적 기초로 삼고 있다. 삼림제거를 포함해 삼림보호를 위한 경찰의 조직과 기능은 1859년 6월 18일자로 제정된 법에 의해 규정되고 있으며, 1860년 7월 28일 채택된 법령에 의해 사유림의 복구를 촉진하는 조항이 만들어졌다. 이들 가운데 전자는 찬성 246표, 반대 4표로 국회를 통과했고, 후자에는 단 하나의 반대표가 있었을 뿐이다.

프랑스와 같이 왕권이 강력한 국가에서 정부의 영향력은 상당하다. 하지만 이상의 두 법안 특히 전자의 경우 개인의 재산권에 대해 실질적으로 간섭한다는 것을 생각했을 때 법률이 거의 만장일치로 채택되었다는 것은, 숲의 보호와 확대가 범람의 재발을 방지하지는 못한다 하더라도 파괴력을 제어할 수 있는 조치라는 대중적 확신에 대한 징표가 된다. 1860년 7월 28일의 법은 조림을 실행하고 보조하는 데 연간 100만 프랑씩 총 1,000만 프랑의 지출을 배정했다. 그 지출을 통해 삼림의 복구가 가능한 동시에, 삼림파괴에서 비롯된 재앙으로부터 안전을 확보하는 데 특히 중요한 토지의 11분의 1에 해당하는 약 25만 에이커 면적의 새로운 숲을 조성할 수 있을 것으로 기대된다.

지금 문제가 되는 법률의 조항은 치유보다는 예방적인 측면이 강하다. 그러나 특히 평가가 좋게 내려진 다른 조치들과 함께 시행된다면 몇 가지 즉각적인 효과는 기대할 수 있을 듯하다. 기존의 숲을 관리하고 새로운 숲을 조성하기 위해서는 가축을 완전히 몰아내야 하기 때문에, 산간주민들의 초지 일부를 빼앗는 체제를 적용했을 때 직면하게 될 강한 반감은 1859~60년의 법률을 시행하는 데 따른 가장 큰 난관이다. 언덕비탈에 평행한 고랑을 내어 일련의 소규모 계단식 경지를 조성하고 풀을 심어주기만 하면 영속적으로 유지될 수 있는 저지대 초지에 저렴한 관개망을 제공하는 방법으로 그 손실을 보상하자는 제안이 있었다.

이러한 단순한 과정을 통해 비, 눈, 샘, 개울 등에서 흘러나오는 물을 오랫동안 저장해두고 토지를 관개함으로써 목초생산을 5배로 늘릴 수 있고, 부분적으로는 지표수가 계곡으로 빠르게 흘러들어 가는 것을 막아 결과적으로 범람의 가장 중요한 원인 가운데 하나를 어느 정도 피해갈 수 있다는 것이 경험적으로 입증되고 있다.[35] 만일 이 방법을 통해 그와 같은 결과를 얻을 수 있다면, 광범위한 규모로 도입했을 경우 여타 관개체계와 동일한 기후학적 효과를 가질 것이 틀림없다.

프랑스의 광활한 영토를 숲으로 다시 옷을 입히는 사업, 또는 물이 너무 빠르게 흐르지 않도록 지표를 보정하는 사업이 지니는 궁극적인 이득이 무엇이 되었든 간에 그러한 과정을 거쳐서 얻어질 수 있는 결과는 긴 세월이 지난 후에라야 충분히 달성될 수 있다. 우리 세대의 생명체의 즉각적인 안전과 번영을 위해, 그리고 너무 늦기 전에 피할 수 있는 수단을 발견하지 못한다면 불가피하게 찾아올 수밖에 없는 더 큰 향후의 재앙을 방지하기 위해 그 밖의 조치들도 취해져야 한다.

현재와 같은 안전장치들만 있는 상태에서 몇 년 사이에 1856년의 것과 유사한 홍수가 론 강과 루아르 강 유역에서 빈번하게 발생했다는 사실은 그곳에서의 인구감소를 불러올 수 있다. 또한 하곡에서의 자연적인 격변을 야기해 정치세계의 혁명과 마찬가지로 원래의 상태를 "회복

---

35) Paul Troy, *Etudes sur le reboisement des montagnes*, Paris, 1861, pp.7~8, 24~25.

할 수 없을 지경"으로 만들 수 있다.

　파괴적인 범람은 본류가 흐르는 계곡 내의 강수에 의해서는 좀처럼 발생하지 않으며, 여러 지류가 발원하는 산줄기에 갑작스러운 융해나 과도한 강우가 있을 때에는 예외 없이 나타난다. 따라서 하천유로로 유입하는 지표수의 흐름을 억제할 수 있는 어떤 비책이 있다거나 지류가 본류로 운반하는 물을 늦출 수만 있다면 그만큼 대하천의 범람으로 인한 위험과 재앙을 감소시킬 수 있을 것은 명확하다. 지상에서나 토양 내부에서 지표수를 잡아두는 것은 앞서 밝힌 방법, 즉 조림을 하고 고랑을 파내며 계단식 경지를 조성하지 않으면 성취될 수 없다.

　산지하천의 흐름은 여러 가지 방식으로 제어할 수 있는데, 가장 잘 알려져 있고 확실한 방법은 폭우와 융설수로 이루어진 지표수를 저장하기에 충분한 크기의 저수지를 조성할 수 있는 지점을 골라 하도를 가로질러 댐을 설치하는 것이다. 그와 같은 저수지가 가지는 홍수방지의 효용 외에도, 증발면의 증가로 인한 기상학적 효과, 농업 및 공업 용수의 안정적 공급, 양어 및 수생식물 재배를 위한 연못으로서의 가치 등과 같은 측면을 고려해서 저수지의 건설이 권장된다.

　저수체계를 포괄적으로 도입하는 것에 대한 반대의견은 다음의 이유에 근거하고 있다. 건설과 유지 비용, 수몰에 따르는 경작지의 감소, 자유로운 지역 간 소통의 단절, 이내 침전물로 가득 채워질 것이라는 예측, 흙과 물로 가득 채워졌을 때 본연의 기능을 더 이상 수행할 수 없다는 사실, 둑이 터졌을 경우 저수지 아래 지역에 제기될 위험요소,[36] 높이를 감소시키는 만큼 범람수의 유출을 연장시켰을 때 따라오게 될 폐해, 인근 지역주민의 건강에 미칠 것으로 예상되는 악영향, 막아내기로 한 재난을 방지하거나 현저하게 누그러뜨리기에 충분한 용량의 인공저수지를 건설한다는 것이 불가능하다는 점 등이다.

---

36) Louis Leger Vallée, "Mémoire sur les reservoirs d'alimentation des canaux", *Annales des Ponts et Chaussées*, 5(1833), pp.261~324.

마지막에 제시된 이유는 다른 내용과 달리 수치상의 문제로 다시 표현할 수 있다. 저수지의 건설이 진지하게 고려되고 있는 모든 유역의 연평균 강수량과 최고치는 이미 기상표에서 대략적으로 알 수 있으며, 인간의 기억에 남아 있는 역대 최대의 홍수에 운반된 물의 양은 잔존하는 흔적에 기초해 추정할 수 있다. 이러한 요소와 그 밖의 기록으로 남겨진 관측치로부터 필요한 저수용량을 계산할 수 있다.

아르데슈의 경우를 예로 들어보자. 1857년의 홍수에 3일 동안 론 강으로 13억 500만 세제곱야드의 물을 배출했다. 만일 이 가운데 절반이 자유롭게 유로를 따라 흘러내려 갈 수 있다고 가정하면, 약 6억 5,000만 세제곱야드의 물을 저수지에 공급할 수 있다고 볼 수 있다. 아르데슈 강과 최대 지류인 샤스작 강은 분수계인 산맥정상부에서 발원하는 12개의 주요 지류를 가진다. 만일 동일 용량의 저수지가 이 모든 지류에 건설된다면 각각의 저수지는 5,400만 세제곱야드의 물을 저장할 수 있을 것이다. 달리 이야기하면 길이 3,000야드, 폭 1,000야드, 깊이 18야드인 호수와 같아지는 셈이다. 또한 저수지가 제대로 기능하기 위해서는 범람을 야기하는 비가 시작될 무렵에 모두 비워두어야 한다.

지금까지 나는 강물이 불어나는 것이 전 유역에 고르게 나타난다고 가정했지만, 1857년의 범람에서는 결코 그렇지 않았다. 아르데슈 강 본류와 크기가 비슷한 최대 지류인 샤스작 강 수위의 상승은 평상시 홍수의 범위를 넘어서지 않았고, 위험스러운 초과량은 전적으로 아르데슈 강 원류에서 발생했다. 따라서 내가 가정한 저수용량의 두 배가 되는 저수지는 범람의 피해를 막으려면 다른 지류에 설치할 필요가 있을 것이다. 그러한 목적을 위해 그와 같은 규모의 저수지를 건설한다는 것은 물리적으로는 그렇지 않다고 해도 재정적인 측면에서 보면 실현 가능성이 없을 것이 확실하다. 내가 방금 제안한 점, 즉 저수지는 홍수가 염려될 때에는 항시 비워두어야 하고 그 효용은 전적으로 홍수를 방지하려는 목적 하나에 국한된다는 점을 감안하면, 이 같은 특별한 경우를 대비한 조치가 온전히 적용될 수 없다는 사실은 더욱 분명해진다.

또 하나의 결정적인 사실은 아르데슈 강 고지대 지류의 하곡은 매우 급하게 하강하기 때문에 측면공간이 협소해 넓은 저수지의 축조가 거의 불가능하다는 것이다. 실제로 기술자들은 유역 전체에서 단지 두 곳만이 그에 적합하다는 사실을 알아냈는데, 그 둘을 합쳐도 7,000만 입방야드, 다시 말해 내가 필요하다고 가정한 것의 9분의 1에 미치지 못하는 용량의 저수지다. 물론 아르데슈는 유역의 지형이라든가 호우발생의 측면에서 보았을 때 극단적인 경우에 해당하지만, 어떤 의미에서 모든 파괴적인 범람은 극단적이라고 할 수 있으며 저수지를 축조하는 것이 아르데슈의 홍수에 대한 만사해결책은 결코 아니라는 사실을 보여준다.

그러나 이 방책은 간단히 거부되어서는 안 된다. 알프스 양쪽 비탈면에서 자연은 대규모 저수지를 채택했고 규모는 작지만 애디론댁을 비롯한 작은 산맥에서도 마찬가지로 저수지를 만들어놓았다. 그러므로 이들을 포함한 다른 경우에서도 자연의 그러한 과정을 본받아 효과를 거둘 수 있을 것이다. 논의 중인 체제에 대한 나머지 반대의견의 타당성 여부는 저수지 설립이 제안된 지역의 지형, 지질, 특수 기후에 좌우된다. 많은 산지하천은 비용의 문제와 댐이 붕괴되었을 때의 위험을 제외하면 그 어떤 이견도 용인하지 않을 충분한 이유를 가지고 있다.

저수지는 많은 양의 눈 녹은 물과 빗물 같은 강수 전부를 저장한 나머지를 하도를 따라 일상적으로 흐르도록 지어질 수 있다. 또한 지표유출을 단지 부분적으로 막을 수 있을 정도의 높이까지만 수위를 높이거나, 수문을 장착해 건기에 물 전체를 방류함으로써 고수위에 잠기는 지점에서도 여름작물이 재배될 수 있게 조처할 수 있다. 저수지 방안을 채택하고 건설하는 방식은 현지사정에 따라 달라지며 이 문제에 관한 한 보편적으로 적용할 수 있는 규칙은 없다.

우리의 현대 문명에 대한 허황된 자부심에 근거해 통상 야만인으로 취급해버리는 민족들이, 유럽 기독교권에 훨씬 앞서 다양한 목적을 염두에 두고 대규모 인공저수지를 체계적으로 활용했다는 것은 놀랄 만한 일이다. 고대 페루인들은 뛰어난 기술로 주요 하천 수원지의 유로를 가로질러 견고한 방벽을 설치했으며, 아랍인들은 아라비아 반도와 그들의 통치를 받을 수 있는 행운을 얻은 에스파냐 모든 지방에 그와 유사한 엄청난 사업을 실시했다.

여러 측면에서 진정한 문명과 문화를 보유하기는 했지만 그들이 정복한 민족에는 훨씬 열등했던 15세기와 16세기의 에스파냐 사람들은, 사회적, 정치적 지혜의 소산인 이들 숭고한 기념물을 무자비하게 파괴하거나 퇴락하게 만들었다. 왜냐하면 그것이 지니는 가치에 너무 무지했거나 그것을 관리할 수 있는 실무자의 기술이 수준 이하였기 때문이다. 그리하여 가장 중요한 영토 몇 곳은 이내 황폐해졌고 결과적으로 빈곤에 시달려야 했다.

급류와 산지하천에 의한 범람의 재앙을 막거나 줄이기 위한 방편으로서 호수를 배수하는 데 사용된 것과 유사한 또 다른 방법은, 원래의 유로에서 하천 양안에 뚫은 명거나 암거로 물길을 돌려 잉여수 또는 강물 전체를 일시적으로 아니면 영구적으로 흘려보내는 것이다. 대부분의 경우 자연도 유사한 과정을 밟는다. 많은 대하천은 하류부에서 여러 개의 지류로 나뉘어 각기 다른 하구를 통해 바다로 유입한다. 경우에 따라서는 강에서 지류가 갈라져 나와 물 일부를 다른 하천으로 운반하기도 한다. 이 가운데 가장 주목할 만한 것은 아마존 강과 오리노코 강이 카시키아레-리오네그로의 자연유로에 의해 합류된 경우다.

인도[타이]에서는 캄보디아 강[메콩 강]과 메남 강[차오프라야 강]이 아남 강에 의해 연결되었고, [미얀마에서는] 살윈 강과 이라와디 강이 판롱 강에 의해 연결되었다. 규모는 작지만 유럽에도 그와 유사한 사례가 있다. 라플란드의 토르네 강과 칼릭스 강은 타렌도에 의해 소통되며, 베스트팔렌에서는 하아제 강의 지류인 엘제 강이 베이저 강으로 유입한다.

하천 양쪽 기슭이 점차적으로 침식되어 하상이 변하는 것은 모두에게 낯이 익다. 그러나 원래의 유로가 갑작스럽게 없어지는 경우도 없지는 않다. 아주 오랜 옛날 아르데슈 강은 암벽을 관통하는 폭 200피트, 높이 100피트의 터널을 뚫어 과거의 하상을 버리고 강물 모두가 그곳으로 흐르게 되었는데, 터널은 점차 메워져 흔적만 남게 되었다. 1827년의 대홍수에 터널을 통해 물이 전부 빠져나갈 수 없게 되자 강은 구하도를 채우고 있던 장애물을 터뜨려버리고 원래의 유로를 되찾았다.[37]

고대의 기술자들에게 유사한 인위적 조작의 가능성을 제시해준 것은 아마도 이러한 사실들일 것이며, 먼 옛날 그러한 목적의 사업이 실시된 많은 사례가 있다. 파이윰에 나일 강의 물을 공급해주던 대하천인 바흐르유세프 강은 일부 연구자들에 의해 자연수로로 간주되었다. 그러나 그 강은 바흐르엘와디와 함께 모에리스 호의 수위를 조절하기 위해, 그리고 아마도 남는 물 일부를 방수하는 보의 역할을 수행함으로써 나일 강의 과도한 범람으로 초래될 위험을 경감시키기 위해 분지로 물을 공급하도록 건설된 인공수로임이 거의 확실하다.

고대 나일 강의 7개 하구 가운데 몇몇은 인공수로였던 것으로 믿어지며, 헤로도토스(Herodotos)는 메네스(Menes) 왕이 유로 전체를 리비아에서 아라비아 방면으로 돌려놓았다고까지 주장했다. 서부산지를 따라 존재하는 고대의 하상의 흔적은 이 진술에 신빙성을 더해준다. 그러나 메네스 왕의 사업은 하천의 유로를 인위적으로 바꾸려고 했다기보다는 오히려 유로의 자연적인 변동을 방지하려는 데 있었다고 보는 것이 더 옳을 것이다.

유럽에서 가장 널리 알려진 소폭포인 티볼리의 테베로네와 테르니의 벨리노는 존재 그 자체는 아니더라도 적어도 위치와 성격에서는 잦은 홍수로 인한 피해를 경감시킬 목적에서 추진한 유로변경에 기인한다. 그와 같은 종류의 놀라운 사업이 스위스에서 최근에 행해졌다. 1714년까지 몇 개의 거대한 알프스 계곡을 흘러내리던 칸더 강은 상당한 거리를 툰 호와 평행하게 달린 다음 같은 이름을 가진 도시인 툰 시 몇 마일

---

37) Mardigny, *Mémoire sur les inondations de l'Ardèche*, p.13.

아래서 아르 강으로 유입한다.

하류 부근의 범람원을 강이 자주 침수시켰기 때문에 툰 호수로 유로를 돌리기로 결정되었다. 이를 위해 중간에 놓인 암벽을 관통하는 두 개의 평행한 터널이 굴착되었으며, 강물은 그쪽으로 방향을 바꾸었다. 물살이 너무 세서 강물이 터널 상부를 붕괴시켰고 단시간에 100피트 아래에 새로운 유로를 만들었으며, 터널로부터 2~3마일 되는 거리에서 구하상을 적어도 50피트 정도 깊게 파놓았다.

강이 유입하는 지점의 호수의 깊이는 200피트에 달했지만, 칸더 강이 운반한 모래와 자갈이 하구에 100에이커 이상의 삼각주를 형성한 바 있고 연간 수야드씩 전진하고 있다. 전에는 취리히 호로 물을 직접 내보내던 린트 강은 종종 파괴적인 범람을 초래했고 40년 전에 발렌제로 방향을 틀었다. 두 경우 모두 엄청난 면적의 귀중한 땅이 홍수로부터 그리고 인체에 해악을 가져다주었을 위협으로부터 구제될 수 있었다.

스위스 최악의 범람은 깊은 계곡이 얼음조각 또는 빙하의 점진적인 진행에 의해 막히거나 그 위에 하천의 운반물질이 집적됨으로써 발생한다. 얼음은 여름의 열기나 흐르는 따뜻한 물에 녹아버린다. 그리하여 막혔던 것이 터졌을 때 그 위에 형성된 호수는 순식간에 방류되어 아래에 놓인 모든 것을 휩쓸어 파괴시킨다. 1595년에는 뒤랑스 하곡으로 빙하가 하강하면서 형성해놓은 호수가 터져 150명의 인명이 희생되었고 엄청난 재산피해가 발생했다. 그와 비슷한 재앙이 1818년에도 드넓은 면적을 황폐화시켰다. 이 사건의 경우 얼음과 눈으로 이루어진 장벽은 길이가 3,000피트에 달하며, 두께가 600피트, 높이는 400피트로서 그 위에 형성된 호수는 적어도 8억 세제곱피트나 되었다.

얼음 사이로 터널을 뚫어 약 3억 세제곱피트의 물이 안전하게 방류되었다. 하지만 측벽이 녹음으로써 빠른 속도로 터널을 확대시켰고 호수의 물이 반도 채 빠지기 전에 방벽이 무너져버려, 단 30분만에 나머지 5억 세제곱피트의 물이 흘러나갔다. 이후로 얼음이 엄청난 양으로 집적되어 심각한 위협을 던지기 전에, 태양열에 따뜻해진 강물을 계곡 밑에 얼어붙어 있는 얼음으로 끌어와 녹여줌으로써 그와 같은 홍수의 재발이 방지되었다.

위에서 언급한 유로변경의 경우, 그러한 작업으로 인해 지리적으로 중요한 변화가 직접적으로 발생했다. 빙하호를 배수하는 전례 없는 과정에서 지표면에 마찬가지로 중대한 변화를 가져왔을 자연적인 유수의 분출이 인간이라는 동인에 의해 방지되었던 것이다.

하천의 범람에 대비하기 위해 지금까지 의존해온 주요 수단은 강변을 따라 유로와 평행하게, 그리고 일반적으로 자연적인 하폭보다 그리 크지 않은 거리만큼 떨어뜨려 제방을 축조하는 것이었다.[38] 만일 그러한 방벽이 강물을 가둘 수 있을 정도로 높고, 수압을 견디어낼 만큼 견고하다면 침출로 인한 경우를 제외한 범람의 모든 재앙으로부터 제방 뒤쪽에 놓인 토지를 안전하게 보호해줄 것이다. 그러나 그와 같은 방어벽을 축조하고 유지하는 데 엄청난 비용이 소요된다.

이미 살펴본 것처럼 하류부에서는 모래와 자갈이 하상에 쌓이기 때문에 제방을 높이는 데 필요한 새로운 지출을 요구한다. 여기에 몇 가지 부수적인 불이익이 또한 따라붙는다. 제방은 강물에 운반되는 비료성분의 퇴적을 차단해 경작으로 척박해진 토양을 위한 강력한 자연의 회복제를 빼앗아간다. 또한 강물의 흐름을 좁은 하도로 제한함으로써 고수위에 유속과 유수의 운반력을 증대시킨다. 그리고 부유상태의 물질을 바다로까지 수송해 그렇지 않았더라면 드넓은 표면으로 퍼져 나갔을 물질을 하구에 쌓아 항구를 폐쇄시킨다. 제방은 도로교통과 내륙수로의 편의에 간섭한다. 이런 제방에 아무리 많은 비용과 관심을 쏟는다 해도 간헐적인 파열은 막을 수 없으며, 그로 인해 무너진 틈 사이로 쏟아져 들어오는 물은 최대 홍수시의 자연적인 흐름 이상으로 파괴력이 크다.[39]

---

38) Baumgarten, "Rivières de la Lombardie", p.149.

39) Arthur Young, *Voyages en Italie et en Espagne, pendant les années 1787 et 1789*, Paris, 1860, pp.66~67; Baumgarten, "Rivières de la Lombardie", p.152.

이런 이유로 많은 경험 있는 기술자들은 하천과 평행한 종적인 제방 체계는 포기해야 하고, 기존의 설비를 많이 훼손시키기 때문에 그렇게 할 수 없는 곳에서는 차라리 이례적인 대홍수에 물이 옆으로 퍼져 나가는 것을 막지 않도록 높이를 훨씬 낮추어야 하며, 물이 넘칠 것으로 예견될 때마다 유연하게 빼낼 수 있도록 수문이 갖추어져야 한다고 주장한다. 제방이 건설되지 않았던 곳과 높이가 낮아진 곳에는, 하천 양쪽 기슭으로부터 평야를 가로질러 그를 둘러싼 언덕까지 이어지는 적당한 높이의 횡적인 제방을 적절한 간격으로 설치할 것이 제안된다. 주장대로라면, 이러한 조치는 넘친 물이 충분히 퍼져 나가도록 하여 강물의 흐름을 지체시킴으로써 범람의 파괴력을 약화시킬 것이고 동시에 홍수에 잠긴 토양 위에 객토역할을 해주는 진흙의 퇴적을 도울 것이다.

저명한 프랑스의 기술자인 로제(Rozet)는 범람의 파괴를 경감시킬 수 있는 방법을 제안한 바 있다. 다른 모든 체제의 장점을 살리는 동시에 생각할 수 있는 모든 단점을 피할 수 있도록 의도된 것이었다. 로제의 안은 간단하고 경제적일 뿐만 아니라 손쉽게 빨리 시행할 수 있기 때문에 추천되고 있으며, 그 문제에 대한 현명한 판단을 내릴 수 있는 많은 사람들로부터 호평을 받고 있다. 그는 산간급류가 자주 발원하는 원형의 분지로부터 출발할 것을 제안한다. 먼저 비탈과 바닥을 느슨한 암괴로 덮어 채우고, 고대 로마인들이 동일한 목적으로 북부지방에서 사용했던 방식을 좇아, 배출구나 유로상의 일부 협착부에 암괴를 무작위로 쌓아올려 장벽을 완성한다. 물은 암괴 사이로 빠질 수 있다. 이런 방식을 통해 급류의 속도가 감소되고 운반된 자갈과 조약돌의 양이 크게 줄어들 수 있다고 그는 가정한다.

하천이 경작 가능한 토양에 인접해 있고 따라서 보호를 위해 경비를 투자할 가치가 있는 유로 부근에 도달했을 때, 상황에 맞추어 하천의 한쪽 또는 양쪽을 따라 3~4피트의 높이와 넓이를 가진 입방체의 암괴나 돌기둥을 선형으로 약 11마일의 간격을 두고 설치할 것을 그는 제안한다. 두 개 열 사이 또는 한 개 열과 마주한 강둑 사이의 공간은 고수위의 홍수에 흘러가는 급류의 폭을 보고 결정할 수 있다. 열을 이룬 암괴의 방벽에서 출발해 보호하고자 하는 토지를 가로질러 하천과는 거의 수직에 가깝지만 하류 쪽으로 조금 기울어지게 해서 서로 적당한 거리를 두고 작은 도랑이나 제방 또는 자갈로 쌓아 만든 낮은 벽을 보완 장치로서 축조한다.

로제는 적정 간격을 300야드로 생각하고 있으며, 만일 그의 주요 원칙이 옳다면 생울타리, 열을 이룬 수목, 심지어 일반적인 담장도 제방, 도랑, 소규모 방벽이 지니는 목적을 수행할 수 있을 것이다. 암괴와 돌기둥은 측면으로 흘러가는 물을 차단해 운반 중인 자갈을 하도 안쪽에 퇴적시키도록 유도함으로써 돌이 하상을 굴러가 모래와 실트로 마모되도록 할 것이고, 횡벽은 토지 위의 물을 오랫동안 붙잡아 객토층을 확보할 수 있을 것이라 로제는 주장한다. 그의 견해를 입증할 수 있는 많은 사실들이 거론되었다. 나 또한 농촌에 살고 있는 주민이라면 대부분 그간의 직접적인 관찰을 통해 그러한 주장이 온당하다고 증언해줄 것으로 생각한다.[40]

하천 양안의 범람원에 쌓인 진흙은 그렇게 잠긴 토양의 비옥도를 크게 증대시켜줄 뿐만 아니라 자연의 일반적인 경제에서 훨씬 중요한 목적에 기여한다. 모든 유수는 혼자의 힘으로 하도를 굴착하거나 함몰지를 깊이 파고 흘러들기 시작한다. 그러나 흐르는 물이 운반해온 물질로 하구가 높아지는 데 비례해 유속은 감소하고, 자갈과 모래는 계속해서 더 높은 지점에 쌓이게 됨으로써 결국 전에는 깎아내리던 유로의 중·하류 구간을 이제는 높여놓는다. 유로의 상승은 부분적으로는 산지에서 내려온 흙과 부엽토의 가는 입자의 퇴적에 따른 강둑 및 그에 인접

---

40) Claude Antoine Rozet, *Moyens de forcer les torrents des montagnes, de rendre à l'agriculture une partie du sol qu'ils ravagent, et d'empêcher les grandes inondations des fleuves et des principales rivières*, Paris, 1856; Palissy, "Waters and Fountains", *Œuvres complètes de Bernard Palissy*, Paris, 1844, pp.173~174.

한 범람원의 동반상승으로 일부 보상을 받는다. 그만큼이라도 올라와 주지 않는다면 하천에 인접한 저지대는 모두 습지가 될 것이고 실제로도 대부분 그러한 것이 사실이다.

하도에 인접한 범람원의 상승과정을 방해하는 성향을 가진 모든 시설들은, 유수를 제한하는 동시에 흐름을 빠르게 해주는 제방이 되었건 마지막에 언급한 영향을 초래하는 다른 수단이 되었건 간에, 자연의 자발적인 회복에 개입해 결국에는 습지를 형성한다. 이것이 만일 자연에 맡겨졌더라면 비옥한 토양을 겹겹이 쌓아올려 일반 홍수위보다 높은 위치의 평야에 흩뿌림으로써 습지가 생기는 일은 없었을 것이다.[41]

나일 강에 제방이 설치되었을 경우를 가정한 결과

만일 포 강에서와 같은 연속적인 측방제방 시스템이 찬란한 물리적 사업을 수행할 수 있는 권력과 의지를 두드러진 특징으로 하던 이집트 초기 왕조에 적용되어 연례적인 홍수에 따른 토지의 범람을 막을 수 있었다면, 나일 강 유역 내 좁은 면적의 경지의 생산성은 오랫동안 인공 관개와 유기비료를 주입함으로써 유지되었을 것이다. 그러나 자연은 결국에는 반란을 일으켰을 것이다.

지금으로부터 수세기 전에 강력한 나일 강은 나약한 인간이 불어나는 물을 막기 위해 분투하는 과정에서 채워놓은 족쇄를 부수어 이집트의 기름진 들판을 습지로 만들어버렸을 것이다. 또한 먼 훗날 인간을 쫓아낸 다음 원래의 평형상태가 점차 회복되었을 때에 다시 풍요로운 텃밭과 경지로 변모할 것이다. 다행스럽게도, "이집트의 지혜"는 후손들에게 더 나은 선택이 무엇인지 가르쳐주었다. 그들은 나일 강의 수호신이 전해주는 질퍽한 흙을 거부하지 않고 환영했으며, 아주 먼 옛날부

---

41) Botter, "Sulla condizione dei terreni Maremmani del Ferrarese", *Annali di Agricoltura*, Turin, no.v, 1863.

터 그가 베풀어준 호의는 그 민족에게 부여된 지고지상의 물질적 축복이었다.

포 강 유역은 아마도 나일 강 유역에 비해 경작 및 정주의 역사가 짧을 것이다. 그러나 하류부에 축조된 제방의 역사는 적어도 2,000년은 되고, 수백 년 동안 하나로 연결되어 있었다. 앞 장에서 나는 포 강, 아디제이 강, 브렌타 강 하구에 하천의 운반물질이 퇴적되면서 아드리아 해의 지리에 초래된 영향을 지적했다. 만일 나일 강과 같이 이들 하천에 제방이 축조되지 않고 자연의 법칙에 따라 진흙탕 물이 자유롭게 퍼졌다면, 해안으로 운반되던 진흙은 주로 롬바르디아 평야 위에 뿌려졌을 것이다. 강변은 하상과 함께 빠르게 높아졌을 것이고, 해안선은 아드리아 해로 깊숙이 전진하지 않았을 것이며, 결과적으로 하천의 흐름은 짧고 하도의 경사와 유속은 그리 감소하지 않았을 것이다. 인간이 알프스 산맥의 삼림을 적정하게 남겨두고 지표의 자연배수를 통제하지 않았다면, 포 강은 모든 기본적인 특징에서 나일 강을 닮아 아마도 하천 양쪽에 거주하는 사람들에게는 적이나 침입자라기보다는 친구나 동료로 간주되었을 것이다.

나일 강은 롬바르디아의 모든 강을 합한 것보다 더 크고, 20배 정도 더 넓은 유역을 배수하며, 하천 양안에 인간이 들어가 산 것은 아마 2배 정도 더 오랠 것이다. 그러나 그 지리적 특성은 기록된 역사의 전 시기를 통해 거의 변하지 않았다. 비록 하구의 수와 위치에서 다소간의 변동이 있기는 했지만 포 강 및 인근의 하천에 비해 역사적으로 알려진 바다 쪽으로의 침입은 아주 사소하다. 나일 강의 퇴적은 당연히 저지 이집트보다는 고지 이집트에 더 많이 되었다. 그 퇴적물들은 지난 1,700년 동안 테베의 땅을 약 7피트 상승시켰고, 삼각주에서의 상승폭은 그의 절반을 넘는 정도였던 것으로 밝혀졌다. 따라서 이집트의 연례적인 범람으로 지표면은 지난 5,000년, 즉 우리에게 알려진 포 강의 역사보다 2.5배 긴 기간 동안 평균 10피트씩 수직적으로 상승했다고 추정할 수 있다.

우리는 현재 이집트의 실제 경작면적을 약 5,500제곱법정마일로 추산하고 있다. 내가 계산한 바에 의하면 이 면적은 파라오와 프톨레마이오스 왕조 치하에서의 절반에도 못 미친다. 왜냐하면 비록 하상이 상승해 과거에 비해 홍수가 더 넓게 자연적으로 확산되기는 하지만, 고대 이집트인들의 경우 근면성을 발휘한 결과 지금은 닿지 않는 넓은 면적의 땅으로까지 나일 강물을 끌어올 수 있었기 때문이다. 그렇다고 볼 때 우리는 제시된 두 가지 수치의 평균치를 취할 수 있고, 편의상 7,920제곱법정마일을 역사시대의 평균 범람면적으로 잡아본다면 아마 사실에 가까울 것이다. 이 범람면에서 10피트의 퇴적이 이루어졌다고 한다면 지난 50세기 동안 이집트의 땅에 퇴적된 하천침전물은 15세제곱마일은 될 것이다.

만일 포 강과 마찬가지로 나일 강에 제방이 설치되었다면, 수로로 빠져나갔거나 관개를 비롯한 여타 목적으로 강에서 뽑아 올린 물에 포함된 것을 제외한 나머지는 모두 바다로 흘러 나갔을 것이다. 나일 강은 갈수기에도 부유상태로 흙을 운반한다. 홍수시에는 더 많은 양이 포함되었을 것이고 관개는 연중 행해진 것이 분명하기 때문에, 운반물질은 엄청났을 것이다. 그렇게 해서 토지로 전달되었을 정확한 양은 단지 추측에 맡길 수밖에 없지만, 넉넉히 잡으면 3세제곱마일 정도 될 것이다.

이렇게 볼 때, 제방이 축조되었다고 가정했을 경우 나일 강이 현재 지중해에 실제로 쌓여 있는 것에 추가적으로 운반할 수 있는 양은 12세제곱마일이 될 것이다. 지중해는 삼각주 해안을 따라 바다 쪽으로 수마일까지는 얕은 여울에 가까우며 해안선 안쪽의 강과 바다가 소통하는 만과 석호의 물은 깊지 않다. 석호는 강물의 퇴적으로 메워졌을 것이고, 지중해 방면으로 삼각주를 확대시키기에 충분한 양의 토사가 여전히 남아 있었을 것이다.

토스카나 하천들의 퇴적

아르노 강 그리고 아펜니노 산맥 서쪽 사면과 산기슭에서 발원하는 모든 하천은 엄청난 양의 진흙을 지중해로 운반한다. 그렇게 운반된 흙의 양은 숲이 하천발원지의 토양이 쓸려 나가지 않도록 계속해서 보호해주었을 때보다 훨씬 많았을 것임이 틀림없다. 그리고 서부 이탈리아의 하천에 의해 바다로 흘러드는 토사의 양이 인공제방으로 인해 훨씬 늘었다는 것 역시 분명한데, 운반물질이 지표 위로 퍼져 나가는 것을 제방이 막았기 때문이다.

토스카나 주의 서부 해안은 지난 몇 세기 동안 바다 쪽으로 수마일 전진했다. 장거리에 걸쳐 해저부는 상승했고, 해수면 위의 대지의 상대적인 고도는 물론 낮아졌으며, 항구는 메워져 파괴되었다. 길게 늘어진 사구가 형성되었으며, 하구 인근의 하상경사가 감소함으로써 강물이 하천 양쪽으로 흘러넘쳐 그것을 역병이 창궐하는 습지로 바꿔놓았다. 서부 이탈리아의 땅은 그렇게 해서 상당히 늘어났지만 인간이 정착해 경작할 수 있는 땅은 그보다 더 큰 비율로 감소했다.

고대 에트루리아의 해안은 큰 상업도회지로 즐비했으며 주변 농촌지역에는 많은 사람들이 번영을 구가하고 있었다. 그러나 토스카나 해안지방은 오랫동안 기독교권 내에서는 가장 유해한 곳 가운데 하나로 지목되었다. 그 유명한 포풀로니아 시장에는 단 한 사람도 살지 않았고, 해안에서는 사람들이 거의 다 빠져나갔으며, 말라리아가 내륙 안쪽 깊은 곳으로 세력을 확대시켜왔다.

이러한 결과가 전적으로 인간의 행위에 기인한 것이 아님은 분명하다. 대체적으로 인간이 통제할 수 없는 지질적 요인에 있다고 하겠다. 토스카나에 있는 많은 지역의 땅은 질퍽해져 흐르는 물과 같았는데, 습해지거나 물로 완전히 포화되었을 때에는 강물처럼 흐르기도 한다. 그 상태의 토양은 삼림으로는 완전하게 보호될 수 없으며, 식생이 자리를 잡을 때까지 흙이 오랫동안 한곳에 머물러 있도록 하는 것도 이제는 곧

란하다. 그런데도 그곳은 한때 삼림이 울창했으며, 지역을 통과하는 하천은 현재보다는 토사를 많이 운반하지도 않았고, 후에 제방으로 막히기 전까지는 운반물질을 하천 양쪽에 자유롭게 퇴적할 수 있었기 때문에 극히 적은 양만을 바다로 유출했다.[42]

이때까지 인간이 자신의 지배 아래 두게 된 자연에 개입해 모든 영역을 척박하게 하고 폐허로 만들며 황폐화시켰다고 한 이야기는 대체로 옳은 것 같다. 아틸라(Attila)는 생생한 표현을 들어가며 강한 논조로 자신을 포함한 인간행위의 성향을 지적하면서, "그가 타고 가는 말발굽에 짓밟힌 곳에서는 풀도 자라지 않는다"고 말했다.

고대 문명의 폐허 위에서 또 다른 문명이 번성한 예는 거의 없으며, 인간의 행위나 무지로 인해 거주가 불가능해진 땅은 다시 개간하기에는 절망적이어서 영원히 버려졌다. 전에 말한 대로, 우리가 못 쓰게 만든 낙원을 다시 회복하는 것이 어느 정도 실현 가능한지의 문제는 매우 중요하다. 그러나 이는 일군의 사례에 대한 총괄적인 결론을 이끌어내기에 충분할 만큼 자연을 갱생시키기 위한 계획적인 시도가 거의 없었기 때문에 경험상 아무것도 말해줄 수 없는 문제이기도 하다.

그러나 토스카나 유역과 해안은 이에 대한 주목할 만한 예외가 된다. 인간이 주도하여 자연 자체의 작용에 의해 교란된 조화를 되찾을 수 있도록 해준 발디치아나와 토스카나의 마렘마에서 볼 수 있는 성공적인 사례는 가장 찬란하다고까지 표현은 않더라도 고귀한 현대 기술의 업적에 속한다. 그리고 내가 방금 제기한 중대한 문제와 관련해서, 그것은 기계적인 수단이 구축해놓은 가장 자랑스러운 내지개발의 업적보다는 인류 전체의 이익의 측면에서 보았을 때 더욱 주목되는 본보기의 하나다. 발디치아나의 사업은 주로 지표수의 유출을 통제해 기술자가 의도한 대로 운반물질을 퇴적시킴으로써 그동안 고인 물로 인해 인체에 해롭고 농업에 부적합했던 대지를 높여주는 것이었다. 마렘마 저습지

---

42) Baumgarten, "Rivières de la Lombardie", pp.137~138.

의 개발은 땅을 북돋아주는 것과 함께, 해안습지 및 천해의 만에서 바닷물과 민물이 섞여 말라리아 확산의 주요 원인이 되는 것을 방지할 수 있는 대책을 아우른다.[43]

발디치아나 계곡의 개발

아르노 강은 최상류의 원류가 모여 어느 정도 규모의 하천을 이룬 뒤 아레초 인근까지 20마일 이상 남동쪽으로 흐른다. 그곳에 도달한 다음 북서쪽으로 돌아 피렌체에서 상류로 몇 마일 떨어진 곳에 있는 시에베 강과의 합류점 근처까지 흐르고, 다시 서쪽으로 방향을 틀어 바다로 들어간다. 아레초 곡류부로부터 발디치아나라 불리는 계곡이 테베레 강의 지류인 파글리아 하곡에 닿을 때까지 남동쪽으로 달려 아르노와 파글리아 유역을 연결해준다. 중세기에서 18세기까지 발디치아나는 고원에서 쏟아 붓는 급류에 자주 넘쳐 파괴되곤 했다. 이때 급류가 운반하는 많은 양의 흙이 지표면에 고이게 됨으로써 계곡은 인체에 해로운 습지로 변해갔으며 이로 인해 마침내 인구 및 생산성이 감소되었다. 발디치아나는 너무 황폐해져서 제비조차 그곳을 버리고 떠날 정도였다.[44]

아레초 인근의 아르노 강 하상과 발디치아나 남단의 파글리아 강 하상은 고도에서 큰 차이가 없었다. 따라서 발디치아나 계곡은 전체적으로 경사가 크지 않고, 진정한 의미의 분수계에 의해 비탈면이 갈리는 것 같지도 않다. 또 정상부의 위치는 하곡 안쪽으로 유입하는 지류하천이 운반하는 물질의 퇴적량과 그 위치에 따라 달라지는 듯하다. 주요

43) Antonio Salvagnoli-Marchetti, *Rapporto sul bonificamento delle Maremme toscane 1828~1859*, Florence, 1859; *Memorie economico-statistiche sulle Maremme toscane*, Florence, 1846.

44) Vittorio Fossombroni, *Memorie idraulico-storiche sopra la Val di Chiana*, 3rd ed., Montepulciano, 1835, p.xiii; Peretti, *Le Serate del villaggio*, p.168; Temistocle Gradi, *Racconti popolari*, Turin, 1862, p.32.

배수로의 길이와 특정 지점에서의 흐름의 방향조차도 유동적이다. 그러므로 하천의 정상적인 유로, 그리고 궁극적으로 그것이 테베레 강의 지류인지 아니면 아르노 강의 지류인지를 둘러싸고 시기에 따라 의견 차이가 심하다.

곡류부에서 아르노 강의 하상은 30~40피트 깊이로 침식되었으며, 그것도 그리 오래전의 일이 아니다. 만일 하상이 침식 이전의 원래의 위치에 있었다면 아르노 강은 파글리아 강보다 훨씬 높게 자리하는 형국이 되기 때문에, 아르노 강의 물이 발디치아나 계곡을 통해 자기보다 낮은 곳에 있는 파글리아 강으로 정상적으로 흘러갔을 것이다.

이것은 계곡 밑바닥이 시추를 통해 몇 세기 전에 그랬을 것으로 밝혀진 위치, 다시 말해 내가 언급한 퇴적작용에 의해 상승하기 전의 고도에 남아 있다는 전제하의 이야기다. 이상의 사실은 그를 제외한 다른 설명을 거의 인정하지 않던 고대 지리학자의 증언과 더불어 아르노 강 상류지대의 모든 물이 원래는 발디치아나를 통해 테베레 강으로 흘러들었고, 그 가운데 일부는 로마 제국 당시까지 그리고 어쩌면 그후로도 얼마동안은 계속해서 그 방향으로 가끔 흘렀다는 것을 입증해준다고 생각한다. 아르노 강 하상의 저하 그리고 아르노 강과 측방에서 내려오는 급류의 퇴적으로 인한 계곡의 상승은 테베레 강으로 흘러든 지류를 차단했다. 그리하여 비교적 최근까지 남동쪽으로 나 있었던 발디치아나의 주요 배수로를 결과적으로 현재의 유로로 돌려놓았다.

16세기에 골짜기 바닥이 현저한 수준으로 상승했다. 1551년의 경우 아르노 강 남쪽으로 10마일 되는 지점에서는 바닥이 강보다 적어도 130피트 정도 높았다. 이어 10마일의 평지가 따라오고 계속해서 파글리아 강으로 하강한다. 계곡평탄면을 따라서는 배를 띄울 수 있는 유로가 있고 남쪽으로 한참 가다보면 여러 지점에 폭 1~2마일 되는 호수가 형성되어 있다. 이 시기에 정상부 평탄면의 배수는 어느 방향으로든 손쉽게 이루어질 수 있었으며, 계곡 반대편의 내리받이는 그 평탄면의 북단 또는 남단에서 끝났을 것이다. 북쪽의 분수계는 아르노 강 남쪽으로

10마일, 남쪽의 분수계는 강으로부터 20마일 떨어진 지점이었을 것으로서 균등한 거리였다.

바로 이때 고인 물을 배수하고 향후 계곡의 정기적인 배수를 위한 다양한 계획이 제안되었으며, 이상의 목적을 위한 소규모 사업이 시행되어 어느 정도 성과를 올렸다. 그렇지만 집적된 물을 테베레 강으로 흘려 보냈다면 위험천만한 범람을 야기할 것이고, 물길을 아르노 강으로 돌리는 것도 범람의 파괴력을 더할 것이라는 우려 때문에 어떤 결정적인 조치도 취해지지 않았다. 1606년에 이름을 알 수 없는 기술자 한 사람이 유일한 개선책이라며 계곡 서쪽에 잇닿아 있는 언덕을 관통해 터널을 뚫고 물을 옴브로네 강으로 유도할 것을 제안했지만, 소요되는 경비와 그 밖의 난관을 이유로 채택되지 않았다.[45]

테베레 강 유역의 안전에 대한 두려움 때문에 로마 정부는 영토 안쪽을 지나는 유로를 가로질러 방벽을 쌓았다. 그런데 특별히 의도한 것은 아니었으나 이로 인해 자연적으로 인근에 자리한 계곡의 퇴적과 그로 인한 골짜기 밑바닥의 상승을 조장한 셈이 되었다. 이 조치와 계속된 급류의 작용으로 1551년 당시 아르노 강으로부터 10마일 지점에서 시작된 북쪽 비탈면은, 1605년에는 동일 하천 남쪽으로 거의 30마일 되는 지점에서 시작하는 것으로 밝혀졌고, 1645년에 다시 같은 방향으로 약 6마일 정도 이동했다.

17세기에 토스카나와 교황령의 정부는 갈릴레오, 토리첼리(Toricelli), 카스텔리(Castelli), 카시니(Cassini), 비비아니(Viviani) 등과 그 밖의 저명한 철학자 및 기술자에게 규칙적인 인공배수를 통해 계곡을 개간하는 것이 과연 가능한지 자문했다. 이들 저명한 자연과학자 대부분의 의견은 이유야 분분했지만 조치를 실행할 수 없다는 것이었다. 그들은 하나같이 어느 방향이 되었든 적절한 배수가 가능할 정도로 물이 빠르

---

45) Ferdinando Morozzi, *Dello stato antico e moderno del fiume Arno, e delle cause e de' rimedi delle sue inondazione*……, Florence, 1762, II, pp.42~43.

게 흘러갈 수 있는 인공배수로를 개통한다면, 그 물이 유입될 테베레 강이나 아르노 강의 범람을 위험수준으로 조장할 수 있다고 생각했던 것 같다. 현재 계곡의 전반적인 개발은 오랫동안 방치되어 있다. 물은 넓게 퍼진 상태로 고여 있다가 부분적인 배수, 침출, 증발에 의해 없어 진다.

토리첼리는 계곡 대부분의 경사가 너무 완만해 정상적인 방법으로는 배수가 불가능하며, 그 어떤 현실적인 수준의 깊이와 폭을 가진 수로도 그에 부응할 수 없다고 주장했다. 그는 지표면을 기울어지게 한 다음에 라야 배수의 목적을 달성할 수 있다고 생각했다. 그리고 이것은 계곡 안으로 유입되는 수많은 급류의 흐름을 통제해 기술자가 원하는 대로 운반물질을 퇴적시킴으로써 결과적으로 물이 퍼져 나가는 지면을 높여 주는 방법으로 가능하다고 제안했다.[46] 이 계획은 즉각적인 호응을 얻 지는 못했다. 그러나 계곡 남부 여러 지점에서는 현지사정에 따라 이내 채택되었고, 주민들의 지지가 점차 높아져 100년이 지나 최종적인 승 리를 쟁취할 때까지 확대 적용되었다.

하지만 이러한 고무적인 성취에도 불구하고, 아르노 강과 테베레 강 유역에 가해질 위험에 대한 두려움, 토스카나와 로마의 합의를 이끌어 내고 그 밖의 상충되는 이해를 조정하는 데 따르는 어려움 때문에 18세 기 중반이 지난 다음까지도 계곡 전체를 배수하겠다는 계획을 재개하 지 못했다. 그러한 가운데 수문학에 대한 이해가 증진되었으며, 유수의 속도 그리고 그에 비례해 주어진 시간 동안 방류되는 양은 유수의 부피 를 늘려줌으로써 증가된다는 자연의 법칙이 정립되었다. 이로써 발디 치아나 계곡의 물을 아르노 강으로 배수함으로써 발생하는 범람이라는 큰 위험에 강 기슭을 노출시킬지도 모른다는 두려움을 완전히 없애지 는 못한다 하더라도 경감시킬 수는 있었다.

토리첼리의 제안은 마침내 개발을 위한 포괄적 체계의 기초로서 채

---

46) Fossombroni, *Memorie sopra la Val di Chiana*, p.219.

택되었다. 그리하여 원래의 흐름을 반전시키는 작업을 계속해서 확대하되 가능한 한 남쪽 먼 지점에서 아르노 강으로 돌리기로 결정했다. 그 사업은 명망 있는 철학자이자 정치가인 포솜브로니(Fossombroni)의 감독 아래 일군의 유능한 기술자들이 오랜 기간 시행했다. 그들의 성공적인 성과는 그 계획을 낙관하던 지지자들의 기대를 충분히 만족시켜주었다.

개발계획은 두 가지 사업을 포함했다. 하나는 일부 지역에서 아르노 강 바닥의 장애물을 제거함으로써 결과적으로 하상을 더욱 낮추어 유속을 증대시키는 것이다. 다른 하나는 못과 습지를 점차적으로 매립하고 발디치아나 저지대를 높여 흘러드는 물을 적절한 곳으로 바꾸어 흐르게 한 다음, 임시로 조성해둔 댐에 물을 가두는 방법으로 운반된 물질을 필요한 곳에 퇴적시키는 것이다. 이 사업의 경제적인 결과를 본다면, 면적이 450제곱마일을 넘는 못, 습지, 불결하고 축축한 저지대가 1835년에는 기름지고 위생적이며 배수가 적정한 토지로 바뀌었다. 궁극적으로 그만한 영토가 토스카나의 농업지대에 추가된 것이다.

그러나 이 문제와 관련해 우리의 입장에서는 그에 수반된 지리적 변혁이 더욱 흥미롭다. 계곡 내에서 평균기온 또는 평균강수량의 증감이 실제로 기상학적 관찰에 의해 확인되었는지 잘 모르겠으나, 땅을 높여주고 배수하는 과정에서 기후에 초래된 영향은 상당했음이 틀림없다. 그렇지만 과거 인체에 극도로 위협적이었던 발디치아나의 상태를 개선함으로써 긍정적인 기후학적 변화가 있었다는 증거는 충분하다. 저지대 인구를 크게 감소시켰을 뿐만 아니라 인접한 구릉지에까지 병원체를 확산시켰던 열병은 이제 파괴행위를 중단했고 토스카나 다른 지역에 비해 발생빈도도 낮다.

습지를 건조한 지면으로 전환한 것 외에 논의 중인 사업의 엄밀한 지형학적 영향으로는, 35마일의 거리에서 계곡의 경사를 반대로 바꾸어 지난 시절 비교적 짧은 기간이나마 남쪽으로 기울어져 물이 빠지던 것이 이제는 북쪽으로 배수방향을 바꾸었다는 것이다. 계곡의 흐름이 전도됨으로써 아르노 강에는 과거의 최대 지류에 비견할 만한 새로운 지류가 추가되었다. 이 사실과 관련된 가장 중요한 상황은, 유량이 늘어나면서 유속을 큰 폭으로 증대시켜 범람으로 인한 위험을 가중시키기보다는 불안의 근원을 완전히 근절했다는 것이다. 15세기 초에서 1761년에 걸쳐 아르노 강의 파괴적인 범람은 모두 31차례로 기록되었다. 발디치아나의 본류가 아르노 강으로 유로를 바꾸었던 1761년과 1835년 사이에는 단 한 건도 없었다.[47]

토스카나 마렘마의 개발

토스카나 마렘마의 개발은 훨씬 큰 난관에 봉착했다. 개간 대상지역은 보다 광범했고, 일꾼과 감독관이 휴식을 취할 수 있는 안전지역은 멀리 떨어져 있었다. 조절해야 할 하천의 유로는 길고 자연경사도 가파르며, 일부 삼림지대에서 발원하는 강이 실어오는 물질은 상대적으로 적었다.[48] 무엇보다 강물이 최근에 퇴적해 형성한 해안은 해수면 위로 모습을 거의 드러내지 못했고, 서풍이 불거나 밀물 때에는 석호와 하구로 많은 양의 바닷물이 유입되었다.[49]

토스카나 서부 해안은 로마인이 에트루리아를 정복하기 전에는 인체

---

47) *Anabasis*, vi, 4, ed. C. Sintenis, Leipzig, 1849, II, p.116, note 4; Vittorio Fossombroni, "Osservazioni sul rapporto per le acque dei derivarsi dall' ombrone in Padule", doc. xiii, in Antonio Salvagnoli-Marchetti, *Raccolta di documenti sul bonificamento delle Maremme toscane*, Florence, 1861, p.32; Frisi, *Del modo di regolare i fiumi e i torrenti*, pp.107~129.

48) Salvagnoli, *Rapporto sul bonificamento delle Maremme toscane*, pp.li~lii; Alessandro Manetti, doc. xxxii(1834), in Salvagnoli, *Raccolta di documenti*, pp.75~77.

49) Pio Fantoni, "Sul bonificamento della pianura grossetana nell' anno 1788", doc. xiii, in Salvagnoli, *Rapporto*, appendix, p.189; C. Böttger, *Das Mittelmeer, eine Darstellung seiner Physischen Geographie*, Leipzig, 1859, p.190.

에 유해한 지역은 아니었던 것으로 생각되지만, 그 일이 있고 난 지 몇 세기만에 해로운 곳이 되었다. 이것은 특히 에트루리아인의 전문분야였던 수리사업과 같은 공공개발, 그리고 가정용, 산업용, 군사용으로 필요했던 로마의 목재수요를 맞추기 위해 추진한 고지대에서의 벌목에 대한 무관심과 그로 인한 엄청난 파괴에 따른 자연스러운 귀결이었다. 로마 제국이 몰락한 뒤에 찾아온 야만인의 침입, 봉건제, 식민화, 내전, 세속적이고 영적인 억압 등은 토스카나와 그 밖의 이탈리아 여러 주가 겪어야 했고 근대사 전 기간에 잠시 동안만 모면할 수 있었던, 육체적, 정신적 재앙을 더욱 잔인하게 악화시켰다.

마렘마는 단테 생존시에는 이미 모두가 알고 있을 정도로 유해하여, 단테 또한 몇몇 낯익은 구절 속에서 그러한 사실을 언급했다. 경계지대의 소군주들은 종종 범법자를 그 안의 유배지에 보냈는데, 이것은 느리지만 분명한 처형의 효과가 있던 방법이었다. 건강악화의 요인에 대한 무지와 사유권에 대한 간섭이라는 이유로 습지를 제거할 수 있는 조치는 채택되지 못했다. 그리고 보다 쾌적한 지대에 입지한 대도회지의 상업적, 정치적 중요성이 신장되면서 정부의 주의를 앗아가 버렸으며, 결과적으로 내륙과 이탈리아 북부에서 성공적으로 채택될 수 있었던 자연개발 체계의 정당한 몫을 마렘마로부터 빼앗았다.

마렘마의 습지를 배수하고 매립하기 위한 본격적인 시도가 이루어지기 전에, 다양한 위생 관련 실험이 행해졌다. 그 지방의 유해한 환경은 인구감소로 인한 결과이지 원인은 아니며, 일단 사람들이 밀집해서 거주하게 되고 일상적인 영농과 특히 수많은 가정 내 화롯불이 유지된다면, 인체에 이상이 없었던 과거의 환경이 회복될 것이라는 믿음이 널리 퍼져 있었다. 이러한 견해를 좇아, 이탈리아 여러 지역, 그리스, 그리고 로렌의 군주들이 등극한 이후에는 로렌 등으로부터 이민자가 모집되어 마렘마에 정착했다. 토스카나 습지환경과는 판이한 토양과 하늘 아래 살아온 이방인에게 이 지역의 기후는 신체조직이 현지의 영향으로부터 어느 정도 면역성을 갖추고 있거나 적어도 그에 대한 방비책을 잘 알고 있는 인접 지역의 주민들에 비해 훨씬 더 치명적이었다. 아주 당연한 결과로서, 그 실험은 기대했던 효과를 얻는 데 완전히 실패했고, 막대한 인명손실과 함께 토스카나 주에 엄청난 재정적 손실이 초래되었다.

토스카나 마렘마라고 알려진 곳은 토스카나 서부해안을 낀 인접 지역에 있으며 영국식 단위로 1,900제곱마일의 면적을 포함한다. 그 가운데 500제곱마일, 즉 32만 에이커는 4만 5,500에이커의 수역을 포함하는 평지와 습지고 약 29만 에이커는 삼림이다. 여러 봉우리 가운데 하나가 바로 아미아타 산으로서 높이가 6,280피트다.

마렘마의 산지는 건강에 좋으며, 말라리아의 경우 1,000피트 근방부터 감지되기 때문에 그보다 낮은 구릉지는 조금 덜 좋다. 해안의 양호한 지점을 차지한 일부 지역을 제외한 평지에서는 말라리아 발병 가능성이 상당히 높다. 상주인구는 약 8만 명이고, 이 가운데 6분의 1은 겨울에, 그리고 10분의 1은 여름에 평야지대에서 살아간다. 9,000명에서 1만 명의 농업노동자가 마렘마와 인근 지역의 산지에서 평야지대로 내려와 여름 동안 작물을 심고 수확한다.

이 적은 수의 주민과 이방인 중에서 3만 5,619명은 1840년 6월 1일부터 1841년 6월 1일까지 의료적 처치가 필요했을 만큼 아팠다. 그 가운데 절반 이상은 간헐열, 악성열, 위장열, 또는 카타르열을 앓고 있었다. 열병은 언제나 그들이 산으로 돌아올 때까지 증상을 드러내지 않으나, 농업노동자 대부분은 열병을 피할 수 없었다. 마렘마 거의 전체를 포함하는 그로세토 지방에서는 연간사망률이 3.92퍼센트에 달해 평균수명이 겨우 23.18세에 불과하고, 사망자 가운데 75퍼센트는 농업에 종사한 사람들이었다.

저지대를 매립하고 바닷물과 민물을 부분적으로 차단하는 작업은 1827년 이래 계속 진행되었으며, 이제 주민의 위생상태에 결정적인 영향을 미치기 시작했다. 1842년 6월 1일까지 1년 동안 발병자의 수는 2,000명 이상 줄었고 열병환자는 4,000명 이상 감소했다. 다음해 열병환자는 1만 500명, 1844년 6월 1일 끝나는 시점에는 9,200명이었다.

1848년의 정치적인 사건 전후의 여파로 마렘마 개발사업이 중지되었지만 1859년 혁명 후에는 재개되었고 현재 성공적인 진척을 보이고 있다.

나는 발디치아나와 토스카나 마렘마의 개발에 대해 조금은 자세하게 설명했는데, 상대적인 중요성이 크고 역사 또한 잘 알려져 있기 때문이다. 그러나 그와 유사한 사업들이 피사와 루카 공국의 해안에서도 실시되었다. 후자의 경우 바닷물과 민물이 섞이는 것을 방지하는 데 초점이 모아졌다. 이를 위해 1741년에 수문이 건설되었으며, 그 전까지 오랫동안 해안주민에게 치명적이었던 열병이 다음해에는 완전히 사라졌다. 1768년과 1769년에 설비가 붕괴되자 열병이 악성으로 발전해 다시 찾아왔지만, 수문을 개축함으로써 해안지대의 안전이 회복되었다. 같은 일이 1784년과 1785년, 그리고 1804년부터 1821년까지 반복적으로 일어났다.

이 길고 되풀이되는 경험은 마침내 수문을 주의 깊게 관리해야 할 필요가 있다는 점을 사람들에게 심어주었다. 수문은 현재 항시 수리를 하면서 관리하고 있다. 인체에 미치는 해안의 좋은 영향은 계속해서 유지되고 있으며, 지역의 중심도시인 비아레지오는 과거 질병과 죽음의 장소라고 해서 기피되었던 계절에도 이제는 해수욕과 건강을 위해 찾는 사람들로 붐비고 있다.[50]

발디치아나에서 개발이 시작된 지는 100년이 되었고, 마렘마의 개발사업은 한 세대 넘게 계속해서 진행되고 있다. 우리가 본 것처럼 이들 사업은 지표면과 대하천에 중요한 지리적 변화를 가져왔다. 그리고 그 영향은 개발을 통해 문제가 되고 있는 것을 잠재우지 않는다면 분명히 일어날 수밖에 없는 유해한 성격의 다른 변화를 막는 데에서 두드러지게 나타나고 있다. 발디치아나를 테베레 강으로 배수함으로써 예상되는 테베레 강 유역의 범람을 막기 위해 교황령 당국이 토스카나의 사업

---

50) Gaetano Giorgini, "Sur les causes de l'insalubrité de l'air dans le voisinage des marais en communication avec la mer", *Académie des Sciences*, Paris, 1855, in Salvagnoli, *Rapporto*, doc. ii, appendix, pp.5~18.

이 시작되기 오래전, 계곡 남단 근처에 견고한 방벽을 설치했다는 점은 이미 언급한 바 있다. 이 방벽은 우기에 물을 가두었다가 파글리아 강으로 방류하는 데 필요했다. 결과적으로 방벽으로 인해 발디치아나에 많은 침전물이 퇴적된 반면 상대적으로 적은 양의 토사가 테베레 강으로 운반되었다. 발디치아나에 가장 많은 퇴적물을 공급해주던 지류들은 원래는 계곡 북단으로 유입되었다. 그런데 유로와 배출구가 남쪽 방향으로 바뀌고 퇴적의 영향으로 남단이 상승해 배수방향이 전도된 것은 개발과정에서 중요한 단계의 하나였다.

아르노 강 인근의 발디치아나 북단은 물질이 자연발생적으로 쌓여 높아짐으로써 그 방향으로의 모든 흐름에 커다란 장벽으로 작용하게 되었다. 그렇다고 볼 때, 만일 로마의 댐과 토스카나 정부의 사업이 시행되지 않았더라면, 이들에 의해 저지되어 하상을 높이고 계곡의 경사를 전도시킨 토사는 모두 테베레 강을 거쳐 바다로 운반되었을 것이다. 물론 그렇게 해서 모인 퇴적물은 하구를 중심으로 연간 3.9미터의 비율로 해안선을 전진시켰을 것이다.[51] 30마일 이상 되는 넓은 계곡에서 내가 설명한 그 엄청난 변화를 일으키기에 충분한 양의 토사가 테베레 강 하구에 퇴적되었더라면 해안선에 커다란 변화를 초래했을 것이다. 또한 배출지점을 상승시키고 유로를 늘림으로써 강의 흐름에 중대한 영향을 행사했을 것은 명약관화한 사실이다.

마렘마의 습지로 흘러든 퇴적물은 연간 적어도 1,200만 세제곱야드는 된다. 지금은 완전히 차단되고 있지만 이 양이 바다로 빠져나간다면, 연해의 평균수심을 12야드로 보았을 때 40마일의 거리에 걸쳐 연간 14야드씩 해안선을 전진시키기에 충분했을 것이다. 이를 포함해 여타 하천의 경우 퇴적물은 해안을 따라 균등하게 배분되지 않을 것이고 대부분은 심해로 빠져나가거나 해류에 의해 멀리 떨어진 해안으로 운반될 것이다. 따라서 퇴적에 따른 직접적인 영향은 이상의 수치가 말해주

---

51) Rozet, *Moyens de forcer les torrents*, pp.42~44.

는 것만큼 뚜렷하지는 않겠지만, 아마도 먼 지점을 시작으로 퇴적물을 제공하는 하천의 배출구 인근 모두에서 확실하게 드러날 것이다.

하구의 폐색

고대의 내륙수로로 전해지는 많은 하천의 하구는 이미 사구나 하천 퇴적물로 막혀 있으며, 페니키아, 카르타고, 그리스, 로마의 범선들이 오고가던 포구는 바다 쪽으로 상당한 거리까지 얕아졌다. 알려진 거의 모든 하천의 하상경사는 역사시대 동안 크게 감소했다. 따라서 엄청난 양의 물 또는 이례적으로 빠른 유속에서만 아마존, 라플라타, 갠지스, 미시시피 등의 대하천의 퇴적물질이 항해에 심대한 방해물이 되지 않도록 심해로 운반될 수 있다. 그러나 강기슭이 침식되고 강물이 토사를 바다로까지 운반하기 때문에 그와 같은 강력한 흐름에도 포구는 점차 메워지고 있다. 만약 지질적 요인의 작용이나 준설기계보다 더 강력한 인위적 장치에 의해 그 위험한 재앙을 피하지 못한다면, 대하천을 받아들이고 있는 세계의 모든 항구는 머지않아 파괴되고 말 것이다.

지표면을 만들어놓은 자연력이 지구상에서 인간이 살아갈 수 있을 정도의 대략적인 평형상태에 도달하자마자 정주가 시작되지 않았더라면, 이상의 결과는 아마도 까마득한 미래에나 생각해볼 수 있을 것이다. 그러나 인간이 부지런히 활동한 결과 궁극에는 그것을 크게 앞당겼다.

숲으로 덮여 있고 인간이 거주하지 않았던 지역의 하천은 운반한 미립질 흙과 자갈을 하상에 퇴적시키고 유역 내에서는 평야를 형성한다.[52] 물살이 급한 상류의 하천은 강바닥을 굴러다니거나 물 위에 떠서 운반되는 조립질 물질을 다량 함유하며, 홍수시에 이를 발원지 하곡 양쪽에 퇴적시킨다. 중류에서는 보다 가벼운 흙이 넓은 유역바닥으로 퍼져 나가 중간규모의 평야를 형성한다. 더 멀리까지 떠다니는 고운 실트

---

52) Baumgarten, "Rivières de la Lombardie", p.132.

입자는 훨씬 넓은 지역에 쌓이거나 바다로 운반되었을 때에는 대부분 해류에 의해 순식간에 휩쓸려 깊은 물속에 고인다.

인간에 의한 토지의 "개발"은 지표면의 침식을 부추기고, 홍수가 발생했을 때 물이 옆으로 퍼져 나가는 것을 막기 위한 설비는 심지어 상류에서 침식된 물질까지도 하구까지 운반되도록 한다. 결과적으로 하구에 쌓인 퇴적물은 양이 훨씬 많을 뿐만 아니라 해저에 빨리 가라앉지만 해류에 쉽사리 실려 가지 않는 무거운 물질로 구성된다.

바닷물의 조석운동, 심해류, 바람에 의한 내수의 요동 등은 하천에 의해 해저로 운반되었거나 산지의 급류에 실려 내려온 모래를 들어 육상의 마른 땅으로 올려놓거나 평온한 만과 해안 궁벽한 곳에 쌓아놓는다. 이는 밀물이 썰물보다 빠르고 밀려오는 파랑이 쓸려 나가는 것보다 강하기 때문에 가능한 일이다. 이상의 원인으로 항구에 가해지는 피해는 현재 가용할 수 있는 그 어떤 수단을 동원한다 해도 인간의 능력으로는 저지할 수 없다. 그러나 우리가 살펴본 대로 고지대의 침식을 방지하고, 산지, 고원, 하천변에서 해마다 침식되어 해저를 높여주는 퇴적물의 양을 줄일 수 있는 무언가는 있다.

뒤에 이야기한 항구의 폐색원인은 비록 활동적이기는 하지만 두 가지 중에서는 대체적으로 세력이 미약한 편이다. 하천 하류부에서 부유 상태로 이동하는 물질은 바다모래보다는 가볍다. 그리고 민물은 바닷물보다 가볍기 때문에 엄청난 분량의 강물이 바다로 유입될 때에는 바닷물 위에 뜬 상태로 흘러가면서 진흙을 운반하다가 해안에서 멀리 떨어진 곳에 내려놓거나, 보다 일반적으로는 일부 해류와 섞여 먼 지점으로 가져다가 퇴적시킨다.

나일 강 하구를 빠져나온 흙 일부는 해변으로 바다모래를 올려놓는 파도에 씻겨가 심해에 쌓인다. 일부는 이집트와 시리아 해안을 따라 동쪽과 북쪽으로 이동하는 해류를 타고 가다가 지중해 북동쪽 모퉁이에 퇴적된다. 따라서 미개한 아비시니아인의 쟁기에 느슨해진 흙은 인간에 의해 보호장치인 숲이 베어져 나간 이디오피아의 언덕에서 내려오는 빗물에 쓸려 나가 이집트의 평야를 높인다. 또한 나일 강 하구 인근의 알렉산더 대왕이 조성한 도시, 즉 알렉산드리아로 향하는 바닷길을 메우며, 페니키아인의 상업활동으로 유명해진 항구를 막아버린다.

지하수

나는 최근에 와서야 중요성을 인정받게 된 지리학의 한 분야에 대해 여러 차례 지적했는데, 그것은 곧 정체상태의 저수지, 유수, 침투수 등으로 간주되어온 지하수를 말한다. 땅은 대기로부터 수분을 직접 흡수하거나, 맺힌 이슬, 눈과 비, 강을 비롯한 지표수의 침출, 동굴이나 그보다 작은 가시적인 공동으로 흘러드는 유수 등으로부터 들이마신다.[53]

습기 일부는 토양에 의해 다시 방출되고, 일부는 유기체나 무기물에 빼앗기며, 일부는 샘으로 지표상에서 솟아나거나 직접 증발하든지 아니면 대하천을 따라 바다로 수송된다. 또 일부는 지하수의 형태로 강바닥이나[54] 해저 밑으로 흘러들며, 일부는 영원토록 고여 있는 것은 아니지만 깊은 공동과 지하수로를 채운다.[55] 이 모든 사례에서 대기 중의 수증기가 곧 궁극의 공급원이며 숨겨진 비축물은 모두 증발을 통해 다시 대기 중으로 돌아간다.

대지표면으로부터 직접 증발되어 발생하는 강수의 비율은 대체적으로 과장된 것 같다. 그리고 지하와 측면으로 침출되거나 상층의 암석과 토양층에 난 균열을 통해 빠져나가는 수분에 대한 충분한 고려가 이루어지지 못했다. 비트버에 따르면 마리오트(Mariotte)는 센 강 유역에 내리는 비의 6분의 1만이 강을 통해 바다로 운반되고, 나머지 6분의 5는 증발되거나 생명체가 소비한다는 사실을 알아냈다고 한다.[56]

---

53) "Die Meermühlen von Argostoli", *Aus der Natur*, 19(1862), pp.129~134.

54) Babinet, *Etudes et lectures*, III(1857), p.185.

55) Girard and Parent-Duchatelet, "Les Puits forés dits artésiens", pp.313~344.

과학적 명성은 조금 떨어지기는 했지만 아직도 자신이 가진 애국심만큼의 높은 수준은 유지하고 있는 모리 대위는 미시시피 강 유역의 연강수량을 620세제곱마일, 바다로의 유출량은 107세제곱마일로 추정한다. 그리하여 "나머지 513세제곱마일의 물이 해마다 이 유역에서 증발한다"는 결론을 내린다.[57] 이를 포함해 그 밖의 추정치에서는 모세관과 그보다 큰 도관을 통해 지하로 내려가는 물이 완전히 빠져 있고, 샘, 우물, 피압수 우물, 그리고 지하수로에 공급되는 양은 전혀 참작되지 않는다. 켄터키 주의 거대한 동굴에서 볼 수 있는 지하수로의 물은 카리브 해저에서 담수류로 솟아나거나 멀리 떨어진 플로리다 반도에서 백일하에 용솟음칠 수도 있다.

현대의 과학이라고 단호하게 말할 수 있는 지질학의 발전에 따라 이러한 잘못된 견해를 바로잡을 수 있었다. 학문이 의거하고 있는 경험적인 관찰을 통해 거의 모든 지층에 물이 존재할 뿐만 아니라 흐르고 있다는 것을 증명했고, 특성에 관계없이 거의 모든 지표면 아래 어느 정도의 깊이에서 큰 저수지가 있다는 증거를 얻어냈으며, 수반되는 현상에 대한 이론적 근거를 조사했기 때문이다. 이들 수분의 분포는 여러 지역에서 자세하게 연구되었다. 비록 수직적이고 수평적인 이동의 실제 방식에 관해서는 의문이 따르기는 하지만 물의 집적을 결정 짓는 법칙에 대한 이해는 너무 잘 되어 있다. 그래서 주어진 지역의 지질을 안다면 굴착기를 통해 어느 정도의 깊이에서 물에 닿을 수 있고 어느 정도의 높이에서 물이 솟아오를지 판단을 내리는 것은 어렵지 않다.

그와 같은 원칙은 소규모 지하수원을 발견하는 데에 성공적으로 적용되었다. 개중에는 오랜 실무경험과 땅의 지표구조에 대한 얼마간의 지식으로 우물을 뚫는 데 유리한 지점을 선택할 수 있는 기술을 획득한 사람도 있었다. 이런 기술은 일반 관찰자에게는 기적으로 비춰질 만한

---

56) *Physikalische Geographie*, p.286.
57) Matthew Fontaine Maury, *The Physical Geography of the Sea, and Its Meteorology*, 10th ed., London, 1861, p.104.

능력이었다. 다년간 이 문제에 관심을 가져왔고 우물탐사가로서 널리 활동했던 프랑스의 파라멜(Paramelle) 신부는 분수에 관한 그의 책에서 34년간 1,000개 이상의 지하의 샘을 발견했다고 말하고 있다. 비록 그의 지질학적 추론에 종종 오류가 있는 것은 사실이지만 유럽 최고의 권위를 자랑하는 과학자들도 그의 방법이 실질적인 측면에서 가치가 크고 예측도 거의 빗나가지 않았다고 주장했다.[58]

바비네는 "여름비는 아무것도 적시지 않는다"는 프랑스 속담을 인용하면서, 이 말은 "빗물이 거의 대부분 증발되어버린다"는 뜻이라고 설명하고 있다. 그는 다음과 같이 덧붙인다. "아무리 많이 내린다 하더라도 여름비는 토양을 15~20센티미터 깊이까지밖에 통과하지 못한다. 여름에는 더위의 증발력이 겨울에 비해 5~6배 정도 크고, 겨울철에 이 증발력은 5배나 많은 수증기를 머금을 수 있는 대기에 의해 발휘된다." "[토양으로부터의] 증발을 방해하는 적설층은 거의 모든 물의 원천이 되는데, 땅속으로 스며들어 여름강수량으로는 물을 전혀 공급받을 수 없는 샘, 우물, 강 등의 저장고 역할을 수행한다." "눈은 이슬과 마찬가지로 식생에 유용하지만 토양층을 통과해 샘에 물을 공급해주고 그 샘을 통해 대기 중으로 증발되는 물을 비축하지는 못한다."[59]

프랑스의 기후와 토양에 적용될 수 있을지는 몰라도 이 결론은 너무 포괄적으로 진술되어 일반적인 진리로 받아들이기는 어렵다. 언뜻 보아 겨울강수량이 적은 곳에서는 깊은 우물과 천연의 샘에서 나오는 수량의 경우 다른 계절에 내리는 비 못지않게 여름철 강우에 좌우되며, 따라서 여름에 내리는 많은 빗물은 증발에 의해 물을 잃지 않을 만큼 깊은 층으로 내려가는 것이 분명하다.

샘뿐만 아니라 지하의 저수지나 수로에 공급되는 물은 주로 침투에 의해 이루어진다. 따라서 토양의 배수를 가속화하거나 지체시키고 토

---

58) *Quellenkunde, Lehre von der Bildung und Auffindung der Quellen*, trans. with a preface by Bernhard Cotta, Leipzig, 1856.

59) *Etudes et lectures*, VI(1860), p.118.

양으로부터의 증발을 촉진하거나 방해하는 지표면상의 모든 변화에 영향을 받음이 틀림없다. 지난 사실에서 확실해진 바 있듯이, 개간지에서의 자연발생적인 배수는 숲에 비하면 훨씬 빠르고 결과적으로 삼림의 파괴와 습지의 배수는 침투에 의해 물이 배양되는 것을 방해해 지하수위가 상승하는 것을 저해한다. 그와 동일한 효과는 지상에 설치한 명거 또는 지하에 묻은 관이나 수로를 지칭하는 암거를 통해 배수하는 인위적 장치에 의해서도 발생한다. 이러한 조작의 범위가 확대될수록 그로 인한 영향은 우물과 샘물의 공급이 현저하게 줄어드는 것으로써 확연히 알 수 있다.

삼림이 제거되고 쟁기나 그 밖의 경작과정에 의해 갈리고 느슨해진 토양이 풀을 비롯한 여타 식물로 다시 덮일 때까지는 식생이 자라고 있을 때에 비해 더 많은 양의 비와 융설수를 흡수한다는 데에는 추호의 의심도 없다. 그러나 이 상태의 토양에서는 증발이 훨씬 큰 비율로 증가한다는 것 또한 사실이다. 비는 초지 아래로 거의 침투하지 못하고 지표를 흘러가며, 호우 직후 인근 삼림지가 수주 동안 물로 반쯤 포화되어 있는 반면 경작지는 침출을 통해 물이 빠져나가기도 전에 증발해버려 자주 마른다.

미국의 소나무가 자라나는 평원에서 주로 볼 수 있듯이 사질토양은 종종 어느 정도의 깊이에 자리를 차지한 점성이 큰 토양 위에 얹혀 있다. 이런 곳에서는 빗물이 지표면에 난 그리 깊지 않은 웅덩이에 고이며 지표상층부는 스펀지와 같이 공극이 많다. 개활지에서 그러한 물웅덩이는 태양과 바람에 곧 말라버린다. 그러나 숲에서는 증발하지 않고 오랫동안 남아 옆으로 퍼지다가 토양하부의 균열을 통해 빠져나가거나 경사면을 따라 노두로, 아니면 계속해서 아래층으로 내려간다.

불투수층에 가로막히지 않고 물이 사방으로 흩어질 준비가 되어 있느냐의 문제와 결과적으로 계속해서 지하저수지에 물을 공급하는 것이 중요하다는 사실은 가까운 예로 포도나무와 일반 수목 주변의 땅을 포장할 때 초래되는 영향에서 확인할 수 있다. 나무줄기 주변의 땅을 판석과 시멘트로 포장하면 뿌리가 뻗어난 것보다 더 먼 거리까지 물이 전혀 통할 수 없다. 그렇지만 나무는 깊은 우물과 샘에 영향을 줄 정도의 심각한 가뭄을 제외하면 수분부족을 겪지 않는다.

숲과 유실수는 도로와 마당이 치밀하게 포장되어 있고 뿌리를 향해 측면으로 접근해오는 물이 깊은 지하실과 주춧돌에 의해 저지되는 도시에서도 잘 자란다. 지표면으로부터의 침출과 모세관 인력에 의한 수분상승으로 형성된 지하 깊은 곳의 수맥과 수층, 그리고 포장된 지표면이 하부토양에서 증발을 거쳐 수분이 소실되는 것을 막아준다. 따라서 도시에서 자라는 나무는 뿌리에 공급될 수 있는 충분한 양의 수분을 발견하며 매연과 먼지로 고통을 겪기는 하지만 신선함을 유지한다.

반면 개활지의 수목은 태양과 바람이 지하의 샘에서 물을 공급하는 것보다 더 빠르게 토양을 건조시키기 때문에 가뭄에 시들고 만다. 인공적인 도관이나 물을 나르는 사람의 도움이 없이도 템스 강과 센 강은 런던과 파리의 중심가로에 그늘을 드리워주는 가로수를 적셔줄 수 있고, 뜨겁고 김이 나는 이집트의 토양 아래서도 나일 강은 하곡이 끝나는 경계부까지 물을 실어나른다.[60]

피압수 우물

피압수 우물은 지하의 저수지와 하천에 의해 함양되며 시추공으로 공급되는 양은 그러한 수원이 어느 정도 풍부하냐에 따라 달라진다. 땅속의 물은 대부분 받아들일 준비가 되어 있다는 것을 표현이라도 하듯 활짝 열린 틈 사이로 유입되는 표층수에 기원을 두고 있다. 지표에 물이 빠질 수 있는 구멍이 발견되지 않는 곳의 경우, 일정 규모의 하천이 통과할 수 있을 만큼 큰 유로를 통해 이동했을 것으로 생각되는 씨앗,

---

60) Georg Ludwig Kriegk, *Schriften zur allgemeinen Erdkunde*, Leipzig, 1840, pp.151~158; Charles Auguste Laurent, *Mémoires sur le Sahara oriental au point de vue des puits artésiens*, Paris, 1859, p.9.

나뭇잎, 심지어 숨 쉬고 있는 물고기가 이따금 깊은 곳으로부터 상층으로 올라오는 것에서 피압수 우물의 존재가 입증된다.

그러나 일반적으로 시추를 통해 도달한 수층과 수로는 고지대의 지상 또는 지하 저수지에 먼저 고인 물이 침출되어 이루어진 것으로 보인다. 이들 저수지는 지층의 경사방향으로 난 수로를 따라 저지대의 분지와 소통하며, 구멍이 열려 있을 때마다 충분한 유압을 가해 물기둥을 표면으로 뿜어 올린다. 따라서 피압수 우물에 의해 공급되는 물은 종종 먼 곳의 수원에서 온다. 이런 이유로 좁은 유역 내의 국지적인 침투에 의해 배양되는 일반 우물과 샘이 인접 지역의 지리적, 기상학적 변화에 의해 말라버리는 것과는 달리 전혀 영향을 받지 않을 수 있다.

대부분의 경우 피압수 우물은 전적으로 생활용수나 동력원으로 필요한 양질의 물을 확보하고, 염수를 포함한 기타 광천수를 얻어내며, 최근 미국에서와 같이 유정을 굴착하는 등의 경제적이고 산업적인 목적으로 시추된다. 지구 내부에서 그렇게 물을 끌어올리는 데 수반되는 지리 및 지질상의 영향은 길게 바라보아야 할 측면이 있고 또 너무 불확실해서 여기서 언급하는 것은 적절하지 않다.[61] 그러나 최근 알제리에서는 피압수 우물이 상당히 중요한 목적에 사용되고 있으며, 앞으로도 지리적인 측면에서 그럴 것이다.

쇼(Shaw)를 필두로 과거에 그리고 최근에 동양을 돌아본 여행자들은 지중해 연안 경작지대에 접한 리비아 사막 여러 지역의 지하에는 접근 가능한 거리에 호수가 있는 것 같다고 주장했다. 무어인들이 생활용수와 관개수를 얻기 위해 지하저수지에 피압수 우물을 뚫었을 것으로 막연하게 이야기되고는 있지만, 나는 믿을 만한 그 어떤 여행가들도 우물에 대한 설명을 하지 않았던 것으로 기억한다.

---

61) "Sur les causes probables de l'affaisement des neuvième et dixième piles du pont de Tours, en 1835", *Annales des Ponts et Chaussées*, 18(1839), pp.131~133; J.B. Viollet, *Théorie des puits artésiens*, Paris, 1840, pp.217~220.

그와 동일한 목적을 위해 사막에 파견된 프랑스 기술자의 작업을 보고 원주민들이 한결같이 놀라고 의구심을 가졌다는 사실은, 곧 지하수를 이용하는 방식이 그들에게는 낯선 것이었다는 충분한 증거가 된다. 하지만 그들은 사막 아래에 물이 존재한다는 정도는 알고 있었으며, 지하수층까지 파고들어 가 정사각형 수직갱도의 모습을 갖춘 우물을 만드는 데 능숙했다. 우물은 야자수 줄기를 뼈대로 세운 것이었다. 그렇게 건설된 우물은 기술적으로는 피압수 우물이라 할 수 없지만, 물이 지표면으로 솟아오르고 샘에서 흘러나오는 것과 같이 지면을 흘러가기 때문에 목적에서는 동일하다.[62]

그러나 이들 우물의 수가 너무 적고 양도 부족해 다른 나라에서 생활용수로 사용하는 것 이상의 다른 목적에는 쓰이지 못한다. 우물을 통해 사막을 경지로 전환하려는 시도 역시 최근에 와서야 겨우 진지하게 도모되었다. 프랑스 정부는 몇 년 전에 알제리 사막에서 다수의 피압수 우물을 팠으며, 원주민 족장들도 이 방법을 이용하기 시작하고 있다.

모든 우물은 물을 공급해주는 취락의 중심이 되었고, 1860년이 다가기 전에 일부 유목부족은 방랑생활을 끝내고 우물 주변에 정착해 3만 그루가 넘는 야자수를 다른 다년생 식생과 함께 심었다.[63] 물은 일반적으로 100~200피트밖에 되지 않는 깊이에서 발견된다. 너무 많은 광물질이 포함되어 있어 유럽인이 마시기에는 적합하지 않지만, 관개수로 사용하기에 이상이 없고 원주민의 건강을 해치지는 않는 것으로 밝혀졌다.

현재 피압수 우물이 사막에서 가지는 가장 뚜렷한 활용상은 군사기지를 세우는 데 필요한 정거장을 만들고, 사막을 여행하는 사람들이 쉬어갈 수 있는 휴게소를 만드는 데 있다. 그러나 물 공급량이 체제를 무

---

62) Laurent, *Mémoire sur le Sahara oriental*, pp.19~23; Gustav Friedrich Constantin Parthey, *Wanderungen durch Sicilien und die Levante*, Berlin, 1840, II, p.528; Charles Lenormant, in *Note relative à l'exécution d'un puits artésien en Egypte sous la XVIIIe dynastie*, 1852.

63) Laurent, *Mémoires sur le Sahara*, p.85.

한정 확대하기에 충분하다고 판명되면 다른 어떤 인간의 개발계획에 의해 초래되었던 것보다 더 큰 지리적 변형을 가져올 것이다.

시공간상에서 자연이 가져온 경관상의 가장 뚜렷한 대비라 한다면 열대지방 또는 북방의 여름철 푸른 초목과 잎이 다 떨어지고 난 겨울에 드리워진 눈의 장막이다. 깜짝 놀랄 만한 외견상의 진기함에서 이것 다음 가는 것으로는, 사막의 그늘진 푸른빛 오아시스로부터 그를 둘러싸고 있는 풀 한 포기 없이 불타오르는 얼룩덜룩한 모래와 바위의 망망대해로의 급작스런 전이를 들 수 있다. 인류의 무한한 발전을 믿는 낙관론자들조차 인간의 능력으로 "사막이 장미처럼 피어날 것"이라는 예언이 이루어질 것이라고는 거의 기대하지 않는다.

그러나 냉철한 지리학자들은 미래에 북아프리카의 모래평원이 피압수 우물을 통해 과실이 풍부한 정원으로 바뀔 것이라는 기대가 불가능하지는 않다고 생각해왔다. 그들은 한 발 더 나아가, 만일 토지가 작물이 자라는 경지와 삼림으로 덮인다면 그 위의 식생은 리비아의 하늘로부터 수분을 끌어내릴 것이라고 주장했다. 또한 지금 바다에 내려 소모되고 있고 남부 유럽에서는 자주 파괴적인 범람을 일으키고 있는 소나기 일부가 아프리카의 건조한 황무지에 응축되어, 인간의 도움 없이도 자연이 영원토록 황폐한 상태로 남겨둘 것만 같았던 지역에 풍성함을 안겨줄 것이라고 주장했다.

대지와 지하수의 온도는 지표 아래로 내려갈수록 높아진다는, 마찬가지로 대담하면서 익히 알려진 사실에 기초한 추론은 피압수 우물이 산업 및 가정용은 물론 온실재배, 심지어 국지적인 기후의 개선을 위한 열을 공급할 수 있을 것이라는 점을 시사해준다. 라르다렐로(Lardarello) 백작이 붕산이 듬뿍 든 물을 증발시키기 위해 천연온천을 사용한 것이나 그 밖의 원천으로부터 열을 적용해 거둔 성공담은 후자의 계획에 대한 지지를 보태고 있다. 그러나 양자 모두 당분간은 인간이 자연에 대해 주장할 수 있는 미래의 승리보다는 과학이 이룩할 수 있는 어렴풋한 가능성의 하나로 간주되어야만 한다.

인공 샘

보다 설득력 있고 매력적인 계획은 빗물과 융설수를 절약했다가 자연이 수행하는 것과 유사하게 이물질을 걸러주는 층으로 통과시키는 방법으로 영구적인 샘을 만들어내는 것이다. 현자인 팔리시(Palissy)는 모든 샘은 주로 빗물에 기인한다는 이론에서 출발해 땅속에서 물이 집적하고 이동한다고 추론했다. 그리고 이론을 실제에 적용하고 빗물이 땅에 흡수되었다가 다시 샘물로 방출되는 자연의 과정을 원용할 것을 제안했다.

그는 다음과 같이 말한다. "천연의 샘이 용솟음치는 원인과 물이 스며나오는 지역을 오랫동안 부지런히 궁리한 끝에, 샘이 단순히 빗물에 의해 움직이고 그것에서 존재이유를 찾는다는 사실을 알게 되었다. 바로 이 점이 나로 하여금 가능한 한 자연의 방식으로 빗물을 모아들이도록 했다. 그리고 나는 샘을 만든 창조주의 비책에 의거해 자연 그대로의 양질의 순수하고 맑은 물이 솟아나는 샘을 만들 수 있다는 확신을 얻었다."

팔리시는 샘의 기원과 관련된 주제에 대하여 침투에 특히 주목하면서 장황하게 그리고 능란하게 논의하고, 다른 무엇보다 산간지역에서의 샘의 발생빈도에 대해 설명한다. "그것을 잘 생각해보면 지구상의 다른 지역보다 특히 산지에 샘과 개울이 많은 이유를 확연하게 알 수 있을 것이다. 다른 이유를 댈 것도 없이 바위와 산은 놋그릇과 같이 빗물을 저장한다는 데 있다. 산에 떨어지는 물은 땅속으로 그리고 틈 사이를 타고 계속 아래로 내려가 바닥이 돌이나 치밀하고 두꺼운 바위로 되어 있는 지점에 가서야 멈춘다. 물은 바닥에 고여 있다가 지하수로나 그 밖의 배출수단을 타고 흘러가 지하저수지와 유출로의 크기에 따라 샘, 개울, 강 등으로 흘러나온다.[64]

---

64) *Œuvre*, pp.157, 166.

그의 이론에 대해 충분히 해명한 다음 팔리시는 계속해서 샘을 조성하는 방법에 대해 설명하는데, 바비네가 최근에 다음과 같이 제안한 내용과 상당부분 일치한다. "사질의 토양과 물의 흐름을 결정하는 완만한 경사를 가진 4~5에이커 면적의 땅을 선택한다. 위쪽을 따라 5~6피트 깊이와 폭 6피트 정도의 도랑을 판다. 도랑의 바닥을 고른 다음 머캐덤이나 역청, 또는 보다 간단하고 저렴하게 진흙을 깔아 물이 빠져나갈 수 없게 만든다. 도랑 옆에다가 또 다른 도랑을 파고 그로부터 파낸 흙은 먼저 파낸 도랑에 메우는 식으로 해서 전 지역의 하부토양에서 빗물이 빠져나가지 못하게 한다. 아래쪽을 따라서는 방벽을 설치한 다음 그 중간에 물이 빠질 수 있는 구멍을 낸다. 그리고 전체적으로 유실수나 기타 키 작은 나무를 심어 지면에 그늘을 드리우고 증발을 촉진하는 기류를 통제한다. 이렇게 하면 분명 간단없이 흘러나와 한 마을이나 커다란 성채 전체에 물을 공급할 수 있는 훌륭한 샘이 완성된다."[65]

바비네는 제안된 면적의 저수지에 모을 수 있는 빗물의 양은 파리의 기후에서는 약 1만 3,000세제곱야드에 이르며, 그 가운데 절반가량은 소실되고 나머지 절반은 그대로 남아 샘에 공급될 것이라고 진술한다. 나는 이러한 기대가 한 치의 부족도 없이 실제로 구현될지에 대해서 의구심이 든다. 왜냐하면 여름철 강수 전체가 증발해버린다는 바비네의 가정이 옳다고 한다면, 양이 훨씬 적은 겨울철 강수가 지면을 수분으로 포화시키고 많은 양의 잉여수를 배출할 만큼 충분할 리 없기 때문이다.

팔리시의 방법은 내가 지적한 대로 바비네의 방법과 원칙적으로 유사하지만 저렴한 비용으로 실행할 수 있을 뿐만 아니라 효율성도 높다. 그는 상대적으로 작은 여과 저장설비의 건설을 제안하고 있는데, 안쪽으로는 드넓은 암석구릉지 또는 물을 쉽게 흡수하지 않는 비탈을 타고 내려온 빗물이 흘러든다. 아마도 이상의 작업은 대기 중의 강수를 경제적으로 활용하고 비와 눈을 마음먹은 대로 항구적인 샘으로 만드는, 성

---

65) *Etudes et lectures*, II(1856), pp.224~226.

공적이면서도 비용을 절감할 수 있는 방식이 될 것이다.

강수의 경제적 활용

팔리시와 바비네가 제안한 방법은 적용하는 데 제약이 따르며, 작은 마을이나 거대한 민영설비의 자체수요에 필요한 충분한 양의 물을 공급하기 위해 고안되었다. 듀마(Dumas)는 대규모 유역의 강수 총량을 집수하고 저수지에 저장했다가 가정용, 산업용, 관개용 등, 간단히 말해 자연 샘과 개울의 물을 소용에 닿는 온갖 용도에 끌어다 쓸 수 있는 포괄적인 체계를 제안한 바 있다.

그의 계획은 현지의 환경에 따라 다르게 제작된 도관을 이용해 지표면과 지하를 배수하는 것으로 구성되었고 근본에서는 개량농업에 동원된 것과 동일하다. 즉, 중심수로에 물을 모으고 적절한 여과과정을 거치며, 너무 급하게 흐르는 곳에는 필요에 따라 방벽을 설치해 조절하는 것이다. 마지막으로 물 전체를 넓은 차폐된 저수지에 모아두고 필요할 때마다 계속적으로 또는 일정 간격으로 흘려보내는 방식을 취한다.[66]

물을 경제적으로 활용하고 공급하는 이러한 다양한 수단을 광범하게 적용할 수 있다는 것에 대해서는 의심의 여지가 없으며, 그렇게 해서 편리한 점은 전적으로 경제적이라는 데 있다. 그로 인해 파생되는 재앙을 심각하게 염려해야 할 이유는 없다. 실제로 피압수 우물을 제외한 나머지 모두가 자연의 원초적 배열로 되돌아갈 수 있는 간접적인 방법, 다시 말해 지구의 물 순환체계를 회복하는 방법이라 하겠다. 대지가 숲으로 덮여 있었을 때에는 마르지 않는 샘이 모든 언덕기슭에서 솟아 나왔고, 시냇물은 모든 계곡의 바닥을 따라 흘러갔다.

포괄적인 조림사업 없이도 위에 소개된 수단으로써 한때 경지에 풍

---

66) J. Dumas, *La Science des fontaines, ou moyen sûr et facile, de creer partout des sources d'eau potable*, Paris, 1857.

부한 용수를 공급해주었던 샘과 개울을 부분적으로 복구하는 것은 실현 가능해 보인다. 그리고 한 해의 전쟁에 들어가는 비용을 두 가지 방식의 개발에 현명하게 사용한다면, 인간이 황폐하게 만든 지역의 기후를 개선하고 토양의 비옥도를 증진시키며 전체적으로 자연의 개발을 달성할 수 있을 것이다. 이는 거의 새로운 천지창조라 할 만한 일이다.

제5장 모래

모래의 기원

건조한 지표면 위아래의 광활한 퇴적층은 물론, 해저의 층위와 유로에서 발견되는 모래는 주로 바위의 파편으로 구성된 듯하다. 어떤 동인을 통해 그렇게 견고한 암석이 입자의 형태로 작아지는지는 확실하지 않다. 왜냐하면 석영질 모래층의 경우 알갱이의 모양이 날카롭고 각이 나 있기 때문에 점진적으로 마찰되고 마모되어서 형성된 것 같지는 않으며, 짓누르는 기계적인 힘을 가정하는 것도 마찬가지로 용인할 수 없어 보이기 때문이다.

일반 모래에서는 석영입자가 가장 많으나 이들 입자가 떨어져 나온 모암이 전적으로 아니면 대체적으로 석영질 특성을 가진다는 증거는 될 수 없다. 예를 들어 화강암 계열과 같은 여러 복합암체의 경우 운모, 장석, 각섬석은 석영에 비해 화학작용으로 쉽게 분해되거나 기계적인 힘에 의해 붕괴, 분쇄되어 만질 수 없는 크기로 줄어든다. 따라서 그와 같은 암석이 파괴되면서 여타 요소의 경우 분해되고 새로운 화학적 결합이 형성되거나 진흙으로 갈려 유수에 의해 쓸려 나가는 반면, 석영은 섞이지 않고 오래도록 존속된다.

비록 위·아래층의 차이가 너무 미미해서 완전한 분리가 가능할 것 같지 않은 모래층과 암맥이 있기는 하지만, 암석의 구성물 각각이 가지는 비중의 차이로 인해 붕괴 후에는 각 구성물질이 서로 다른 집합체로 분리된다. 열이나 기타 명확하지 않은 화학적 작용과 분자의 힘에 의해 바위가 모래입자로 작아진 경우, 모래바닥은 교란되지 않은 상태로 남아 있을 것이며 일련의 지층 가운데 그 모래를 공급해준 경암층을 대표할 것이다. 현지에서 발견되지 않는 큰 모래덩어리는 물이나 바람에 의해 운반되어 쌓이는데, 물은 일반적으로 여러 동인 가운데 가장 중요하다고 한다. 광활한 사하라, 페르시아, 고비 등의 사막에 퇴적된 모래도 전반적으로 해류에 의해 흘러와 분포했다가 다른 층서의 경우와 동일한 방식으로 해수면 위로 상승했다고 여겨진다.

기상학적이고 기계적인 영향은 바위를 암편으로 만드는 데 여전히 효력이 있다. 그러나 현재 바다로 수송되는 모래의 양은 그리 많지 않은 것 같으며, 이는 홍수의 작용이 없을 뿐만 아니라 바다로 직접 유입되는 급류의 수가 과거에 비해 훨씬 적기 때문이다. 산지에서 흘러내려온 물질에 의해 해만에서 충적평야가 형성됨으로써 하천의 흐름이 연장되었고 급류를 전반적으로 그보다 연대가 어린 강이나 지류하천으로 변환시켰다.

만입부의 매립으로 모든 크고 작은 강의 경사가 감소되었으며, 결과적으로 독일 사람들이 운터라우프라 부르는 하천하류부의 흐름을 억제해 초창기에 비해 무거운 물질이 다량으로 운반될 수 없었다. 하천이 바다와 합류하는 지점에 퇴적시킨 흙은 너무 곱게 갈리고 가벼워서 모래라고 부를 수 없는 물질로 구성된다. 대하천 하구에 형성된 모래톱은 강물이 아닌 조석을 성인으로 하며, 호수나 조석이 없는 바다의 경우 파도와 바람이 복합적으로 작용한 결과라는 것을 충분히 알 수 있다.

그러므로 거대한 모래퇴적층은 최근에 형성된 것이 아닌, 전반적으로 기원이 오래된 것들이며, 다수의 저명한 지질학자들은 홍수의 작용에 그 원인을 돌리고 있다. 스타링은 북해, 조이데르 해, 네덜란드 해안의 만과 유로상의 모래에 특히 주목하면서 이 문제에 관해 심도 있게 논의한 바 있다.[1] 그는 네덜란드의 하천은 "무척 느리게 진행되는 모래톱의 이동으로만 모래를 움직일 뿐 물 위에 뜬 상태로 운반하는 것은 아니다"라는 결론을 내린다. 그는 독일해의 모래가 "북부 독일의 대유동"의 산물로서 현세가 시작되기 전에 지금의 위치에 퇴적되었다고 추측하고 있다. 또한 그는 지중해가 나일 강 하구와 바르바리 해안에 밀어 올린 모래에 대해서도 같은 생각을 가지고 있다.

현재 바다로 운반된 모래

하지만 상대적으로 얼마되지는 않으나 절대적인 측면에서는 분명 상당한 양에 달하는 암편을 산지하천이 아직까지 바다로 운반하는 사례가 있다. 해안 알프스, 리구리아 아펜니노, 코르시카 군도, 사르디니아, 시칠리아, 칼라브리아 산맥 등지의 급류에 실려 지중해로 운반되는 모래와 자갈은 확실히 엄청난 양이다. 아드리아 해와 흑해 연안을 제외한다고 해도 일정 정도 분쇄된 암석물질이 유럽에서 아프리카와 시리아 해안으로 밀려드는 것만큼 지중해 유역으로 유입되었을 것 같지는 않다. 그러나 그럴 가능성은 충분하다.

물질 가운데 대부분은 지중해 유럽 쪽 해안의 파도에 의해 다시 밖으로 빠져나간다. 제노바 서부의 루니, 알벤가, 산레모, 사보나 등의 항구와 그 동쪽의 포르토피노 항은 메워지고 있으며, 카라라와 마사 부근의 해안은 33년 동안 475피트 정도 바다 쪽으로 전진했다고 이야기되고 있다.[2] 이를 제외하면, 석영질 모래를 바다로 운송하기에 충분할 만큼 광범위에 걸치는 강력한 지중해의 심해류가 존재한다는 어떤 증거도 없다. 급류가 몰고 온 남부 유럽 모래의 모체가 되는 암석 대부분에는

---

1) W.C.H. Staring, *De Bodem van Nederland*, Haarlem, 1856, I, pp.243~377; N.T. Brémontier, "Mémoire sur les dunes······ entre Bayonne et la Pointe de Grave", (1790), reprinted in *Annales des Ponts et Chaussées*, 5(1833), pp.158~162; "Mémoire sur les dunes du Golfe de Gascogne", *Annales des Ponts et Chaussées*, 14(1847), p.229.

2) C. Böttger, *Das Mittelmeer*, Leipzig, 1859, p.128.

석영이 거의 없다. 따라서 이들 모래의 일반적인 특성상 이미 오래전에 분해 또는 분쇄되어 미세한 진흙이 되어야만 아프리카 해안까지 밀려 올 수 있다.

그렇다고 볼 때 유럽의 급류는 현재 북부 아프리카 사빈의 구성물질을 공급해주지 않으며, 모래가 아프리카 대륙의 하천에 의해서 운반된 것이 아니라는 것 또한 확실하다. 모래는 아주 먼 지질시대의 것이고 우리가 현재로서는 무어라 지목할 수 없는 원인에 의해 집적되었다. 바람은 바닥을 충분히 휘저어놓을 정도의 힘으로 해저 깊은 곳까지 유동하지는 않으며,[3] 문제의 해안으로 올라온 모래는 협착한 지대의 바다로부터 온 것이 확실하다. 시간이 지나면 모래는 사라지게 될 것이고 물질이 부족해지면 지중해 남부 해안에서 새로운 사주와 사구의 형성은 중단될 것이다.

그러나 광활한 사막에 집적된 모래가 바다 속에서 층이나 더미를 이루었다가 융기에 의해 현재의 위치에 놓이게 된 경우에도 모두가 해류에 의해 수합, 분포된 물질로 구성되는 것은 아니다. 왜냐하면 그들 지역에서는 상부 퇴적층 아래에 놓여 있거나 노두로 뚫고 나온 바위가 붕괴되어 생긴 물질 일부를 받아들이고 있기 때문이다. 북부 아프리카와 같은 일부 사례에서는 또한 강력한 해풍에 의해 물질이 계속해서 추가되고 있고, 바람은 해변의 가는 모래를 내륙 안쪽 먼 곳까지 굴려서 운반한다. 그러나 이것은 매우 느리게 진행되는 과정이며 이 문제에 관한 여행자들의 과장 때문에 많은 대중적 오해가 유포된 바 있다.

이집트의 모래

카이로 인근 나일 강이 분기하는 지점 상류 쪽으로 이집트와 누비아

---

3) Andresen, *Om Klitformationen*, p.20; Elisée Reclus, "Le Littoral de la France: l'embouchure de la Gironde et la Péninsule de Grave", *Revue des Deux Mondes*, 42(1862), p.905.

전역에 걸쳐 절벽이 둘러치고 있는 좁다란 계곡에서는, 사막의 모래가 유로를 통해 쏟아져 나오는 것 같은 모습을 보게 된다. 이것은 암벽에 하곡이나 기타 대규모 함몰지가 나타나는 곳이면 어디에서든 그렇다. 그래서 일반 관찰자들은 유역 전체가 척박한 토양층에 매몰될 위험에 처해 있다고 결론 짓는다. 고대 이집트인들도 이를 염려했고, 모래의 흐름을 막기 위해 협곡과 지곡의 입구를 가로질러 말린 벽돌로 만든 방호벽을 세웠다. 후대에 들어 이들 대부분의 벽은 무너져 내렸으며 그러한 침해에 대한 어떤 방비책도 수립되지 않고 있다. 이집트의 토양에 가해진 재앙의 규모와 이로 인한 미래의 위험은 지나치게 과장되었다.

나일 강 연안의 모래는 여러 사람들이 알고 있는 것처럼 바람의 영향으로 크게 높아지지 않았을 뿐더러 그렇게 많은 양이 운반된 것도 아니다. 실제로 높아졌거나 기류에 의해 굴러가다가 마침내 퇴적된 모래 가운데 상당량은 석회질로 되어 있다. 그래서 쉽게 분해되든가 아니면 매우 고운 먼지의 상태로 있는데, 어느 경우에도 토양에 해롭지는 않다.

사실 아프리카와 아라비아에는 강한 바람에 멀리까지 날아갈 수 있는 미립의 넓은 규산질 모래지대가 있지만, 이는 예외적인 경우다. 대체적으로 사막의 모래의 이동은 지표면을 따라 구르는 식으로 진행된다.[4] 이집트 경계부에 남아 있는 모래는 수직적으로는 거의 상승하지 않고 그 양도 또한 적어서 4~5피트 높이의 담이라면 그 침해로부터 수세기 동안 방비하기에 충분하다. 이것은 기적보다는 진실을 알기를 원하는 보통사람의 눈으로 보아도 명확한 사실이다.

그러나 직접 지어낸 것으로 추정되는 아랍인들조차 더 이상 거론하지 않는 이야기, 즉 사막의 건조한 모래열풍인 시뭄(simoom)에 의해 오고가는 카라반들이 매몰된다는 구대륙의 우화는 기독교 세계의 상상

---

4) "Mémoire sur les dunes", p.148; *Om Klitformationen*, p.33; William P. Blake, "Geological Report", in U.S. War Dept., *Reports of Explorations and Surveys······ for a Railroad······ to the Pacific*, Washington, D.C., 1855~60, V(1856), part ii, pp.92, 230~231.

속에 너무나 보편적으로 뿌리박혀 있다. 그래서 대부분의 사막여행자들, 특히 관광을 위해 찾은 사람들은 모래폭풍에 생매장될 위험에서 가까스로 벗어날 수 있었다는 특별한 경험담을 들려주지 못한다면 자신들의 여행기를 읽는 독자들을 실망시킬 것이라 생각한다. 이런 이유 때문에 큰 사건을 기대하는 대중적인 수요를 만족시켜야만 했다.

이집트의 경지가 직면해 있는 위험을 추정하는 데 또 하나의 상황을 고려할 필요가 있다. 나일 강 유역과 경계부에서 탁월하게 나타나는 바람은 북풍으로서 연중 9개월 동안 분다고 해도 과장은 아니다. 계곡으로 불어오는 바람은 그에 맞닿아 있는 사막고원의 모래를 계곡을 가로지르지 않고 계곡의 축과 평행한 방향으로 몰아붙인다. 만일 계곡이 직선상으로 뻗어 있다면 북풍은 그 안으로 모래를 가져오지 않을 것이다. 그러나 계곡에는 굽이와 각도가 있어 바람의 방향에서 빗겨난 곳이면 어디에서나 사막평원을 휩쓸고 온 모래바람이 들어온다. 그러나 시간이 지나면서 바람은 구퇴적층의 튀어나온 부분을 크게 침식하며, 북풍 또는 남풍이 계곡으로 불어 들어오는 상황에서 대규모 집적은 이루어지지 않는다.[5]

수에즈 운하

이상의 생각은 사막의 모래가 표류함으로써 수에즈 운하를 막아버릴지도 모른다는 가상의 위험에도 똑같이 적용된다. 해협을 관통하는 바람은 거의 예외 없이 북쪽에서 불어오며 날아다니는 모래를 오랜 옛날부터 남김없이 휩쓸어갔다. 홍해와 나일 강 사이의 고대 운하의 흔적은 수에즈로부터 상당히 먼 곳까지 쉽게 쫓아갈 수 있다. 일부 사람들이 두려워했고 또 다른 사람들은 그렇게 되기를 희망했던 것처럼 해협 위로 날아오는 모래바람이 강력했더라면 몇 세기 전에 아마도 그 흔적들

---

5) Karl Friedrich Naumann, *Lehrbuch der Geognosie*, Leipzig, 1862, II, p.1173.

은 지워졌을 것이고 팀사와 비터 호수는 묻혔을 것이다.

이례적으로 운하를 따라 불어오는 동풍 및 서풍에 실려온 그리 많지 않은 양의 입자는 조림과 그 밖의 간단한 방법을 통해 막을 수 있거나 아니면 준설을 통해 제거할 수 있다. 이 대사업에 수반되는 실제적인 위험과 난관은 운하를 조성하는 과정에서 제거되는 토양의 특성에 있다. 특히 남쪽 끝에서는 홍해의 조수에 의해 그리고 북단에서는 바람의 작용에 의해 계속해서 모래가 집적된다는 데 있다. 두 바다에서는 연안으로부터 수 마일에 걸쳐 수심이 얕다. 그렇기 때문에 그러한 지역에서 깊은 수로를 파내고 쉽고 안전하게 접근할 수 있는 항구를 유지한다는 것은 현대의 기술자들이 실질적인 해결책을 찾아내기에 가장 어려운 문제 가운데 하나임이 틀림없다.

이집트의 모래[*]

북풍에 의해 이집트에 떨어지는 모래는 사막에서 온 것이 아니라 생각하지 못했던 전혀 다른 원천, 즉 바다에서 온 것이다. 지중해가 상당히 많은 양의 모래를 나일 강 하구 및 하구와 하구 사이로 밀어 올리며, 모래는 지중해 남쪽 해안 거의 전 구간에 걸쳐 바람의 세기와 물질공급량에 따라 내륙 다양한 깊이까지 표류해간다. 그렇게 운반된 모래는 삼각주와 하천 양안 및 하상의 점진적인 상승을 가져온다. 그러나 하상이 높아지는 만큼 연례적인 범람수위 또한 상승하며 하천의 경사가 완만해질 때 유속은 줄어들고 부유상태로 운반 중인 진흙의 퇴적은 결과적으로 증대된다. 따라서 서로 반대방향으로 움직이는 바람과 물은 합세하여 공동의 결과물을 만들어낸다.

범람시에 하천수위보다 더 높게 삼각주와 경작지로 날려온 모래는

---

[*] 동일한 제목이 이미 앞에서 나온 바 있는데 저자의 착오로 중복된 듯하다. 수록된 내용은 전혀 다르다.

하천이 운반한 기름진 흙으로 덮이거나 섞여 있으며 그로 인한 어떠한 피해도 없다. 물이 진정되고 난 다음에 모래는 바로 그 지면으로 퍼진다. 경작을 위해 토양을 갈아엎기 전이나 홍수에 잠기지 않은 짧은 기간 동안에는 물이 퍼져 나간 만큼 지표면에 얇은 막을 형성함으로써, 해마다 발생하는 범람에 의해 퇴적된 일련의 진흙층을 가르고 구별 짓는다. 해변 위를 불어가는 바람에 실린 입자는 도약하거나 지면을 굴러 위쪽으로 이동하는데, 바람이 일시적으로 정지한다든가 식생 또는 그 밖의 장애물이 앞을 가로막을 때까지 계속된다. 시간이 지나면 돌출한 바위, 건축물, 또는 바람의 힘을 꺾을 만한 여타 장애물 배후의 그늘진 곳에 입자들이 대규모로 집적된다.

이러한 사실에서 우리는 이집트의 스핑크스를 포함한 인근의 많은 고대 기념물들을 매장시킨 모래바람에 대한 진정한 해명을 찾는다. 이미 지적한 바와 같이 이들 모래는 사막이 아닌 바다에서 주로 나온 것이며, 이동해온 거리를 감안하면 오랫동안 쌓여 이루어진 것이 분명하다. 이집트가 번영을 구가하던 대왕국이었을 때에는 기원지가 사막과 바다 어디가 되었든 모래의 피해로부터 영토를 보호하려는 조치가 취해졌다. 그러나 이집트의 많은 종교적 기념물을 파괴한 외부의 정복자들은 공공시설을 하나도 남기지 않았으며, 물리적인 훼손과정은 일찍이 페르시아가 침입할 당시부터 시작되었다.

이집트의 역대 군주로 하여금 수로를 비롯한 기타 관개설비를 유지하도록 만들었던 절박한 필요성은 밀려오는 모래와 관련해서는 전혀 감지되지 않았다. 모래의 이동속도가 너무 느려 어느 한 집권기 동안에는 거의 알아차릴 수 없었고, 오랜 경험에 비추어 범람에 따른 자연스러운 결과로서 대체적으로 유역 내 토양이 사막을 침범할지언정 사막에 직면해 후퇴하는 양상은 아니었기 때문이다.

다수의 아시아 사막뿐만 아니라 리비아의 오아시스는 안전책을 가지고 있지 못하다. 모래는 오아시스를 빠르게 침범하고 있다. 그리하여 인간이 피압수 우물이나 조림 또는 그 밖의 효율적인 수단을 통해 이

가공할 만한 힘을 가진 적이 진격해오는 것을 제어함으로써 황무지로 둘러싸인 고립된 섬들을 완전한 파괴에서 구해주지 못한다면, 얼마 가지 않아 곧 삼켜버릴 태세다.

어떤 경우에는 집적된 모래가 바다의 파괴력에 대한 보호책으로서 유익하다. 그러나 이들 물질의 이동은 인접 지역과 특히 인간활동에 치명적이며, 따라서 문명국가에서는 그 확산을 막기 위한 조치가 취해진다. 하지만 이는 인구규모가 크고 사람들이 계몽되어 있으며, 토양이라든가 인위적인 시설의 설치와 개선이 지니는 가치가 심대할 때에만 달성될 수 있다. 따라서 아프리카와 아시아의 사막 그리고 그에 인접한 정착지에서는 대개 모래의 이동을 방지하기 위한 어떤 노력도 하지 않는다. 일단 경지, 주택, 샘, 또는 관개수로가 매몰되거나 막히면 생존을 위한 어떠한 몸부림도 없이 해당 지역은 버려지고 영원토록 황폐한 상태로 남게 된다.[6]

사구와 사막평원

유럽과 미국의 지리에서는 두 가지 형태의 사막퇴적층이 특히 중요하다. 하나는 이동성향을 가진 해안의 모래언덕을 일컫는 사구고, 다른 하나는 내부의 황량한 모래평원이다. 해안사구는 파랑에 의해 심해로부터 쓸려온 모래로 구성되며 바람의 힘으로 둔덕과 능선을 이룬다. 평원을 덮고 있는 모래는 평원이 물에 잠겼을 때 쌓였고, 때로는 바람에 의해 해안에서 떨어져 나와 흩뿌려졌으며, 때로는 흐르는 물에 운반되었던 것 같다. 마지막 두 경우에서 비록 퇴적물의 양은 방대하지만 범위는 상대적으로 좁고 분포도 불규칙하다. 반면, 첫 번째 상황에서는 상당히 넓은 지면 위에 고르게 퍼져 있다. 어떤 형태가 되었든 이들 거대한 모래퇴적층에서는 규산질 입자가 주를 이룬다. 규산질 암석이 분

---

6) Charles A. Laurent, *Mémoires sur le Sahara oriental*, Paris, 1859, p.14.

해되어 현장에 그대로 남아 있는 것이 아니라면 모래는 다른 광물입자 및 동식물성 유해와 다소간 섞여 있고,[7] 퇴적 후 접하게 되는 온도와 습기의 가변적인 상황에 따라 조성이 약간씩 변화하는 경향이 있다.

뒤에 든 요소, 즉 동식물 유해의 비율이 커 물체 내부에 어느 정도의 접착력이 생성되어 더 이상 모래로 불릴 수 없는 상태가 되지 않는 이상 퇴적층은 척박할 수밖에 없다. 물기가 없고 철이나 석회 또는 그 밖의 접합제에 의해 부분적으로 교결되지 않고 그 위에 퇴적되는 충적물질에 의해 제한되지 않는 한, 대부분의 경우 모래퇴적층 위에 성기게 자라면서 모래를 잡아두고 있는 식생군락이 우연찮게 깨졌을 때에는 언제라도 이동하려는 성향을 보인다.

인간의 노력을 통해 이동성 사구를 고정시켰을 뿐만 아니라, 진흙과 점성을 지닌 그 밖의 흙을 광활한 모래평원의 상부 토층과 섞어주고 비료를 주입함으로써 식생이 풍부해질 수 있게 되었다. 후자의 과정은 지리학이 아닌 농업의 영역에 속하며, 따라서 지금 다루고 있는 주제의 범위를 벗어난다. 그러나 푸석해져서 이리저리 움직이는 황량한 모래의 황무지를 울창한 숲으로 덮인 언덕과 평원으로, 그리고 마지막으로 부식을 집적시킴으로써 경작지로 변환시키는 예비적 조치는 농업에 선행하는 자연의 정복, 즉 지리적 혁명을 구성한다. 따라서 그러한 변화를 초래하는 수단에 대한 설명은 자연지리의 두드러진 특징에 미치는 인간의 영향에 관한 역사에 속한다.

다음으로 나는 사구의 구조를 조사해보고, 사구를 해침에 대한 자연적인 방벽으로서 한편으로는 유지하고 확대시키며, 또 한편으로는 그의 이동하려는 속성을 제어하여 경지와 거주지에 침입하려는 것을 방지하기 위해 애쓰면서, 인간이 사구를 상대로 하여 펼치는 전쟁에 대해

7) W.C. Wittwer, *Die Physikalische Geographie*, Leipzig, 1855, p.142; Johann Georg Forchhammer, "Geognostische Studien am Meeres-Ufer", in K.C. von Leonhard and H.G. Bronn, eds., *Neues Jahrbuch für Mineralogie, Geognosie, Geologie und Petrefakten-Kunde*, Stuttgart, 1841, pp.1~38.

설명하고자 한다.

해안사구

　해안사구는 길게 늘어선 능선 또는 원형의 구릉으로서 파랑에 의해 해변으로 쓸어 올려진 모래 위로 부는 바람의 작용에 의해 형성된다. 대부분의 해안에서 사구를 형성하는 모래는 조수에 의해 공급된다. 밀물의 유동은 훨씬 빠르고 따라서 썰물에 비해 운반력이 훨씬 크며, 물과 함께 굴러온 무거운 입자가 부여하는 추진력에 힘입어 파랑의 유동 범위를 넘어서까지 운반하려는 속성을 가진다.

　밀물과 썰물의 교체기에 물은 한동안 정체상태로 있다가 떠다니는 상당량의 고체물질을 쌓아놓는다. 따라서 모래로 깔린 바닥을 조수가 왕래하는 모든 저지대 해안에서는 고수위선을 따라 모래퇴적층이 형성되기에 유리한 몇 가지 조건이 존재한다.[8] 만일 해풍에 비해 육풍이 빈도, 지속시간, 강도의 측면에서 우월하다면 물러가는 파랑이 남기고 간 모래는 바다 쪽으로 운반될 것이다. 그러나 만일 탁월풍이 반대방향으로 향한다면 고지대, 식생, 그 밖의 장애물에 가로막히지 않는 이상 모래는 파도가 미칠 수 있는 가장 높은 지점 밖으로 벗어나 내륙 안쪽 깊은 곳으로 계속해서 운반될 것이다.

　조수는 사구를 형성하는 모래의 집적을 위한 일상적인 조건은 될지언정 결코 필요조건은 되지 못한다. 발트 해와 지중해는 조수의 활동이 거의 없는 바다지만, 발트 해의 러시아와 프로이센 해안 그리고 지중해의 나일 강 하구 및 기타 여러 지점에는 사구가 존재한다. 고대인들에게 대·소 시르티스라 알려진 지중해의 광활한 사주의 성인은 해양이다. 지중해는 지금도 심해에서 올라오거나 때로 해안에서 소량으로 불

---

8) "Geognostische Studien", p.3; R.U. Piper, *Trees of America*, Boston, 1858, p.19.

려온 모래에 의해 메워지고 있으며, 아마도 머지않은 장래에 사구로 뒤덮인 건조지대로 바뀔 것이다. 카스피 해 동쪽 해안과 미시간 호 남부, 정확히 말해 남동단에도 넓은 범위에 걸쳐 사구가 자리한다.[9]

미시간 호의 경우 이전에는 남동 방향으로 훨씬 확장되어 있었지만 북서풍의 영향으로 얕아져 마침내 그 남부는 육지로 변해왔다. 바람은 연중 대부분의 기간 동안 호수 위를 불어가며 물을 남쪽으로 흐르게 했고 호수 밑바닥에서 모래를 끌어올려 호안으로 밀어붙였다. 그쪽에서 매번 바람이 불어올 때마다 미시간 시 해변에서 모래가 없어졌다. 그리고 몇 시간씩 계속되는 질풍이 지나간 다음에는 마치 겨울바람에 쌓인 눈꽃화환과 같이 담장 북쪽에 형성된 모래언덕을 찾아볼 수 있다. 일부 입자는 반대방향으로 부는 바람에 날려 되돌아가지만, 대부분은 사구 상부와 뒤편, 호숫가의 습지 등에 그대로 남거나 식생에 가로막혀 항구적으로 고도를 높여가는 경향이 있다. 한쪽 방향으로 부는 해풍에 의해서도 그와 유사한 결과가 발생하며, 조석의 유무에 관계없이 바람의 영향이 탁월한 모든 저지대 해안에서는 사구가 형성된다.

조바르(Jobard)는 일반적인 상황에서 조수가 발생하지 않는 나일 강 하구에서의 진행방식에 대해 다음과 같이 설명했다. "파도가 부서지면서 거의 감지하기 어려운 가는 모래를 직선상으로 퇴적시킨다. 다음번에 밀려오는 파랑 역시 모래를 싣고 와서 전진해가는 선을 약간 더 올려놓는다. 입자는 바닷물의 영향권에서 한참 벗어나자마자 타오르는 태양 아래서 건조되며, 즉각적으로 바람에 실려 내륙 안쪽으로 굴러 운반된다. 자갈은 파랑에 밀려오지 않으나 가는 모래의 크기로 줄어들 때까지 앞뒤로 굴러다니며, 그렇게 만들어진 세사는 육지로 밀려와 바람에 날린다."[10]

이상의 설명은 물과 바람의 일상적인 작용에만 해당되며, 바람과 파

---

9) Graham, *A Lunar Tidal Wave in the North American Lakes*, Cambridge, Mass., 1861.

10) Staring, *De Bodem van Nederland*, I, p.327n.

도의 힘이 증대됨에 따라 모래의 양과 해변으로부터 이동하는 입자의 크기는 증가한다. 물론 육지방향으로 불어오는 폭풍은 해안에서의 모래의 집적을 눈에 띌 정도로 돕는다.

사주

진정한 의미의 사구는 일반적인 고수위보다 높은 마른 땅에서 발견되며, 경사가 완만한 해안에 미치는 바람의 작용에 의해 고도와 구조가 결정된다. 그렇지만 사구와 매우 흡사한 모래더미는 해안으로부터 어느 정도 떨어진 바다 밑에서 파랑의 진동에 의해 형성되어 사주라는 이름으로 잘 알려져 있다. 사주는 단순한 언덕모양이라기보다는 오히려 능선에 가까운 퇴적물로서 경사가 완만하며 바다 쪽 비탈이 급한 것이 특징이다. 고도가 낮고 조금 더 연속적이라는 점에서 사주는 사구와는 형태가 조금 다르다. 예를 들어 암룸 섬 서부 해안에는 정상부를 기준으로 서로 수마일의 간격으로 늘어선 3열의 사주가 있다. 따라서 사주 자체의 폭, 그들 사이의 공간, 지상의 사구지대의 넓이 등을 포함해 해안상에서 모래가 이동하는 지대는 아마도 8마일은 될 것이다.

보편적인 상황에서 사주는 항시 육지 쪽으로 전진하며, 사구의 구성물질을 공급하는 창고가 된다. 사실 사구는 수중의 사주를 건조한 대지로 옮겨온 것이라 하겠다. 그들의 형성법칙은 매우 비슷하다. 왜냐하면 각각을 집적시키고 형성하는 두 가지 유동체의 작용이 단단한 물체의 느슨해진 입자에 적용될 때 너무나도 흡사하기 때문이다. 사실 무겁고 탄력이 적은 물이 천천히 그리고 비교적 규칙적으로 움직일 때와, 가볍고 탄력적인 공기가 급작스럽고 단속적으로 충격을 가할 때는 서로 판이한 방법으로 입자에 영향을 미치는 듯하다. 그러나 바람의 속도는 느린 파도와 유사한 기계적인 힘을 바람에 부여하는 것 같다.

사구의 구조를 특징 짓는 모든 현상을 설명하는 것이 아무리 어렵다 하더라도 그 현상을 관찰해보면 물에 잠겨 있는 사주와 거의 유사하다

는 것을 입증할 수 있다. 형태의 차이는 대체로 육상의 사구의 경우 그
것이 쌓이는 지표면에서의 사건과 사고가 극히 다양하며 풍향의 변화
가 더 빈번하고 범위 또한 넓다는 데 기인한다.

미국 해안의 사구

미국 대서양 해안의 탁월풍인 서풍과 연안풍은 사구의 형성에 불리
하다. 비록 해류가 많은 양의 모래를 모래톱의 형태로 해안에 몰고 오
지만 규모가 작은 다른 곳에 비하면 대서양 연안에는 그만큼 사구가 적
다. 하지만 매우 중요한 예외들도 있다. 조수의 작용으로 롱아일랜드
및 그보다 남쪽에 있는 연안의 해변은 물론 뉴잉글랜드 해안 일부 지점
에 많은 모래가 운반됨으로써, 유럽의 것과 유사한 사구가 형성된다.
미국 태평양 연안에도 광활한 사구가 존재하고 샌프란시스코에서는 사
구가 도시의 도로에 맞닿을 정도다.

미국의 사구는 국가의 역사와 비교해 연대가 오래며, 사구가 위협하
거나 때로 보호해주는 토양은 일반적으로 가치가 거의 없다. 이 때문에
사구의 침입을 저지한다거나 보호기능을 수행하는 사구의 파괴를 막을
수 있는 조치에 많은 경비를 할애하는 것이 정당화되지 못한다. 따라서
사구의 규모와 지리적인 중요성은 매우 크지만 내가 보기에 특별한 관
심의 대상이 될 만큼 인간생활에 직접적인 관련을 가지고 있지는 않다.
또한 내가 아는 한 사구의 형성과 이동을 설명하는 법칙을 미국의 관찰
자가 독창적인 연구주제로 삼았던 적은 없다.

서부 유럽의 사구

반면, 유럽 서부 해안에서는 사구의 이동에 따른 파괴와 함께 종종
그의 훼손에 의한 심각한 결과로 인해 사구는 정부와 과학자로부터 진
지한 관심을 받아왔다. 그리하여 근 한 세기 동안 인간의 통제 아래 두

기 위한 보존적이고 체계적인 노력이 경주되었다. 그 문제는 덴마크와 인접한 여러 공작령, 프로이센 서부, 네덜란드, 프랑스에서 진지하게 연구되었다. 그 나라들은 사구의 이동을 방지하고 사구 자체와 사구가 보호해주는 경지를 해침으로부터 안전하게 조처할 수 있는 방법에 대한 실험을 통해, 상당 부분 유사한 해안개발 체계를 관계국이 채택하도록 했다. 숲과 마찬가지로 사구를 다룬 특별한 문헌이 있고, 사구와 사구를 진정시키기 위해 동원된 과정을 설명한 책과 비망록에는 과학적인 흥미와 더불어 실질적인 지침으로 삼을 만한 내용들이 가득하다.[11]

사구의 형성

사구의 형성을 주관하는 법칙은 다음과 같이 다양하다. 우리는 이미 특정 상황에서 모래가 수심이 얕은 바다와 호숫가의 고수위 면 위쪽에 쌓인다는 것을 살펴보았다. 모래는 분무나 모세관 인력에 의해 젖은 상태로 유지되는 한 기류에 요동되지 않는다. 그러나 파도가 멀리 물러가 건조해지는 즉시 바람에 휘둘리어 돌, 식생, 그 밖의 장애물에 포획될

---

11) Brémontier, "Mémoire sur les dunes"(1790), pp.145~186; Gillet-Laumont, Tessier, and P.C. Chassiron, "Rapport sur les différents mémoires de M. Brémontier"(1806), reprinted in *Annales des Ponts et Chaussées*, 5(1833), pp.192~224; F. Lefort, "Notice sur les travaux de fixation des dunes", *Annales des Ponts et Chaussées*, 1(1831), pp.320~332; Forchhammer, "Geognostische Studien am Meeres-Ufer", pp.1~38; J.G. Kohl, *Die Marschen und Inseln der Herzogthümer Schleswig und Holstein*, 3 vols., Dresden, 1846, II, pp.112~162, 193~204; Laval, "Mémoire sur les dunes du Golfe de Gascogne", pp.218~268; G.C.A. Krause, *Der Dünenbau auf den Ostsee-Küsten West-Preussens*, Berlin, 1850; Staring, *De Bodem van Nederland*, I, pp.310~341, 424~431; Staring, *Voormaals en Thans*, Haarlem, 1858; Andresen, *Om Klitformationen*; Louis Gervais Delamarre, *Historique de la création d'une richesse millionnaire par la culture des pins*, Paris, 1827; Amédée Boitel, *Mise en valeur des terres pauvres par le pin maritime*, 2nd ed., Paris, 1857; J. von den Brincken, *Ansichten über die Bewaldung der Steppen des Europäischen Russlands*, Brunswick, 1854.

때까지 완만한 해변을 거슬러 올라가며 사구의 토대를 구성하기 위해 집적된다. 그렇게 창출된 상승 폭이 미미하다 할지라도, 사구는 해안 쪽 비탈을 거슬러 올라온 모래알갱이의 전진을 저지하거나 지체시키고 계속되는 바람의 영향으로부터 정상부를 지나 그 뒤로 넘어서 떨어진 입자를 보호하는 데 도움을 준다.

만일 사빈의 경계선 위쪽 해안이 완전히 평활하고 직선상의 형태를 취하며, 그 위에 자라는 풀과 덤불의 크기가 같고 파도에 의해 밀어 올려진 모래의 분포 및 입자의 크기와 무게가 균일하다면, 그리고 바람의 작용이 항상적이고 규칙적이라면, 고도와 단면이 동일한 연속적인 모래톱이 형성될 것이다.

그러나 그와 같은 일정한 조건은 어디에도 존재하지 않는다. 모래언덕은 굽었고 끊겼으며 고도가 일정하지 않다. 때로는 식생이 자라지 않고 때로는 구조와 크기가 다른 식생으로 덮여 있다. 경사면을 타고 올라간 모래는 양도 특징도 다르다. 그리고 바람은 방향을 바꾸며 질풍이 되기도 하고 회오리를 형성했다가 종종 골을 이루며 불기도 한다. 이 모든 요인으로 인해 균일한 구릉지 대신 불규칙한 일련의 사구가 솟아오른다. 당연히 예상할 수 있듯이 이들의 형태는 피라미드 또는 원추의 모습을 띠며, 같은 물질로 구성된 어느 정도 연속적인 능선으로 바닥이 서로 연결되어 있다.

해안이 후퇴하는 곳에서는 보다 안정된 해안에 비해 사구가 그리 높게 발달하지 않는데, 최대 규모에 도달할 수 있는 시간적 여유를 가지기 전에 침식되거나 이동하기 때문이다. 따라서 프랑스 남서부의 안전한 지점에는 높이가 300피트를 넘는 사구가 있는 반면, 프리지아 제도와 슐레스비히홀슈타인 해안 노출부의 사구는 단지 20~100피트의 규모에 불과하다. 아프리카 서부 해안의 사구는 때로 600피트의 높이에 달한다고도 한다. 이는 사막의 모래가 바다 쪽으로 전진하는 것으로 지리학자에게 알려진 몇 안 되는 지점 가운데 하나로서, 바로 이곳에서 모래알갱이가 바람에 날려 이동할 수 있는 최고의 높이에 도달한다.

일단 퇴적되면 사구는 부분적으로는 단순한 중력에 의해 그리고 부분적으로는 석회, 진흙, 모래와 섞여 있는 유기물의 미미한 응집에 의해서 서로 결합되고 일정한 형태를 유지한다. 그리고 모세관 인력, 저층부에서의 증발, 빗물의 저장 등에 기인해 사구는 지표면 조금 아래로 내려가면 항시 습한 상태에 있다는 것이 관찰되었다.[12] 연속적인 집적으로 사구는 점차 30피트, 50피트, 또는 100피트의 높이로 상승하며 때로는 그 이상으로 올라가기도 한다. 강풍은 고도를 높여주기보다는 표면으로부터 느슨해진 입자를 쓸어가고, 사구의 위 또는 사구와 사구 사이를 불어온 또 다른 강풍은 두 번째 사구열을 형성한다.

이상의 과정은 바람의 특성, 모래의 공급과 일관성, 지형 등에 의거하여 계속해서 반복된다. 이렇게 해서 불규칙하게 흩어져 있고 높이와 크기가 다르며 때로 폭이 수마일에 이르는 사구의 지대가 형성된다. 여러 개의 열이 나타나는 독일해의 실트 섬에서는 지대의 폭이 0.5마일에서 1마일에 달한다. 네덜란드 해안에서도 폭 2마일이 넘는 유사한 사구열이 있으며, 나일 강 하구에서는 넓이 10마일은 족히 되어 보이는 사구지대를 형성한다. 연례적인 홍수시에는 하천이 나일 강 삼각주 일부 사구의 기저부에 도달하며 석회를 함유한 강물의 침투에 의해 하부층은 규산질 석회암 또는 석회질 사암으로 변한다. 그래서 그 기원과 함께 집적 및 고화 방식이 알려진 지역에서는 암석의 구조를 연구할 수 있는 기회를 가질 수도 있다.

사구모래의 특성

스타링은 다음과 같이 말한다. "사구의 모래, 즉 사구사는 둥글둥글하고 철분 때문에 다소 색이 바래 있으며 조개껍데기 파편이 섞여 있는

---

12) Forchhammer, "Geognostische Studien", p.5n; *Om Klitformationen*, pp.106~110; Laurent, *Mémoire sur le Sahara*, pp.11~13.

석영입자로 구성된다. 이것은 실제로 작기는 하지만 육안으로는 여전히 확인할 수 있다.[13] 이들 조각들은 사구모래에 항상 섞여 있는 것은 아니며, 오베르벤에서와 같이 언덕 최정상부에서도 가끔은 발견된다. 에그몬트 인근의 킹 사구에서는 전체적으로 넓게 분포하는 거친 석회질 자갈을 이루지만, 하를렘과 바르몬트 사이의 내지 사구에서는 발견되지 않는다. 이들 파편의 존재 유무가 사구의 형성시기에 의해 결정되는 것인지, 아니면 사구가 집적되는 과정의 차이에 기인한 것인지 아직 확실하지 않다. 예를 들어 달팽이와 같은 육지생물의 껍데기가 사구면에서 다량으로 검출되고 있어 사구 내부의 많은 조개파편도 같은 종류일 가능성이 있다."[14]

콜은 사구사의 기원과 특성에 관한 감상적인 생각들을 피력한 일이 있다. 조금 인용해보면 다음과 같다. "모래는 맑고 투명한 석영으로 구성되어 있다. 모래를 쳐다볼 때마다 형언할 수 없는 찬사가 절로 나온다. 이들이 조약돌과 석영파편을 서로 부딪치게 하여 깨지게 만드는 파도의 산물이라면, 억겁의 세월에 걸쳐 이루어졌을 것이다. 경이로움으로 어찔해지는 현기증을 느껴보고 싶다면 굳이 이루 헤아릴 수 없는 크기와 거리와 수를 가진 밤하늘의 별들에 가깝게 다가서려고 노력하지 않아도 된다. 바로 이곳 지상에서 그리고 이 단순한 모래로부터 우리는 말 그대로 기적을 발견한다. 사구에 있는 모래알갱이의 수를 생각해보라. 그리고 아라비아 사막, 아프리카 사막, 프로이센 사막의 수많은 알갱이는 차치하더라도 이 드넓은 해안 위에 자리한 모든 사구를 생각해보라. 그 자체로도 수많은 생각 속의 환상을 압도하고도 남음이 있다. 이 거대한 언덕을 가루로 만들기 위해 파도는 얼마나 오랫동안 분주하게 오르내려야만 했을까!"

"이곳 해안에서 보내는 동안 나는 줄곧 손 안에 모래를 가지고 다니

13) "Mémoire sur les dunes", p.146; Andresen, *Om Klitformationen*, p.110.
14) *De Bodem van Nederlands*, I, p.323.

며 이리저리 비비고 굴리고 구석구석 살펴보았다. 또 반짝이는 알갱이를 손가락 끝에 걸쳐놓으며, 모서리, 각, 그리고 전체적인 모습이 어떻게 이렇게 만들어졌을까 나 자신에게 되물어보았다. 모래는 오래된 독일 민족, 아마도 인류의 역사보다도 더 긴 역사를 가지고 있을지 모른다. 이 모래가 모여 이루는 석영결정체는 어디에서 처음으로 생겨났을까? 무엇에 붙어 있었고 어떤 힘이 이들을 떨어뜨렸을까? 파도는 또 어떻게 작게 그리고 더 작게 부수었을까? 파도는 수없는 세월 동안 모래를 강제로 해변 위아래로 들어 올리고 굴리며 하루에도 수천 번 오고가게 했다. 그러고 나서 바람이 불어가 모래언덕을 쌓았고, 그곳에서 수세기 동안 다른 모래와 함께 놓여 있으면서 습지를 보호하고 주민들로부터 사랑을 받았다. 모래는 나중에 끈질기게 추적해온 바다에 붙잡혀 물속으로 들어가 또다시 쉴 새 없이 새롭게 춤을 추다가 바람에 날려 사구에서 안식을 찾고 해안에는 보호와 축복을 전해주었다. 모래알갱이에는 무언가 신비로움이 있고 나 자신은 급기야 알갱이 하나하나에 얽혀 그들의 운명을 주관하고 그들의 역정을 공유하는, 사라지지 않는 광채를 상상해보기도 했다. 우리 눈에 현미경을 달고 마치 작은 점이 되어 이들 사구 가운데 하나로 뛰어들 수만 있다면, 사실은 무수히 많은 작은 수정조각의 더미일 뿐인 모래언덕이 지상에서 가장 경이로운 건축물로서 우리 앞에 다가올 것이다. 태양광선은 반짝이는 힘을 가지고 이들 작은 수정조각들을 파고들 것이다. 우리는 모래알이 여러 개의 작은 면이 붙어서 만들어졌다는 것을 알아차릴 것이고 모래 자체도 많은 개별적인 입자로 구성되어 있다는 것을 발견할 것이다."[15]

모래는 사구 내부 그리고 특히 사구와 사구 사이의 와지에 집적된다. 이들은 때로 마르지 않는 샘을 배양하기에 충분한 양의 물을 저장하고 작은 영구적인 못을 형성할 만큼 광범위한 불투수층을 형성한다.

---

15) *Marschen und Inseln der Herzogthümer Schleswig und Holstein*, II, pp.200~202.

이 때문에 뿌리가 파고들어 가 결과적으로 사구 위에 심어놓은 나무가 성장하는 데, 아니면 자연적으로 흩뿌려진 씨앗이 발아하는 데 큰 장애가 된다.[16]

사구의 내부 구조

사구의 내부 구조와 입자의 배열은 조직적이지 못하고 마구잡이로 쌓여 있는 더미에 불과할 것이라는 예상과 달리 층을 이루려는 강한 성향을 보인다. 이는 지질학적으로 상당히 흥미로운 점으로, 사암에 형성된 층이 바람과 물의 작용에 기인한다는 사실을 지적해주기 때문이다. 이러한 층의 기원과 특질에는 많은 요인이 개재된다. 남서쪽에서 불어오는 바람과 기류는 사구 위에 특정 색조를 지닌 광물성분의 층을 퇴적시킨다. 그 뒤를 이어 북서쪽으로부터 불어오는 바람과 기류는 색조, 구성, 기원이 각기 다른 입자를 운반해온다.

다시 격렬한 폭풍이 크기와 비중이 매우 상이한 모래입자를 해변에 뿌리고 모래가 마른 다음에 미풍이 불어온다고 가정하면, 가벼운 입자만이 그에 실려 사구로 운반될 것이 명확하다. 어느 정도의 시간이 지난 후에 바람이 활력을 얻어 세차게 몰아치면 무거운 입자가 이동해 이미 정착해 있는 모래 위에 쌓일 것이다. 그러면 그를 따라오는 보다 강력한 질풍은 더 큰 입자를 쓸어 올려놓을 것이며, 이들 각각의 퇴적물은 층을 이룰 것이다.

폭풍에 뒤이어 모래가 건조되고 난 다음에 미풍이 아닌, 천차만별의 크기와 무게의 입자를 한꺼번에 들어올릴 만큼 강력한 바람이 따라온다면, 무거울 대로 무거워진 모래입자도 사구 위에 안착할 것이고 가벼운

---

16) Staring, *De Boden van Nederland*, I, p.317; A.F. Bergsøe, *Geheime Stats-Minister Greve Christian Ditlev Frederik Reventlovs Virksomhed*, Copenhagen, 1837, II, p.11; Forchhammer, "Geognostische Studien", p.13.

모래는 더 멀리 날아갈 것이다. 이러한 과정을 거쳐 조립질 모래층이 형성된다. 혼합층에서 무거운 물질은 요동하지 않은 채 그대로 남고 가벼운 입자만이 날려갈 때에도 그와 동일한 결과를 낳을 수 있다. 층을 이루는 또 다른 요인은 연속적인 퇴적층 사이에 낙엽이나 기타 식물유해로 구성된 얇은 층이 간간이 삽입되는 데에서 찾을 수 있다.

사구 사이를 불어오는 강한 회오리 바람 또한 모래층의 교란과 재배열을 야기한다. 페트라에 있는 사암층의 두께가 불규칙하고 이상하게 비틀려 있는 것도 아마 그와 같은 이유 때문일 것이다. 포르히하머(Forchhammer) 교수가 신기한 눈으로 관찰한 세이르 산의 사암구조는 또 다른 특성을 설명해준다. 그는 유틀란트의 검은 티탄 철이 중간에 섞여 있는 노란색 석영질 모래로 구성된 사구에 대해서 기술한다. 바람이 사구 위를 불 때에는 간단히 말해 물결과 같이 이랑과 고랑을 판다. 모래물결의 능선부는 가벼운 석영입자로 구성되며, 무거운 철은 그 사이의 저지대로 굴러 내려감으로써 사구 전체의 표면은 마치 가느다란 검은색 망으로 덮인 것처럼 보인다.

사구의 형태

사구의 바다 쪽 비탈은 변덕스러운 해풍에 노출되어 있기 때문에, 바람을 등지고 있어 입자의 배열을 교란시키는 영향을 적게 받는 육지 쪽 비탈에 비해 형태가 불규칙하다. 따라서 바람맞이 사면의 층은 조금은 뒤섞여 있는데 반해 그 반대쪽은 육지를 향해 약간 기울어지고 자체의 무게 때문에 무거운 입자가 가장 밑에 깔린 규칙적인 층을 이룬다. 중력의 법칙에 따라 퇴적된 모래로 형성된 바람그늘의 사구비탈면은 경사가 매우 균등하다. 포르히하머에 따르면 수평면과는 30도 전후의 각도를 유지하지만, 노출된 불규칙한 풍화사면의 각도는 5도에서 10도에 걸쳐 있다. 하지만 사구 바깥쪽 열이 파도의 직접적인 작용을 받을 정도로 수면 가까이에 형성되어 있을 때에는 침식을 받으며, 사구면은 매우 가팔라 때로 절벽에 가까울 정도다.

사구의 지질적 중요성

이상의 관찰과 보다 세심한 현장연구를 통해 발견할 수 있는 그 밖의 사실들은, 현재 사구가 형성되어 있는 곳과는 너무도 다른 지역의 지층과 관련된 흥미로우면서 중요한 문제에 판단을 내리는 단서를 제공해줄 것이다. 예를 들어 슈투더(Studer)는 아프리카 사막의 이동성 사구의 경우 원래는 해안사구였으나, 식생으로 덮이지 않은 모든 사구가 경험하는 바람그늘 비탈방향으로의 회전운동에 의해 내륙 깊은 곳 오늘의 위치까지 이동했다고 가정했다. 현재 사막에서 진행 중인 모래의 전반적인 이동방향은 남서쪽과 서쪽을 향해 있는데, 이는 탁월풍이 북동풍과 동풍이라는 뜻과 같다.

그러나 북아프리카 서부 해안의 사주와 해안의 모래가 통상적인 방식에 따라 대서양 해저로부터 온 것인지 아니면 그 반대의 과정을 통해 사하라 사막에서 온 것인지는 분명하지 않다. 앞에서 이미 지적했듯이 아마도 후자가 사실에 가까울 것 같지만 결론을 내려줄 만한 관찰결과는 없다.[17] 지중해에서 리비아 해안으로 밀려와 남쪽과 서쪽으로 바람에 날려 현재와 같은 넓은 공간을 덮고 있다는 가정도 허황되어 보이지는 않는다. 그러나 기원과 이동이야 어찌되었건, 나일 강 하구의 사구사에 의해 형성된 것을 포함해 사구모래는 그간 전진해왔다는 것을 알려줄 만한 사암으로 된 기념물 몇 가지를 이동로 위에 남겨놓았다. 그리고 이동성 모래와 그에 의해 형성된 역암이나 사암의 특성은 기원, 출발점, 바다로부터 멀리까지 이동해온 경로에 관한 충분한 증거를 제공한다.[18]

---

17) Naumann, *Geognosie*, II, p.1172.
18) "Geognostische Studien", pp.8~9; *Mémoire sur le Sahara*, p.12.

만일 해안사구의 모래가 스타링이 설명한 대로 주로 원마도가 높은 석영입자, 조개껍데기, 그 밖의 안정된 물질로 구성되었다면, 사암이 접착된 상태에 있다 하더라도 그것이 해안의 모래로 이루어진 것임을 알아낼 수 있다. 이 암석의 조직은 감지할 수 없을 만큼 입자가 고운 것에서 굉장히 거친 것까지 다양하여 구조를 세밀하게 관찰하는 데 편리하다. 예를 들어 숫돌로 사용되는 사암의 입자는 무척 날카로운데, 입자의 각도가 너무 무딘 사암은 강한 금속을 대상으로 거의 작업할 수 없다. 앞의 사암은 붕괴되었다가 다시 고화된 암석의 입자로 구성되며 중간에 많이 굴러다니지는 않았다고 하겠고, 뒤의 사암은 오랫동안 바닷물에 떠다니다가 육풍에 의해 이동해온 모래로 구성된다.

사실 가벼운 물체에 가해지는 바람의 추진력과 물의 회전력에 의한 효과는 너무 유사해 구별해내기 어렵다. 그러나 결국은 짠 바닷물이 토해놓고 바람이 다시 오랫동안 내던졌던 입자로 구성된 사암과, 기계적인 힘으로 분쇄되었거나 열로 붕괴되었다가 유수의 작용을 거의 받지 않은 상태로 다시 굳어진 암편을 구성요소로 하는 사암은 구조가 동일할 수 없다.[19]

내륙의 사구

내륙사구와 해안사구 사이에 존재하는 구조적 차이점을 지적한 몇 가지 진술을 접한 적이 있는데, 이들 각각의 사구로부터 형성된 사암에서 그 점을 확인할 수 있을 것이다. 안데스 산맥과 태평양 중간의 아메리카 대사막에서 마이엔(Meyen)은 완전한 갈고리 모양의 모래언덕을

19) C.C. Parry, "Geological Reports", *Report of the United States and Mexican Boundary Survey*, 34 Cong., 1 Sess., H. Ex. Doc.135, Washington, D.C., 1857, I, part ii, p.10; Blake, *Explorations for a Railroad······ to the Pacific*, V, part ii, p.120; William P. Blake, "Report on the Geology of the Route", II, p.20.

발견했다. 높이는 7~15피트, 호의 길이는 20~70보 정도였다. 볼록사면의 경사는 매우 작은 것으로 설명되었고, 오목사면은 70~80도로 매우 컸으며, 표면에는 물결문양이 만들어져 있었다. 그보다 작은 사구는 관찰되지 않았고 형성 중인 것도 찾을 수 없었다. 오목사면은 한결같이 북서쪽을 향해 있었으며 예외적으로 사막중앙부에서는 100~200보의 거리를 두고 점차적으로 서쪽으로 열렸다가 다시 서서히 원래의 방향으로 돌아왔다.

뢰픽(Pöppig)은 사막에 있는 초승달 형태의 것을 이동성 사구, 원추형의 것은 고정된 사구로 보았는데 모두 메다노스(medanos)로 불린다. 그는 다음과 같이 밝힌다. "메다노스는 모래가 작은 언덕을 이룬 것으로서 어떤 것은 밑바닥이 고정되어 있고 어떤 것은 느슨하다. 항상 초승달 모양을 하고 있는 전자의 것은 높이가 10~20피트에 달하며 정상부가 날카롭다. 내부 비탈면은 거의 수직에 가깝고, 바깥쪽 활모양의 비탈면은 아래로 굽어지는 가파른 경사각을 이룬다. 폭풍에 끌리게 될 때 메다노스는 평원을 빠르게 통과한다. 작고 가벼운 것은 큰 것에 비해 앞으로 빠르게 전진하지만 이내 추월당해 짓눌리고 마는데, 이때 큰 것 자체도 충돌로 인해 부서진다. 이들 메다노스는 온갖 특이한 형태를 띠며, 때로는 헤치고 나가기 어려운 미로를 형성하면서 열을 지어 평원을 따라 이동한다. ……평원은 가끔 한 열의 메다노스로 덮인 것처럼 보이고 며칠이 지난 후에는 다시 평평하고 균일한 형태를 되찾는다."

"밑바닥이 고정된 메다노스는 평원에 산재해 있는 바위덩어리 위에 형성된다. 모래는 바람에 날려오며, 올라갈 때까지 오른 다음에는 반대편 비탈로 하강하고, 그 뒤를 이어 같은 경로를 거쳐온 모래에 덮여 점차적으로 원추형의 언덕으로 솟아오른다. 날카로운 정상부를 가진 일련의 모래언덕, 즉 사구열은 모두 동일한 방식으로 형성된다. ……남쪽 비탈면에서는 한낮의 돌풍에 의해 저 멀리까지 이동한 많은 양의 모래가 발견된다. 북쪽 비탈면은 남부에 비해 가파르지 않고 모래로 얇게 덮여 있다. 바다에서 약간 멀리 떨어진 사구열이 안데스 산맥과 평행선을 그리며 다시 말해 남남동에서 북북서 방향으로 확대된다면, 서쪽 비탈면에서는 남풍과 쉴 새 없이 교차하는 남동풍에 의해 그 아래에 자리한 평원으로 모래가 끌려가 버려 전체적으로 남는 것이 거의 없다."[20]

이상의 설명을 마이엔의 그것과 절충하기란 어렵다. 그러나 이들 두 명의 관찰자가 제시한 내용 가운데 어느 쪽이 되었든 정확성에 대한 확신이 서게 된다면, 문제가 된 모래언덕의 형성은 해안사구의 구조를 결정하는 것과는 판이한 법칙에 의해 지배됨이 틀림없다. 미 해군의 길리스(Gillis) 대령은 페루 사막의 사구가 마이엔이 서술한 것처럼 대체로 초승달 모양인 것을 알아냈다. 그와 유사한 구조가 에스타카도 평원상의 내륙사구와 함께 마이엔이 설명한 것과는 높이와 규모에서 월등한 북미 사막 고원지대 내륙사구의 특징이라고 한다. 해안사구와 내륙사구 간에 존재하는 형태상의 차이에 대한 명확한 설명은 현재로서는 없으며 조사해볼 만한 가치가 충분하다.[21]

사구의 연령, 특성, 지속성

거대한 사구열의 기원은 역사시대 이전으로까지 소급된다. 많은 해안에는 분명 시기가 다른 여러 개의 독립된 사구열이 존재하며 상대적으로 상이한 바다와 육지의 상황에서 형성된 듯하다.[22] 몇몇 경우에 가장 오랜 사구가 만들어진 이후 해안선이 융기해 내륙사구가 되었으며, 연대가 짧은 사구열은 해저면이 상승함으로써 육상으로 노출된 신생사빈을 거슬러 올라온 것이다. 그 최초의 집적방식에 대해 우리가 알고 있는 바는, 인간의 도움을 받거나 도움 없이 해안사구가 새롭게 형성되

---

20) *Travels in Peru, 1838~1842*, trans. Thomasina Ross, new ed., New York, 1848, pp.171~172.

21) *Om Klitformationen*, pp.84~86; Laval, "Mémoire sur les dunes de Gascogne", p.220.

22) Krause, *Der Dünenbau*, pp.8~11.

는 그리 흔치 않은 상황에서 진행되는 바람과 물의 작용을 관측해서 얻어낸 것이다. 그리고 외곽의 사구열이 바다에 의해 파괴되고 뗏장으로 덮인 고사구면이 붕괴되어 아래층이 대기 중에 노출되었을 때 해안 안쪽에 새로운 사구를 조성하는 바람의 독자적인 영향 등을 관찰해 얻어진 것도 있다.

보다 흥미로운 질문은 대부분의 사구에서 식생피복이 벗겨진 상황이 어느 정도 인간의 무분별한 행동에 기인하느냐 하는 것이다. 프랑스 서부에는 오래되고 빽빽한 숲으로 뒤덮인 광범위한 사구열이 있다. 그렇지만 이로부터 바다에 이르는 중간지점에 최근 형성된 사구에서는 식생을 찾아볼 수 없다. 또한 이 사구가 삼림이 정착해 있는 사구로 급속하게 전진해 매몰시키려 위협하고 있다. 신·구사구 간에는 구성물질이나 구조에서 큰 차이를 발견할 수 없다.

그러나 최근에 형성된 사구에는 숲이 없고 이동성인 반면, 오래된 사구에는 식생이 정착해 있고 고정된 상태다. 골 지역에서는 원주민들이 인위적으로 모래를 차단하고 조림작업을 했던 것으로 추정된다. 이동성 사구의 연간이동률에 대한 계산에 기초해 라발(Laval)은 5세기에 그와 같은 사업이 철회되었다고 보고 있다.[23] 골족이 해안의 모래를 고정시키는 인위적인 방법을 잘 알고 있었다는 역사적 증거는 없으며, 특히 토지의 가치가 그리 높지 않았던 시기에 그들이 그와 같은 방법에 의존할 수 있을 만큼 문명적으로 선진화되었다고 추정할 만한 이유도 거의 없다.

다른 나라에서는 사구에 자연적으로 숲이 조성되었다. 다양한 모래 식물종에 이어 최종적으로 수목이 지표면을 덮어가는 속도는 인간과 소, 그리고 땅속에 굴을 파고 사는 동물들이 숲으로부터 배제된 곳에서 빠르다. 이 사실은 일반적으로 자연적 요인의 작용이 동요되지 않았을

---

23) Laval, "Mémoire sur les dunes de Gascogne", p.231 ; Brémontier, "Mémoire sur les dunes", p.185.

경우 숲이 자신을 보호할 가능성이 높다는 것을 말해준다. 프로이센 해안에 있는 프리셰네룽의 사구에서는 과거에 해변까지 숲이 내려왔으며, 삼림파괴의 결과 이동성 모래로 바뀐 것은 지난 세기의 일이었다.[24] 로마 침입 이후까지도 네덜란드의 사구에 숲이 남아 있었다고 믿을 만한 충분한 근거가 있다.

이들 국가에 대해 기술했던 과거의 지리학자들은 바닷가까지 확대되어 내려온 광활한 숲에 대해 말하고 있다. 그러나 이동성 사구는 중세기의 연대기 학자에 의해 처음으로 언급되었으며, 인간의 무지함으로 인해 사구는 파괴적인 성향을 띠기 시작했다.[25] 나 자신이 직접 관찰했거나 다른 사람들이 관찰한 것으로부터 배운 사실로 미루어보자면 미시간 사구의 역사도 동일하다. 그 지역에 들어가 사는 사람이 아직은 많지 않았던 30년 전만 해도 소나무와 하층식생을 위시해 전체적으로 삼림이 빽빽하게 자라고 있었다. 그리고 나무가 베어졌거나 뿌리째 뽑힌 지역을 제외하면 호안의 침식이라든가 모래의 이동은 없었다.[26]

해안을 보호하기 위해 사구를 만들었을 때 자연은 결과적으로 보전주의에 입각해 사구 자신을 위한 보호막을 마련한 셈이다. 따라서 인간의 간섭이 없는 한 이들 모래언덕은 절대적으로 영원하다 할 수는 없어도 오래가고 형태와 위치도 극히 느리게 변동할 것이다. 그러한 환경에 적합한 교목, 관목, 풀로 덮여 있었을 때, 사구는 외곽에서의 느리고 간헐적인 침식과 혈거동물로 또는 나무가 뿌리째 뽑히는 일로 인해 내부가 노출되었을 때 찾아오는 뜻하지 않은 파괴를 제외하면 거의 변화되지 않는다. 그리고 그러한 변위의 원인들도 파손된 지점 인근에 식생이 존재했을 때에는 파괴력이 훨씬 덜하다.

24) Karl Müller, *Das Buch der Pflanzenwelt, Botanische Reise um die Welt*, Leipzig, 1857, I, p.16.
25) Staring, *Voormaals en Thans*, p.231.
26) Timothy Dwight, *Travels; in New-England and New York*, 4 vols., New Haven, 1821, III, p.91.

문명화되어 파괴적 성향을 띠게 된 인간에 의해 해안이 점거당하기 전, 사구는 어디에 위치하든 자신의 뒤편에서 양 방향으로 불어오는 바람의 기세를 꺾어주는 숲의 보호를 받았고,[27] 자연이 그 땅에 안겨준 다양한 초목이 빼곡히 자랄 수 있게 해주었던 것 같다. 유럽에서는 이제 사구의 배후에 자리했던 숲이라는 안전지대가 없어지기는 했으나, 사구는 인간침입자가 배제되고 풀을 뜯는 가축의 접근이 제한되자마자 스스로를 보호하기 시작하는 것으로 관찰되고 있다.

초본식물과 목본식물은 거의 동시에 함몰지에서 먼저 자라고 그 다음으로 사구면에서 자라난다. 발아하는 모든 종자는 뿌리를 매개로 일정량의 모래를 붙잡아두고, 잎으로 그늘을 드리우며, 작고 어린 식생에게 양분과 안식처를 제공한다. 유리한 상황이 몇 해 지속되는 것만으로도 지면 전체를 식생으로 채우기에 충분하다. 사구 자체적으로 보유한 저항력과 배후에 자리한 경지를 보호해주는 능력은 사구에서 자라는 식생의 풍요로움과 밀도에 비례해서 커진다.

물론 피복식생의 성장은 사려 깊은 조림사업과 세심한 관심으로 탄력을 받으며, 그와 같은 개발은 이제 땅의 가치가 크고 인구가 밀집해 있는 곳에서 대규모로 시행되고 있다. 대체로 독일해 연안의 사구는 매몰시킨 옥토가 상당하고 그의 이동으로부터 파생된 피해가 크기는 하지만, 전체적으로는 보호의 능력을 지닌 호의적인 동인이다. 그런 까닭에 사구를 유지해 나가는 문제는 혜택을 받는 정부와 해안주민이 안고 있는 고민거리의 하나다.[28]

바다에 대한 방벽으로서 사구의 활용

바다는 많은 양의 모래를 바람이 불어가는 쪽의 평평한 해변으로 몰

---

27) Bergsøe, *Reventlovs Virksombed*, II, pp.3, 124.
28) Kohl, *Marschen und Inseln*, II, pp.114~115.

고 올라오지만 우리가 앞에서 본 것처럼 계속해서 해변에 침입해 모래를 쓸어가는 일이 잦다. 파도의 요동이 밑바닥까지 미치는 북해의 얕은 바다 모든 지점에서 사주가 형성되고 있으며 동쪽으로 이동하고 있다. 따라서 바다모래는 슐레스비히홀슈타인과 유틀란트 해안에 축적되는 경향이 있고, 다른 상충되는 영향력이 없다면 해안은 급속하게 서쪽으로 확대될 것이다. 그러나 모래를 해안으로 밀고 왔던 바로 그 파도가 해변을 침식하며, 지대가 너무 높아 사구에 의한 어떤 보호도 받을 수 없는 지점의 해안을 훨씬 빠르게 잠식해간다.

해안의 흙은 바다모래에 비해 일반적으로 더 곱고 가벼우며 물에 잘 운반되는 입자로 구성된다. 따라서 거센 서풍에 밀려 발생한 큰 파도가 해변을 따라 수천 톤의 모래를 들어올려 퇴적시키지만, 파도는 동시에 더 많은 양의 고운 해안지대의 흙을 삼켜버릴 수 있다. 모래가 일부 섞인 이 흙은 북쪽과 남쪽으로 흐르는 해류에 실려가 다른 지점의 해안에 퇴적되거나 원래의 위치로 다시 돌려놓을 수 있는 요인이 미치지 못하는 곳으로 완전히 사라진다.

독일해 동부 해안 이곳저곳이 바다로 돌출해 있지만, 전반적으로는 후미진 곳으로 물러나 있다. 자연적인 장치와 인간의 기술 및 노력으로 제공되는 보호장치가 없다면 전 지역은 이내 바닷물에 잠겨버릴 것이다. 이 보호장치는 유틀란트 북단에서 엘베 강까지 적어도 300마일의 거리에서 거의 끊어지지 않고 이어진 일련의 사주와 사구, 그리고 다시 여러 곳에 걸쳐 큰 간격을 두고 단절되기는 하지만 엘베 강에서 프랑스와 에스파냐의 대서양 연안까지 연결되는 모래톱으로 구성된다. 자연적으로 또는 인간의 기술에 의해 유지되는 한, 사구는 제방이나 방조제와 같이 해침에 대한 부분적인 또는 완전한 보호의 기능을 수행한다. 그러나 사구의 이동이 자연적인 작용이나 인간의 노력에 의해 저지되지 않는다면, 사구는 그동안 자신이 막아온 바다와 마찬가지로 파괴의 요인이 될 것이 틀림없다.

해침

덴마크와 네덜란드 및 일부 대서양 해안에서 바다가 동쪽으로 전진하는 것은 국지적인 지질구조, 조수를 포함한 기타 해류의 세력과 방향, 해안하천의 유량과 유속, 날씨와 같이 예측하기 힘든 현상, 기타 다양한 상황에 좌우된다. 이 때문에 일반적인 비율을 산정하기 힘들다. 1815년과 1839년 사이에 유틀란트의 림피요르드 서단 근처에 있는 아게르에서 해안은 연간 18피트를 넘는 비율로 물에 휩쓸려 나갔다. 그 전까지 한 세기 동안 바다는 그다지 빠르게 전진하지 않았으나, 1840년에서 1857년까지는 한 해에 적어도 30피트씩 육지로 밀고 들어왔다. 유틀란트 해안 다른 지점에서의 손실은 적지만 바다는 거의 전 해안선을 따라 침범하고 있다.

림피요르드

1825년 유틀란트의 담수성 석호인 림피요르드로 바닷물이 유입된 사건은 현대에 들어 발생했던 가장 주목할 만한 해양의 침입 가운데 하나다. 이것은 북해와 피요르드를 갈라놓는 좁은 병목지대 위의 "사구를 잘못 관리함"으로써 초래되었다고 명확하게 지적되고 있다. 초기에는 바다가 지협 위를 휩쓸면서 심지어는 뚫고 지나갔지만, 때로는 인위적으로 때로는 자연적인 요인의 작용으로 통로는 다시 막혀버렸다. 그리고 이 모든 경우에 1825년 당시 새로 생겨 지금까지 열려 있는 물길이 초래한 것과 매우 흡사한 결과가 발생했다.[29] 상대적으로 얼마되지 않는 동안에 림피요르드는 여러 차례 민물과 바닷물로 번갈아 채워졌다. 이렇게 인간은 사구의 관리를 태만히 함으로써 통상 엄청난 지질적 요

---

29) Andresen, *Om Klitformationen*, pp.231~232; Charles Lyell, *The Geological Evidences of the Antiquity of Man*, London, 1863, pp.13~14.

인의 작용에 의하더라도 오랜 시간이 걸리는 변화를 야기했다. 사구의 관리를 잘 했더라면 이런 사태는 막을 수 있었을 것이다.

포르히하머는 다음과 같이 말한다. "림피요르드를 만으로, 유틀란트 북부를 섬으로 바꾸어놓은 금번의 붕괴로 놀랄 만한 변화가 일어났다. 가장 두드러진 현상은 어족이 풍부한 것으로 유명했던 석호의 민물고기가 거의 전멸되었다는 것이다. 수백만 마리의 민물고기가 이미 죽었거나 빈사상태로 해변에 올라와 사람들이 수레에 실어 날라야 했다. 극히 일부만이 살아남아 개울하구의 해안에서 아직까지 왕래하고 있다. 뱀장어가 상황의 변화에 점차로 적응해 피요르드 전역에서 발견되고 있지만, 그 밖의 모든 민물고기에게 바닷물은 치명적이었던 것 같다. 그 파열로 인해 밀려든 모래가 여러 지역에서 죽은 물고기를 덮어, 오랜 지층에서 발견되는 것과 유사한 석회질층의 형성을 유도했음이 거의 확실하다."

"한창 활력이 넘쳐나던 시기에 갑자기 멸종되어버린 동물은 석회화 작용에 의해 보존된다는 것이 자연의 법칙으로 보이는데, 우리는 여기서 그러한 석회질층의 형성에 유리한 조건 가운데 하나를 발견한다. 림피요르드의 바닥은 특히 거머리말류(*Zostera marina*)와 같이 민물과 바닷물 모두에서 왕성하게 자라는 수생식물로 덮여 있다. 이들 식생은 붕괴사건 이후에 완전히 사라졌으며 일부 경우에는 모래에 매립되었다. 그리고 여기서 우리는 오래된 지층에서 흔하게 발견되는, 즉 특정 식물종이 지층을 대변하는 낯익은 현상에 다시 접하게 된다. 파열 당시에 퇴적된 지층이 융기해 접근이 가능해질 때 거머리말류층과 민물고기의 흔적에 의해 그 발발시기가 드러날 것이다."

"모래가 퇴적되지 않은 곳에서조차 해초인 거머리말류가 멸종되었다는 것은 매우 놀랄 만한 일이다. 이것은 아마도 반염수에서 염수로 급작스럽게 변화된 때문일 것이다. ……림피요르드가 한때 독일해와 소통했다는 것은 확고한 사실이다. 깊은 곳에 자리한 굴 껍데기층과 피요르드 바닥에서 지금도 찾아볼 수 있는 새조개류(*Cardium edule*)층은 동시대의 것이다. 석호에 염수성 갑각류가 서식하지 않았던 수세기의 시간이 지나간 지금 대단히 많은 쌍각류조개(*Mytilus edulis*)가 자라고 있다. 바닥 깊은 곳에 이르는 단면을 얻을 수 있다면, 굴(*Ostrea edulis*)과 새조개류, 민물고기와 함께 나타나는 거머리말류층, 쌍각류조개층의 순으로 이어질 것이다. 시간이 지나 새로 생겨난 통로가 막혀버린다면 하천은 석호를 다시금 민물로 채울 것이다. 그렇게 된다면 담수성 어족과 갑각류가 재차 출현할 것이며, 결과적으로 바다와 강물에 사는 생물체가 교대로 반복해서 나타날 것이다."

"이러한 일련의 사건은 지표상에서는 상대적으로 그다지 중요치 않은 변화를 가져왔지만 내륙해의 지층은 그 특성이 완전히 달라졌다."[30]

슐레스비히홀슈타인, 네덜란드, 프랑스의 해안

슐레스비히홀슈타인 해안의 섬에서는 단호하고 신속하게 해침이 진행되었다. 지난 세기가 열릴 무렵에 실트 섬 서부 해안을 보호해주던 사구가 동쪽으로 이동하기 시작했으며 사구가 물러가는 바로 뒤를 따라 바다가 밀려들어 왔다. 1757년에 사구의 전진으로 섬마을의 란툼 교회를 철거하지 않을 수 없었으며, 1791년에는 원래 교회가 있던 자리를 사구가 지나게 되었다. 파도는 건물의 기초부를 삼켜버렸으며, 바닷물이 빠르게 밀려와 50년이 지난 후 마을은 해안으로부터 700피트 떨어진 지점에 놓이게 되었다.

네덜란드 해안의 가장 두드러진 지질학적 표상은 칼리굴라(Caligula) 황제 시대에 로마인이 라인 강 하구 인근에 지은 요새인 위트브리텐이다. 17세기가 끝나갈 무렵 바다는 요새를 지나 1,600보 정도까지 전진했다. 과거의 네덜란드 연대기 학자들은 정확한 수치를 나열해가며 네덜란드 해안 여러 곳으로 바다가 자주 침입해 들어온 사실을 기록했다.

---

30) "Geognostiche Studien", pp.11~13.

해침에 대한 일반적인 사실은 확고하다지만 제시된 수치의 정확성에 대해서는 의구심이 든다. 하지만 일반 지리학자들에 의해 해안침식이 과장되었다고 생각하는 스타링조차도 쓸모없는 습지 위주로 150만 에 이커 이상이 소실되었다는 점은 인정한다.[31] 그리고 제방을 설치하고 사구를 보호하던 인간의 저항이 없었더라면, 네덜란드는 형체는 없고 단지 이름밖에 남지 못했을 것이라는 사실 또한 확실하다.

이미 살펴본 것과 같이 네덜란드 해안지대가 수세기 동안 그래온 것처럼 지금도 계속해서 가라앉고 있는지 지질학자들 사이에서는 논의가 분분하다. 나는 대다수 연구자들이 그렇게 믿고 있을 것으로 생각한다. 사실이 그러하다면 해진의 원인은 부분적으로 바로 그 점에 있다. 그러나 침강률은 매우 작았을 것이 틀림없다. 그러므로 해안으로 바다가 침입해 들어오는 것은 주로 파도와 해류가 토양을 침식하고 운반해가기 때문이다.

프랑스 서부 해안 여러 곳에서도 바다는 빠르게 전진해오고 있으며, 금세기가 시작된 이래 알려지지 않은 요인들이 파괴행위에 새롭게 가세해왔다. 1830년과 1842년 사이에 지롱드 북쪽의 프엥트드그라브에서는 해안선이 연간 약 50피트 정도 후퇴했고, 그 뒤로 1846년까지는 후퇴의 정도가 3배로 증가했으며, 4년 동안의 손실은 약 600피트나 되었다. 반도 끝자락에 있는 모든 건물은 철거되어 육지 안쪽에 다시 건축되었으며 그라브 등대도 위치를 세 번이나 바꾸었다. 바다는 또한 반도 기저부를 공격했으며, 프엥트드그라브와 인근의 해변은 20년 동안 근대 공학사의 연표에 기록된 바다와 인간의 가장 길고 지루한 투쟁의 현장 가운데 하나가 되었다.

인간의 힘으로 해변에 사초를 심고 사구에 나무의 옷을 입혀 사빈으로 밀려오는 파도의 침입을 완전히 막아낼 수 있을지는 확신할 수 없다. 그와는 반대로, 네덜란드와 프랑스 해안 모두 무거운 돌을 사용해

---

31) *Voormaals en Thans*, pp.126, 170.

방파제, 말뚝, 돌기둥을 세워 사구를 보호해야 할 필요가 있다는 것이 밝혀졌다. 그러나 그간의 경험을 되돌려보면 방금 지적한 조림사업은 사구의 이동 및 모래가 그 뒤편의 경작지로 날아오는 것을 성공적으로 막아주었고 동시에 바닷물이 육지로 밀려오는 것을 상당 부분 지연시켜주었다.[32]

사구사의 이동

바다의 침입에 대한 방벽으로서의 중요성 외에도, 사구는 격렬한 해풍, 염분, 해변에서 날아오는 모래 등으로부터 그 뒤쪽에 자리한 경작지를 보호하는 데 유효하다. 사구가 없었더라면 경지는 황폐해졌을 것이다. 그러나 사구 자체는 표면에 앉아 있는 모래들이 습한 상태로 유지되지 않고 식생이나 부엽토로 고정되지 않는 한 쉴 새 없이 안쪽으로 굴러간다. 그런 과정에서 한편으로는 고대의 주거 및 원시인의 사회생활에 관한 증거와 흔적이 드러나기도 하지만, 또 다른 한편에서는 경지, 가옥, 교회 등이 매몰되어 번화하던 지역이 황무지로 바뀌기도 한다.

우연이라도 사구 안쪽 깊은 곳까지 구멍이 생겨 바람이 안으로 들어갈 수 있는 여지가 생겼을 때, 그리고 모래가 그로 인해 마르고 침식되어 인근 지역으로 흩어지는 곳에서 사구는 특히나 파괴적이다. 그렇게 될 경우 사구는 이제 모래창고일 뿐 날아오는 모래에 대한 방벽은 되지 못한다. 이로 인한 재앙은 그 밖의 다른 것에 대처하는 것보다 훨씬 어려워 보이는데, 바람이 몰고오는 물질의 양이 해변에 얇고 넓게 퇴적된 원래의 상태에서보다는 훨씬 많고 또 집중되어 있기 때문이다.

바위너구리가 사구에 굴을 파는 것은 그런 식으로 종종 사구 자체의 파괴 및 배후의 경지에 막대한 손상을 가져오는 원인이 된다. 이동성

---

32) Elisée Reclus, "Le Littoral de la France", *Revue des Deux Mondes*, 42(1862), pp.901~936.

사구와 심지어 내륙의 사구는 때로 해안사구에서 멀리 떨어진 좀 더 평평한 모래퇴적층의 표면이 와해됨으로써 발생한다. 스타링은 프리슬란트에서 가장 높은 내륙사구 가운데 하나는 커다란 오크가 뽑혀 이동성 모래가 유출됨으로써 형성되었다는 사실을 알려준다.[33]

유럽 대륙 서부 해안의 해침으로 발생한 파괴가 막대하다지만 어느 정도는 해안 다른 지점에서의 자연적인 해양성 퇴적물에 의해 보상받는다. 그리고 우리는 앞 장에서 인간의 노력으로 바다 깊은 곳의 넓은 영토를 개간했다는 사실을 살펴본 바 있다. 이러한 승리는 최근에 이룩된 것은 아니며 길을 열어준 초창기의 성과는 아마도 10세기는 거슬러 올라갈 것이다. 그러한 가운데 사구는 자연의 법칙에 맡겨지거나 인간의 경솔한 행위로 인해 자연이 채워둔 족쇄로부터 해방되었으며, 겨우 3세대만에 인간은 이제 그 파괴적인 이동을 억제하기 위해 노력하기 시작했다. 사구의 이동에 맞서 인간은 저항 한 번 해보지도 못하고 퇴각했으며, 사구는 모래의 파도 아래로 수백 제곱마일의 풍요로운 옥수수밭, 포도원, 삼림을 매몰시켰다.

가스코뉴의 사구

프랑스 서부 해안의 사구지대는 폭이 0.25마일에서 5마일까지 다양하고, 아두르에서 지롱드 만입부까지 뻗어 있으며 375제곱마일의 면적을 덮고 있다. 식생으로 고정되지 않았을 때에는 1년에 평균적으로 1로드(rod), 즉 16.5피트씩 동쪽으로 전진했다. 역사적으로 언제 이동을 시작했는지 알 수는 없다. 하지만 만일 움직임이 줄곧 현재와 같았다고 한다면 해안에서 사구 동쪽 경계지점 사이의 공간을 지나와 1,400년 동안 위에 언급한 광대한 면적을 덮은 셈이다.

기록으로부터 우리는 사구가 넓은 면적의 경작지, 삼림, 촌락을 매장

---

33) *Bodem van Nederland*, I, p.425.

시켰고 하천의 유로를 바꾸었다는 사실을 확인할 수 있다. 그리고 모래 언덕을 이룰 만큼 많은 양이 운반된 것은 아니지만 사구에서 바람에 날려온 가벼운 모래입자가 한때는 비옥했던 땅을 황무지로 만들었다는 것도 확인된다. 사구는 하상을 메워 해안지역의 자연유로망을 치명적으로 막아버렸으며 작지 않은 호수와 병원체로 가득한 습지를 만들어냈다. 사실, 사구는 철저하다 싶을 정도로 해안을 가로막아버려 지롱드와 미니잔 마을 사이의 100마일 되는 거리에 육지에서 바다로 흘러드는 모든 하천의 유출로는 단지 두 곳에 불과할 정도였다. 그리고 사구 동쪽면은 여러 개의 연속된 물웅덩이에 접해 있는데, 그 가운데 어느 것은 길이와 폭이 6마일을 넘는다.[34]

덴마크와 프로이센의 사구

슐레스비히와 홀슈타인 공국을 포함한 작은 왕국인 덴마크에서는 사구가 260제곱마일의 면적을 차지하고 있다. 사구열의 폭은 매우 다양해 어느 곳에서는 단지 한 개 열만을 이루고 있지만, 다른 곳에서는 폭이 6마일이나 된다. 이동성 사구가 동쪽으로 이동하는 총 비율은 연간 3~24피트에 이른다. 이들 사구가 언제 형성되었고 이동은 언제부터 시작되었는지 확인시켜줄 자료는 없다. 그러나 300~400년 동안에 사구가 광활한 면적의 옥토를 매립했다는 역사적 증거는 남아 있다. 그리고 모래의 이동 때문에 거주가 불가능한 사막한계선 훨씬 안쪽에서 고대에 지어진 건축물과 기타 인간이 거주했다는 것을 말해줄 만한 유적이 계속해서 드러나고 있다. 안드레젠(Andresen)은 이 지역에 퇴적된 모래의 평균깊이를 30피트로 추정했으며, 총량으로 환산하면 1.5제곱마일은 될 것이다.[35]

---

34) Laval, "Mémoire sur les dunes du Golfe de Gascogne", pp.223~224n.
35) Andresen, *Om Klitformationen*, pp.56, 79~82.

프로이센 해안의 사구의 이동은 지금으로부터 100년 전후에 시작되었다. 프리세네룽은 프리셰하프에 의해 본토와 분리되었으며 동쪽 경계를 따라서는 좁다란 경작지대가 있다. 그러므로 굴러온 모래는 상대적으로 좁은 면적의 건조한 대지를 덮었지만, 경지와 촌락이 매립되고 소중한 숲은 황폐해졌다. 앞에 제시된 설명에서 알 수 있듯이 아직 굳지 않은 해안의 사구열은 조성이 서로 다른 비탈면에 의해 보호되고 있는 내륙 안쪽의 사구열을 타고 이동했다. 그렇게 해서 모래는 평지로부터 닿을 수 없는 높이까지 올라왔다. 이 상태의 고도를 유지하면서 사구는 평지였다면 자신의 갈 길을 저지했을지도 모를 숲으로 전진해 숲을 덮어버렸다. 그리하여 1804년에서 1827년 사이에 발생한 이동으로 수백 에이커 면적의 키 큰 소나무 숲이 일시에 파괴되었다.

인간에 의한 사구의 통제

인간의 활동이 사구에 영향을 미치는 방식에는 크게 세 가지가 있다. 첫째는 해류나 그 밖의 요인의 변화로 해침의 위험에 직면해 있는 곳에 사구를 조성하는 것이다. 둘째는 사구가 자연적으로 형성된 곳에서 그를 유지하고 보호하는 것이다. 마지막으로 사구지대의 폭이 넓어 사구열을 제거해도 그로 인한 어떠한 위험의 염려가 없는 곳에서 안쪽의 사구열을 없애는 것이다.

인위적인 사구의 조성

자연사구의 형성은 식생을 포함해 그 밖의 떠다니는 입자에 대한 우연한 장애물 주변으로 모래가 쌓이면서 시작된다고 한다. 불어오는 바람을 완전히 차단해주는 높은 수직절벽은 모래가 집적되는 것을 방해한다. 하지만 어느 정도까지는 장벽이 높고 넓을수록 더 많은 모래가 전면에 쌓일 것이며, 후면에 떨어지는 모래는 더 멀리 날아가지 못하도록 보호될 것이다. 이러한 낯익은 모습들은 해안가 주민들에게 인공적인 방벽이나 제방이 여러 상황에서 넓은 사구지대를 형성시킨다는 점을 일깨워주었다. 따라서 1610년 조이데르 해와 북해 사이의 간석지인 코에그라스를 가로질러 설치된 길이 3~4마일의 모래방벽은 폭 1마일 되는 사구열을 이루었으며, 코에그라스를 바다로부터 완전히 격리시켰다. 쥐페르제딕(Zÿperzeedÿk)이라 불리는 유사한 제방도 두 세기 동안 또 하나의 광활한 지대를 형성했다.

몇 년 전에 바다가 아메란트 섬을 뚫고 지나가려 할 듯한 위협적인 일이 있었다. 남쪽 해안으로 실제 해침이 일어났고 섬 고지대의 두 개 지점을 이어주던 저지대의 간석지로부터 모래가 바람에 날려 없어짐으로써 위협이 가시화되었는데, 폭풍이 심할 때에는 때로 파도가 협부를 관통했다. 방파제와 모래제방의 건설로 이미 해진이 저지되었고 많은 사구가 형성되었다. 또한 사구가 빠르게 확장되어 바람과 파도에 대한 완벽한 안전망이 되어주었다. 널빤지 담장과 심지어 윗가지와 갈대를 이용해 간단하게 만든 차단벽에 의해서도 동일한 결과가 초래되었다.[36]

사구의 보호

네덜란드의 사구는 돌진해오는 파도를 막아주는 돌이나 말뚝으로 조성한 호안설비에 의해 때로 보호를 받는다. 그리고 측면에서 다가와 기저부를 침식하는 고수위의 해류는 사구기슭에서 저수위 선으로 뻗어난 횡벽에 의해 간간이 억제된다. 그러나 그와 같은 설비를 건설하는 데에는 막대한 경비가 소요되기 때문에 전면적으로 채택할 수 없었다. 사구를 보호하기 위해 사용된 주요 수단은 비탈면에 식생을 조성하는 한편, 굴을 파고 사는 동물 및 가축을 격리시키는 일이었다. 성긴 모래에서는

---

36) Staring, *Bodem van Nederland*, I, pp.329~331; *Voormaals en Thans*, p.163; Andresen, *Om Klitformationen*, pp.280~295; Dwight, *Travels*, III, p.93.

자생식물인 풀, 담쟁이식물, 관목 등이 번성했다. 보호만 해준다면 이들은 상당한 면적의 필지에 퍼져 나가고, 결국에는 지면을 경작이 가능하거나 그렇지는 않더라도 적어도 수목이 자랄 수 있는 땅으로 변환시킨다. 크라우제(Krause)는 프로이센 해변에 자생하는 식물이 171종이라고 보았고, 안드레젠이 유틀란트에서 관찰한 식생은 234종에 이른다.

이들 식물 가운데 벼룩자리속의 잡초(*Arundo arenaria, Psammophila arenaria*)——덴마크어로 클리테타그(Klittetag) 또는 옐름(Hjelme), 네덜란드어로 헴(helm), 독일어로는 뒤넨함(Dünenhalm), 잔트실프(Sandschilf), 휘겔로르(Hügelrohr), 프랑스어에서는 구어베(gourbet), 영어로는 매럼(marram)——를 포함한 일부는 사질토양에서 나타나며, 염분이 스며 있는 대기에서만 잘 자란다. 갈대와 비슷한 이 식물의 크기는 24인치에 이르지만 많은 곁뿌리를 가진 강한 뿌리를 40~50피트까지 뻗는다. 그리고 느슨해진 토양에서 가장 잘 자라는 독특한 성격을 지니며, 마치 비가 땅 위의 목마른 식물에 생기를 불어넣듯이 소나기처럼 퍼붓는 모래는 갈대에 활력을 준다.

뿌리는 사구를 고정시켜주고 잎은 사구의 표면을 보호한다. 모래가 이동하지 않고 고정되면 벼룩자리속의 잡초는 죽고, 썩은 뿌리는 모래에 양분을 더해주며, 잎은 분해되어 그 위에 부엽토층을 형성한다. 이후 일련의 식물이 차례대로 따라와 성장하고 죽어가는 가운데 사구는 점차 삼림, 초지, 그리고 때로 일반 농경지로 사용하기 적합하게 된다.

그러나 사구의 보호와 점진적인 변형만이 이들 귀중한 식물이 베풀어주는 유일한 봉사는 아니다. 잎은 양과 소 그리고 종자는 가금의 영양식이고, 섬유질은 줄을 꼬고 자리를 짜는 데 사용되며, 또한 지붕을 이는 좋은 재료다. 마른 뿌리는 더없이 좋은 연료로 쓰인다. 이러한 효용가치는 불행하게도 성장에 종종 큰 해를 끼쳤다. 농민들이 이 식물을 소에게 사료로 먹이고 동아줄을 만들기 위해 베어내며 연료로 쓰기 위해 파냈던 것이다. 그리하여 사구의 이동에 대한 가장 효과적인 방어책을 그토록 무모하게 희생시킴으로써 농민 자신을 파멸로 몰아넣는 것

을 막기 위해서는 강력한 법적 조치가 필요했다.[37]

1539년에는 덴마크의 국왕인 크리스티안(Christian) 3세의 칙령에 따라 유틀란트 서해안에서 모래식물종을 훼손하다가 기소된 사람에게 벌금이 부과되었다. 이 법은 1558년에 개정되어 전에 비해 광범위하게 적용되었다. 1569년에 국왕의 칙령에 따라 여러 지역의 주민들은 모래의 이동을 막기 위해 제반 노력을 다할 것을 요구받았지만, 구체적으로 어떤 독자적인 방법이 사용되었는지는 알 수 없다. 사구에서 식생을 훼손하는 것을 막기 위한 다양한 법령이 그 다음 세기에 발효되었으나, 1779년까지는 모래의 이동을 안정시키기 위한 어떤 실질적인 조치도 취해지지 않았다.

그해에 임시적인 운영체계가 가닥을 잡아가기 시작했는데, 그것은 바로 갈대를 비롯한 모래식생을 심고 이들에 파괴적인 동물을 쫓아내는 것이었다.[38] 그로부터 10년이 지난 후 사구를 고정시키고 생산성을 향상시키기 위한 수단으로서 가치 있다고 판명된 수목의 조성이 시작되었고, 그 뒤로도 계속되고 있다.[39] 중간에 덴마크에서 어떤 일이 벌어지고 있는지 알 리 없는 브레몽티에(Brémontier)는 가스코뉴의 사구에 나무를 심어 가꾸는 실험을 하여 체계를 완결지었다. 그 체계는 세부사항에서 약간의 개선을 거쳐 지금까지도 해안에서는 대대적으로 행해지고 있다. 인접한 프로이센 왕국과 네덜란드는 덴마크의 선례를 모방했으며, 다음에 살펴보겠지만 그와 같은 방식의 개발은 모든 지역에서 의미 있는 성공을 거두었다.

지난 세기가 막을 내리기 조금 전, 레벤트로프(Reventlov) 정권 아래 덴마크 정부는 사구경영의 정례적인 개발체계를 조직했다. 사구에는 갈대 및 그와 습성이 유사한 식생이 심겼고 침입자로부터 보호되었으며, 마침내 어느 정도 수목으로 덮이게 되었다. 이러한 방법으로 넓

37) Bergsøe, *Reventlovs Virksombed*, II, p.4.
38) Dwight, *Travels*, III, pp.92~93, 101.
39) Andresen, *Om Klitformationen*, pp.237~240.

은 면적의 황무지가 경작지로 변환되었으며, 경제적 가치가 큰 목재의 축적량이 증대되었다. 이로써 유틀란트 반도 전역을 황폐화시킬 태세였던 모래의 이동은 상당 부분 차단되었다.

사구를 고정시키고 개간하는 프랑스의 사업은 브레몽티에 주도 아래 덴마크와 거의 동시에 시작되었고 원리와 세부사항에서도 유사했지만, 다른 나라에 비해 규모가 훨씬 컸고 실적에서도 더욱 성공적이었다. 그렇게 될 수 있었던 것은 부분적으로 북부 유럽에 비해 기후조건이 수목의 성장에 조금 더 유리했기 때문이다. 또 보호해야 할 보다 중요한 지주계층을 둔 정부의 진취적 입장 때문에 프로이센과 덴마크가 같은 목적을 위해 할애했던 것보다 더 많은 자본을 기술자들이 마음대로 쓸 수 있게 해준 데에도 원인이 있다.

브레몽티에가 개발하고 후대 사람들이 완성시킨 방법으로 고정되고 조림작업까지 끝난 사구의 면적은 약 10만 에이커에 달한다.[40] 이 엄청난 면적의 생산성 있는 땅이 프랑스의 자산으로 추가되었다. 또한 이동성 사구가 전진해옴으로써 파괴의 위협에 직면해 있던 그보다 훨씬 넓은 소중한 대지가 비로소 안전해질 수 있었다.

프로이센 서부 해안의 사구개발은 1795년에 덴마크 태생인 비요른 (Sören Björn)의 감독 아래 시작되었고, 1807년에서 1817년 사이의 10년을 제외하면 그후로도 계속해서 추진되었다. 현지상황에 맞게 얼마간의 수정이 이루어졌고 기후가 상이한 관계로 조림용 수종도 조금은 달랐다. 그러나 방법에서는 덴마크와 프랑스에서 채택된 것과 본질적으로 별반 차이가 없었다. 비스툴라 하구와 칼베르크 사이에서는 1850년에 소나무와 자작나무가 심긴 1,900에이커를 포함해 6,300에이커의 땅이, 칼베르크로부터 프로이센 서부의 동쪽 경계까지는 8,000에이커가 이동성 사구로부터 안전해질 수 있었다. 그리고 서부 해안의 사구를 고정시키기 위한 중요한 예비적 사업들이 이루어졌다.[41]

---

40) Jules Clavé, *Etudes sur l'économie forestière*, Paris, 1862, p.254.

사구의 조림에 적합한 수종

프랑스 해안의 사구에서 번성하고 있으며 모래를 단단하게 고정시켜주는 한편, 금전적 이득을 가장 많이 창출하는 나무는 해송(*Pinus maritima*(*pinaster*))으로서, 재목뿐만 아니라 수지질 생산물의 가치 또한 크다. 해송은 종자로부터 자란다. 어린 나무의 경우 몇 해 동안은 열을 지어 심었거나 자연스럽게 지표상으로 퍼져 정착한 다른 나무의 가지와 벼룩자리속의 잡초를 비롯한 기타 키 작은 사초, 또는 생울타리 등이 제공하는 보호를 필요로 한다.

모래가 생겨나는 해변에는 전반적으로 사초가 심겨 있는데, 소나무는 바다에 너무 가까이 있으면 잘 자라지 않기 때문이다. 그러나 위성류종이라면 그 위도대에서는 벼룩자리속보다 성공할 수 있는 가능성이 더 크다고 생각된다. 장성한 소나무의 수관이 제공하는 그늘과 보호는 낙엽수의 성장에 도움을 준다. 또한 어린 단계에서는 관목을 비롯한 작은 식물들의 성장에 호의를 베풀어 결과적으로 부엽토가 빠르게 형성될 수 있게 해준다. 그리고 일단 소나무가 뿌리를 내리게 되면 황무지의 회복이 효과적으로 달성될 수 있을 것으로 간주된다.

프랑스에서는 해송이 해안의 사구는 물론 내지의 모래밭에도 심기며, 기대할 수 있는 이득은 거의 같다. 해송은 습성에서 미국 남부의 피치 소나무와 유사하고 동일한 용도로 쓰인다. 테레빈유는 수령 20년이 되었거나 직경이 9~12인치에 이르렀을 때 추출하기 시작한다. 절개는 나무줄기 위아래를 따라 이루어지며 0.5인치 깊이로 파내는데, 그 부위가 두 곳 이하로 제한되면 나무에는 큰 상처가 되지 않는다고 한다.

사실 성장에는 약간의 저하가 초래되지만 테레빈유가 추출되지 않은 나무에 비해 목재의 재질은 우수하다. 그런 식으로 관리되었을 때 소나무는 100~120년 동안 잘 자랄 수 있다. 그 정도의 수령에서 1헥타르의

---

41) Krause, *Dünenbau*, pp.34, 38, 40.

소나무 숲은 연간 350킬로그램의 테레빈유와 280킬로그램의 송진을 생산해내며, 금액으로 환산하면 110프랑 정도가 된다. 추출하고 정제 하는 데 들어가는 비용은 44프랑으로 계산되므로 순수익은 헥타르당 66프랑, 달리 환산하면 에이커당 5달러 이상이다. 이는 목재의 가격을 뺀 것으로서 벌목을 통해 얻을 수 있는 액수 또한 무시할 수 없다.

프랑스에 비해 훨씬 추운 덴마크에서는 해송보다는 자작나무 및 그 밖의 북위도 수목과 함께 강인한 침엽수가 여러 가지로 유리하다. 해송 이 매사추세츠 사구의 겨울을 견디어낼 수 있을지는 의문이다. 아마도 아메리카 오크, 자작나무, 포플러, 그리고 특히 아카시아와 함께 미국 북부 여러 주의 피치 소나무를 케이프코드와 롱아일랜드의 사구로 도 입하기에는 매우 적절할 것이다. 모래를 선호하는 수종으로 눈길을 끌 고 있는 가죽나무가 이들보다 더 나을지도 모른다.

유럽의 사구의 규모

덴마크의 사구는 우리가 살펴본 것처럼 260제곱마일, 환산하면 16만 6,000에이커의 면적을 덮고 있다. 프로이센 해안의 사구는 어렴풋이 8 만 5,000~11만 에이커, 네덜란드의 사구는 14만 에이커,[42] 가스코뉴 의 사구는 약 30만 에이커에 달하는 것으로 추정된다.[43] 그 밖의 프랑 스 여러 지방과 슐레스비히 및 홀슈타인 공국, 또는 러시아의 발트 해 연안지방의 사구의 규모에 대한 추정치는 확인한 바 없다.

그러나 대서양과 발트 해 동쪽 해안 사구지대의 총 면적은 거의 100 만 에이커에 달한다. 이 광활한 바다모래의 퇴적층은 수백 마일의 해안 을 따라 뻗어 있다. 그 위를 덮고 있던 숲이 파괴되기 시작한 때부터 1789년까지 사구의 전선이 내륙으로 이동했고 그 아래에 토양을 매몰

---

42) Andresen, *Om Klitformationen*, pp.78, 262, 275.

43) Laval, "Mémoire sur les dunes du Golfe de Gascogne", p.261.

시켰다. 달리 말해 사구에서 불려온 모래로 인해 경지가 황폐화되었던 것이다. 동시에 사구가 동쪽으로 이동하면서 땅을 드러내자마자 바다가 그 뒤를 바짝 쫓아와 삼켜버렸다.

사구의 조림은 지표상의 모래가 삼림의 바람그늘로 날려가는 것을 완전히 막아주었다. 그 어떤 경우에도 해침을 저지하지는 못했지만 전진해오는 속도를 현저히 누그러뜨리기 때문에, 일단 삼림으로 덮이고 숲을 보호하기 위한 적절한 조치가 취해진다면 모래해안은 안정을 찾을 수 있을 것이다.

브르타뉴 곶의 사구포도원

프랑스 브르타뉴 곶 인근에서는 사구의 이동을 막고 모래를 즉각 생산적으로 변환시키기 위한 독특한 방법이 도입되어 성공을 거두었다. 그러나 이 방법은 기후와 노출조건이 양호한 예외적인 경우에만 적용이 가능한데, 사구에 포도원을 설립하고 양 변이 각각 30피트와 40피트에 달하는 방형의 금작화(*Erica scoparia*) 생울타리를 조성해 보호하는 방식이었다. 이 울타리 안쪽의 포도나무는 너무나 잘 자라주었고, 그곳에서 생산된 포도는 프랑스에서는 최상급이었다. 사구는 포도를 재배하는 데 결코 불리한 토양은 아니다. 신선한 바다모래는 객토로 도입되어 2년마다 정기적으로 일반 거름과 교대로 주입되었다.

격년으로 부어준 모래는 포도원의 지면을 4~5인치 정도 북돋을 정도로 많은 양이었다. 포도나무는 해마다 3~4개의 가지만 남기고 베어내며, 객토로서 모래가 추가되는 가운데 토양층이 상승해 오래된 가지를 덮어버린다. 가지는 묻히자마자 지표 근처에서 새로운 뿌리를 뻗으며, 그렇게 됨으로써 포도원은 끊임없이 새로워지고 몇 세대를 지나도 항상 생동하는 모습을 잃지 않는다. 200년 동안 실시된 이 방법은 인간이 사구에 저항하고 사구를 정복했던 가장 유래가 오래고 충분히 입증된 관행 가운데 하나였다.[44]

사구의 제거

보호물로서 더 이상 필요하지 않게 된 사구를 인위적으로 제거하는 일은 네덜란드를 제외하면 대대적으로 시행된 것 같지 않다. 네덜란드에서는 수많은 운하를 통해 모래를 손쉽고 경제적으로 운반할 수 있었다. 그리고 방조제, 강둑, 둑길, 제방 그리고 매립지를 조성하고 유지하는 데 들어가는 모래에 대한 수요가 높았다. 네덜란드에서는 또한 충적층에 인접하거나 그 아래에 놓인 단단한 진흙성분을 개량하고 특정 정원의 관상용이나 조경용 식생을 기르기 위한 인공토양을 만드는 데에도 많은 양의 모래가 쓰였다. 사구가 제거되었을 때 그동안 밑에 매몰되어 있던 대지는 산업용으로 복원되었다. 네덜란드에서 척박한 모래를 제거해 다시 얻어낸 토지는 수백, 아니 아마도 수천 에이커는 될 것이다.

내륙의 모래평원

유럽 내륙에 분포하는 모래평원은 사구나 해변에서 날아온 모래 또는 충적물질로 구성된다. 우리가 살펴본 대로, 일단 사구 내부가 바람에 노출되면 구성물질은 즉시 인근 국가로 멀리 그리고 넓게 흩어진다. 해변의 모래는 자연이 모래의 침입을 막기 위해서 모래 자신들로 하여금 만들게 했던 방벽, 즉 사구에 의해 더 이상 제어되지 못하자 해안으로부터 상당히 먼 곳까지 운반되었다. 유틀란트 반도만큼 규모에 비해 피해를 크게 본 지역은 거의 없었다.

자연이 덴마크의 사구에 조성했던 삼림이 남아 있는 한 모래는 이동하지 않고 정지해 있었던 것 같다. 또한 우리는 16세기 이전에 모래가 피해를 끼쳤다는 어떤 역사적 증거도 찾아볼 수 없다. 그 이후로 모래가 경지에 침입해온다는 보고가 자주 등장한다. 발굴조사를

---

44) Boitel, *Mise en valeur des terres pauvres par le pin maritime*, pp.211~218.

통해 지금은 해안사구와 해변에서 날려온 모래에 깊이 묻혀 있는 땅에서도 과거에는 인간이 거주했고 농업이 행해졌다는 증거가 속속 나오고 있다.[45]

마찬가지로 네덜란드와 프랑스의 드넓은 비옥한 평야에도 모래가 깊게 쌓여 불모지로 변했다. 그 불모의 땅은 사구를 고정시키고 개발하기 위해 사용했던 것과 유사한 방식에 의해서만 경작지로 다시 돌아갈 수 있다. 또한 오스트리아 공국의 빈에서 제머링 산맥 사이, 유틀란트, 북부 독일의 대평원 지역 등지에서도 강물에 의해 형성된 모래평원이 같은 방법으로 개간되었다. 특히 북부 독일의 마르크브란덴부르크 지역에서는 인공림이 그리 어렵지 않게 조성될 수 있었다. 그와 같은 사업이 대규모로 추진된 결과, 임산물 공급과 농업적 목적의 토지개량에서 상당히 고무적인 성과가 있었다.

습윤하고 염분이 함유된 해양의 대기로 인해 다소간 습하고 응집력 있게 유지되는 해안의 모래에 비해 내륙의 모래는 대체적으로 점성이 작고 건조하며 이동성향이 크다. 앞서 인용한 문장 속에 설명된 페루의 원추형 사구인 메다노스 또는 폴란드의 사구만큼 이동성이 큰 해안사구는 없다. 양자 모두 사하라나 아라비아 사막의 것에 비하면 모래파도라는 이름이 더 잘 어울린다. 유프라테스 강 유역 하류부의 모래는 아마도 사구가 아닌 바다 밑에서 왔을 것으로 생각된다. 가스코뉴와 저지 독일의 해안에 있는 사구의 느린 이동에 비한다면 가히 신화적이라 할 정도로 빠르게 북서쪽으로 이동하고 있다.

롭터스(Loftus)는 바빌로니아 유적지에서 동쪽으로 수마일 떨어진 지점에 있는 오래된 아랍 타운인 닐리아에 대해 다음과 같이 말한다. "1848년에 모래가 타운 주위로 모여들기 시작했다. 6년이 지난 다음 타운에서 반경 6마일 내에 있는 사막은 작은 물결처럼 일렁이는 돔으로 덮였다. 도시유적은 너무 깊게 매장되어 원래의 형태와 규모를 추적한

---

45) Andresen, *Om Klitformationen*, pp.223~236.

다는 것이 이제는 거의 불가능하다." 롭터스는 이 모래의 범람을 "남동쪽에서 밀려와 바빌론과 바그다드를 집어삼키려고 위협하는 광대한 이동성 모래의 전위"로 생각한다.[46]

롭터스가 인용한 라야드(Layard)의 관찰내용은 그 난입에 대한 있을 법한 해명을 던져준 것 같다. 그는 "땅에서 모래가 물처럼 솟아나는 '아이온엘룸멜'이라 불리는 모래 샘 두 세 곳을 지나갔다." 이 "샘"들은 아마도 수성퇴적물과 부엽토로 구성된 보호층이 파손된 곳에서 하층에 자리한 고대의 토양으로부터 모래가 올라오는 곳으로 생각된다.

그것은 마치 앞 쪽에서 오크가 뽑히면서 모래가 날렸다고 말했던 것과 유사하다. 유프라테스 하곡에서 규칙적인 관개와 경작이 있었을 때, 아래에 깔린 모래는 습기, 하천퇴적물인 진흙, 식생 등에 의해 굳어 있었다. 그러나 일체의 개발사업이 소홀해지고 관개수를 받지 못한 경지면이 바싹 타들어가 가루로 변해 쓸려가 버린 지금에는, 표층에 어떤 균열만 생겨도 이내 넓은 구멍으로 확대되어 그로써 한 지방을 다 덮어버릴 정도의 많은 모래를 날릴 수도 있다.

가스코뉴의 랑드

프랑스에서 가장 유명한 모래평원은 제국 남서쪽 끝자락에 붙어 있다. 일반적으로 가스코뉴의 랑드(Landes)로 알려져 있는데, 곧 히스 황야다. 클라베는 다음과 같이 그것을 묘사한다. "순수한 모래로 구성되어 있으며 알리오스(alios)라 불리는 불투수층 위에 놓인 랑드의 토양은 오랫동안 경작이 불가능한 것으로 생각되었다. 여름에는 타들어가고, 겨울에는 물에 잠기어 양치류, 골풀, 히스 등만이 자라나 반쯤 굶주린 가축들에게 풀을 먹이는 방목지로 겨우 활용될 뿐이다. 그 비참함

---

46) William K. Loftus, *Travels and Researches in Chaldaea and Susiana*, New York, 1857, pp.82~83.

의 극치는 평원이 사구의 침입으로 끊임없이 위협받았다는 것이다. 해안을 따라 50리그가 넘는 거리에서 파도가 밀어놓은 광활한 사구열은 서풍에 의해 계속해서 추가되고 내륙으로 전진한다. 모래가 평원을 거쳐 가면서 토양과 마을을 매장시키고, 앞을 막는 온갖 저항을 뚫고서 두려우리만큼 규칙성을 띠며 전진했다. 전 지역이 닥쳐올 파괴를 준비하고 있는 바로 그때 브레몽티에는 해송을 심어 사구를 고정시키는 방법을 고안해냈다."[47]

랑드는 비록 수백 년 동안 거의 버려졌으나 융성했던 고대 문명의 무수한 흔적이 있다. 현재와 같이 황폐한 상태로 전락하게 된 것은 주로 사구의 침입에 기인한다. 평야의 산물이 판매되는 시장이었던 해안의 도시와 항구의 파괴, 하천의 폐색, 사구의 전진에 따른 작은 유로의 차단 등도 틀림없이 큰 영향을 미쳤을 것이다. 여기에 바다모래가 토양 위로 날려온 것을 더한다면, 이 거대한 황무지에서의 농업의 쇠퇴와 인구감소에 대한 적어도 부분적인 답은 얻을 수 있다. 사구의 이동이 저지되고 그 동쪽의 토양이 침입으로부터 안전하게 되었을 때 배수와 조림을 통한 농업개량의 실험이 시작되었다. 그 실험에서 상징적이나마 약간의 성공을 거둔 바 있다. 이로써 유럽의 황량하기 이를 데 없는 광대한 불모지의 하나가 완전히 복구되는 것은 불가능하지 않으며, 그것도 머지않은 장래에 달성될 것으로 여겨질 것이다.[48]

벨기에의 캄파인

벨기에 북부와 네덜란드 경계를 지나면서 캄파인(Campine)이라 불리는 또다른 유사한 히스 평원이 펼쳐진다. 모래가 넓게 펼쳐진 평원으로서 습지와 내륙사구가 흩어져 있고 최근까지 경작은 완전히 불가능

47) *Etudes forestière*, pp.253~254.
48) Louis de Lavergne, *Economie rurale de la France*, Paris, 1861, p.300.

한 것으로 생각되었다. 막대한 비용을 들여 배수하고 그 밖의 여러 가지 영농사업을 통해 개간했지만 투자한 자본에 비해 결과는 보잘것없었다. 1849년에 개량되지 않은 캄파인 지역은 35만 에이커 정도로 추정되었다. 프랑스의 선례는 이 불모의 땅에 해송을 비롯한 여러 나무를 심는 실험을 촉구했고, 그 결과 모래가 고정되고 생산성이 갖추어져 손실 없이 재정적으로도 흑자를 낼 수 있었다.[49]

동부 유럽의 모래땅과 스텝

여행자는 물론 심지어 지리학자에게도 잘 알려지지 않은 유럽 내부 여러 곳에는 아직도 개발되지 않은 모래황무지가 남아 있다. 나우만 (Naumann)은 다음과 같이 말한다. "폴란드의 올쿠시와 시비어는 실제로 사막에 자리하며, 끝없이 넓은 모래평원이 오젠스톡코 주위에 펼쳐져 있는데, 교목과 관목 어느 것도 자라지 않는다. 강풍이 불어올 때에는 평원이 넘실대는 바다와 같으며 사구는 파도와 같이 높이 올라섰다가 사라진다. 올쿠시 광산에서 나오는 폐기물 더미는 4패덤 깊이의 모래로 덮여 있다."[50] 폴란드에서는 모래를 안정시키려는 어떠한 노력도 없었다. 그러나 앞으로 이 불행한 지역에 평화와 번영이 되돌아왔을 때, 독일의 유사한 환경에서 큰 성과를 올릴 수 있었던 조치들이 폴란드의 사막에서도 유리하게 적용될 수 있을 것이라는 데에는 추호의 의심도 없다.

러시아의 스텝 일부 지역에도 이동성 모래가 쌓여 있지만, 전체적으로 이 광활한 평원의 토양은 극히 다양하고 조성도 상이하며 무엇보다 식생으로 덮여 있다. 하지만 스텝은 북부 독일의 모래평원과 많은 점에서 유사하다. 따라서 그곳에 단 한 번이라도 문명이 정착할 수 있으려

49) Emile de Laveleye, "Economie rurale de la Belgique", *Revue des Deux Mondes*, 33(1961), pp.617~644.
50) *Geognosie*, II, p.1173.

면 숲을 조성하는 똑같은 방법을 거쳐야 한다.

스텝 지역에 한때라도 숲이 있었는지에 대해서는 논의가 분분하다. 먼 옛날에는 숲이 없었을 것으로 확신한다. 드네프르 강과 페레코프 만 사이의 시래라는 작은 지방을 제외하면 이스터 강〔다뉴브 강〕과 타나이스 강〔돈 강〕 사이의 스키타이 지방에는 나무가 없다고 헤로도토스도 기술하고 있다. 현재는 수가 상당히 줄었지만 16세기까지 스텝 지역에는 유목민이 대규모로 정착해 있었다고 알려져 있다. 그들의 풍습이 문명인에 비해 숲에 대해서 덜 파괴적이었다고는 볼 수 없다. 유목부족은 연료나 건축용으로 목재를 많이 사용하지는 않으나, 주의를 기울이지 않고 닥치는 대로 숲을 베어낸다. 그리고 그들의 방목지에서는 소들이 어린 나무의 성장을 강력하게 억제한다.

현재 평원을 쓸고 지나가는 강풍, 여름의 한발, 방목권과 과목 등은 프랑스와 독일의 모래황무지에서 값진 성과를 올릴 수 있었던 조치를 적용하는 데 가장 큰 장애요인이 되고 있다. 그러나 러시아 정부는 스텝 지역에 조림사업을 시도한 바 있으며, 토양이 특히나 푸석푸석하고 모래도 많이 섞여 있던 오데사 인근에 울창한 숲이 조성되었다.[51] 이 지역, 그리고 충분히 그럴 수 있다고 생각하는데 모래평원 전역에 대해 가장 적합한 수종은 가죽나무(*Ailanthus glandulosa*〔*altissima*〕) 또는 일본 옻나무다.[52] 오데사에서 실시된 가죽나무 실험의 대미를 장식한 놀랄 만한 성공으로 분명 다른 지역에도 그와 유사한 실험이 촉진될 것이다. 그리고 서부 유럽에서 수천 에이커의 이동성 모래를 고정시켰던 사초와 해송이 적어도 부분적으로는 위성류와 옻나무로 대치될 것이다.

---

51) Adolph Hohenstein, *Der Wald*, Vienna, 1860, pp.228~229.

52) Hermann Rentzsch, *Der Wald im Haushalt der Natur und der Volkswirthschaft*, Leipzig, 1862, pp.44~45.

모래땅 개간의 이점

사구와 모래평원에 나무를 심어 생산성을 갖추게 된 황무지의 면적을 고려하고 이동성 사구에 매립되고 결국에는 해침으로 영원히 물에 잠기게 될 운명에서 동일한 방식으로 벗어난 비옥한 토양의 규모, 촌락과 그 밖의 인간의 개발, 그리고 항구의 가치 등을 고려했을 때, 우리는 브레몽티에와 라벤트로프를 인류의 위대한 은인으로 꼽을 수 있을 것이다. 네덜란드의 방조제를 논외로 한다면, 그들의 노력은 인간 자신을 강력한 지리적 권력자로 만들려 했던 최초의 계획적이고 직접적인 시도였다. 또한 앞 세대가 교란시킨 자연의 균형을 회복하고, 동시에 혜안과 확고한 목표에 근거해 분별없는 행위 때문에 초래된 황무지에 대해 속죄하려는 시도기도 했다.

국가적 사업

이상의 사업과 네덜란드 및 독일의 방조제 체계 사이에는 중요한 정치적 차이가 존재한다. 방조제는 본래 지주 또는 국가 소유의 토지에 일정 면적의 경작지를 추가한다는 목적 하나만으로 수행된 민간부문의 사업이었고 근대에 들어서도 전반적으로는 그러했다. 간단히 말해 방조제는 거의 예외 없이 단순한 금전적인 투자였고 경제적인 의미에서는 매입과 다를 바 없는 토지획득 방식이었다.

이와는 달리 사구의 조림사업은 지출에 대해 정례적으로 거둘 수 있는 일정 비율의 소득을 기대하고 시행되는 것이 아니다. 그것은 국가경제라는 고차원의 관점, 즉 호전적인 적의 침입을 물리치거나 침략자가 국민의 총체적인 이익에 끼친 피해를 회복함으로써 모두의 행복을 되살린다는 정부의 원칙에 의해 규정되는 공공사업이었다.

현재 프랑스 제국정부가 남부지방에서 시행하고 있는 숲의 복원은 사구의 고정과 같은 숭고한 성격을 가지는 조치다. 과거에 숲은 단순하게 야생동물에게 서식지를 제공하거나 그로부터 생산되는 목재를 위해 조성되고 보호되었다. 그러나 이 문제와 관련하여 프랑스를 비롯한 일부 국가의 최근 법령은 보다 장기적이고 고결한 목적을 겨냥하고 있는 듯하다. 그 법령은 기독교 세계의 통치자들이 문명정부의 진정한 의무와 관심을 더 잘 이해하게 될 것이라는 바람을 강력하게 고무하는 공공 법안이라 하겠다.

제6장 인간에 의한 지리적 변화의 전망

해양지협의 굴착

지금까지 설명한 자연의 변형이라는 대사업 외에 내지의 개발이나 변화와 관련된 여타 사업들은 고대로부터 현대에 이르기까지 계획되어 왔다. 그 구체적인 시행으로 지표의 형태에는 경우에 따라 가히 혁명적이라 할 만한 변화가 일어날 것이다. 내가 이야기한 계획 가운데 어떤 것은 재론할 여지없이 현실과 동떨어져 있다. 일부는 실제로 어렵고 기존의 자연적, 인위적 배열의 혼란으로 야기될 처참한 결과에 대한 염려 때문에 저지되기도 하지만, 실행에 옮기지 못할 것도 아니다. 또 다른 부류는 현 상황에서 경제적인 고려 때문에 금지되고는 있지만 궁극에는 성취 가능성이 큰 것들이다.

크고 작은 만과 만 또는 만과 대양을 가르는 좁은 목을 지칭하는 지협의 수, 바다를 연결하는 물길을 설치함으로써 줄일 수 있는 항해시간·비용·위험요소, 긴 곳이나 대륙을 돌아가는 수고로움의 해소 등을 감안했을 때, 내지의 항해를 위해 인공수로에 쏟아 부었던 돈과 계획한 과업들이 해양운하의 건설에 투여되지 못한다는 것은 어딘지 모르게 이상해 보인다. 과거와 현재에 그와 같은 많은 사업들이 추진되었으며, 규모는 작지만 해양을 잇는 굴착이 실제로 시도되었다. 그러나 진정한 지리적, 상업적 중요성을 가진 계획은 아직까지 추진되지 못했다.

이상의 사업에는 많은 어려움이 따르며, 언뜻 보아 납득하기 힘든 반발을 불러온다. 자연은 반도부와 본토를 연결하고 대륙과 대륙을 잇는 쇠사슬을 아주 잘 간수한다. 지협은 일반적으로 견고한 바위나 이동성 모래로 구성되는데, 특히 후자의 경우 처리하기가 훨씬 힘들다. 그와 같은 작업에서 저수위 면 아래로 깊게 땅을 파 내려갈 필요가 있으며, 이 일에는 상당한 어려움이 따른다. 내륙의 운하에 비해 바다를 오고가는 배가 지나야 하는 수로는 훨씬 커야만 한다. 그러한 크기의 선박에 딸린 돛이나 연통의 높이 때문에 다리를 놓는 것은 불가능하다. 따라서 운하는 진작시키고자 하는 수상의 연결보다 더 중요한 육상에서의 소통을 저해할 수 있다.

해양운하의 입구를 확보하고 종착지에 항구를 건설하는 것은 대체로 어렵고 비용도 많이 든다. 항구와 그들을 연결해주는 수로는 바다와 해안에서 밀려오는 물질로 인해 막히기 쉽다. 이 모든 것 외에도 자연이 떼어놓았던 바다를 서로 연결하는 데 따른 파장에 대해 경계의 고삐를 늦출 수 없는 많은 불확실성이 존재한다. 새로운 유로는 안전한 곳을 따라가던 빠른 해류의 경로를 바꾸어 해안을 침식하거나 모래와 진흙의 운반을 촉진하여 중요한 항구를 틀어막을지도 모른다. 아니면 해안을 따라 바다라는 강력한 적이 진행하고 있는 적대적 행위에 위험천만한 능력을 제공할지도 모른다.

자연은 때로 인간이 맡고 싶어하지 않는 일을 그들을 위해 자진해서 해주고, 또 인간이 수행하는 일에 대해서는 완강하게 저항함으로써 인간의 간교한 술책과 힘을 비웃는다. 인간이 세상의 모든 기술을 동원해 한 세대에 걸쳐 작업한다 해도 다 파낼 수 없는 위험스러운 모래톱은, 하천의 강력한 범람수나 이례적인 방향에서 불어오는 광풍에 밀린 해류에 의해 하룻밤 사이에 사라져버릴지도 모른다. 그리고 어선조차 지나갈 수 없었던 통로는 해상을 오고가는 대규모 선박이 통과할 정도의 넓은 수로로 바뀔 수 있다. 그 유명한 유틀란트의 림피요르드 만에서 자연은 독특한 운하의 사례 하나를 제공하는데, 열리면 해협이 되었다가 다시 닫히면 민물의 석호로 변화되는 것이 그것이다.

림피요르드는 원래 대서양에서 발트 해로 열려진 두 개 섬 사이의 수로였음이 틀림없다. 그러나 바다에서 밀려온 모래에 의해 서쪽 입구가 막혔고 사구라는 벽을 만들어 좀 더 단단하게 닫아버렸다. 이 천연의 방조제는 앞서 보았던 것처럼 한 차례 이상 파손되었다. 영구적으로 장벽을 유지하든가 아니면 벽을 제거한 상태에서 항상적으로 열려 있는 항해로로 유지하는 것은 아마 인간의 손에 달려 있을 것이다. 만일 림피요르드가 개방된 해협이 된다면, 그 사이로 밀려온 모래가 발트 해로 나아가는 항해에 중요한 일부 구간과 해로를 막아버릴 것이다. 또한 조석의 직접적인 유입으로 카테가트의 수로상황에 뚜렷한 영향을 미칠 것이다.

수에즈 운하

수에즈 운하는 인간이 지금까지 수행한 자연의 개발 가운데 가장 위대하고 명실상부한 범세계적 차원의 사업으로 인정되고 있다. 이 운하가 성공으로 판명이 난다면, 아마도 나일 강의 유로가 한쪽에서 다른 쪽으로 바뀌었을 때와는 상이한 방식으로, 그리고 그보다 더하지 않은 수준에서 나일 강과 홍해 유역에 크게 영향을 미칠 것이다. 실제로 바다와 바다를 연결하는 수로가 뚫린다면 대조와 강력한 남풍이 일치되었을 때, 좁은 운하를 개방된 해협으로 바꾸어버릴 수 있는 수리학적 힘이 발생한다는 것은 능히 생각해볼 수 있는 일이다.

그 경우 홍해의 밀물과 썰물이 조석이 거의 형성되지 않는 지중해의 물과 무제한적으로 섞였을 때 초래될 수 있는 결과를 추정한다는 것은 물론 예측할 수도 없다. 그러나 그것이 양 지역의 지리적 형상과 생명체에 관련된 가장 중요한 특성이 될 것은 틀림이 없다. 하지만 운하 양쪽 터미널 인근의 바다가 낮고, 한쪽에서는 조수 그리고 다른 한쪽에서는 해류가 작용하며, 중간에 개재되는 지협의 특성으로 인해 그와 같은 격변은 도저히 일어날 수 없다. 바닷모래가 밀려들어 운하 양쪽 끝이 막혀버리는 것은 바닷물이 터져 밀려들어 오는 것보다 방비한다거나 피하기에 훨씬 어려운 위험요소다.

그렇다고 볼 때 수에즈 운하의 개통에 따른 직접적인 결과로서 해안선이나 천연의 항로에 어떤 변화가 있으리라 기대할 어떤 이유도 없다. 그러나 양쪽 유역의 동·식물군에게는 매우 흥미로운 혁명이 일어날 것이 분명하다. 칼라브리아 만과 함께 콰트르파게스[1]에 의해 한 폭의 그림과 같이 묘사된 시칠리아 해안 등 일부 국지적인 예외를 제외하면, 지중해는 상대적으로 해양식생, 조개류, 어류 등이 빈약하다. 일부 만에서 물고기를 찾아보기 힘들다는 것은 주지의 사실로서, 겨우내 불어오는 남풍이 지나간 후 북부 해안의 긴 거리를 샅샅이 뒤져도 그간의 수고를 보상해줄 얼마간의 조개도 찾을 수 없다.

그러나 열대와 아열대의 바다 밑을 들어가본 사람이라면 홍해에 놀랄 만큼 생물이 풍부하다는 사실을 알아차릴 수 있을 것이다. 해저에는 해양식물, 불가사리 같은 식충, 갑각류 등이 깔려 있고, 수중에는 굉장히 다양한 어류가 가득하다. 대부분의 동식물은 지중해보다 더 따뜻한 온도에 맞추어진 그들 조직의 법칙에 의해 제한되지만, 그 가운데 적지 않은 수는 넓은 범위의 서식지를 가지며 적응력이 커서 차가운 바다에서도 잘 살아갈 수 있다.

수에서는 그에 미치지 못하지만 지중해의 수생동식물도 마찬가지로 기후에 대한 적응력이 뛰어나 운하가 개통되었을 경우 양쪽 바다에 공통적으로 나타나지 않는 유기체들의 교류가 있을 것이다. 그렇게 해서 새롭게 도입된 파괴적인 종은 양쪽 해역 고유의 먹이의 수를 감소시킬 수 있다. 한편으로는 먹이의 공급량이 늘어남으로써 다른 어종의 수가 크게 늘어날 가능성도 있으며, 동시에 지중해에 접해 있는 국가에 사는

---

1) J.L. Armand de Quatrefages de Bréau, *Souvenirs d'un naturaliste*, Paris, 1854, I, pp.204~205.

사람들의 식량에 중요한 기여를 해줄 것이다.

이 대사업에 부수되는 시설물 또한 무시 못할 지리적 중요성을 가지기 때문에 주목할 만하다. 그것은 대운하 건설에 동원된 일꾼에게 시원한 식수를 제공하며, 궁극에는 수에즈 시와 광활한 사막의 토양을 개간하고 관개할 목적으로 나일 강에서 지협으로 건설된 수로다. 이집트 제국의 번성기에 나일 강물은 하천 동쪽의 주요 지구로 운반되었다. 후대에 이 땅 대부분은 한때 풍요를 가져다준 수로가 퇴락하면서 사막으로 변해버렸다. 고대의 수로를 복원하고 새로운 수로를 건설해 파라오의 지혜로 개발해냈던 모든 땅과 추가된 넓은 대지에 물을 공급해주는 것은 그리 어려운 일이 아니다. 그렇게 함으로써 수백 제곱마일의 건조한 모래의 불모지가 연중 변함없이 푸르른 경지로 바뀌고, 저지 이집트의 지리도 현저하게 변화될 수 있을 것이다.

만일 사업이 성공을 거둔다면 운하 양단과 중간지점에서는 일시에 많은 도시가 생겨날 수 있을 것이다. 이 모든 것은 식수와 함께 식량생산에 할애된 인근 경지에 필요한 관개수를 흘려보내 줄 나일 강 용수로의 관리에 달려 있다. 이로써 중요한 이익이 생겨나 수리사업과 그에 따른 지리적 변화의 영속성을 보장해줄 것이다. 이렇게 되면 수에즈 시, 사이드 항, 또는 팀사 호반의 도시가 오랫동안 카이로가 해왔던 수도의 역할을 대신하게 될지도 모른다.

다리엔 지협의 운하

제안된 적이 있는 역대의 운하계획 가운데 공사의 물리적인 어려움이라든가 연결되어야 할 바다의 규모와 중요성 또는 항해에서 절약할 수 있는 거리의 측면을 고려할 때 가장 규모가 큰 것은, 다리엔 지협을 가로질러 멕시코 만과 태평양을 잇는 운하다. 나는 지금 다른 운하와 근본적으로 다르지 않고 뚜렷한 지리적 특징도 없으면서 니카라과 호 또는 기타 경로를 통과하는 갑문식 운하를 말하는 것이 아니다. 두 바다를 사이에 둔 개방된 유형의 것을 말하는 것이다. 그와 같은 운하건설의 가능성이 언급된 적은 결코 없으며, 가령 개방되어 있다면 양쪽 입구에 모래톱이 쌓여 그곳으로 통과하는 강력한 해류를 막을 가능성이 크다.

그러나 사업이 실제로 완공되었다고 가정할 때, 가장 먼저 멕시코 만과 태평양 두 대양에 살고 있는 동식물이 섞일 것이다. 이는 이곳에 비해 훨씬 작은 두 유역을 잇는 수에즈 운하의 개통으로 초래될 것이라고 말한 바와 같다. 다음으로 만일 운하가 모래톱에 가로막히지 않는다면 조만간에 그를 통과하는 해류의 기계적인 작용에 의해 운하가 크게 넓혀지거나 깊어질 것이다. 그렇게 된다면 인간이 지구상에 출현한 이래 발생한 그 어떤 자연의 혁명에 비해 규모에서 뒤지지 않는 결과가 초래될 것이다.

그 결과라는 것이 어떤 것일지는 상당 부분 순수한 추측의 문제이며, 이 점과 관련해 상상력을 발휘해볼 만한 여지는 많다. 그러나 적어도 한 사람 이상의 지리학자가 제안하듯이 그와 같은 사업이 몰고올 것으로 추정되는 다양한 영향들을 잠재울 수 있는 결과 하나가 있다. 그것은 두 개의 거대한 해양성 하천, 즉 멕시코 만류와 지협 반대편 태평양에서의 그와 상응하는 해류의 경로변동이다. 멕시코 만류의 난류는 대서양 동부 해안을 따라 고위도까지 올라가 손을 활짝 펼치듯이 흩어지고, 식으면서 서부 유럽의 평균기온을 몇 도 정도 높이기에 충분한 열을 발산한다. 사실, 멕시코 만류는 같은 위도에 있는 미국 동부와 동아시아에 비해 서부 유럽의 기후가 월등할 수 있는 주요인이다.

서부 유럽의 모든 기상상황은 멕시코 만류에 크게 좌우된다. 따라서 멕시코 만류는 순수하게 지리적인 모든 현상 가운데 가장 웅대하고 우호적이다. 우리는 아직 이 강력한 난류의 움직임을 지배하는 법칙에 대한 충분한 정보를 가지고 있지 않아 다리엔 지협의 굴착에 의해 해류가 뚜렷하게 영향을 받을지 확인할 수 없다. 그러나 해류가 멕시코 만으로 유입되어 선회할 때, 바다 서부 해안을 이루고 있던 육지의 저항을 없애줌으로써 원래 나아가려던 서쪽 방향을 유지해 태평양 적도해류와 합류하게 만들 가능성이 있다.

그와 같은 변화의 결과, 서부 유럽의 평균기온이 미국 동부의 수준으로 즉각 낮아지고 양 대륙의 기후의 극단성 역시 유사해지거나, 북위도 지방으로서는 너무나도 중요한 열의 원천을 앗아가 "빙하기"가 새롭게 도래할지도 모른다. 그렇게 되면 엄청난 수의 육상 및 해상 동식물의 멸종과 신대륙 문명인의 기원이 되는 구대륙 국가의 가계 및 촌락 경제에 전면적인 혁명이 초래될 것이다. 또 다른 깜짝 놀랄 만한 결과도 예상할 수 있지만, 이 모든 추측이 너무 두렵고 아직은 요원하며 가능성도 높아 보이지 않아 오래도록 뇌리에 담아둘 만한 가치는 없다.[2]

사해 운하

지중해와 사해 그리고 사해와 홍해 사이를 뚫어 인도로 가는 신항로를 개척하려던 알렌(Allen) 선장의 계획은 많은 흥미로운 이야깃거리를 제공한다. 베르토우(Bertou), 로스(Roth), 그리고 다른 사람들이 수행한 고도관측은 사해와 홍해 중간에 있는 와디엘아라바의 분수계가 홍해의 평균고도보다 적어도 300피트는 더 높다는 것이 확실하지는 않지만 충분히 그럴 수 있다는 가능성을 내비쳤다. 그리고 사실이 그렇다면 바다 한쪽에서 다른 쪽으로 운하를 낸다는 것은 불가능한 일이다.

그러나 이즈르엘 인근에 해당하는 지중해와 요르단 강 중간의 정상부 고도는 해발 100피트 정도로 생각된다. 거리가 너무나도 가깝기 때문에 분수계를 관통해 수로를 내는 것도 결코 불가능한 것 같지는 않다. 따라서 비록 사해를 경유해 동쪽으로 항로를 여는 것이 가능하리라고 믿을 이유는 없지만, 지중해에서 사해 유역으로 접근할 수 있다는 것에 대해서는 별 의심이 들지 않는다.

---

2) Georg Hartwig, *Das Leben des Meeres*, Frankfurt, 1857, p.70.

사해의 수면은 해수면보다 1,316.7피트 아래에 있다. 그 동쪽과 서쪽 경계는 해발 2,000~4,000피트의 높이로 솟아 있는 산맥이 구성하고 있다. 남단으로부터 홍해의 동쪽 지맥인 아카바 만까지 와디엘아라바로 불리는 분지가 뻗어 있다. 요르단 강은 사해보다 663.4피트 높고 지중해보다는 653.3피트 낮은 지점에 있는 티베리아스 호를 통과하며 호수와 바다 중간에 자리한 예리코 평야와 호수 북쪽의 계곡 상당 부분을 배수한 뒤에 그 북단으로 유입한다. 만일 지중해의 물이 자유롭게 사해 유역으로 흘러든다면 수면은 바다높이까지 올라올 것이고, 결과적으로 유역 안의 그보다 낮은 건조한 대지가 모두 물에 잠기게 될 것이다.

티베리아스 호수보다 위쪽에 있는 요르단 강 유역의 정확한 고도가 계측되었는지는 잘 모르겠다. 그리고 와디엘아라바 북부의 고도에 대해 우리가 알고 있는 정보도 상당히 모호하다. 지중해를 기준으로 유역 주위를 따라난 등고선이 어디에서 동쪽과 서쪽 경계를 그리게 되는지에 대해서도 아는 바가 거의 없다. 그러므로 우리는 지중해의 물이 들어옴으로써 침수될 수 있는 건조지대의 범위, 또는 그로 인해 만들어질 내륙해의 면적을 정확하게 계산할 수 없다. 그러나 그 길이는 150마일은 족히 넘을 것이고, 크고 작은 만을 포함한 평균넓이는 15마일이며, 아마도 20마일 아래로는 내려가지 않을 것이다.

침수될 지역에는 엘리샤의 샘과 그 밖의 인근 수원으로부터 관개수를 공급받는 지역처럼 무척 비옥하고 분지인 특성상 기후가 온화하여 다른 어떤 곳보다 손쉽게 열대 산물을 남부 유럽에 제공할 수 있는 곳도 포함된다. 이런 곳은 현명한 통치와 더 나은 국가제도 아래서 중요하게 부각될 수 있다. 그렇지만 현재 문명인이나 심지어 야만인에 의해 정착된 지역은 거의 잠기지 않을 것이다. 그와 같은 운하와 바다는 새로운 시장이나 생산물 공급처에 대한 접근을 허락하지 않으므로 지금 당장에는 상업적으로 그리 중요하지 않다. 그러나 요르단 강 동쪽의 기름진 계곡과 버려진 평야가 농업 및 문명을 위해 개척되었을 때, 이들 수로는 광범위한 교역의 매개가 될 수 있는 교통망을 제공할 것이다.

사해 유역을 굴착하고 매립하는 데 따르는 경제적인 결과가 무엇이 되었든 간에 시리아의 현 수역에 적어도 2,000에서 아마도 3,000제곱마일에 달하는 새로운 증발면이 창출되어 중요한 기상학적 효과가 나타날 것이다. 시리아의 기후는 개선되고 강수량과 비옥도는 증진될 것이며 풍향과 대기의 전류상황이 바뀔 것이다. 현재 유역에 서식하고 있는 생명체는 멸종될 것이고 많은 동물과 식물종은 지중해로부터 인간의 기술을 사용해 그들을 위해 준비해둔 새로운 집으로 이동할 것이다. 또한 분지바닥에 가해질 1,300피트의 수압 또는 40기압의 작용으로 특이한 지형을 가진 이 지역의 지각 내·외적인 힘의 균형이 깨져 강도를 추측도 할 수 없는 엄청난 지질적 격동이 야기될 것이다.

그리스의 해양운하

고대에 그 하나가 시공되었고 또 하나는 계획되었다가 오늘날 다시 관심을 불러일으키고 있는 해양운하는 지리적인 측면이 아닌 상업적인 중요성을 가지기는 하지만 주목할 만한 가치가 있다. 첫 번째 운하는 아토스 산의 반도부와 본토를 잇는 암석을 뚫어 크세르크세스(Xerxes)가 만든 운하고, 다른 하나는 코린트 지협을 관통하는 가항운하다. 헤로도토스와 투키디데스의 증언에도 불구하고 로마인들은 크세르크세스의 운하를 "날조된 그리스"의 우화로 치부했다. 그러나 꽉 막혀 더 이상의 항해가 곤란해지자 반도와 배후지역 간 육로를 통한 교통의 편의를 위해 매립했을지 모를 한 지점을 제외한 전 구간에 걸쳐 운하의 흔적이 지금까지도 완벽할 정도로 뚜렷하다.

만약 환상 속의 그리스 왕국이 냉정한 현실이 되고, 피보호 상태를 벗어나며, 현재 모국보다는 다른 곳에 정착해 재원을 사용코자 하는 그리스의 자본가들이 제도의 항구성에 대한 어떤 확신을 가질 수 있는 도덕적, 정치적 지위를 획득한다면, 레판토 만과 사로니코스 만 사이에는 필경 가항운하가 개통될 것이다. 이오니아 섬이 그리스에 합병되었더라면 그 사업은 거의 정치적 필연이 되었을 것이다. 그리하여 국내의 지역 간 교류에 긴요한 편의를 제공하는 것은 물론, 레반트와 아드리아 해 연안국가 간 교류 및 해상에서의 교역활동을 수행하는 중요한 통로가 되었을 것이다.

이미 지적한 대로 이 운하 및 아토스 산과 대륙 사이의 가항해로의 중요성은 주로 상업적 측면의 것이다. 하지만 양자 모두 이때까지 자연적 배열에 거의 간섭하지 않았던 분야에서 인간이 자연을 통제한 특별한 사례가 될 것이다. 방향에 상관없이 마치 탁월풍이 밀어내듯 물이 자유자재로 드나들 수 있는 규모로 운하가 건설되었더라면, 수로학의 요소이자 해안에서는 침식을 그리고 해저에서는 표류물을 발생시키는 데 중요한 해류에 일정 정도의 영향력을 행사했을 것이다. 따라서 단순한 이동의 인위적 수단이라는 차원을 뛰어넘는 높은 지위가 그들 운하에 부여될 자격이 충분하다.

사로스 운하

겔리볼루 반도를 가로질러 마르마라 해 어귀에서 사로스 만까지 운하를 뚫는 것은 가능하다고 여겨졌다. 일을 추진하는 데 따르는 기술적인 난관을 극복할 수 있을지는 의문이었다. 그러나 콘스탄티노플에게 당연히 돌아가야 할 중요한 정치적, 상업적 지위가 회복될 때, 운하의 건설은 교역의 이익뿐만 아니라 군사적인 편익이라는 강력한 이유 때문에 권고될 것이다. 반도를 가로지르는 수로는 지금 다르다넬스 해협으로 흘러들어 가는 물 일부를 다른 곳으로 돌리고, 그 강력한 흐름의 속도를 줄이며, 그렇게 함으로써 해협의 항해를 가로막는 난관 일부를 제거했을 것이다. 운하는 콘스탄티노플과 에게 해 북부 해안 사이의 거리를 크게 단축시키고, 적으로 하여금 하나가 아닌 두 척의 수비함대를 거느리게 만드는 중요한 장점도 가질 수 있을 것이다.

케이프코드 운하

매사추세츠 주의 케이프코드 만 남부와 대서양을 갈라놓은 좁은 목을 관통하는 가항수로의 개통은 오래전에 제안되었다. 미국 대서양 해안의 어떤 개발사업도 그보다 높은 효용성 차원에서 추천되지는 못했다. 운하는 미국으로서는 무척이나 중요한 해상무역에서 케이프코드를 우회하는 길고 위험스러운 항로를 피해갈 수 있게 해주고, 남부의 항구를 출발한 선박이 보스턴 항에 안전하게 들어설 수 있는 새로운 입구를 제공할 것이다. 또한 악천후로 배가 항구로 접근할 수 없을 때 해안에 도착하고 떠날 수 있게 해주는 최상의 통로를 확보하고, 외지세력에 의해 해안이 봉쇄당했을 경우 가장 중요한 내륙과의 소통을 가능하게 해줄 것이다. 의심할 나위 없이 사업이 엄청나게 어려운 것이 사실이다. 그러나 유지비와 새로운 해협으로 밀려들 해류의 영향에 대한 불확실성이 더욱 심각한 장애요인이다.

나일 강의 유로변경

일찍이 제안되었거나 위협을 던져준 자연의 대변화 프로젝트 가운데 가장 주목되는 것은 아마도 나일 강의 유로를 리비아 사막이나 홍해로 돌리는 일일 것이다. 이디오피아 또는 아비시니아의 군주는 한 차례 이상 멤룩의 술탄에게 이 경계해야 할 계획을 시행할 것이라고 위협한 적이 있었다. 그에 따른 피해에 대한 두려움은 자못 심각해 무슬림들로 하여금 많은 선물과 이집트에서 핍박받고 있는 기독교도를 상대로 한 몇 가지 양보안을 들고 아비시니아의 국왕과 타협하도록 유도했을 정도였다.[3]

---

3) George Sandys, *A Relation of a Journey Begun 1610*, 6th ed., London, 1690, p.77.

사실, 아라비아의 역사가들은 10세기에 이디오피아인들이 강을 막아 꼬박 일 년 동안 이집트의 물공급을 차단했다고 확신한다. 이 일화에 대한 있음직한 설명은 나일 강 유역에서 가끔씩 발생했던 것과 같은 극심한 가뭄에서 찾을 수 있다. 16세기가 시작될 즈음, "극악한" 군주로 알려진 알부케르케(Albuquerque)는 코세이르를 지나 이집트를 통과하는 중계무역을 타파할 목적으로 나일 강을 홍해로 돌리는 사업을 재개했다. 1525년에 포르투갈의 국왕은 아비시니아의 황제에게서 사업을 추진할 기술자를 보내달라는 요청을 받았으며, 황제의 계승자도 1700년경에 그 일을 기도할 것이라고 위협했다. 그리고 한참 뒤에 프랑스가 이집트를 점령했을 때에도 이와 같은 방법을 사용해 침략자를 몰아낼 수 있을 것이라는 가능성이 영국에서 제기되었다.

나일 강물을 홍해로 돌리는 일이 불가능하다고 확언할 수는 없다. 두 유역을 가르는 일련의 산지에서 브라운(Browne)은 와디(wadi), 즉 깊은 건곡을 발견했는데, 한쪽 계곡에서 다른 쪽 계곡으로 연장되어 있었으며 하상보다 그리 높지 않았다. 리비아 사막은 두 개의 주요 지류가 합류하는 카르툼 하류의 나일 강보다는 훨씬 높기 때문에 합류한 물의 새로운 유로를 그 방향에서 찾을 가능성도, 그렇게 믿을 하등의 이유도 없었다. 그러나 바흐르엘아비아드 강은 기원지는 아니지만 거대한 고원을 통과해 흘러가며 일부 지류는 우기에 전혀 다른 방향으로 나아가는 대하천의 지류들과 연결될 것이다. 따라서 적어도 나일 강의 이 거대한 지류의 물 일부가 니제르 강을 통해 대서양으로 유입되거나 중앙아프리카의 내륙호수에서 소실되고, 아니면 리비아의 사막을 옥토로 가꾸는 데 사용될 가능성은 있다. 줄어든 양은 아마도 이집트에서도 감지될 것이다.

하천 전체가 홍해로 선회할 가능성을 인정하고 그러한 변화로 인해 초래될 수 있는 영향을 생각해보자. 우선적으로 가장 명확한 것은 중앙 이집트와 저지 이집트의 전면적인 척박화로서 그 지역을 사막으로 바꾸어놓을 것이며, 주민을 전멸시키지는 않는다 하더라도 불완전한 문명은 멸망시킬 것이다. 이것이 바로 아비시니아의 군주들과 잔혹한 포르투갈의 영웅이 위협했던 재앙이다. 당시 두 진영은 이 직접적이고 현실적인 결과 외에 다른 것은 염두에 두지 않았다. 그러나 그러한 조치로 인해 지리적으로 훨씬 넓은 지역이 그리고 보다 다양한 인간의 이해가 영향을 받을 수도 있었다.

연례적인 범람에 나일 강은 수주 동안 수천 제곱마일의 땅을 침수시키며, 홍수철이 지나면 그와 비슷한 면적, 아니 그보다 더 넓은 면적의 땅을 침윤시켜 습기로 뒤덮을 것이다. 지중해 남부 해안에서 그렇게 넓은 증발면을 빼앗는다는 것은 다양한 기상현상에 심대한 영향을 미칠 수밖에 없다. 그리고 북부 아프리카의 습도, 온도, 전기조건, 기류 등은 유럽의 기후에 확연히 영향을 미칠 수 있을 정도로 크게 바뀔 것이다.

나일 강물을 빼앗긴 지중해는 대서양으로부터 지브롤터 해협을 통해 더 빠른 속도로 들어오는 더 많은 양의 물을 필요로 할 것이다. 또한 바닷물이 포함하는 염분의 비율이 늘어나 적어도 남부 해안의 수생동물에 변화가 있게 될 것이다. 남부, 동부, 북동부 해안을 돌아 나오는 해류는 완전히 소멸되지는 않는다 하더라도 세력과 양이 감소할 것이고, 유역과 항구는 내지 아프리카 고원지대로부터 새로운 물질을 공급받지 못해 얕아질 것이다.

지중해에 비해 훨씬 작은 홍해에서는 크다고 할 수는 없어도 보다 직접적으로 감지할 수 있는 영향이 발생할 것이다. 진흙이 퇴적되어 깊이가 낮아지고 아마도 시간이 지나면 바다를 내지와 공해로 가를 것이다. 바닷물에는 민물의 비중이 높아져 무척이나 풍부했던 해양동식물의 특성과 비율이 바뀌는 한편, 하구 근처에서는 아마도 전멸될지도 모른다. 가항수로의 위치에 변동이 생기고 자주 막혀버릴 것이며, 조수의 흐름은 새로운 지리적 상황에 의해 변화할 것이다. 하천의 운반물질에 해안선과 저지대가 새롭게 형성되었다가 식생으로 덮여 결과적으로 기후에 뚜렷한 변화를 가져올 수도 있다.

카스피 해의 변화

러시아 정부는 자연수로와 인공운하를 부분적으로 이용해 카스피 해와 아조프 해 사이를 직접 연결할 것을 고려했다. 현재 돈 강과 볼가 강 중간에는 가항운하가 있는데, 상업적이고 정치적인 이해가 없는 것은 아니지만 이들 사업에는 그 어떤 지리적 중요성도 없다. 그러나 중앙 러시아에서 흘러오는 대하천의 물길을 돌려 카스피 해 유역에 뚜렷한 지리적 변화를 가져오는 것은 가능하다. 카스피 해의 수면은 아조프 해보다 83피트 낮다. 그렇게 낮은 이유에 대해 현재 일부 저명한 자연과학자들은 지질상의 원인으로 해저가 침강하기 때문이라고 주장한다. 하지만 그 주장은 증발량이 강수에서 직·간접적으로 파생되는 공급량을 초과한다는 가정으로 설명되어왔다.

차리친에서 아조프 해로 유입하는 돈 강과 카스피 해로 들어가는 볼가 강은 서로 10마일 이내에 있다. 이 지점 부근에서 지상 또는 지하의 운하를 통해 돈 강을 볼가 강으로, 아니면 볼가 강을 돈 강으로 돌릴 수 있다. 만일 돈 강의 물 전량 또는 대부분이 자연적인 유출로에서 이탈해 카스피 해로 유입된다고 가정할 경우, 바다의 증발량과 공급된 수량 간의 균형이 회복되거나 고대의 한계수위보다도 높게 상승할 것이다. 만일 볼가 강이 아조프 해로 들어간다면, 카스피 해는 손익균형이 회복될 때까지는 규모가 축소되고 현재보다는 훨씬 좁은 면적만을 점유할 것이다. 육지와 수역 간 비율의 변화는 카스피 해 유역의 기후에 상당한 영향을 미칠 것이다. 한편 많은 양의 민물이 아조프 해로 유입되면 만 내의 염분을 희석시켜 물고기의 수와 특성에 영향을 미치고, 흑해에도 부분적으로는 영향을 미칠 것이다.

북미 수로의 개량

우리는 아직 중앙 아프리카나 남미 내륙의 지리에 관해 잘 알고 있지 못하므로 그곳에서 수로의 변동이 어떻게 진행되었는지 추측할 수 없다. 그러나 양 대륙의 많은 중요한 하천들이 적정한 경사를 가진 드넓은 고원을 흐른다는 사실에서 하천의 유로에 중요한 변화가 있을 것이라고 믿어도 좋을 것이다. 북미의 수계에 관해서 우리는 더 잘 알고 있다. 대하천의 유로나 대호수의 유출구가 방향을 완전히 바꾸거나 적어도 부분적으로는 다른 유로로 향할 수 있는 많은 지점이 있다는 것은 확실하다.

이리 호의 수면은 올버니를 지나는 허드슨 강보다 565피트 높으며, 그 동쪽에 자리한 대평원의 해발고도에 가깝다. 그래서 허드슨 강을 이어주는 운하의 서쪽 구간에 호수나 그로부터 흘러나오는 나이아가라의 물을 공급할 수 있다는 것이 밝혀졌다. 그러므로 나이아가라에서 자연적으로 배출되는 일정량의 물을 제네시 하곡으로 끌어올 수 있는 수로의 건설이 가능할 것이다. 이리 호에서 측정한 결과 가장 깊은 곳은 270피트이고 평균적으로는 120피트의 깊이를 유지하고 있다.

사업시행에 대한 충분한 동기만 있다면 나이아가라와 평행하거나 제네시와 직각으로 교차하는 운하의 건설은 호수의 배수에 중대한 영향력을 행사할 정도의 규모로 시행될 수 있을 것이다. 슈피리어 호의 물을 배출하는 강이 1마일에 22피트의 비율로 하강하는 수우센트마리에 추가적인 유로를 조성함으로써 호수 자체는 물론 그와 통해 있는 일련의 커다란 내륙호수에 무한한 결과를 가져오는 것은 훨씬 수월할 것이다.

미시간 호와 미시시피 강의 지류인 데스플레인즈 강 사이의 정상부는 호수보다 27피트밖에 높지 않고 중간거리는 몇 마일에 지나지 않는다. 이 능선을 가로지르는 운하를 개통하자는 의견이 자주 제기되었고 사업의 실현 가능성에 대해서는 조금의 의심도 없다. 운하에서는 본질적으로 항해가 불가능하다지만 만일 사업이 실현되었더라면, 미시간 호의 물은 세인트로렌스 강 대신에 멕시코 만으로 유입되어 일리노이 강과 미시시피 강을 연중 내내 넘치게 해주었을 것이다. 이들 하천의 유량이 증가함으로써 유속과 운반력, 그리고 결과적으로 강기슭의 침식과 멕시코 만에서의 진흙의 퇴적이 촉진되었을 것이다. 또한 두 하천으로 찬물이 다량 유입됨으로써 그 안에 서식하던 동물에게 커다란 영향을 미칠 수도 있다. 오대호 유역의 물을 원래의 유출과는 반대방향으로 새롭게 조성한 운하로 흘려보냈을 때, 세인트로렌스 강에 미치는 영향은 너무 미미해 감지할 수는 없겠지만 그래도 조금은 연관이 있을 것이다.

라인 강의 유로변동

자연의 개발이 기득권과 기존의 배열에 간섭할 수 있다는 우려는 신생국 이상으로 역사가 오랜 국가에서도 지리적 혁명에 가까운 사업을 추진하는 데 따르는 어려운 장애다. 따라서 미국보다는 유럽에서 그와 같은 사업에 대한 반발이 더 강력하며, 자연의 형태에 가해질 수 있는 변화의 수는 그에 비례해 적어진다. 나는 유럽에서 실행되었거나 시행 중인 몇 가지 중요한 수리개발에 대해 이미 언급했고, 고려되고 있거나 제안된 다른 몇 가지를 앞으로 지적할 것이다.

그 가운데 하나는 라가츠 아래로 흘러가는 라인 강의 현 유로를, 자르간스 인근의 좁은 능선을 관통하는 운하를 조성함으로써 발렌슈타트 호로 유입시키는 것이다. 능선이 라인 강보다 겨우 20피트밖에 높지 않고 폭도 200야드가 채 안 되기 때문에 그리 어렵지 않은 사업이 될 것이다. 현재에는 유로변동을 위한 동기부여가 충분하지는 않으나 머지않은 장래에 권고할 만한 가치가 있을 것은 어렵지 않게 예상할 수 있다.

콘스탄츠 호를 통하는 항해의 중요성은 빠르게 증대되고 있다. 라인 강의 운반물질에 의해 호수 동단이 얕아지는 것에 대해서는 강을 발렌슈타트 호로 방류하는 것과 같은 손쉬운 방법을 통해 해결하는 것이 필요할 것이다. 발렌슈타트 호수연안은 바위가 많고 경사가 급해 경작이 불가능하기 때문에 항해가 그리 중요하지 않고 중요해질 가능성도 없다. 호수는 굉장히 깊고 유역 또한 넓어서 라인 강이 수천 년 동안 운반해온 물질을 모두 수용하고 저장할 수 있다.

조이데르 해의 배수

나는 하를렘 호의 배수를 경제 및 기술적인 측면뿐 아니라 지리적으로도 큰 의미를 담고 있는 사업이라고 언급한 바 있다. 성격은 비슷하지만 훨씬 거대한 사업이 지금 네덜란드 기술자들의 시선을 사로잡고 있는데, 그것은 조이데르라 불리는 거대한 염수의 유역을 배수하는 일이다. 이 내륙해는 적어도 2,000제곱마일, 즉 130만 에이커의 땅을 덮고 있다. 바다 쪽 절반, 즉 엔퀴젠에서 스타베렌을 잇는 선의 북서쪽 부분은 5세기 이래 습지에서 해만으로 바뀐 것으로 믿어지며, 이는 부분적으로 인간이 자연의 질서에 간섭함으로써 발생한 것으로 설명된다.

조이데르 해는 그리 높지 않은 섬에 의해 분리된 적어도 여섯 개의 큰 유로를 통해 바다와 연결되며, 조수는 유역 내에서는 3피트 높이까지 상승한다. 조이데르 해를 배수하기 위해서는 먼저 이들 유로를 막아 밀물이 통과하는 것을 차단해야만 한다. 이것이 성사되면, 해류는 1,400~1,500년 전에 흐르던 선까지 회복될 것이고, 해안의 모든 조석현상과 네덜란드의 해양지리학에 현저한 영향이 초래될 것이 분명하다.

다음으로 유역육지부를 따라 유입하는 민물을 막고 빼내기 위해서 원형의 제방과 운하가 건설되어야 한다. 유입하는 하천 가운데 규모가 큰 위셀 강은 연장 80마일의 유로를 가지며 여러 개의 독립된 지류의 물에 의해 배양되지만, 사실은 라인 강의 유출로 가운데 하나다.

이상의 준비작업이 완료되고 만을 작은 부분으로 나누기 위해 적당한 지점에 횡단방조제가 설치되고 나면, 하를렘 호의 경우와 거의 동일한 방식으로 기계를 사용해 물을 퍼내야 한다. 이 무모한 사업을 실시하는 데 필요한 시간과 자금이 어느 정도인지 정확히 계산해낼 수는 없다. 그러나 재정조달에 대한 회의에도 불구하고 합리적인 판단에 맡겼을 때 실현 가능성은 부인할 수 없을 것이라 믿는다. 개발에 따른 지리적 결과는 하를렘 호를 배수했을 때와 유사하겠지만 규모는 그 몇 배로 커질 것이다. 그리고 비록 해안에서는 감지할 수 없다 해도 네덜란드 내륙에서는 그에 따른 기상학적 영향을 분명 느낄 수 있을 것이다.

카르스트의 물

트리에스테 북쪽에 자리한 거대 석회암 대지인 카르스트(Karst)의 독특한 구조는 그 지방의 지리에 상당한 영향을 수반할 수 있는 몇 가지 건설사업을 암시하고 있다. 나는 지금은 수목을 비롯한 온갖 식생이 사라져버린 이 고원지대가 한때는 울창한 숲이었고 그 지역의 배수를 담당하던 동굴이 벌집처럼 뚫려 있었다고 설명한 적이 있다.

슈미들(Schmidl)은 이 독특한 지역 지하의 지리와 수로에 대해 연구하면서 여러 해를 보냈다. 그가 발견한 사항은 초창기 동굴탐험가의 그것과 함께 독창적인 다양한 자연개발안을 이끌어내기도 했다. 카르스트의 많은 지하수로에는 눈에 드러나는 출구가 없으며 적어도 몇몇 경우에는 깊은 유로를 통해 물을 아드리아 해로 내보내는 것이 틀림없다.[4] 트리에스테 시에는 신선한 식수가 충분히 공급되지 않는다. 도시 배후에 높이 솟아오른 대지의 벽에 터널을 뚫고 지하유로에 파고들어 물을 도시로 수송함으로써 부족분을 보충할 수 있다고 여겨졌다.

그보다 더 공상적인 계획가들은 한 발 나아가 카르스트 아래 천연의 터널을 이용해 도로, 철도, 심지어 가항운하를 설치하면 여러 가지 이득을 취할 수 있을 것으로 가상했다. 이 계획이 아무리 현실과 동떨어졌다고 하더라도, 지하회랑을 카르스트에 인접한 평야지대의 불완전한 배수를 개선하는 데 활용할 수 있는 기술은 가능하다. 그렇게 된다면

---

4) Adolf Schmidl, *Zur Höhlenkunde des Karstes*, Vienna, 1854; *Ueber den unterirdischen Lauf der Recca*, Vienna, 1851; "Der unterirdische Lauf der Recca", in *Aus der Natur*, 20(1862), pp.250~254, 263~266.

그 천연수로의 개폐가 광범위에 걸쳐 수로에 큰 변화를 가져올 것이다.

그리스의 지하수

그리스 본토에도 카르스트 및 인접 평야와 유사하게 천연의 지하유로가 존재하는 일부 지역이 있다. 지표수는 카타보트라(catavothra)라고 불리는 석회동굴로 유입된다. 고대에 카타보트라로 통하는 입구는 배수와 관개에 맞게 적절한 규모로 확대되거나 부분적으로 폐쇄되었다. 그리고 지금이라도 그와 비슷한 조치를 취한다면, 배수된 지역의 위생과 생산성에 크게 기여할 수 있을 것으로 믿어 의심치 않는다.

암석 하부의 토양

비체이(Beechey)와 바르트(Barth)는 인간이 행한 지표면의 변화 가운데 가장 특징적인 하나를 북아프리카 벵가시 지역의 린테프라와 게벨게눈 인근 지역에서 관찰했다. 이 지역의 지표는 비옥한 토양을 덮고 있는 엷은 암석층으로 구성된다. 암석을 깨어 담장, 요새, 주거와 같은 일상적인 효용에 쓸 수 없을 때에는 돌무지로 높게 쌓아놓았으며, 그렇게 암석이라는 겉껍질이 벗겨진 토양은 농업적 목적으로 사용되었다.[5] 이 놀라운 개발이 진행되던 시기에 화약의 존재가 알려지지 않았고 끌과 쐐기를 가지고서만 바위를 깨뜨릴 수 있었다는 사실을 기억한다면, 당시 토지는 매우 큰 가치를 지니고 있었고, 당연히 지금은 척박해져 인간에 의해 거의 버려지다시피 한 그 지방에서도 한때는 많은 인구가 거주한 적이 있었다는 사실을 추론할 수 있다.

---

5) Heinrich Barth, *Wanderungen durch die Küstenländer des Mittelmeeres*, Berlin, 1849, I, pp.353~354.

토양에 피복된 암석

인간이 바위를 깨뜨리고 그 아래에 있는 생산적인 땅에 닿을 수 있는 경우가 있다면, 노암과 단단한 돌로 덮인 넓은 표면을 가깝지 않은 곳에서 가져온 흙으로 덮는 또 다른 많은 사례도 있다. 목적은 다르지만 성지에서 운반해온 흙으로 다져진 피사의 캄포산토는 말할 것도 없으며, 시나이 산의 성카타리나 수도원의 정원도 나일 강 연안에서 낙타의 등에 실어 운반해온 진흙으로 구성되어 있다는 것이 확인되었다. 파르테이(Parthey)와 원로저작자들은 말타 섬의 모든 기름진 토양은 시칠리아에서 가져온 것이라고 전하고 있다.[6]

두 경우에 정보의 정확성에 의문이 가지만, 소규모로 행해지는 그와 유사한 관행은 남부 유럽 여러 지역에서 일상적으로 관측할 수 있다. 모젤의 와인 대부분은 사람들이 어깨에 지고서 절벽 높은 곳까지 운반해온 흙에서 자라난 포도로 만들어진다. 중국에서도 마찬가지로 실질적인 지리적 중요성을 가질 수 있을 정도로 바위 위에 흙이 뿌려졌다. 말타로 흙을 들여왔다거나 시나이 산의 돌밭에 나일 강에서 가져온 진흙을 주입해 거름으로 삼았다는 이야기는 근거가 전혀 없는 것이 아니다.

아라비아 페트라의 와디

사실 후자의 경우 하천퇴적물은 객토로서 매우 유용하지만 토양으로서는 거의 필요치 않다. 시나이 반도의 와디에서 자라는 식생의 경우, 산지의 붕괴된 암석에 생산성을 더하기 위해선 단지 물만 있으면 된다는 것을 보여주기 때문이다. 와디는 드물지 않게 좁은 협곡을 제공해주며, 이를 손쉽게 막아 흙을 집적시키고 관개에 필요한 물을 저장함으로

---

6) Gustav Parthey, *Wanderungen durch Sicilien und die Levante*, Berlin, 1834, I, p.404.

써 넓은 면적의 사막을 대추야자가 풍성하게 자라는 정원과 옥수수 밭으로 바꿀 수 있다.

에쉬세이크 와디로 향하는 지름길에 있는 파이란 와디에서 멀리 떨어지지 않은 지점에는 아랍인들이 엘부엡이라 부르며 통문이라는 뜻을 가진 매우 좁은 통로가 있다. 이 통로는 노력과 비용을 그다지 들이지 않고도 높이 막을 수 있다. 통로 위쪽으로는 100에이커 또는 그 이상 되는 평지에 가까운 넓은 땅이 펼쳐진다. 이곳에서는 급류가 통문 바로 앞까지 운반해온 물질이 일정 수준까지 메워졌다가 무너졌으며, 퇴적층을 뚫고 와디 밑바닥까지 유로가 침식해 내려갔다. 통로에 댐을 막아 겨울철 강수를 모아둘 저수지를 건설한다면 계곡 넓은 범위에서 경작이 가능해질 것이다.

인간행위의 우연한 영향

나는 기회가 닿을 때마다 인간이 원했던 직접적인 결과보다 때로 더 중요한, 인간행위의 부차적이고 의도하지 않았던 결과에 대해 언급해왔다. 비록 그 자체로서는 중요성이 덜하지만 그렇게 뜻하지 않게 우발적으로 발생한 결과가 자연의 작용을 예시해주기도 한다. 그리고 뒤에 남겨진 물질적 흔적의 규모와 특성을 통해, 원시적이거나 그보다 진보된 사회생활 단계의 인간이 일반적인 연대기에서 가정하고 있는 것보다 훨씬 긴 세월 동안 특정 지역을 점거했다는 사실이 입증될 경우도 있다.

포르히하머는 다음과 같이 말한다. "유틀란트 해안에서 난파선의 볼트나 그 밖의 쇠붙이가 놓여 있는 사빈 어디에서든 모래입자가 철을 둘러싸고 서로 달라붙어 단단한 물질을 형성한다. 그와 같은 도드라진 층이 몇 년 전 헬싱게르 항 방파제 건설 당시에 발견되었다. 두께가 1피트도 채 안 되는 층서는 일반적인 사빈의 모래 위에 놓여 있었으며, 다양한 깊이에서 발견되었는데 해안에서 멀어질수록 깊이가 더해졌다. 이 층은 자갈과 모래로 구성되었고, 17세기 초반에서 중반에 이르는 크리스티안 4세의 재위 중에 제조된 핀과 동전이 섞여 있었다. 여기저기서 갈바니 전기작용에 의한 구리 코팅이 퇴적되었고 완전히 산화된 철이 자주 검출되었다. 과학협회의 의뢰로 나와 자문관 라인하르트(Reinhard)가 수행한 조사에서는 이 층의 기원이 도시의 길거리 쓰레기에 있으며 해변에 버려졌다가 파도가 쓸고 간 다음 항구 저변으로 분산되었다는 것이 확인되었다."[7] 이를 비롯한 여타 일상적인 관찰은, 작지 않은 크기의 사암의 암초가 철을 화물로 적재한 선박이 좌초했다거나[8] 금속을 가공하는 업체가 하천에 폐기물을 투기하고 이것이 바다로 운반됨으로써 생성되었음을 시사해준다.

파르테이는 자연의 질서에 간섭함으로써 파생된 예측하지 못했던 재앙 가운데 독특한 사례를 기록하고 있다. 말타의 한 지주는 바다 쪽으로 조금씩 기울어지다가 40~50피트 높이의 절벽에서 끝나는 암석고원을 소유했다. 그런데 자연적으로 생긴 틈을 통해 바위 아래의 거대한 동굴로 바닷물이 유입되었다. 땅주인은 지표면에 염전을 세우고자 바닷물을 받아 증발시킬 수 있도록 바위에 깊지 않은 웅덩이를 만들었다. 그는 염전에 바닷물을 손쉽게 채우려고 아래에 있는 동굴까지 우물을 파고 윈치와 물동이를 사용해 물을 길었다. 애초의 기대는 실패로 끝났는데, 공극투성이의 염전바닥을 통해 물이 빠져나감으로써 소금이 거의 남지 않았던 것이다.

그러나 이는 이어질 다른 파괴적인 결과에 비하면 그리 대단한 것은 못 되었다. 격렬한 서풍 또는 북서풍이 바닷물을 동굴로 몰아쳤을 때, 우물을 통해 60피트 높이의 물이 뿜어져 나왔고 물보라가 인접한 경지로 멀리 그리고 넓게 퍼져 작물에 타격을 가했다. 우물은 돌로 폐쇄되었지만, 다음 겨울에 찾아온 폭풍이 그것을 내동댕이쳐 예전과 같이 인

---

7) "Geognostische Studien am Meeres-Ufer", in Leonhard and Bronn, *Neues Jahrbuch*(1841), pp.25~26.

8) J.G. Kohl, *Die Marschen und Inseln der Herzogthümer Schleswig und Holstein*, 3 vols., Dresden, 1846, II, p.45.

근 경지에 소금방울을 뿌려댔다. 구멍을 막기 위한 노력이 반복되었으나 파르테이가 방문했을 당시에 바다는 세 차례나 분노를 발산했고, 그로 인한 피해를 치유할 수 없게 되는 것은 아닌가 하는 염려가 들기도 했다.[9]

나는 미국 대서양 해안에 아메리카 인디언이 남긴 굴과 조개의 대규모 패총에 대해 언급한 바 있다. 그것과 매우 흡사한 덴마크의 일부 조개무지는 길이가 1,000피트, 폭이 150~200피트, 높이가 6~10피트에 달한다. 이들 패총은 인류의 역사에 가지는 의미와는 별개로 지질상의 증거로서 중요하다. 그 밖의 정황에 비추어 조개껍데기가 쌓인 이후 해안선의 윤곽과 고도에 변화가 없는 곳에서는 어디에서든 패총이 약 10피트 정도의 높이로 바다 근처에서 발견된다. 어떤 경우에는 해변에서 상당히 먼 곳에 있기도 하다.

지금까지 조사된 내용으로 미루어본다면 이는 융기 또는 하천이나 해양의 운반물질이 퇴적됨으로써 해안이 전진했다는 증거다. 패총이 발견되지 않는 곳에서는 해안이 침강했거나 바다에 잠식된 듯하다. 이상의 관찰들에 보이는 일관성은, 다른 증거가 나오지 않는 곳에서 패총의 발견 여부에 기초해 육지나 바다의 전진 또는 육지의 융기나 침강을 역설하는 지질학자의 입장을 정당한 것으로 만들어주고 있다.

이탈리아를 여행하는 사람은 모두가 로마에 있는 도자기 파편더미인 몬테테스타치오를 잘 안다. 그러나 이 퇴적물은 비록 규모는 크지만 그보다 오랜 도시 인근의 동일 기원의 물질에 비하면 중요성이 떨어진다. 마그나그라치아의 고대 여러 타운에 버려진 도자기는, 규모가 클 뿐더러 두껍게 쌓여 도자기층이라는 이름으로 위엄을 갖추고 있다. 나일 강은 천천히 유로를 바꾸면서 강변에서 그와 유사한 물질을 드러내고 있다. 그런데 그 물질들이 너무나 방대해서 마치 전체 역사시기에 세계 전체의 인구가 깨진 용기를 처분하기 위해 나일 강 하곡을 선택한 것은

---

9) *Wanderungen durch Sicilien und die Levante*, I, pp.406~408.

아닌가 생각될 정도다.

범람시의 나일 강물과 운반 중인 진흙에 의해 부양된 강기슭은 거름을 거의 사용하지 않아도 좋을 만큼 비옥하다. 따라서 다른 지역에서는 토양의 비옥도를 증진시키기 위해 사용되는 가정쓰레기가 이곳에서는 도시 인근의 공터에 버려진다. 높게 쌓인 쓰레기더미는 견고한 피라미드에 필적할 만하여 여행자들을 놀라게 한다. 카이로 관내에서 모아진 잿더미와 기타 가정쓰레기의 양이 너무 많아 파샤(Ibrahim Pacha)에 의한 처리작업이 당대 최고의 사업 가운데 하나로서 추앙될 정도였다.

도시 인근의 땅은 거리에서 수합된 쓰레기가 거름으로 뿌려지고 인간활동이 가세하면서 현저하게 높아졌다. 쓰레기를 처분하려는 온갖 노력에도 불구하고 대도시가 자리한 지면은 계속해서 상승했다. 현재 로마의 가로는 고대 도시의 거리보다 20피트 정도 높다. 몇 년 전 청소작업이 시행되었을 때, 로마와 알바노 사이의 군사용 아피아 도로가 4~5피트 깊이로 매몰되어 있었으며 도로변 경지 역시 그만큼 덮여 상승했다는 사실이 밝혀졌다. 600년에서 700년 정도 된 이탈리아의 많은 교회의 바닥은 인접한 거리에 비해 3~4피트 정도 낮다. 그렇지만 발굴 결과에 따르면 원래는 그와 반대로 거리보다 그만큼 높게 지어졌다고 한다.

가공할 자연력에 대한 저항

나는 지금까지 여러 차례 위대하고 미묘한 자연의 힘, 특히 지질적 동인을 인간의 지시와 저항을 초월하는 힘으로 이야기해왔다. 현재 이 명제는 요체에서는 사실임이 분명하다. 하지만 인간은 그간 자연이라는 강력한 시종과의 싸움에서 전적으로 무기력하지만은 않다는 것을 보여주었다. 인간의 의도적인 행동은 물론 무의식적인 행위조차 경우에 따라서는 지질적 동인의 에너지를 증대시키거나 감소시키곤 했다. 지진의 파괴력은 지각이 느슨해져 있고 구조가 단절되어 나타나는 지역보다는 단단하고 등질적인 곳에서 더 크다는 것이 오래전부터 내려오는 상식이다.

아리스토텔레스, 플리니우스, 세네카는 자연적인 계곡이나 동굴뿐만 아니라, 지층의 연속성을 깨뜨리고 유동적인 기체가 빠질 수 있도록 촉진해주는 채석장, 우물, 그 밖에 인간이 파놓은 것들이 지진의 파괴력을 감소시키고 그 확산을 방지하는 데 상당한 영향력을 가지는 것으로 믿었다. 지진발생의 우려가 있는 모든 지역에서는 이러한 생각이 아직도 견지되고 있다. 그래서 과거와 현재에 걸쳐 하부 또는 인근에 파놓은 깊은 우물에 보호를 받고 있는 건물은 건축가가 이러한 예방책을 간과한 상태에서 지은 것보다 지진의 피해를 덜 받았다고 이야기되기도 한다.[10]

만일 지하저장소에 집적되거나 그곳에서 생산된 기체의 탄력이 지진발생의 원인이라는 일반적인 이론을 사실로 인정한다면, 저장소와 대기 중간의 연결통로가 파괴적인 에너지를 얻게 될지도 모르는 기체를 안전하게 방출하는 데 도움이 될 것은 확실하다. 관건은 탄력을 가진 유체가 증류되는 그 지하공장에 닿을 만큼 인공적인 굴착이 깊게 이루어질 수 있느냐 하는 것이다.

여러 지역에는 유체가 흘러나오는 작은 천연의 균열이 있고, 원천은 때로 그리 깊지 않은 곳에 위치하기 때문에 가스가 상당한 면적에 걸쳐 토양표층으로 스며들고 또 증발한다. 일반적인 피압수 우물의 시공자가 지하의 공동을 쳤을 때 갇혀 있던 공기가 가끔은 맹렬한 기세로 방출되며, 유정에서는 그와 같은 현상이 더 빈번하게 관찰된다. 후자의 경우 격렬한 가연성 유체의 방류가 여러 시간 또는 그보다 더 길게 계속되기도 한다. 이상의 사실은, 깊은 우물이 지진의 파괴력을 경감시키는 데 유효하다는 대중적인 인식이 근거가 있을 수 있다는 점을 말해주

---

10) Georg Landgrebe, *Naturgeschichte der Vulkane*, Gotha, 1855, II, pp.19~20.

는 것 같다.

가벼운 목조건물은 돌이나 벽돌로 지은 견고한 구조물보다 지진에 의한 피해가 덜하다. 지진이 내뿜는 힘은 너무나 세서 인간이 지표면에 쌓아놓을 수 있는 물질이 아무리 무겁고 견고하더라도 충격을 견디어 낼 수 없다고 일반적으로 인식되고 있다. 그러나 지진에 노출되어 있는 국가에서 웅장하고 견고하게 지어진 궁궐, 사원, 그 밖의 기념물들이 수백 년 동안 피해를 입지 않고 존속될 수 있었다는 사실은 그러한 생각이 과연 타당한지 의문을 품게 만든다.

1755년 11월 1일의 첫 번째 지진은 지표면의 12분의 1정도가 감지할 수 있었다. 아마도 명확히 해명된 사례 가운데 최강의 것이 아니었나 하는데, 리스본에 가장 큰 파괴력을 가했다. 견고하게 지어진 조폐창 건물이 도시 안의 모든 집과 교회를 흔들어놓았던 충격에 거의 아무런 영향을 받지 않았다는 것은 놀랄 만한 사실로서 종종 주목을 받곤 했다. 이것은 자재의 무게, 치밀성, 강도가 모든 취약한 구조물을 전복시켰던 대지의 요동을 버티어내고 피해를 모면할 수 있게 해주었다는 가정이 아니고서는 설명할 길이 없다. 한편, 수천 명의 사람들이 피신했던 리스본 항의 석재부두는 지진으로 기초부와 함께 깊이 가라앉았다. 그리 깊지 않은 지하에 공동이 존재하는 곳에서는 그 위에 무거운 건물이 들어섰을 때 동굴의 지붕을 형성하는 층의 붕괴를 촉진하는 경향이 있다는 사실은 분명하다.

나는 어떤 과학자도 인간이 화산폭발을 피해갈 수 있다거나 지구 내부에서 쏟아져 나오는 용암의 양을 감소시킬 수 있으리라 생각하지 않을 것으로 믿는다. 그렇다고 해서 거대한 용암류의 경로를 바꾸는 것이 언제나 불가능한 것만은 아니다.

1669년의 대폭발을 설명하면서 페라라(Ferrara)는 다음과 같이 말한다. "카타니아 인근의 작은 용암류를 막기 위해 석축을 쌓아두자 용암은 원래의 유로에서 비껴 나갔다. ……카타니아의 중심유출로를 변동시키자는 제안이 있었고 벨파소 인근의 유로측방을 부수기 위해 가죽으로 만든 보호의를 착용하고 갈고리와 철봉을 소지한 50여 명의 장정이 파견되었다. 틈이 생겨났을 때 용암은 파테르노 방면으로 쏟아져 빠르게 흘러 나갔다. 그러나 지역주민은 카타니아를 구하기 위해 자신들이 살고 있는 마을을 희생시킬 수는 없다며 무장하고 달려나와 사업을 중단시켰다."[11] 1794년 베수비오 화산이 분출했을 때, 총독은 포르티치 타운과 나중에 나폴리로 옮겨졌지만 당시에는 그곳에 묻혀 있던 고대의 귀중한 유물을 임박한 파괴로부터 구했다. 이는 수천 명을 동원해 도회지 위쪽에 도랑을 파서 용암의 흐름을 다른 방향으로 돌렸기에 가능한 것이었다.[12]

광업의 영향

광산개발이나 그 밖의 목적을 위해 인간이 행한 굴착은 파룬 광산의 경우와 같이 때로 상부층의 침하로 인해 지표의 교란을 야기할 수 있다. 하지만 이러한 사고는 규모가 너무 미미해서 지리적인 관점에서 매번 특별한 관심을 끌지 못한다. 그러나 굴착사업은 지하수로의 경로에 물리적으로 간섭할 수 있으며, 막대한 양의 원광을 원래 묻혀 있던 곳에서 캐냈을 경우 적어도 국지적으로는 지각의 자력과 전기조건에 크게 영향을 미칠 것으로 추정되었다.

석탄이나 갈탄 광산에서의 우연한 발화 때문에 때로는 많은 양의 귀중한 자원이 파괴될 뿐만 아니라 직·간접적으로는 지리상에 중요한 결과가 초래된다. 석탄은 간혹 광부들의 성냥불이나 기타 그들이 사용하는 불로 인해 화재를 일으키며, 버려진 갱도에서 오랫동안 공기에 노출되어 있으면 자연적으로 불꽃을 일으킨다. 조건이 맞으면 석탄층은 꺼질 때까지 탈 것이고, 동굴은 수개월 동안 연소되어 인간의 노력으로

11) Francesco Ferrara, *Descrizione dell' Etna con la storia delle eruzioni*……, Palermo, 1818, p.108.
12) Landgrebe, *Naturgeschichte der Vulkane*, II, p.82.

는 여러 해 동안 다시는 팔 수 없을 것이다. 비트버는 도피네의 생에티엔에 있는 한 탄광이 14세기 이래 계속 불탔으며, 두트바일러, 에프테로데, 츠비카우 등지의 광산이 200년 동안 불에 탔다는 사실을 우리에게 전해준다. 그러한 대발화는 땅에 공동을 만들 뿐만 아니라 피부로 느껴질 정도의 열을 지표면으로 전달한다. 그리고 방금 이야기한 비트버는 이 열을 이용해 식생을 빠르게 성장시켰던 사례를 인용했다.[13]

에스피의 이론

계획적으로 큰 화재를 일으켜 강수를 유발할 수 있다는 에스피(Espy)의 유명한 제안은 실행 가능한 설명이 될 것 같지는 않다. 그러나 이 유능한 기상학자의 추론이 그렇다고 해서 무가치한 것으로 격하되어서는 안 된다. 그의 연구물은 사실의 수합, 습득한 사실을 처리해내는 독창성, 자연의 법칙에 대한 통찰력, 철학적인 소양이 부족한 사람들에게는 명확히 드러나지 않는 유추와 상관성에 대한 직감 등을 보여주고 있다. 그러한 노력은 분명 기상학의 발전에 크게 기여했다. 전기의 분포와 작용이 긴 철로와 전신선에 의해 크게 변형될 가능성이 있을 것이라는 것도 유사한 발상이며, 피뢰침의 효용에 대한 믿음도 그 근거가 같다. 그러나 그러한 영향이 너무 모호하고 미약해서 아직까지는 제대로 간파되지 못하고 있다.

하천퇴적물

특정 지점에서의 지구 내부열의 표출은 그곳의 지각의 두께에 의해 좌우된다. 하천 퇴적물질은 하구 부근의 두께를 높여주는 경향이 있다. 얕은 바다로 천천히 유입되는 하천의 운반물질은 드넓은 표면으로 퍼

---

13) W.C. Wittwer, *Die Physikalische Geographie*, Leipzig, 1855, pp.167~168.

져 나가 광범위에 걸쳐 100년 동안 겨우 1∼2피트의 높이로 쌓이기 때문에, 아주 적은 양의 흙이 자연의 등식에서 어느 한 조건을 구성할 수 있으리라 생각하지 않는다. 그러나 일부 유속이 빠른 하천은 미립질 토양으로 구성된 산지를 흘러나와 깊게 파인 만으로 방출된다. 그 경우 거대한 유역에서 운반되어 한 지점에 퇴적된 물질은 몇 년 안에 엄청난 양으로 불어나 측연선으로는 측정할 수 없는 결과를 가져올 것이다. 내가 지금까지 예시한 농촌생활의 제반 활동은 하천에 의한 토양침식의 가능성을 증대시킨다. 인간은 갠지스 강 유역을 개간함으로써 바다로 운반될 토양의 양을 증대시켰다. 그로 인해 벵골 만의 지각이 두터워져 파생되는 영향이 무엇이 되었든지 간에 그것을 강화시킨 것은 물론이다. 따라서 이 경우에 인간의 행위는 지질적 영향력의 하나로 간주되어야 마땅하다.

위대한 자연

"법은 사소한 일에 관여하지 않는다"는 것은 법률상의 금언이다. 그러나 자연과 관련된 어휘에서 크고 작다는 것은 단지 비교를 위한 선택일 뿐이다. 자연에는 사소한 것이란 없으며, 자연의 법칙은 원자를 다룰 때나 대륙 또는 행성을 다룰 때나 변함이 없다.[14] 따라서 앞에서 언급된 인간의 작용은 자연의 법칙이 규정하는 방식을 좇아 행해질 것이다. 우리의 능력이 제한된 관계로 당분간은 물론 아마 앞으로도 영원히 그 직접적이고 궁극적인 결론을 숙고할 수는 없지만 말이다.

그러나 자연의 질서를 교란시키는 요인들 각각에 명확한 가치를 부여할 수 없다는 사실이 인간과 자연의 관계를 보는 일반적인 관점에서 그들 요인의 존재를 무시해도 된다는 이유가 되진 않는다. 그리고 특정

---

14) Charles Babbage, *The Ninth Bridgewater Treatise: A Fragment*, London, 1838, pp.108∼119.

요인의 규모가 알려지지 않았다거나 자연에 초래된 그 어떤 결과도 현재로서는 그에 기인한다고 밝힐 수 없다고 해서 중요하지 않다고 보는 것 역시 정당화될 수 없다.

현상을 수집하는 것은 그에 대한 분석에 선행되어야 한다. 그리고 인간과 그를 둘러싼 물질세계 사이의 작용과 반응을 예시해주는 모든 새로운 사실은 우리가 당면한 궁극의 문제, 즉 인간이 자연의 일부인가 아니면 그에 군림하는 존재인가라는 의문에 대한 답을 결정하기 위한 일보전진이라 하겠다.

옮긴이의 말

　현대 사회는 환경재앙의 시대라고 한다. 국내는 물론 세계 각국에서 들려오는 사건, 사고 가운데 가장 처참할 뿐만 아니라 나약한 인간이 속수무책으로 바라만 보고 있어야 했던 것은, 다름 아닌 자칭 '문명세계'에 내린 자연의 응징이었다. 인간의 오만에 대한 자연의 심판이자 대반격이 시작되었다고 걱정하는 과학자도 적지 않다. 돌이켜볼 때 위기의식에 사로잡혀 있는 인류의 강박관념은 자초한 측면이 없지 않다. 인간 자신의 의지에 따라 자행된 환경의 파괴가 전제되어 있기 때문이다.

　흔히 근대화는 도시화, 공업화, 자본화 등 인류의 막강한 권력이 과시되는 시대적 상황을 상징적으로 말해주는 용어로 통용된다. 그러나 문명의 일대 도약을 의미하는 근대화가 자연에 대해서는 대약탈에 가까운 만행이었다는 것을 깨달은 이는 그리 많지 않을 것이다. 지나온 과거를 냉철하게 되돌아볼 성찰의 여유가 조금도 없었기 때문이다. 그나마 다행이라면 사막화, 온난화, 삼림파괴, 각종 오염 등으로 인한 대규모 재앙을 계기로 지난날의 무모했던 우리의 행태를 잠시나마 반성해볼 수 있게 된 것이라 하겠다.

　마시의 충고에 조금만 더 진지하게 귀를 기울였더라면 그 반성의 시간은 일찍 찾아왔을 것이고 인류는 그만큼 고통으로부터 해방될 수 있었을 것이라는 아쉬움이 남는다. 인류문명이 비약적으로 성장하던 시대의 한가운데 서 있었던 마시는 자연의 희생을 딛고 성장하는 인류의 앞날이 그리 밝지만은 않을 것이라고 예견한 선각자의 한 사람이다. 자연이라는 신의 위대한 선물과 조화롭게 공존을 모색하지 않는 한 나약한 인간이 도달할 수 있는 곳이라고는 파멸의 늪밖에 없다는 것을 일찍부터 간파하고 있었던 것이다. 마시의 『인간과 자연』은 바로 그 점, 즉 인간의 행위로 인한 자연질서의 교란과 환경파괴의 문제를 고발하고 체계적으로 분석한 최초의 저술이었다.

나의 전공은 문화 · 역사지리학이다. 인간과 자연 또는 문화와 환경의 관계를 따져 묻는 가운데 자연스럽게 마시라는 인물에 대해 관심을 가지게 되었다. 그 과정에서 그가 혼신의 힘을 다해 우리에게 남기고자 했던 교훈을 처음부터 끝까지 경청해보고자 하는 욕심이 생겨 번역을 시작하게 된 것이다. 그러나 이런 구상을 실천에 옮기는 첫 발을 내딛자마자 여러 가지 난관에 봉착하게 되었다.

19세기 후반에 씌어진 글이라 생소한 용어와 고어가 연이어 등장할 때에는 곤혹스럽기 그지없었고 독파하기에 난해한 문장 또한 적지 않았다. 엮은이인 로웬탈도 마시의 글이 장문이고 문체가 현대문과는 차이가 있어 해독에 다소 어려움이 따를 것이므로 주의해서 읽어야 한다고 할 정도였다. 이렇게 보면 역자가 다소 무모하게 달려든 측면도 없지 않을 것이다. 최선을 다했지만 번역이 충실하고 온전한지에 대해 선뜻 답이 나오지 않는다. 독자의 애정 어린 질정을 바란다.

『인간과 자연』에 수록된 각주는 그 자체로 한 권의 단행본을 구성할 수 있을 만큼 내용이 방대하다. 그 안에 개진된 사담을 통해서는 마시의 열정과 해박한 지식의 폭은 물론 그의 숨결을 느껴볼 수 있다. 아쉽게도 엄청난 분량 때문에 번역본에서는 각주의 내용이 빠지고 본문이 중심이 되었다. 그러나 마시가 직접 인용한 단행본과 논문 수준의 문헌 정도는 각주에서 밝혀주는 것이 온당하다고 생각되어 미흡하나마 절충안을 택했다.

여러 가지 한계에도 불구하고 환경문제의 근원을 밝히고 현대 환경 보존 운동의 경험적 토대를 마련한 고전을 소개하게 되어 자못 보람을 감출 수 없을 것 같다. 마시가 책을 출간한 지 150년이 되는 시점에서 앞 세대의 지성인들이 인간 앞에서 작아지는 환경을 두고 고민한 내용이 어떠했는지 되돌아보는 것은 현대를 의미 있게 짚어볼 수 있는 좋은 기회가 될 듯하다.

이 책은 지리학자만을 대상으로 한 책이 아니다. 사실 마시 자신이 체계적으로 지리학 교육을 받은 것도 아니고, 지리학계에서 작위적으로 지리학자로 분류할 수 있는 인물도 아니기 때문이다. 인간과 자연의 관계는 전문가가 아니더라도 자연과 환경을 아끼고 그것의 파괴를 안타까워하는 양심적인 사람이라면 누구나 관심을 표명할 수 있는 주제이자 사회적인 현안이다. 『인간과 자연』은 환경사, 환경이론, 환경교육 등에 관여하고 있는 모든 분들에게 잔잔한 감동을 던져줄 수 있을 것이다.

이 책이 나올 수 있게 된 데에는 편안히 연구에 전념할 수 있도록 배려해주신 고려대학교 지리교육과의 남영우, 김부성, 서태열 교수님, 그리고 곁에 있는 것만으로 자극이 되어준 제자들의 힘이 컸다. 한국어판 서문을 보내주신 로웬탈 교수님께도 감사드린다. 끝으로 마시라는 학자를 위대한 지식인으로 인정해주신 한길사의 김언호 사장님, 책의 구상에서 마무리까지 노고를 아끼지 않은 한길사의 여러분께 더없이 고마운 마음을 전한다.

2008년 2월
안암동 라이시움 연구실에서
홍금수

찾아보기

ㄱ

가축 76, 95, 99, 118, 119, 124~127,
  129, 161~163, 243, 260, 265,
  277, 285, 292, 295, 297, 298, 336,
  348, 414, 424, 433
가축화 126, 127, 154
간석지 305, 310, 311, 424,
간척지 308, 312
갈릴레오 365
갈바니 전기작용 460
개간 107, 129, 145, 155, 165, 174,
  177, 187, 197, 203, 204, 206, 208,
  211, 221, 222, 232, 243, 245, 248,
  257, 258, 261, 267, 275, 281, 282,
  297, 298, 317, 319, 324, 368, 421
개간지 114, 324, 378
개척자 299
객토 356, 430, 458
갠지스 강 467
건정 325
게이루삭 183
계단식 경지 329, 330, 348, 349
고비 사막 388

곡석 213
곤충 94, 96, 120, 131, 137~141,
  143~146, 155, 164, 165, 267,
  277, 278, 296
곤충학 296
골 84
공유림 228, 243, 284
과목 436
과야킬 만 196
관개 249, 323, 329~333, 335, 337,
  348, 360, 457, 458
구글리엘미니 345
그린 산맥 327
금규 356, 357
급류 77, 97, 103, 104, 106, 111,
  196, 211, 215, 219, 224, 226, 227,
  230, 232, 233, 235, 236, 241~
  243, 245~249, 251~253, 256,
  258~260, 270, 279, 316, 320,
  338, 342~345, 352, 363~366,
  374, 388~390, 459
기상학 166, 169, 465
기요 80

기후변동 89, 120
길리스 411

ㄴ

나우만 435
나일 강 76, 87, 201, 331, 332,
　335~337, 339, 341, 342, 353,
　359, 374, 375, 379, 390~393,
　397, 403, 408, 441, 443, 450, 451,
　458, 461, 462
나일 강 삼각주 335, 403
낭케트 285
내륙사구 409, 411, 421, 434
내륙수로 118, 266, 373
노퍽 섬 135
뇌샤텔 호 212
뉴펀들랜드 섬 135
니엘 334
니카라과 호 443

ㄷ

다리엔 지협 444
다윈 139, 276, 277
단테 369
대 플리니우스 305
대서양 400, 408, 415, 416, 429, 441,
　449~451, 461
대평원 125
댐 95, 232, 241, 254, 270, 324, 349,
　351, 372
독일해 304, 389, 403, 414, 415, 417
돈 강 452
동물지리학 112
뒤사르 177

듀마 385
드가스파렝 321
드네프르 강 117
드라일 178
드리브 242
드봉빌 249, 250
드윗 174, 268, 320
드포아 271
디노르니스 135
디오니시우스 318
딱따구리 145, 146

ㄹ

라르다렐로 382
라발 412
라베르네 321
라벤트로프 437
라야드 433
라이엘 87
라인 강 76, 117, 307, 309, 313, 418,
　455
라인하르트 460
레벤트로프 426
로드리게스 섬 134
로렌츠 285
로마 제국 75, 76, 78, 87, 106, 364,
　369
로스 445
로스매슬러 288
로제 356, 357
로키 산맥 125
론 강 175, 177, 211, 241, 242,
　340~346, 348, 350
롬바르디니 256, 333

롭터스 432, 433
롱아일랜드 만 88, 152
루퍼스 271
리비아 사막 380, 449, 450
리비우스 318
리스본 항 464
리온 강 113
리카르나수스 318
리터 80, 126
림피요르드 417, 440, 441

ㅁ

마리오트 375
마샹 177, 215, 227, 265
마이엔 409, 411
말디니 344
말라리아 179, 361, 363, 370
메남 강 352
메다노스 410
메들리코트 337
멕시코 만 88, 443, 444, 453, 454
멕시코 만류 444
멕어셔 168, 181
명거 328, 378
모래평원 395, 396, 431~433, 435,
    436
모래폭풍 392
모리 178, 376
모리셔스 섬 134
목초지 117, 190, 232, 298, 329
몽블랑 산 259
뫼즈 강 202
무기체 80, 98, 149, 155, 192
무입목지 184, 234

미뉴에 202
미라보 280
미생물 143, 155~159
미슐레 137
미스트랄 177
미시간 호 266, 398, 453
미시시피 강 106, 125, 136, 143, 298,
    376, 453
미주리 강 125

ㅂ

바다오리 135
바르트 457
바비네 202, 377, 384, 385
바스 200
바이칼 호 151
발렌시아 호 212
발르 209, 234, 235
발트 해 302, 397, 429, 441
방목권 238, 247, 436
방수로 270
방조제 103, 305~312, 323, 415, 431,
    437, 441
방파제 104, 301, 303, 310, 420, 424,
    459
벌목 105, 119, 177, 209, 211, 215,
    216, 225, 239, 240, 267, 268, 280,
    281, 295, 316, 369, 429
범람원 179, 255, 354, 357, 358
베르길리우스 131
베링 해 153
베수비오 화산 465
베이 335
베커렐 175, 183, 184, 206

벨그랑 205, 233, 235, 338
벵골 만 467
보스게스 산맥 176
보스포루스 해협 150
보펠 296
본느미어 271, 273
볼가 강 452
봄 강 341
봉플랑 116
부르봉 섬 131, 134
부스베키우스 115
부엽토 77, 111, 165, 186, 190, 210,
  220, 222~224, 232, 233, 261,
  274, 330, 357, 420, 428, 433
부입목지 194
부젱골 181, 184, 196, 203, 204, 210,
  214
북극해 122
북해 87, 136, 304, 305, 388, 415,
  416
불 165, 177, 282
브라운 450
브라이언트 217
브레몽티에 426, 427, 434, 437
블랑키 197, 245, 247, 249, 251
비버 94, 95, 100, 127, 128
비비아니 365
비쇼프 325
비스케이 만 147
비요른 427
비지로 113
비체이 457
비탈리스 271
비트버 375, 465

빅토리아 고원 212
빙하호 355

ㅅ

사구 87, 99, 103, 280, 302, 306,
  307, 310, 373, 390, 397~413,
  415, 416, 418~432, 434, 437, 441
사구사 403, 404, 408
사구열 403, 410~412, 422~424,
  434
사막 85, 101, 163, 192, 196, 291,
  331, 382, 390, 391, 402, 435, 443,
  450
사막평원 392
사빈 390, 402, 419, 459
사유림 274, 283, 284, 296, 347
사주 224, 256, 302, 307, 308, 310,
  390, 397, 408, 415
사초 419, 428, 436
사탕단풍 188
사하라 사막 103, 184, 388, 432
사해 445~447
산사태 238, 242, 261, 262
삼각주 354, 359, 360, 393
삼림경제 209, 227
삼림관리 226, 285, 297
삼림법 173, 218, 271
삼림재배학 285
삼림파괴 84, 164, 165, 172, 177,
  183, 195, 197, 201, 204~206,
  214, 218, 220, 227, 228, 240, 247,
  257, 258, 261, 263, 281, 298, 301,
  327, 337, 347, 413
삼림학 229

샌드위스 146
샌디스 162
샤트 197
샴플레인 호 151
서렐 244, 245, 260
서인도 제도 104, 201
석호 360, 368, 416~418
석회동굴 457
성숙시스템 292, 293
세네카 463
세레어 243
세인트로렌스 강 266
세인트헬레나 섬 197
센 강 326, 334, 335, 375, 379
셀루드 강 308
속 288
쇼 380
쇼르 308
수렵법 132, 133, 273
수로학 448
수문학 366
수에즈 운하 331, 441, 442, 444
수에즈 지협 136
슈투더 408
슈프레이 강 201
스타링 306, 307, 388, 403, 409, 419
스텔러의 바다소 153
스텝 117, 436
스프링어 266
습지 84, 94, 95, 97, 103, 108, 157,
   161, 179, 209, 304, 305, 307, 313,
   314, 324, 327, 358, 361, 363, 367,
   369, 372, 378, 398, 405, 419, 422,
   434

시나이 반도 458
시나이 산 458
시뭄 391
식물지리학 112

ㅇ

아남 강 352
아드리아 해 254~259, 389, 448, 456
아라고 174
아라과 계곡 212~214
아라라트 산 275
아라비아 사막 404, 432
아르 강 354
아르노 강 340, 361, 363~368, 372
아르데슈 강 340~343, 353
아리스토텔레스 463
아마존 강 352
아스뵤른센 201
아우구스투스 177, 255
아이더 강 307
아틸라 362
아펜니노 산맥 167, 168, 174, 176,
   227, 237, 254~259, 361
아프리카 사막 404
아피아 도로 462
안데스 산맥 409, 410
안드레젠 422, 425
알렌 445
알리 202
알바노 호 317
알부케르케 450
알제리 사막 381
알프스 산맥 104, 117, 167, 168, 177,
   237, 241, 243, 245, 247, 248, 251,

257, 290, 359
암거 325, 352, 378
암거배수 327, 328
애킨슨 182, 183
야생종 121, 129, 138
야초지 190, 232, 298, 329
양어 152
어류 149, 153, 155, 442
에게 해 448
에머슨 268
에메 강 233
에블린 229
엘베 강 205, 307, 415
여름방조제 310
영 132, 168, 246
영구방조제 310
오대호 106, 150, 266
오데르 강 201, 205
오듀본 129
오리노코 강 352
오비에도 212
오스만 제국 106, 115
오아시스 78, 163, 382, 394
오크니 제도 88
오타와 강 266
와그너 275
와디 450, 459
외래종 112
요르단 강 445
운터라우프 388
운하 85, 150, 217, 322, 323, 333,
    392, 393, 431, 440~447, 449,
    452~455
워드 119

웨슬리 262
윌리 261
윌리엄 271, 272
윌리엄스 267~269
유기체 80, 97, 98, 101, 122, 149,
    155, 191, 192, 442
유로변동 253, 339
유프라테스 강 329, 432
유프라테스 삼각주 104
이동성 사구 396, 408, 410, 412, 413,
    420, 422, 427, 437
이론수리학 226
이리 운하 150
이리 호 217
인공림 173, 285, 294, 296, 299, 432
인광 148, 149
인터베일 320
일리노이 강 453
입목지 184, 207, 234

ㅈ
자생림 95, 285
자생종 112, 114, 214, 288
자연과학 81, 83, 107, 109, 159, 226,
    318
자연림 173, 187, 196, 267, 285, 294,
    296
자연지리 81, 83, 99, 128
자연환경 81, 84, 92, 123
작물 85, 93, 99, 101, 112~116, 118,
    121, 130, 131, 137, 142, 157, 174,
    176, 177, 201, 212, 235, 239, 242,
    265, 273, 278, 298, 312, 330, 334,
    336, 346

작물화 154

재배작물 89, 112, 116, 119, 122, 141, 165, 194

재배종 121, 138

전도체 168, 169

정원시스템 294

조류 133, 134, 137, 145, 155, 164, 201, 202, 209, 215, 216, 276, 279, 294, 297, 338, 347, 349, 393, 394, 430

조림 99, 434

조림사업 197, 204, 385, 412, 414, 420, 427, 436, 437

조바르 398

조이데르 해 313, 314, 316, 388, 424

종 288

주르디에 282

지각변동 276

지롱드 만 421

지리학 111

지브롤터 해협 451

지중해 75, 106, 147, 154, 211, 228, 241, 259, 270, 313, 333, 334, 342, 360, 361, 374, 380, 389, 390, 393, 397, 408, 441, 442, 445, 451

지진 97, 104, 463, 464

지질학 376

지표배수 324, 327

지하배수 324

지하수 91, 103, 317, 326, 381, 382

지하수로 91, 213, 376, 383, 456, 465

지협 440, 441, 443, 444

ㅊ

천이 93, 166

천적 96, 129, 133, 140, 142, 154, 155, 278

취리히 호 354

침식작용 258

침엽수 186, 288, 289

ㅋ

카나리아 제도 126

카르스트 456, 457

카리브 해 376

카스텔리 365

카스피 해 398

카시니 365

카이미 167, 176

카이사르 79, 106, 318

캄보디아 강 352

캐프리피케이션 138

케레스 194

코그네 산맥 129

코네티컷 강 268

코크 120

콜 136, 404

콩바 니그라 244

콰트르파게스 158

쿠리에 273

쿠퍼 116

쿠피카 만 196

쿨타스 199

퀠더 308

크라우제 425

크세르크세스 447

크셰이버 와디 330

클라베 176, 196, 285, 287, 294, 433
클라우디우스 318
클뢰덴 205
클루시우스 115
킹 사구 404

ㅌ

타카리과 호 212
테베레 강 262, 340, 363~366, 372
테오프라스투스 119
테렌스 306
템스 강 150, 266, 379
토로스 산맥 104
토르발트센 117
토리첼리 365
토양침식 467
투스넬 137
투키디데스 447
트로이 284
티치노 강 258

ㅍ

파라그란디니 168
파라멜 377
파르테이 460, 461
파샤 202
파이퍼 217, 221
파충류 146, 155, 165, 278, 293
파크스 138
팔리시 383~385
퍼레이드 288
펀디 만 104
페라라 464
페루 사막 411

페르시아 만 198
페르시아 사막 388
페리 217
포 강 174, 254~258, 335, 339, 358~
    360
포도원 174, 421, 430
포르토피노 항 389
포르히하머 407, 417, 459
포솜브로니 367
포아삭 205, 208
포유류 148, 149, 153, 159, 278
포토맥 강 136, 178, 325
폰차 제도 104
푀픽 410
퓌제 243
프랑스 혁명 127, 133, 244, 246, 248,
    271
프로이센 사막 404
프리시 345
프리지아 제도 402
플로리다 반도 376
플리니우스 113, 138, 209, 225, 463
피레네 산맥 104, 237
피압수 우물 325, 376, 380~382, 385,
    394, 463
피요르드 416, 417

ㅎ

하디 175
하를렘 호 312~314, 316, 455, 456
하천지리학 335
해리슨 229
해몬드 138
해송 289, 428, 429, 434~436

해안사구 314, 316, 395, 397, 408, 409, 411, 421, 432, 439, 440
해양지리학 455
해협 440, 441, 448
핸들리 138
허드슨 강 150, 240, 290, 453
허셜 199
헤로도토스 353, 436, 447
헤센 파리 141
헨리 181
호머 149
호수 84
호헨슈타인 199
흑림 244
혼합림 293
혼효림 186

홀린세드 228
홍수 86, 101, 211, 215, 218, 219, 231~233, 235, 236, 243, 244, 246, 247, 252~254, 259, 280, 335, 337~346, 348, 350, 355~358, 360, 374, 388, 394
홍해 198, 392, 393, 441, 442, 445, 446, 449~451
화산 97, 104
활엽수 112, 286, 288
황금경계 311
훔멜 216
훔볼트 80, 116, 212, 213
흑해 113, 126, 389, 452
히스 황야 433
히페르보레오스 85

지은이 조지 마시

마시는 미국 북동부 버몬트 주의 우드스톡에서 태어나
다트머스 대학교에서 공부한 뒤 한동안 변호사로 활동했다. 다양한 분야에 걸쳐
폭넓은 관심을 지니고 있었던 그는 법률은 물론 고전문학과 어학을 비롯한
인문학 분야와 응용과학 방면에서도 해박한 지식을 자랑했다. 여러 나라의
언어와 문화에 익숙하여 향후 정치외교가로 활동하는 데 밑거름이 되었다.
1842년에는 국회의원으로 선출되어 의정활동을 활발히 펼침으로써
정치가로서의 역량을 입증했다. 당시 천연자원의 보존과 관리에 대한
정부의 역할을 구상하던 동료 의원 존 퀸시 애덤스의 영향을 많이 받았다.
두 번째 임기를 마친 뒤에는 재커리 테일러 대통령으로부터 터키 공사로 임명을 받았다.
외교관으로 터키에 머무는 동안 마시는 중동과 지중해 연안의 지리와 농경에 대해
깊이 있는 연구를 병행했다. 1854년에 고향으로 돌아온 마시는 컬럼비아 대학교와
보스턴 소재 로웰 협회에서 영어학과 영문학에 관해 강좌를 개설할 정도로
학자로서의 소양도 널리 인정받았다. 1861년에 링컨 대통령으로부터
이탈리아 공사로 임명을 받은 뒤 현지에서 생을 마감할 때까지 이 직무를 수행했다.
자신의 경험과 재직 중 여러 국가를 여행하면서 보고 느낀 실상이 계기가 되어
환경문제에 깊은 관심을 갖게 되었고, 인간의 행위로 인한 환경 변화와 파괴에
경종을 울려 큰 족적을 남겼다. 환경과 관련된 그의 핵심사상은 『낙타』『관개』 등에
단편적으로 피력되다가 『인간과 자연』(1864)에서 종합되었다.
이로써 그는 환경보존운동의 선구가 되었다.

옮긴이 홍금수

홍금수는 고려대학교 지리교육과를 졸업하고 같은 대학교에서
문학석사 과정을 마쳤다. 미국 루이지애나 주립대학교에서 레드 강 유역의
취락발달에 관한 논문으로 박사학위를 받았다. 경희대, 고려대, 동덕여대,
상명대, 성신여대, 이화여대 강사를 지낸 뒤 지금은 고려대학교 사범대학 지리교육과
부교수로 있으면서, 한국문화역사지리학회 편집이사로 활동하고 있다.
『조선시대 소금제조방법』(공저), 『월경하는 지식의 모험자들』(공저),
「강화 교동도의 해안저습지 개간과 수리사업」 「일제시대 신품종 벼의 도입과 보급」
「산성취락연구」 「재령 여물평(나무리벌)의 역사지리적 재조명」
「조선후기~일제시대 영남지방 지역체계의 변동」 등
역사지리에 관련된 여러 편의 논저가 있다.

GB
한길그레이트북스

한길 그레이트북스 95

인간과 자연

지은이 조지 마시
옮긴이 홍금수
펴낸이 김언호
펴낸곳 (주)도서출판 한길사

등록 • 1976년 12월 24일 제74호
주소 • (413-756) 경기도 파주시 교하읍 문발리 520-11
www.hangilsa.co.kr
E-mail: hangilsa@hangilsa.co.kr
전화 • 031-955-2000~3
팩스 • 031-955-2005

상무이사 · 박관순 | 영업이사 · 곽명호
편집 · 배경진 서상미 신민희 권혁주 | 전산 · 한향림 김현정
마케팅 및 제작 · 이경호 | 저작권 · 문준심
관리 · 이중환 문주상 장비연 김선희

출력 · 지에스테크 | 인쇄 · 현문인쇄 | 제본 · 경일제책

제1판 제1쇄 2008년 3월 20일

값 25,000원
ISBN 978-89-356-5739-1 94980

● 이 도서의 국립중앙도서관 출판시도서목록(CIP)은
e-CIP 홈페이지(http://www.nl.go.kr/cip.php)에서 이용하실 수 있습니다.
(CIP제어번호: CIP2008000694)

● 잘못 만들어진 책은 구입하신 서점에서 바꿔드립니다.